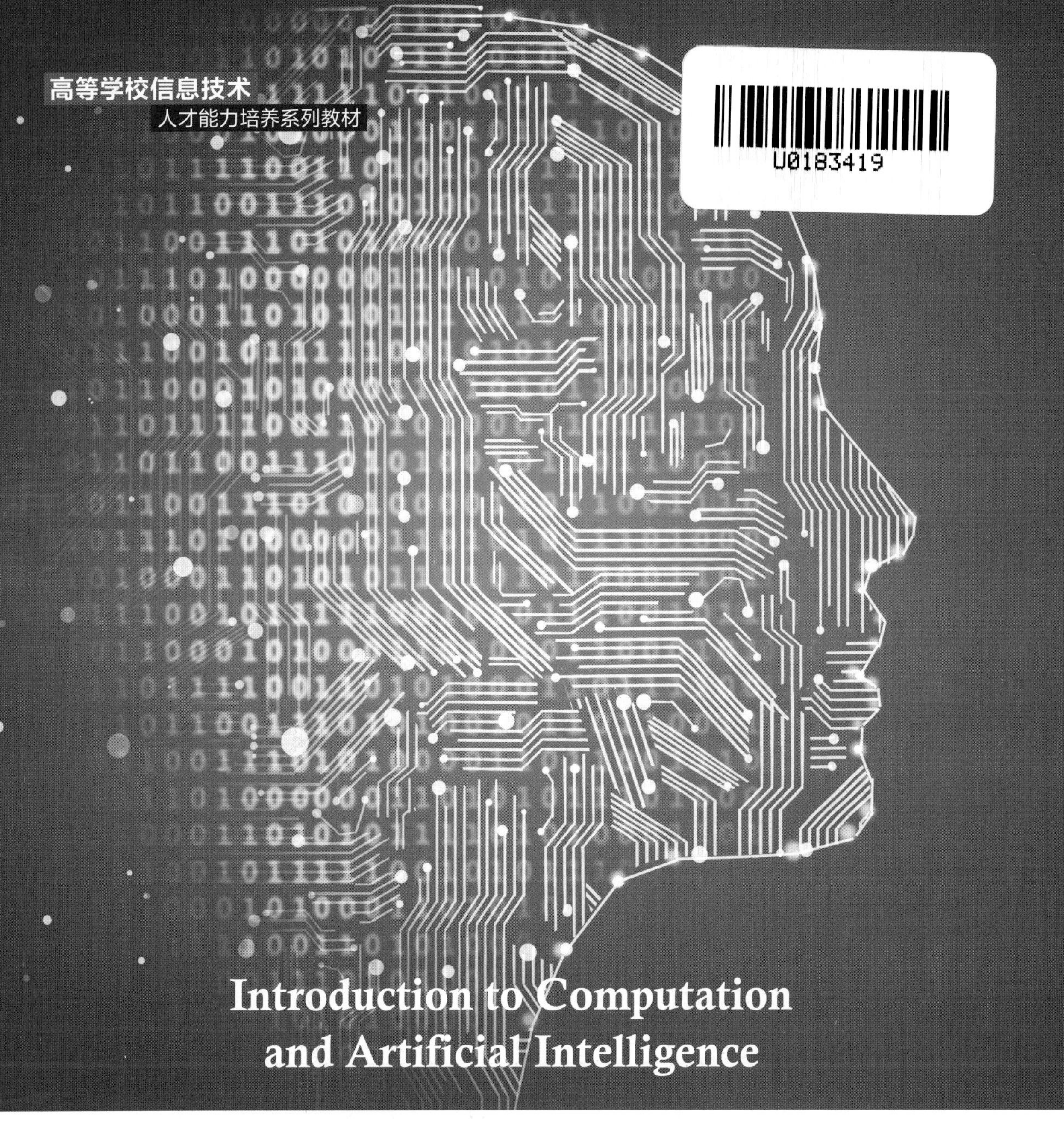

计算与
人工智能概论

罗娟 ◉ 主编
刘璇 贺再红 李小英 陈娟 蔡宇辉 ◉ 编著

人民邮电出版社
北京

图书在版编目（CIP）数据

计算与人工智能概论 / 罗娟主编 ; 刘璇等编著. -- 北京 : 人民邮电出版社, 2022.3
高等学校信息技术人才能力培养系列教材
ISBN 978-7-115-57265-3

Ⅰ. ①计… Ⅱ. ①罗… ②刘… Ⅲ. ①人工智能－高等学校－教材 Ⅳ. ①TP18

中国版本图书馆CIP数据核字(2021)第186115号

内 容 提 要

本书从计算思维的角度出发，以人工智能相关问题为引导，在解决实际案例问题的过程中植入知识点，为各专业的学生在今后设计、构造和应用各种计算系统，求解本学科的问题奠定基础。全书内容包括计算与计算思维、程序设计与算法、人工智能与智能计算、网络与大数据这四大部分。

本书适用于高等院校一年级新生的计算机导论等信息技术类基础课程，可作为高等院校计算机基础课程的教材，也可作为“计算与人工智能概论”课程的教材，还可作为计算机基础培训的教材和自学参考书。

◆ 主　　编　罗　娟
　编　　著　刘　璇　贺再红　李小英　陈　娟　蔡宇辉
　责任编辑　邹文波
　责任印制　王　郁　陈　犇

◆ 人民邮电出版社出版发行　　北京市丰台区成寿寺路 11 号
　邮编　100164　　电子邮件　315@ptpress.com.cn
　网址　https://www.ptpress.com.cn
　涿州市京南印刷厂印刷

◆ 开本：787×1092　1/16
　印张：17.75　　2022 年 3 月第 1 版
　字数：472 千字　　2024 年 12 月河北第 9 次印刷

定价：59.80 元

读者服务热线：(010)81055256　印装质量热线：(010)81055316
反盗版热线：(010)81055315
广告经营许可证：京东市监广登字 20170147 号

推荐序 RECOMMENDATION

数字化因可编程通用电子计算机的发明而起并迅速展开。经过 70 多年的发展，人类社会的数字化程度日益深化，并实现网络化，且正在向智能化的高级阶段迈进。计算无处不在，软件定义一切，“人机物”三元融合、万物智能互联的泛在计算时代正在到来。每一个接受高等教育的大学生不仅仅是现代数字化社会的直接受益者，更应该是未来数字文明的直接创造者。大学计算机通识教育应时而生，顺势而变。

我国大学计算机通识教育发端于 20 世纪 80 年代，其时代背景是计算机由特殊领域的高端专用计算工具变成服务更多工程领域的通用计算工具。这个阶段计算机通识教育的目的是帮助更多的理工科大学生学会使用计算机，此类教学工作一般由大学计算中心的教辅人员承担，教学活动在计算中心进行，其教学形态更接近实验课程。这是我国大学计算机通识教育的“第一台阶”。到 20 世纪 90 年代中后期，随着个人计算机的普及，依托计算中心开展的以使用计算机为教学目的的计算机通识教育失去了必要性，越来越多的学科专业希望学生具备应用计算机解决本学科领域特定问题的能力，计算机通识教育需要升级，其与专业教育的关系问题更加直接地显现出来。首先是教学内容问题。计算机应用技术是计算机科学与技术一级学科下的二级学科，计算机应用技术专业的本科专业课教学内容通常需要数百学时，如何在通识教育的几十学时内完成学生计算机应用能力的培养是教学内容问题。其次是教学方法问题。如何浓缩计算机应用技术专业教学内容,采用什么样的教学方法才能比较好地达成教学目的是教学方法问题。最后是教学任务问题。计算机应用开发能力的通识教育可能比专业教育更具挑战性，需要更多高水平的计算机专业教师承担教学任务，因此师资成为现实问题。

21 世纪前 10 年，国际计算机教育界就计算思维达成共识，试图将沉淀在计算机科学技术中的计算思维提取出来，传授给普通大学生。但计算机科学与技术学科毕竟是构造性学科，建立计算思维离不开系统性的实践认知，通过几十学时的通识授课构建计算思维概念是极具挑战性的工作。过去 20 年中，我国计算机专业的教育工作者锐意进取，探索“案例+实践”的计算思维教学内容和方法改革，帮助学生培养自主学习新方法、解决新问题的能力和信心，取得了积极成效，推动我国计算机通识教育从工具性通识教育向思维性通识教育的转变，我国计算机通识教育跃上“第二台阶”。当前，计算机通识教育面临新的更大挑战。在“人机物”三元融合、万物智能互联的泛在计算时代背景下，以计算机为中心的计算思维不足以覆盖泛在计算中新的思维理念，如连接思维、大数据思维、演化思维、复杂网络思维等，这些思维理念超越了经典计算思维的问题边界。应对挑战，需要我国计算机教育工作者付出更大的努力。

撰写本书的湖南大学教学团队为此开展了卓有成效的工作。这是一个年轻的计算机专业教学团队。她（他）们以人工智能、机器人、物联网等泛在计算新兴应用领域的案例为基础，不仅将经典的计算思维概念融入案例教学，还传递了连接、大数据等新的计算思维。特别值得强调的是，她（他）们把教学工作置于开放的教学生态中，在传统教程和课堂授课的基础上同步建设了大规模开放在线课程（Massive Open Online Courses，MOOC）和大规模开放在线实践（Massive Open Online Practice，MOOP）资源，让这门通识课程在开放的网络生态环境中演化成长，这种教学过程本身也向学生传递了复杂系统生态的思维理念。

希望读者不仅仅是将本书视为传统出版物，更是将其视为一个成长演化的学习生态的入口，进而通过本书加入“计算与人工智能”的学习生态之中。未来的大学计算机通识教育将不限于传统课堂和实验室，也不限于大学的课程学习周期，其将以学习生态的形式伴随每一个学习者的终身学习。我以为，这一努力将推动我国计算机通识教育迈向“第三台阶”——学习生态台阶。

王怀民

国防科技大学教授

中国科学院院士

前言 FOREWORD

❖ 写作背景

当前信息技术日新月异，人工智能、物联网、云计算、大数据等技术，在社会经济、人文科学、自然科学等众多领域引发了一系列革命性的突破。信息社会对人才的需求不断变化，计算机基础课程在内容建设与教学方法上面临着新的挑战。

作为大学生进入高校的第一门信息技术类基础课程，“计算与人工智能概论”课程从计算思维的角度出发，以人工智能相关问题为引导，通过线上线下混合教学的方式以及任务驱动的案例化教学手段，帮助学生在解决实际任务的过程中学习知识，培养计算思维和实践能力，并为各专业的学生在今后设计、构造和应用各种计算系统，求解本学科的问题奠定基础。

编者参照教育部《高等学校人工智能创新行动计划》，按照新课程内容体系来设计本书的整体框架，从计算思维的角度出发，将大量案例贯穿于书中，同时深入浅出地融入知识点的讲解过程，使得本书适合各个专业的学生使用。

❖ 本书特点

按照初学者学习计算思维与人工智能的特点和规律，编者对本书各章的内容都进行了精心安排。概括起来，本书有如下特点。

（1）以“案例驱动，知识植入，计算思维，专业融合”为导向，优化内容，将计算思维与人工智能结合起来。每章都围绕相关的案例，将知识点融入求解问题的过程中，以提高学生的学习兴趣，培养学生分析问题、解决问题的能力，强化学生的计算思维与人工智能技术应用能力，真正达成赋能教育的目的，进而适应人工智能时代各类专业的科学研究和实际工作需要。

（2）深入挖掘课程教学价值，助力高校杰出人才培养，将不同专业人工智能的应用特点和价值理念有机地融入相关案例中。本书通过宣传社会主义核心价值观，强化学生工程伦理教育，培养学生精益求精的工匠精神、科技兴国的民族使命感和理论联系实际的能力。本书利用通识课受众多、影响广的优势发挥育人作用，将价值塑造、知识传授和能力培养融为一体。

（3）因材施教，服务于专业教学。本书的案例和实验设计跨越多个专业领域，体现了多学科思维的融合，例如将计算思维、程序设计与人工智能三者深度融合，强调在专业问题的求解中提炼核心知识，以练促教，让学生感受到本课程的适用性；同时，体现了计算机导论课程所要求的产业技术与学科理论融合、跨专业能力融合、多学科项目实践融合的特点。

（4）紧跟人工智能前沿技术发展与时代需求，配套丰富的课程教学案例库。本书结合各专业相关课程的教学需求，适应新工科、新文科的发展趋势，可以促进学生提升交叉融合计算思维与各专业相关问题的能力。本书以计算思维为主线，引导学生重视问题的解决方法与步骤，进而领悟人工智能的作用与意义，帮助教师避免在低年级人工智能教学实施过程中出现概念化、理论化的现象。

❖ 本书内容

本书共 12 章，分为四大部分：计算与计算思维、程序设计与算法、人工智能与智能计算、网络与大数据。

第一部分为计算与计算思维，包括第 1～2 章的内容。

第 1 章为计算与人工智能概述。本章通过智能移动机器人路径规划案例，引出计算的概念、计算的历史、计算系统的组成及人工智能的发展等内容。

第 2 章为计算系统。本章以宇宙探测、智慧城市和智慧农业三个场景为例，描述计算环境和计算执行，包括并行计算、嵌入式计算、文件系统、计算机系统的发展、人工智能与未来计算机等内容。

第二部分为程序设计与算法，包括第 3～5 章的内容。

第 3 章为 Python 编程基础。本章通过机器人投篮的案例，讲述问题求解的计算思维方法、编程的基本概念、Python 语言的模块化程序构造、基本的程序设计方法等内容。

第 4 章为 Python 编程进阶。本章从机器人投篮案例任务分析出发，讲述 Python 语言的序列数据处理、映射数据处理和文件操作等内容。

第 5 章为算法设计。本章以火星探测为例，描述算法概念、算法时间复杂度分析、问题求解策略等内容。

第三部分为人工智能与智能计算，包括第 6～9 章的内容。

第 6 章为智能感知。本章通过自然语言生成的案例，描述自然语言处理、机器视觉、模式识别等人工智能在机器感知层面的重要研究内容。

第 7 章为机器学习。本章介绍监督学习、无监督学习以及半监督学习这三种机器学习方法。

第 8 章为智能决策。本章介绍搜索策略、强化学习、群体智能这三种智能决策的实现方式。

第 9 章为智能机器人。本章介绍机器人技术、人机交互发展历程、人机交互的方式以及人机交互的未来发展趋势等内容。

第四部分为网络与大数据，包括第 10～12 章的内容。

第 10 章为互联网信息处理。本章以即时通信和网络爬虫应用为例，介绍网络信息获取基础、网络爬虫与信息提取、搜索引擎原理和网络安全等内容。

第 11 章为数据管理与大数据。本章介绍常用的数据文件格式、计算机数据管理、数据库系统和大数据技术等内容。

第 12 章为数据分析。本章通过气候数据分析案例，介绍常用的数据分析方法和软件，数据采集、分析处理及其可视化等内容。

❖ 学时建议

教师可根据本校课程的学时情况，选择性地讲解本书重点章节（若学时充足，亦可讲解全部章节）；此外，可以采用线上线下混合教学的方式开展本课程的教学工作。

本书各章的建议学时参见学时建议表，具体实施方案由各校根据实际教学计划确定。

学时建议表

章序	章名	课堂学时	实验学时
1	计算与人工智能概述	2～4	0
2	计算系统	2～6	2～4
3	Python 编程基础	4～6	3～5
4	Python 编程进阶	4～6	3～5
5	算法设计	8～10	4～8
6	智能感知	4～6	2～4
7	机器学习	4～6	4～8
8	智能决策	4～6	4～8
9	智能机器人	2～4	2～4
10	互联网信息处理	2～6	2～6
11	数据管理与大数据	2～6	2～6
12	数据分析	4～8	4～8
	学时总计	42～74	32～66

❖ 配套资源

本书配套丰富的数字化教学资源，读者可以通过人邮教育社区（www.ryjiaoyu.com）或头歌在线实践教学平台下载本书配套的电子教案、慕课视频、实践素材、例题源程序、课后习题答案等。

❖ **编者团队**

本书由罗娟主编，第一部分由罗娟编写，第二部分由贺再红、蔡宇辉编写，第三部分由刘璇编写，第四部分由陈娟、李小英、罗娟编写。

感谢湖南大学信息科学与工程学院和湖南大学教务处对本书编写出版的大力支持，特别感谢许多同行和朋友在本书撰写之初所提出的宝贵建议。感谢头歌在线实践教学平台对“计算与人工智能概论”课程实践项目的支持。

❖ **联系我们**

由于编者水平有限，书中难免存在不妥之处，敬请同行和广大读者批评指正。编者的邮箱为 juanluo@hnu.edu.cn，欢迎读者来函交流教学问题或索取本书配套资源。

罗　娟

2021 年 12 月于湖南大学

目录 CONTENTS

第三部分　人工智能与智能计算

第四部分　网络与大数据

第一部分

计算与计算思维

01 第1章　计算与人工智能概述

什么是计算？在数学领域，计算是抽象数学思想在具体数据上的应用，例如用数字进行加、减、乘、除的运算。在计算机科学领域，计算是根据设定的规则将一串编码转换成另一串编码的过程。这种计算已无处不在，且广泛融入人们的生活、学习、生产和工作中。随着信息时代不断发展，计算设备不仅可以安装在衣服上或放置在口袋里，还可以飞向外太空或潜入海底。人类通过思考自身的计算方式来研究计算能否由机器完成，让机器代替人类进行重复或复杂的计算，从而诞生了计算工具，发明了电子计算机，进而产生了人工智能。随着计算的日益“强大”，人工智能在很多应用领域中的作用日益突出，成为人脑的延伸。

计算思维是信息时代的一种基本的思维模式，它运用计算机科学的基础概念和计算系统进行问题求解和系统设计，深刻地影响着我们的思维方式。计算思维是计算时代的产物，是每个人都应具备的一种基本能力。

目前，人工智能不仅应用于航天、航空、探海、探月、军工、智能制造、自动驾驶等高精尖领域，也广泛应用于指纹识别、人脸识别、动作识别、专家系统、虚拟现实、扫地机器人、农业生产等生活/生产领域。可以说，人工智能的每一项应用，都是将问题转化为各类计算机能够处理的形式，最终通过计算得到结果——所有的人工智能都是应用计算思维的典范。

1.1　计算的概念

计算无处不在。作为人类，我们一直在创造计算工具以帮助我们解决问题，那么计算机到底是如何诞生的，又是如何工作的呢？

1.1.1　什么是计算

什么是计算？输入一个问题，按照给定的规则确定其具体的输出的过程，我们称其为计算。例如加法问题，输入一对数值，输出是该对数值的和。再如排序问题，排序计算对每个输入表都赋予一个输出表，而输出表的数据项与输入表一样，只是输出表的数据项是按照升序或降序排列的。

计算的历史十分悠久，在远古时代，中国历史上就有“结绳记数”“以石记数”的记载，而两千五百年前，在古罗马开始出现了罗马数字。在中国，计算的历史最早可以追溯到公元前几百年的春秋战国时代，如图 1.1 所示，计算历史时间轴呈现了计算的起源与发展历程。

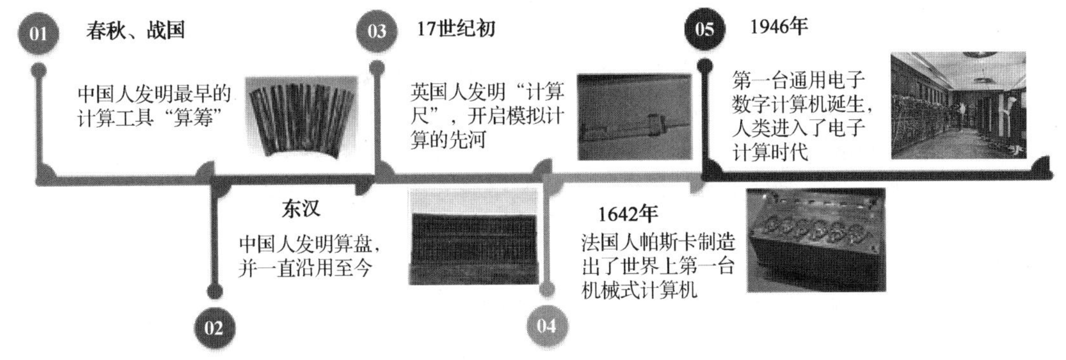

图 1.1　计算历史时间轴

世界上最早的计算工具是古代中国人发明的算筹，由于算筹携带不方便及容易损坏等原因，大约到公元二百年，中国人发明了更为方便的计算工具——算盘，并一直沿用至今。在 17 世纪初，英国人发明了计算尺，计算尺的出现开创了模拟计算的先河。1642 年，法国人帕斯卡（Pascal，1623—1662 年）在 19 岁时制造出了世界上第一台机械式计算机（这是一种用机械技术实现数字运算的计算工具）。这些古老的计算工具虽然能够进行加、减、乘、除等运算，在当时显著地加快了人们的计算速度，但它们往往只能完成某一项特定的任务，与我们今天所理解的计算以及计算机科学相去甚远。

在 20 世纪前半叶，随着科学技术的发展，传统的计算方式已经无法满足人们的需求。库尔特 • 哥德尔（Kurt Gödel）、阿兰 • 麦席森 • 图灵（Alan Mathison Turing）、阿隆佐 • 丘齐（Alonzo Church）等一批数学家，发现当时数学界巨人戴维 • 希尔伯特（David Hilbert）提出的一些基本数学问题是无法求解的，确定一个数学命题是真是伪就是这样的一个例子。那么哪些问题是可计算的，哪些问题是不可计算的呢？这就是著名的可计算边界问题。为解决这一问题，数学家们给出了研究思路：为计算建立一个数学模型，称之为计算模型，然后证明，凡是这个计算模型能够解决的问题，就是可计算的问题。

1936 年，图灵针对可计算边界问题提出了一种抽象的计算模型——图灵机（Turing Machine），将人们使用纸笔进行数学运算的过程进行抽象，由一个虚拟的机器替代人类进行数学运算。图灵将逻辑中的任意命题用图灵机来表示和计算，并按照规则推导出结论，其结果是——可计算函数等价于图灵机能计算的函数。这表明了图灵机能计算的函数便是可计算的函数，图灵机无法计算的函数便是不可计算的函数。图灵机的提出证明了通用计算理论，肯定了计算机实现的可能性，同时它给出了计算机应有的主要架构，这为计算机的诞生和发展提供了理论基础。此外，图灵机模型引入了读写、算法与程序语言的概念，突破了古老计算工具的设计理念。在今天，只要在计算机上点开不同的程序，就能完成各种不同的任务。这种能解决各式各样问题的计算机，都属于图灵机。

1946 年，美籍匈牙利数学家约翰 • 冯 • 诺依曼（John von Neumann）在图灵机的基础上设想了计算机的基本结构和工作方式，提出了存储程序的概念以及计算机的组成和框架，奠定了现代计算机组成和工作原理的基础，最终帮助人们制造出了实用的计算机。

图灵机是理论模型，是对人计算过程的模拟，可以将其理解为现代计算机的"灵魂"。而冯 • 诺依曼计算机则是图灵机的工程化实现，是现代计算机的"肉体"。

1.1.2　图灵机

在解决可计算边界问题的工作中，许多研究人员已经提出并研究了各种不同的计算模型，其中之一就是图灵机，它是由图灵于 1936 年在其发表的论文《论可计算数及其在判定问题中的应用》中提出的一种抽象计算模型。今天，图灵机仍然被用作研究算法处理能力的一种工具。

图灵机的基本原理是用机器来模拟人们用纸笔进行数学运算的过程。如图 1.2（a）所示，图灵机将一个无限长的带子作为无限存储，它有一个读写头，能在带子上读、写和左右移动。图灵机开始运作时，带子上只有输入串，其他地方都是空白，如果需要保存信息，则其可以将相关信息写在带子上。为了读取已经写下的信息，它可以将读写头往回移动到这个信息所在的位置。机器不停地计算，直到产生输出为止。

在图灵机计算的任一时刻，机器一定处在有限个条件中的一个条件下，这些条件被称为状态。图灵机的计算始于一个特定的状态，称之为初始状态，而停止于另一特定的状态，称之为停止状态。

接下来分析一个图灵机执行计算的具体例子：利用图灵机执行 “1+2=3” 的计算。先定义读头读到“+”之后，依次移动读头两次并读取格子中的数据；接着读头进行计算，最后把计算结果写入第二个数据的下一个格子里，整个过程如图 1.2（b）所示。

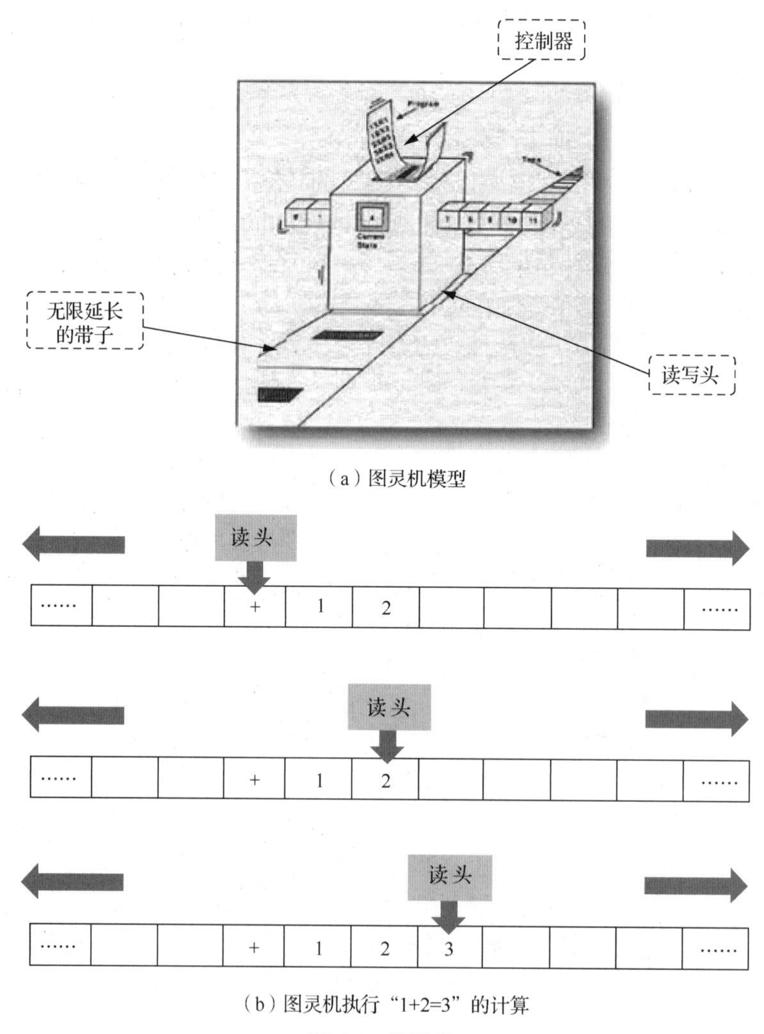

（a）图灵机模型

（b）图灵机执行“1+2=3”的计算

图 1.2　图灵机

图灵机的结构看似十分简单，但事实上，它与算盘之类的古老计算工具有着本质的区别——

它拥有一个类似于人眼和手的读写头，其能读取信息并输出信息；一条无限长的纸带，其能源源不断地提供信息或输出结果； 一个类似于人类大脑的控制器，其能根据不同的问题进行不同的处理。这意味着，图灵机有无限大容量的存储和可以任意访问的内部数据，在控制器中输入不同的程序，它就能够处理不同的任务。图灵机实际上是一种精确的通用计算机模型，能模拟实际计算机的所有计算行为。图灵机模型是目前为止最为广泛应用的经典计算模型，为现代计算机提供了理论原型。

1.1.3　什么是计算机

智能移动机器人的路径规划中求最短路径是一个有趣的经典问题，在没有任何先验知识的情况下，机器人只能在尝试所有的路径之后，找出其中的成功路径，再比较所有成功路径，进而确定最短路径。显而易见，这是一件非常耗时的事情，而我们可以借助计算机来求解答案。

计算机作为提高效率的工具，它是如何诞生的，又是如何工作的呢？本小节将从路径规划过程中求最短路径问题开始，设计程序来求解这个问题，并分析计算机如何进行计算，程序如何编写，以及在计算的过程中计算思维是如何发挥作用的。

1. **冯・诺依曼体系结构**

1946 年，冯・诺依曼在图灵机模型的基础上提出了奠定现代计算机基础的冯・诺依曼结构，该结构指出了计算机体系结构的 3 个基本原则：计算机采用二进制逻辑，计算机遵循存储程序原理，计算机由 5 个部分组成（运算器、控制器、存储器、输入设备、输出设备），如图 1.3 所示。冯・诺依曼体系结构是现代计算机的标准结构。这种结构的特点是“程序存储，共享数据，顺序执行”，需要中央处理器从存储器取出指令和数据进行相应的计算。

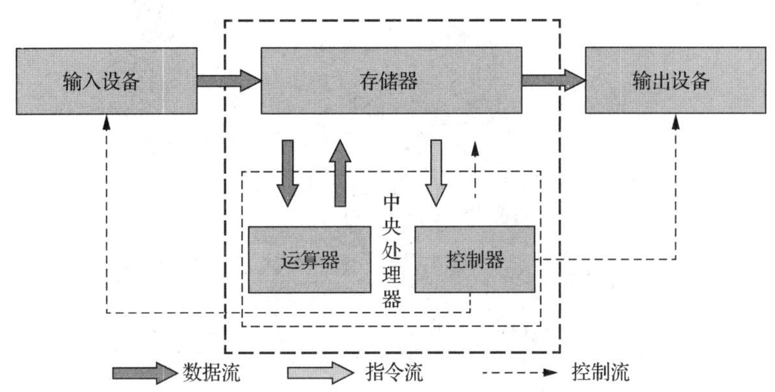

图 1.3　冯・诺依曼体系结构

求解最短路径，从冯・诺伊曼体系结构的角度看是如何进行的？首先，从传感器采集或从键盘输入程序数据，不同的数据进入计算机系统后都会被保存在存储器里。然后，由操作系统控制中央处理器进行运算和存储。计算机从存储器里取出数据并传送给中央处理器，其中的运算器和控制器将根据算法来操作和改变这些数据，一系列的命令处理完成后再重回存储器。最后，这个过程反复递归直到输出结果，并在输出设备上显示程序执行所得的结果。

2. **计算机系统**

基于冯・诺伊曼体系结构的计算机系统如图 1.4 所示，主要包括计算机硬件和计算机软件，硬件包括中央处理器（即运算器、控制器）、存储器和输入输出等设备；软件分为系统软件和应用软件两大类。

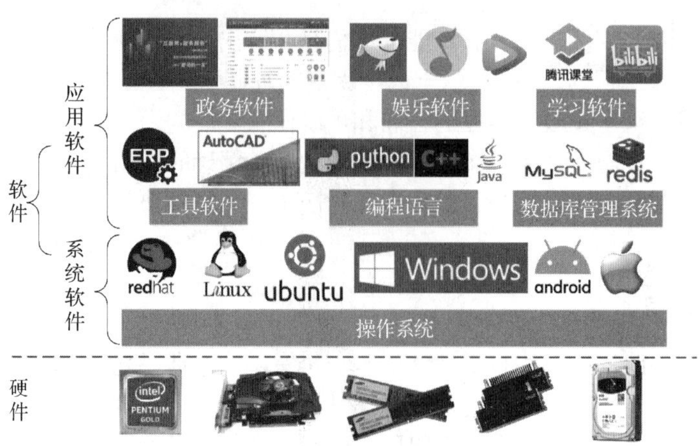

图 1.4　计算机系统

1946 年 2 月 15 日发生了人类历史上一件划时代的大事：世界上第一台通用电子数字计算机（见图 1.5）——埃尼阿克计算机诞生了，它实现了计算工具由机械计算机到电子计算机的过渡，在计算机发展史上具有划时代的意义。以圆周率的计算为例，中国古代科学家祖冲之利用算筹，耗费 15 年心血，才把圆周率计算到小数点后 7 位数；一千多年后，英国数学家香克斯（Shanks）以毕生精力计算圆周率，才计算到小数点后 707 位数；而使用埃尼阿克计算机进行计算，仅用 40s 就达到了这个记录，还发现在香克斯的计算中，第 528 位是错误的。

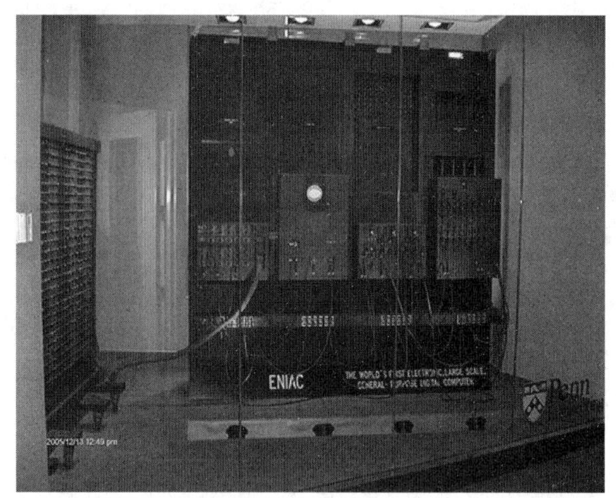

图 1.5　世界上第一台通用电子数字计算机

埃尼阿克计算机最初的设计方案由莫奇利（Mauchly）于 1943 年提出。它采用约 1.8 万个电子管，工作耗电 150kW，重 30t，占地面积 $170m^2$，可谓庞然大物。虽然第一台计算机存在许多缺点，但是它显著提高了计算速度，这在人类计算工具的发展史上无疑是一个巨大的飞跃。

科学技术在不断发展，计算机芯片也在不断地推陈出新，从早期的继电器、电子管发展为晶体管，直到今天大规模使用的集成电路。20 世纪 50 年代中后期，使电子器件和设备更加小型化、更为可靠、价格更为低廉，成为迫切的需求。1959 年集成电路诞生，1971 年以特德 • 霍夫（Ted Hoff）为首的研究小组完成了世界上第一款微处理器芯片 Intel 4004（见图 1.6）的制造，他们在 $3\times4mm^2$ 的面积上集成了 2 250 个晶体管，每秒运算速度达到了 6 万次。这意味着中央处理器已经微缩成了一块集成电路，芯片上的计算机由此诞生。

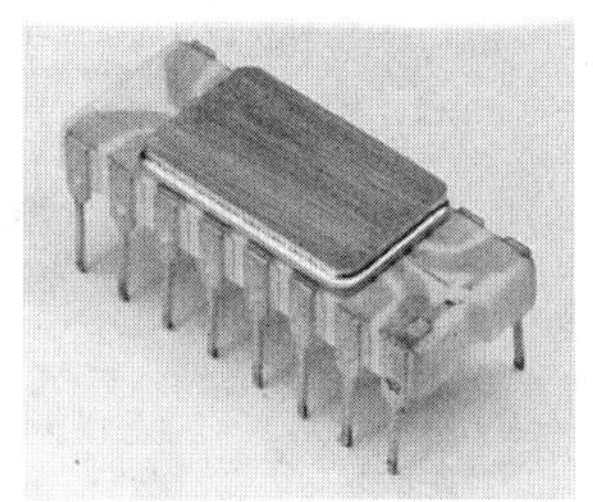

图 1.6　第一款微处理器芯片 Intel 4004

今天，计算机已无处不在，其应用如图 1.7 所示。计算机系统不断发展，逐步出现了各行业、各领域的专业计算机，以及面向家庭、个人、社会和政府的生活/工作计算机等。它可以是帮助人们进行各种计算的工具，是各种机器的大脑，能以看不见、摸不着的形式出现并为人类服务；也可以是人们跨越时空进行交流的工具，或是改造自然的工具；还可以是人类创造另一个虚拟世界的工具。

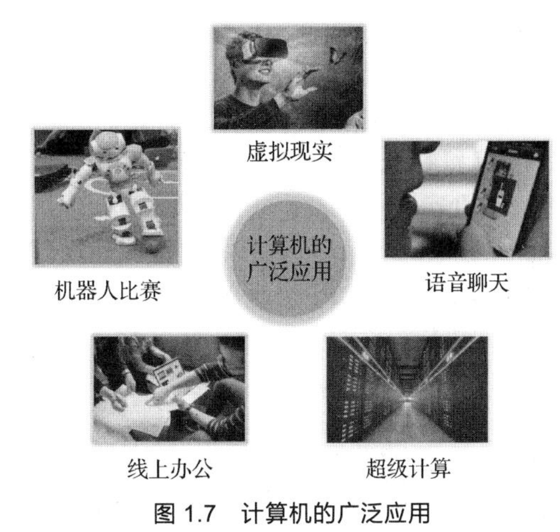

图 1.7　计算机的广泛应用

3. 计算机硬件

计算机的硬件一般包括中央处理器、存储器（内存、硬盘）、输入设备（键盘、鼠标）、输出设备（显示器、音箱）。输入设备能够指挥计算机做事情。用户可以通过输入设备（如键盘、鼠标、麦克风、摄像头等）告诉处理器芯片要做什么。如今，输入设备的表现形式越来越多，比如把计算机嵌入手环里，它能听你的心跳；把计算机嵌入汽车里，它能知道汽车的运行状态；触摸屏能感受到手指的滑动并接收输入信息等。计算机输出信息的方式也有很多，比如计算机显示器可以显示文本、照片、视频，音箱可以输出声音。计算机还可以借助多种输出设备来虚拟现实；计算机的输出也可以控制机器人行动等。

计算机的工作离不开硬件的支持。例如，在探索最短路径的过程中，首先需要从键盘输入机器人所处环境的地图，然后由操作系统将地图数据传送到内存，由中央处理器对数据进行运算并获得结果，最后在显示器上输出寻找到的最短路径。

中央处理器是计算机的核心硬件，它往往以处理器芯片的形式存在。在现实生活中，各类处理器芯片无处不在，多样化的处理器芯片控制着各种机械设备运行。从图 1.8 可以看出，交通中的汽车、平衡车等，日常生活中的冰箱、洗衣机等智能家居设备，都与处理器芯片紧密相关。路上行驶的汽车内安装有多种传感器、控制器并受处理器芯片控制，一辆车至少有 70 种以上的电子控制单元（Electronic Control Unit，ECU）芯片，越高档的汽车，芯片的数量越多，辅助驾驶、无人驾驶车辆内含有的电子产品更多。据统计，平均每人每天至少会使用 250 个芯片。

图 1.8 处理器芯片控制的各类设备

4. 计算机软件

硬件有形，而软件无形。计算机软件多种多样，如图 1.9 所示，它可以是计算机系统中的各类程序，也可以是用户与硬件之间的接口程序，还可以是运行在硬件上的各种程序的总称。在求解最短路径问题的过程中，操作系统是系统软件，它负责计算机硬件和用户编写的程序之间的调度控制，例如控制数据存储方式和运算方式等。人们利用程序语言编写不同的算法来实现不同的功能，此外，算法的设计直接决定了程序运行结果的正确性和效率。使用不同的算法来求解最短路径，效率是完全不同的。

2011 年，美国企业家马克 • 安德森（Marc Andreessen）在华尔街日报刊登文章称，软件正在占领全世界，他认为全球的各行各业正在向以软件为基础的方向转变，越来越多的大企业和行业开始依靠软件运行并提供在线服务。他预言在未来十年会有更多的行业被软件瓦解。

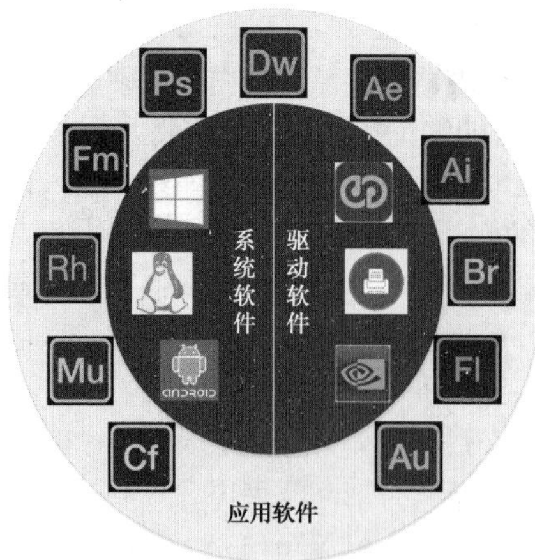

图 1.9 计算机软件

1.1.4 算法、计算机语言与程序

实现计算的自动化需要解决数据的数字化表示、机器的自动存储和程序的自动执行等问题。计算的自动化需要依靠计算机语言、程序和算法。算法是计算系统中程序的灵魂，是计算机求解

问题的步骤的表达。计算机语言包括书写规范、语法规则、标准集合等，是人和机器都能理解的语言，它将算法描述成计算机可执行的程序指令。程序是一系列计算规则的表示，是计算机能够理解的解决问题的步骤。算法要通过计算机语言来实现，用计算机语言将算法编写成程序之后，计算机就能够理解解决问题的步骤并执行相应的程序。算法、计算机语言和程序之间的关系如图1.10所示。

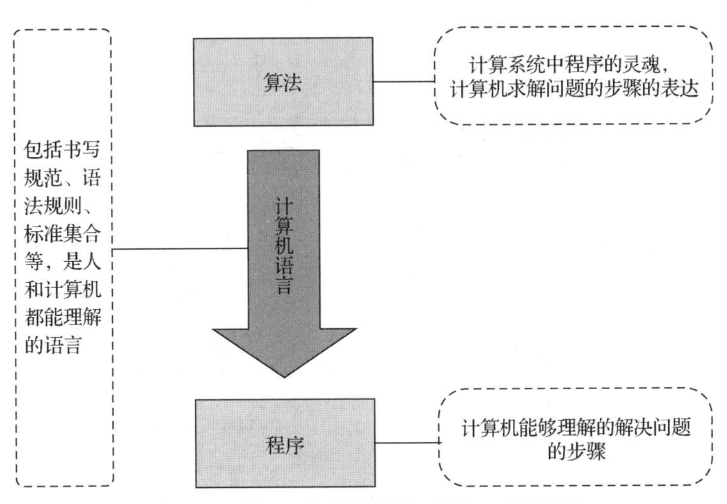

图1.10 算法、计算机语言与程序之间的关系

为了找到智能移动机器人行走的最短路径，可以先通过算法来设计计算的步骤，再通过计算机语言将算法描述成程序，这样就可以通过计算机来执行所设计的程序。在手动进行计算的时候，我们需要知道具体的计算规则，规则可能很复杂，但是计算量不能太大，否则需要花费太多的时间；而计算机是自动计算的，只要将规则设计好，它就可以完成计算量很大的工作，这正是计算机（作为一种计算工具）计算能力的体现。

求智能机器人在环境中行走的最短路径时，需要重复不断地求出当前位置与下一位置之间的距离。假设已知机器人已经行走的距离为2cm，机器人还需要往前走4cm，那么机器人总共需要行走的路径长度为多少呢？这其实是一个求和问题，接下来以这个求和问题为例，说明高级语言源代码及其翻译成指令（即编译）的过程。如图1.11所示，要求解求和问题，首先分解步骤，定义变量，对两个距离进行求和并存储结果，这就是求和的算法；然后，通过高级程序的语言将它程序化，再通过编译系统将编写好的程序变成计算机能够读懂的指令；最后，计算机实现指令数据的存储和执行，执行完毕后将结果返回用户。

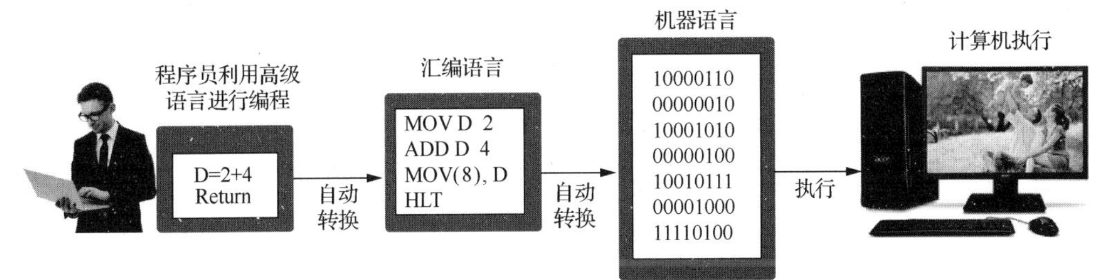

图1.11 高级语言源代码及其编译过程示意图

1. 计算机语言的发展

计算机语言与自然语言不同，它是可以通过确定性的方法被计算机解析、编译或解释的一种

形式语言。它有基本的语法规则。计算机语言一般分为机器语言、汇编语言和高级语言三大类，如图 1.12 所示。

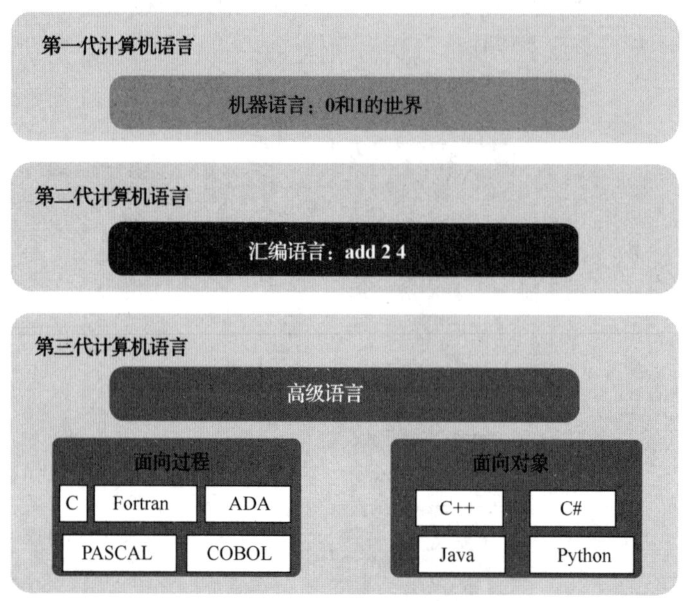

图 1.12 计算机语言分类

第一代计算机语言是机器语言，具有二进制编码形式，由其编写的代码是由 0 和 1 组成的计算机能够直接识别和执行的指令码。尽管机器语言对于计算机的工作来说是快速和直接的，但是能使用机器语言的人非常少，因为机器语言难以理解，可读性差。例如，图 1.11 给出的某一台计算机上的一串二进制指令编码：10000110 00000010 10001010 00000100 10010111 00001000 11110100。其含义是先将 2 赋给 D，然后计算 D+7 的值并赋给 D，最后将 D 的内容存储到地址为 8 的存储单元中。这一串二进制指令的目的是计算 2 和 4 相加之和。从这个例子可以看出，简单的加法求和问题，机器语言需要使用多串二进制指令配合求解，而对于编程人员来说，记住每一串由 0 和 1 组成的指令是一件十分困难的事情。因此，使用机器语言编写程序是非常不方便的。

为了解决机器语言面临的问题，第二代计算机语言（即汇编语言）诞生了。汇编语言用英文字母或者符号串来替代机器语言，把不容易理解和记忆的 0 和 1 的代码对应关系转换成汇编指令。比如说，“add 2 4”这条汇编指令中，add 是相加的英文单词，指令表示 2 和 4 相加求和。汇编语言比机器语言更加便于阅读和理解，但是汇编语言依赖于硬件，这使程序的可移植性极差。尤其是编程人员在使用新的计算机的时候，还需要学习新的汇编指令，这大大地增加了编程人员的工作量。

为了解决汇编语言存在的问题，第三代计算机语言——高级语言就诞生了。高级语言不是一门语言，而是一类语言。它比汇编语言更接近于人类使用的语言，比较容易理解、记忆和使用。例如 C、C++、Java、Python 等都是高级语言，它们和计算机的架构指令集无关，一般具有较好的移植性。

2. 问题求解策略与算法

无论使用什么样的语言，算法都是计算的核心。算法描述的是计算机求解问题的步骤，而程序能不能编写成功，重要的是看能否找出问题求解的算法。以求解机器人行走的最短距路径为例，利用遍历算法和贪心算法分别求解，并比较两种算法的效率。

针对最短距路径求解问题，我们可以将其抽象为一个组合优化问题，即：机器人从起点走到终点的过程中，有 n 个节点需要访问，按怎样的次序访问，才能使机器人访问路径的“权值和”最小？最常使用的求解最短距路径问题的方法是遍历算法和贪心算法。

遍历算法思路比较简单，所谓“遍历”，就是将问题的每一个可能解代入问题中进行计算，通过对所有可能解的计算结果的比较，选取能满足约束条件和目标的解作为问题的最终解。利用遍历算法求解最短距路径时，可以把复杂的路径分解求解，把可能短的每一条路径通过穷举法列举出来，再比较得出最短距路径，该最短距路径即为问题的解。遍历算法的流程图如图 1.13 所示。

遍历算法把一个复杂的庞大的计算过程转换为简单过程的多次重复，这种算法利用了计算机计算速度快而不知疲倦的特点。然而，遍历算法存在一个问题，即能否在有限时间内求解问题，这与问题的规模有关。这里所说的规模一般指问题求解计算量的影响因素，例如，最短距路径问题中满足约束条件的解，即 n 个节点的所有组合所形成的路径，其数目是$(n-1)!$，因此其时间复杂性为 $O(n!)$。随着地图节点数目的不断增大，组合路径数将呈指数级规律急剧增长，以致达到无法计算的地步。对于这类大规模难解问题，需要用其他快速的办法来求解。因此，寻找时间上切实可行的简化求解的方法就成为了问题的关键。

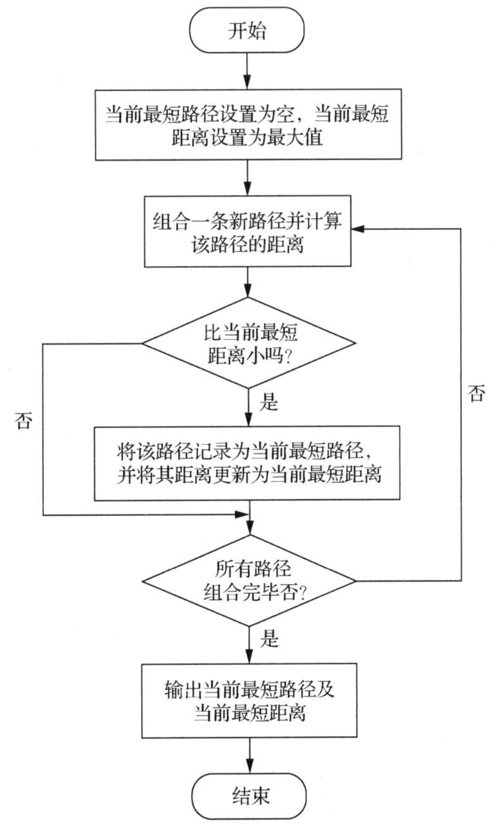

图 1.13　遍历算法求解最短距路径流程图

利用贪心算法可以改进求解大规模最短距路径问题算法的性能。贪心算法是一种局部优化的求解算法，其核心思想是一定要在当前情况下做最好的选择，以防止将来后悔，故名“贪心”。机器人从某一个节点开始，每次选择一个节点，直到所有节点都被选完。机器人每次在选择下一个节点时，只考虑当前情况下的最好选择，保证迄今为止经过的路径总距离最短，即在其所有能到达的节点中选择距离最短的那个节点作为下一个被选中要经过的节点，该算法的流程图如图

1.14 所示。当最短距路径问题规模过大时，只能退而求其次，使用贪心算法求近似最优解，以此来降低时间复杂度。贪心算法牺牲了结果的精度（即求得的不一定是最优解），但换来了时间上可观的节约，如将算法复杂度直接降到多项式量级 $O(n^3)$。

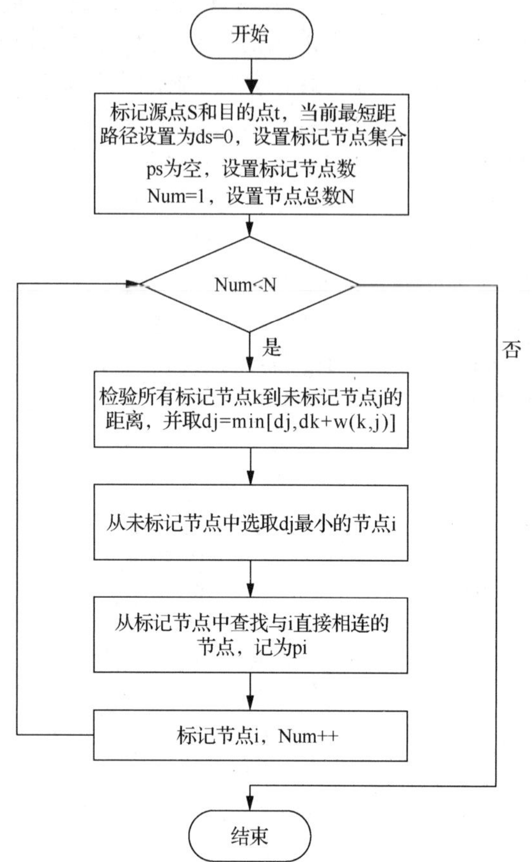

图 1.14　贪心算法求解最短距路径流程图

怎样来判断一个算法的好坏呢？可以通过分析时间和空间的复杂度来实现，尤其需要关注在最坏情况下它的复杂度是多少。对于最短距路径问题，当问题规模小的时候，可以直接穷举问题空间得出最优解；当问题规模大的时候，一般只能靠近似算法求出近似最优解。而算法的性能和机器的硬件也有关系，运算能力越强的机器越可以提高最终的执行效率。

1.2　什么是计算思维

思维是人类所具有的高级认识活动。按照信息论的观点，思维是对新输入信息与老存储知识经验进行一系列复杂的心智操作的过程，计算思维与阅读、写作和算术一样，是 21 世纪人人都应掌握的基本技能，而不仅局限于计算机科学家。

1.2.1　计算思维的概念

2006 年周以真教授给出了计算思维的定义：计算思维是运用计算机科学的基础概念进行问题求解、系统设计以及人类行为理解等的一系列思维活动。计算思维建立在计算过程的能力和限制之上，需要考虑哪些事情人类比计算机做得好、哪些事情计算机比人类做得好，其最根本的问题是：什么是可计算的？

从人类认识和改变世界的思维方式角度看，科学思维可以分为理论思维、实验思维和计算思维。其中理论思维又被称为逻辑思维，它是以推理和演绎为特征的推理思维，对应以数学学科为代表的从假设定义到最后证明的过程。而实验思维又被称为实证思维，对应以物理学科为代表的从实验观察到推断和总结的过程，是一种以观察与归纳为特征的思维方式。

计算思维又称构造思维，一般来说理论思维、实验思维和计算思维，分别对应理论科学、实验科学和计算科学，它们被称为推动人类文明和科技发展的三大支柱。计算思维关注的是人类思维中有关可行性、可构造性和可评价性的部分。在当前大规模数据环境下，不可避免地要使用计算的手段来辅助理论和实验手段。思维是一切的根基，这三种思维方式并不是独立的，因此要注重计算思维和其他思维方式的交叉和融合。

1.2.2　问题求解方法

1. Google 计算思维

2018 年，谷歌中国教育合作项目推出谷歌计算思维课程中文版，其中定义计算思维是一个有着诸多特点和要求的解决问题的过程，可用于解决人文、数学和科学等各种学科的问题。

计算思维是一种问题求解的方式，这种方式会将问题分解，并且利用已有的计算知识找出解决问题的方法。在谷歌的计算思维课程中，计算思维被分为 4 步：第一步是分解或解构，把问题进行拆分，同时理清各个部分的属性，明晰如何拆解一个任务，即把数据或者问题分解成更小的易于管理的部分；第二步是模式识别，找出拆分后问题各部分之间的异同，为后续的预测提供依据，即观察数据的模式趋势和规律；第三步是模式归纳和抽象，要识别和归纳模式背后的一般原理，即探寻形成这些模式的一般规律；第四步是算法设计或算法开发，为解决这一类问题撰写一系列详细的步骤，即针对相似的问题提供逐步的解决方法。

如今人们尝试在许多学科领域中应用计算思维解决问题，提出了很多容易被计算机解决的问题，通过分析和计算探索了问题内部的规律。

2. 计算思维与计算机科学的区别

计算思维与计算机科学的区别如表 1.1 所示。在计算思维中，需要把问题分解成若干个部分或者步骤。以“智能机器人寻路”问题为例，可将其分解为机器人对环境的记忆和机器人在面对不同环境状况时须做出的不同反应 2 个子问题。对于其他学科领域，以“飞机发明”问题为例，其主要可以分解成 3 个子问题：飞机如何能进入空中、如何在空中前进、如何控制飞机的飞行。只要解决了这 3 个子问题，飞机就可以像鸟一样飞行。

计算思维中的模式识别是指发现某些模式或者趋势，例如，通过比较微芯片材料和计算机速度，从中找出一个趋势（即著名的摩尔定律）。在其他的学科领域中，以英语学习为例，动词的过去时态一般是在动词后加 ed 就可以得到，但有一些特殊的单词是直接加 d，或把词尾的 d 改为 t，这些都是英语动词过去时态的转化规律，这也是一个模式识别的过程。

计算思维的模式归纳（抽象）则是要抓住主要的、本质的东西，忽略其他的，去繁求简。在计算机科学领域，以机器人的路径规划问题为例，通过设计算法来实现机器人的前行和避障，其计算思维的主要问题是如何行动和避障，对其他问题则可以忽略不计。在实际生活中，折纸飞机的步骤对应一个算法，同学们规划去教室的路线也对应一个算法。

算法设计是提出解决问题的步骤和方法。在计算机领域中，可以编写一个程序来指导计算机对一组杂乱无章的数据进行排序。而对于其他的一些领域，例如烹饪，则通过撰写菜谱来让其他人能够按照菜谱的步骤烹饪一道美味的佳肴。

计算思维是人类求解问题的一种思维方法，而不是要人类像计算机那样思考。它不是仅仅属于计算机科学家的，而应属于我们每一个人。

表 1.1　　计算思维与计算机科学的区别

计算思维	计算机科学领域应用	其他学科领域应用
问题分解	将“智能机器人寻路”问题分解为 2 个部分：机器人对环境的记忆和面对不同环境状况时须做出的反应	飞机发明：通过解决飞机进入空中、飞机在空中前进、可控制飞机的飞行三个子问题，使得飞机可以像鸟一样飞行
模式识别	将比较微芯片材料和计算机速度的数据可视化，并从中找出一个趋势，如著名的摩尔定律	英语学习：不同时态下动词的变化规律
模式归纳（抽象）	通过设计算法来实现机器人的前行和避障	实际生活：折纸飞机的步骤，规划去教室的路线
算法设计与编程	编写一个计算机程序来对数据进行排序	烹饪艺术：撰写供他人使用的菜谱

3. 计算思维案例

（1）计算思维案例 1——分解

分解是把大问题拆解成小问题，即由大化小，将一个复杂的问题分解为简单的问题，把新问题拆分成老问题，如图 1.15 所示。以吃蛋糕为例，一块大蛋糕如果没被切开，吃起来是非常困难的；可以使用工具把它分成很多小块，而一小块也不可能一口就吃完，还要一口一口吃。这就是将一个大问题拆解成小问题，再把小问题拆解成简单问题的过程，进而一步一步地来解决一个大问题。

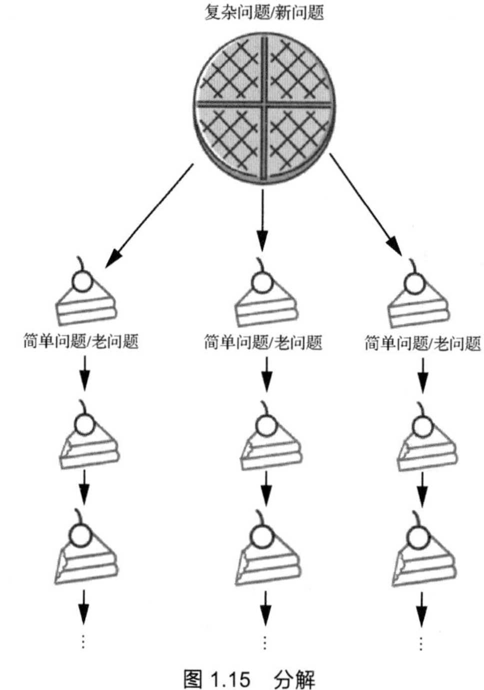

图 1.15　分解

（2）计算思维案例 2——模式识别

模式识别是指寻找问题或者子问题之间的模式规律或者趋势，目标是分析和理解简单问题的实质。如图 1.16 所示，在水果店买 3 个苹果共需 9 元，如果要买 5 个梨子，每个 4 元，能找到什么规律计算总价呢？这里的计算模式为单价乘以数量等于总价。

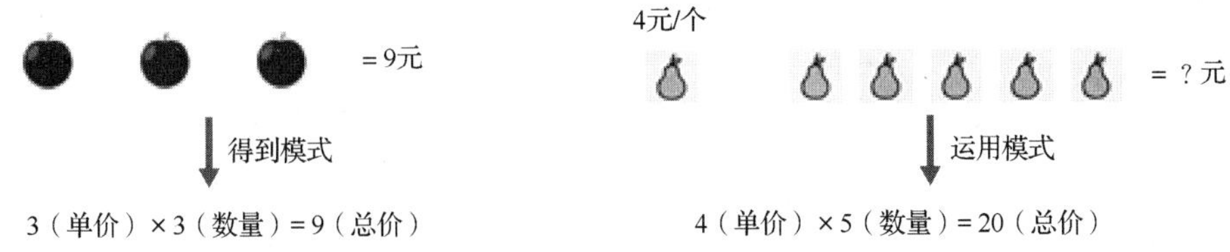

图 1.16　模式识别

（3）计算思维案例 3——模式归纳

古诗词中也会有计算思维吗？宋词句子有长有短，便于歌唱。人类通过宋词抒发自己的情感，那么计算机能创作出宋词吗？计算机从宋词中找到一些共有的格式来发掘宋词背后的模式，继而可以创作出宋词，这就是模式归纳。模式归纳是基于学科案例中蕴含的一些模式，形成一套独有的、借助模式识别方法来进行问题研究的流程。

将宋词分解为不同的组成部分，如词牌名、基本结构、词格、韵脚以及词句的对仗等，识别每一个部分背后的模式和规律，并将它们抽象化和一般化，进而可以实现计算机创作宋词，如图 1.17 所示。第一步是分解和分析，将要设计的宋词分解成不同的部分，并划分成不同的组成，然后分别检查和设计每个组成部分；第二步是进行模式的识别和算法的探究，找规律来创作；第三步通过抽象化来掌握宋词的结构，之后就可以创作出不同的宋词了。在计算机创作宋词的过程中，需要为计算机指定一个主题词和词牌名，这样计算机就可以创作出对应的宋词。

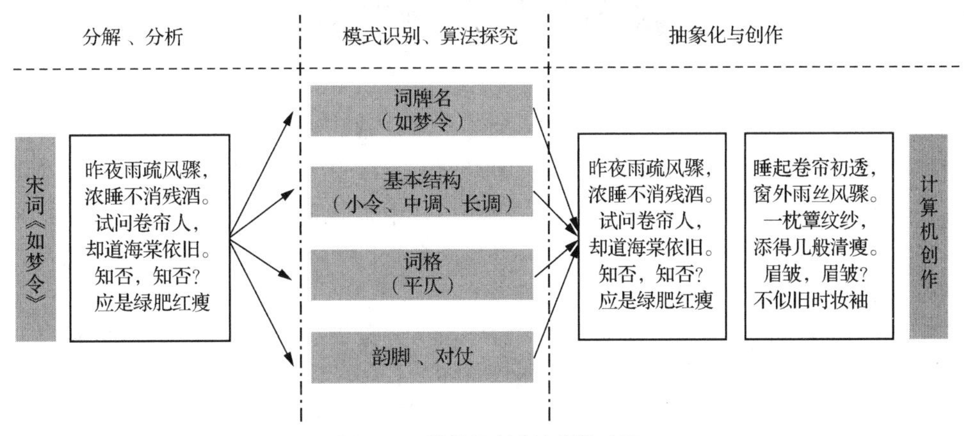

图 1.17　计算机创作宋词的步骤

（4）计算思维案例 4——抽象

抽象是指高度概括简单问题的实质，为高效解决问题指引方向。看到有蓝天白云、一望无际的草原以及两只小羊的画面，艺术家、生物学家、数学家有着不同的感受与理解。如图 1.18 所示，艺术家觉得这是一幅描绘了蓝天、白云、绿草、小羊的自然美图；对于生物学家来说，图中是一对雌雄羊，繁衍生息；而数学家想到的则是图中共有 1+1=2 只羊。艺术家关注的是自然美，生物学家关注生命，数学家却从色彩、性别状态中抽象出数量关系，这就是数学高度抽象性的体现。

（5）计算思维案例 5——算法设计

算法设计是要解决前面分而治之的小问题，通过用切实可行的方法解决小问题，进而达到解决复杂问题的目标。在算法设计中要完成某项任务的一系列的指令以及解决问题的方案，或者是步骤（包含分解抽象及模式识别），就像一条线，串起了计算思维在各个领域的应用。

如图 1.19 所示，火星探测器着陆后，火星车在无人控制的情况下即可自动寻路，这是如何实现的呢？

图 1.18　计算思维案例——抽象

图 1.19　火星探测器翻越障碍自动寻路

第一步是要对问题进行分解和分析，在控制火星车翻越前路障碍的过程中，火星探测器要左右移动，可以把它分解成左移或者右移的动作；第二步，在模式识别中左移和右移的模式是类似的，左移设计好了，那么可以直接将其运用到右移模式中；第三步为抽象，可以将机器人和障碍物抽象成多边形，通过计算多边形之间是否有重叠来判断机器人是否撞到了障碍物而导致寻路失败；最后是算法的设计与实现。

通过程序设计可以完成角色的导入，包括背景、火星探测器、障碍图标等。接着设置火星探测器的初始位置，同时要通过键盘控制火星探测器的左右移动；火星在移动过程中要采用相应背景的移动设计算法和碰撞处理算法，最后让火星探测器成功翻越障碍（图 1.20）。

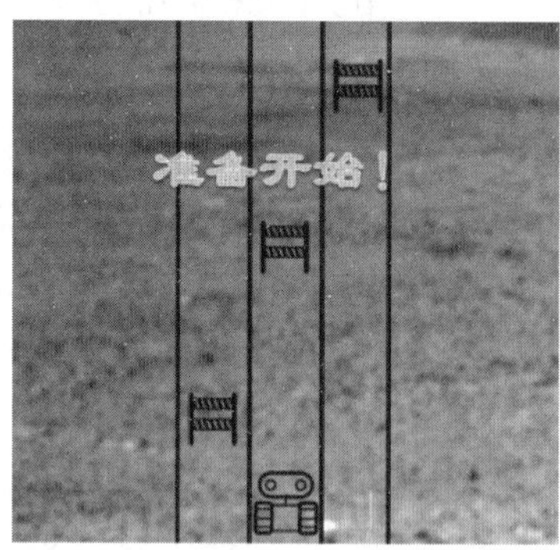

图 1.20　火星探测器翻越障碍

1.2.3　算法——计算系统的灵魂

人工智能迅猛发展，无论是在无人驾驶汽车领域还是大数据领域，都或多或少地依赖于大量的人工智能技术。我们希望机器能像人一样思考，这涉及机器学习、自动推理、人工意识、知识表现；我们希望机器像人一样能听懂话语，这涉及语音识别；我们还希望机器像人一样能看懂图像，这涉及视觉识别。

算法、数据和计算能力是人工智能的三大基石，其中算法是非常重要的一个部分。好的算法能节约很多资源，甚至能够完成一些不可能完成的任务。在某些需要处理上百万个对象的应用程序中，设计优良算法甚至可以将程序运行的速度提高一百万倍；与此相反，购置新的硬件可能只能将计算速度提高十倍或者百倍。在任何应用领域，精心设计的算法都是解决大型问题最有效的方法。

人工智能涉及哪些算法？不同的算法适用于哪些场景？图 1.21 所示为人工智能机器学习算法分类，机器学习通过优化方法挖掘数据中的规律，包括监督学习、无监督学习、半监督学习，强化学习、深度学习、迁移学习等。深度学习是运用神经网络作为参数结构进行优化的机器学习；而强化学习不仅可以利用现有的数据，还可以通过对环境的探索获得新数据，并利用新数据循环反复地迭代现有的模型；当然还有深度学习和强化学习相结合的深度强化学习等。深度学习系统和强化学习系统都是自学习系统。

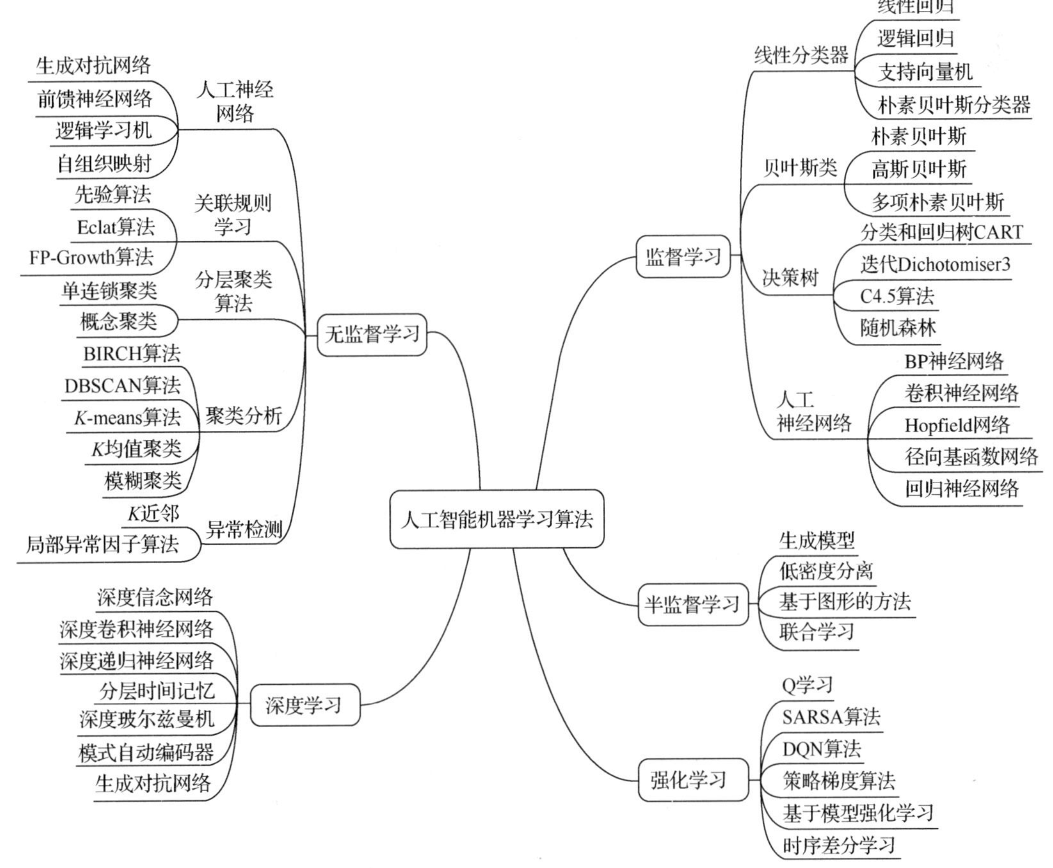

图 1.21　人工智能机器学习算法分类

人工智能有这么多的算法，在不同的场景下应该使用哪一种算法呢？这需要考虑数据量的大小、数据的质量、数据本身的特点以及计算的复杂度和精度。解决不同的问题可能会用到不同的算法，也可能会用相同的算法，但是没有某种算法是万能的，只是适应的范围不同。算法并没有高级和低级之分，快速高效地解决问题才是目的，根据不同的环境选择合适的算法才是最重要的。

1.3 探索人工智能

2014 年，聊天机器人尤金 • 古斯特曼（Eugene Goostman）通过了图灵测试，这个事件点燃了公众对人工智能的热情，开启了人工智能前世今生的探寻之旅。

1.3.1 智能移动机器人路径规划

机器人是自动执行工作任务的机器装置，它既可以接受人类指挥，又可以运行预先编排的程序，也可以根据以人工智能技术制定的原则纲领行动；它的任务是协助或取代人类进行工作，例如生产业、建筑业中的工作或是危险的工作。智能移动机器人是一个集环境感知、动态决策与规划、行为控制与执行等多种功能于一体的综合系统，它融合了计算机技术、自动控制、传感器技术、信息处理以及人工智能等多学科知识，是目前科学技术发展最活跃的领域之一。

移动机器人利用轮子、腿或其他类似的机械装置在它们的环境中来回移动。随着机器人性能的不断完善，移动机器人的应用范围大为扩展，不仅在工业、农业、医疗、服务等行业中得到广泛应用，而且在城市安全、国防和空间探测等领域得到了很好的应用。无人陆地车辆（Unmanned Ground Vehicle，UGV）能够在街道、高速公路和野外无人驾驶的情况下自主导航，无人飞行器（Unmanned Air Vehicle，UAV）能在喷洒农作物时自动规划航迹，扫地机器人能自动避障并制定清扫路径，“祝融号”火星探测车能自动完成既定巡视探测任务。这些应用成果的取得都离不开路径规划技术。

智能移动机器人路径规划技术是机器人研究领域中的核心技术之一。接下来我们来看一个智能移动机器人路径规划的实际案例——智能移动机器人寻路。机器人在执行任务时处于一个完全陌生的环境中，环境中有任务起点与目的终点，有墙以及走道，外围有边界。图 1.22 展示了路径规划环境的抽象示意图。机器人从起点 S 出发，自动绕过环境内的障碍物，找到一条用时最短的路径走到终点 E。一个机器人包含机身、电源、传感器、微处理器、电机及驱动等部分。机器人利用红外传感器作为“手臂”感知探测前方、左边、右边是否有障碍物。机器人通过智能寻路算法程序控制运动与避障。机器人在电机的控制下可以直行、左转、右转，最终到达终点并执行任务。

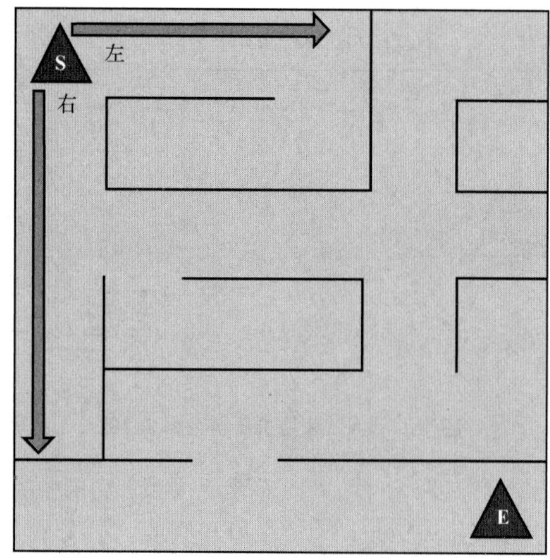

图 1.22 路径规划环境示意图

智能移动机器人寻路的过程反映了人类的记忆与决策能力。其解决方案的基本思路是移动机器人在未知的环境中，自行探索并“记忆”探索过的环境地图，采取相应的算法做出控制决策，在尽可能短的时间内走到目的终点。接下来，我们就以“智能移动机器人寻路”为例讲解使用计算思维来解决问题的一般过程。

1. 问题分解

计算思维首先需要将问题分解成一系列较小的、可管理的子问题，然后逐个解决每个子问题。针对智能移动机器人寻路问题，给定一个环境地图，机器人要从任务起点行驶至目的终点，可将问题分解为两个子问题，如表 1.2 所示。第一个问题是机器人对地图的“记忆”。第二个问题是探索机器人在地图中行走时可能面对的情况以及应该采取的行动。这两个子问题是完成移动机器人用时最短路径规划的关键。

表 1.2　问题分解

问题 1	地图的构建与表示	智能移动机器人对地图的记忆
问题 2	智能移动机器人遇到的状况	智能移动机器人的行动
	左边有墙，前边没有墙	
	左边没墙	
	左边有墙，前边也有墙	

2. 模式识别

模式识别，即观察问题，找出模式、趋势和规律。想象一下，如果你被蒙住眼睛，在偌大的空教室里寻找教室的出口，教室由墙壁和可通行的通道组成，你会怎么办呢？如果只用一只手来寻找，很难找到方向。而当你用两只手配合并沿着墙壁探索路线的时候，就能够在各种状况下（如拐角）很好地做出相应的判断，并顺利地找到教室出口。同样，对于智能移动机器人寻路问题，可以将环境地图划分成网格，灰色格子代表墙壁，白色格子代表通道，如图 1.23（a）所示。机器人在环境中要想不迷路，需要靠墙壁行走，且需要安装至少两只“手臂”来配合探路寻找教室出口。那机器人用什么来当手臂呢？可以给机器人的两侧装上两个探测范围均为 90 度的红外避障传感器，如此一来，它就能像人一样灵活地感知周围的环境。智能移动机器人寻路与人寻路的相似之处，如表 1.3 所示。这样就找到了机器人在环境中行走的规律，完成了基本的模式识别。

表 1.3　智能移动机器人寻路与人寻路的相似之处

人（蒙住眼睛）	智能移动机器人
靠墙行走	靠墙行走
用手搜索	用红外避障传感器感知
双手配合	两个红外避障传感器配合

3. 抽象

抽象是探寻模式背后的一般原理，寻找一类问题的一般解决方法。智能移动机器人寻路，首先需要用网格构建环境地图，用 0 和 1 分别定义灰色格子和白色格子，实现环境地图抽象，得到图 1.23（b）所示的地图。接着探寻移动机器人从任务起点走到目的终点的方法。智能移动机器人寻路的方法一般有两种，一种是靠左墙走，即左手定则；另一种是靠右墙走，即右手定则。

下面以左手定则为例，讲解智能移动机器人是如何避障前行的。采用左手定则，移动机器人用左侧传感器摸索左边墙壁，沿着左墙壁摸索前行，右侧传感器感知前方、右方是否有障碍物。在移动机器人前行并规划路径的过程中，有 4 种情况，如图 1.24 所示。第一种情况是移动机器人左侧传感器探测到有墙壁，右侧传感器感知前方无障碍物，移动机器人前行；第二种情况是移动机器人左侧传感器探测到无墙壁，右侧传感器感知到前面有障碍物，移动机器人左转绕到墙壁背面；第三种情况是移动机器人左侧传感器感知有障碍物，右侧传感器感知到前方有障碍物，右边无障碍物，移动机器人右转；第四种情况是当移动机器人检测到前方的终点标志（白色轨迹）时，移动机器人停止前进。基于右手定则所实现的方法与之类似。

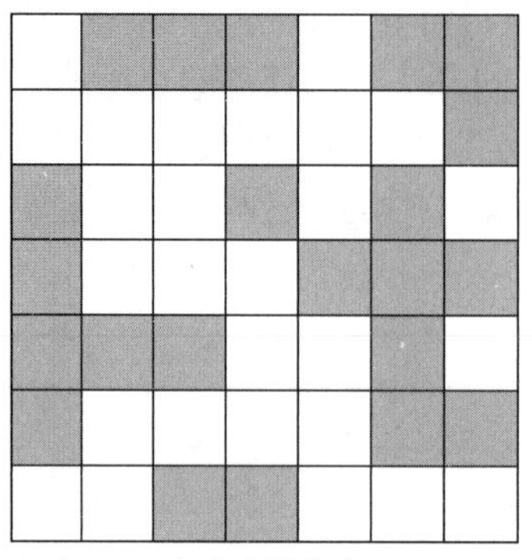

（a）地图构建

1	0	0	0	1	0	0
1	1	1	1	1	1	0
0	1	1	0	1	0	1
0	1	1	1	0	0	0
0	0	0	1	1	0	1
0	1	1	1	1	0	0
1	1	0	0	1	1	1

（b）地图抽象

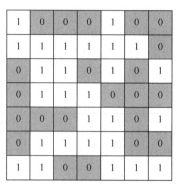

图 1.23　地图的构建与抽象

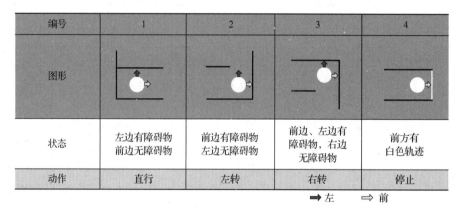

编号	1	2	3	4
图形				
状态	左边有障碍物 前边无障碍物	前边有障碍物 左边无障碍物	前边、左边有 障碍物，右边 无障碍物	前方有 白色轨迹
动作	直行	左转	右转	停止

➡ 左　　⇨ 前

图 1.24　移动机器人行为状态抽象

4. 算法设计

算法设计是为解决某一类问题而撰写的一系列详细的指令，计算机依据这些指令完成设定的任务。程序的灵魂是算法，流程图是一种很好的算法描述方法。以智能移动机器人寻路的左手定则为例，其流程图如图 1.25 所示。移动机器人首先要走到墙边，然后进入重复循环中。

① 检测左侧是否有墙：如果没有则左转，如果有则执行②；

② 检测前方是否有墙；如果没有则直行，如果有则执行③；

③ 检测右侧是否有墙；如果没有则右转，如果有则左转；直到移动机器人到达目的终点，完成任务。

“智能移动机器人寻路”问题实质上可以归结为“智能移动机器人路径规划”问题的一类。“路径规划”问题中运用到的人工智能、计算方法、自动化等技术可以推广到诸如汽车导航、自动驾驶、工厂自动化、智能家居、避障机器人、外星探测等应用领域中。

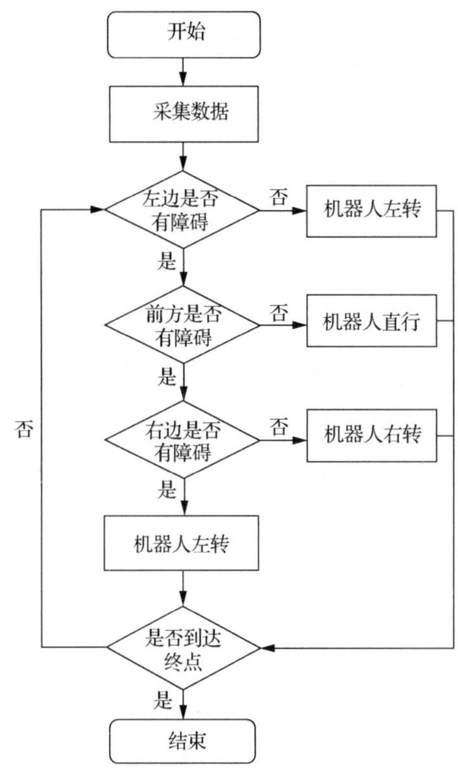

图 1.25　智能移动机器人寻路流程图（左手定则）

1.3.2　人工智能历史

人工智能的历史最早可以追溯到 17 世纪，那时便已经有了“有智能的机器”这一设想，但人工智能的真正孕育期在 20 世纪 40～50 年代。1950 年，图灵发表了一篇划时代的论文，文中预言了创造出具有真正智能的机器的可能性。他注意到“智能”这一概念难以确切定义，进而提出图灵测试。图灵测试是区分人与人工智能设备的一个测试，测试中要求一个人和一台拥有智能的机器设备在互不相知的情况下，进行随机的提问交流，如果超过 3 成的测试者没有发现对方是机器设备，就代表这台设备拥有“人类智能”。

比较著名的案例是尤金・古斯特曼，它首次通过了图灵测试。尤金・古斯特曼（其界面见图 1.26）是由俄罗斯人 Vladimir Veselov 开发的智能软件，模仿的是一位 13 岁的男孩，并设法让 33%的测试者相信被测试者的答复为人类所为。2016 年，清华大学语音与语言实验中心研发的作诗机器人“薇薇”也通过了图灵测试，在“薇薇”创作的诗词中，有 31%被认为是人类所创作的。

图 1.26　聊天机器人尤金・古斯特曼界面

如图 1.27 所示，借助集合可以更容易理解图灵测试和人工智能的关系。“全部智能行为”对应的集合和“全部人类行为”集合之间有相交部分，也有不相交部分。全部智能行为中有部分是人类无法靠自身做到的（如导航时计算最短距离及最短时间等），人类行为中的非智能行为部分是不需要机器学会的（如撒谎、弹吉他、骑自行车、跳舞等），具备一项或多项全部智能行为和全部人类行为之间的交集内的行为能力（如猴妈妈分桃子）即可通过图灵测试。猴妈妈拥有部分智能行为，可以将一堆桃子较为公平地分给 3 个儿子，可她并不具有全部人类行为，但我们可以说其拥有智能并可以通过图灵测试。类似地，机器人拥有某一项智能行为，比如自然语言处理、图像识别等，而并不一定要拥有全部人类行为，其仍可通过图灵测试。因此，主流的人工智能是以解决那些人脑能解决的问题为目标的，注重解题能力，而不在乎解题行为是否和人类相似。

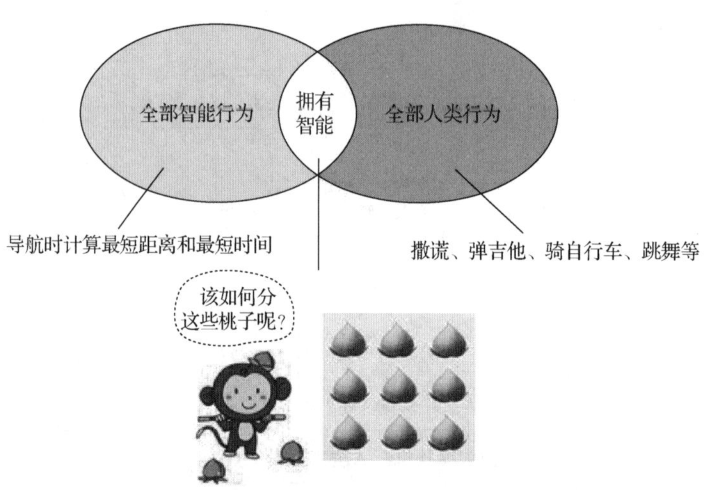

图 1.27　智能行为和人类行为之间的关系

人工智能基础技术和研究的形成时间是在 1956 年到 1970 年之间。1956 年，计算机专家约翰・麦卡锡（John McCarthy）提出了“人工智能”一词，并将其作为一门学科创立，这标志着人工智能的正式诞生，人工智能从此走上了快速发展的道路。1957 年，罗森博拉特（Rosenblatt）提出了著名的感知机模型，该模型是第一个完整的人工神经网络。1962 年，美国工程师威德罗（Windrow）和霍夫（Hoff）提出了自适应线性单元（adaptive linear element），掀起了人工神经网络研究的第一次高潮。1965 年，罗伯特（Roberts）完成了可以分辨积木构造的程序，开创了计算机视觉领域的先河。1968 年，斯坦福大学费根鲍姆（Feigenbaum）教授开发出世界上第一个化学分析专家系统 DENDRAL，开辟了以知识为基础的专家咨询系统研究领域。同年，悉尼大学学者奎廉（Quillian）提出了语义网络的知识表示方法，试图解决记忆的心理学模型。后来得克萨斯大学奥斯汀分校的学者西蒙（Simon）等人将语义网络应用于自然语言处理中并取得了巨大的成效。

1971 年至 1980 年间，人工智能技术开始步入发展和实用化阶段，以费根鲍姆为首的一批年轻科学家改变了人工智能研究的战略思想，开展了以知识为基础的专家咨询系统的研究与应用工作。在 20 世纪 70 年代这一时期，不少专家系统被开发出来，例如麻省理工学院开发的符号数学专家系统 MACSYMA 和自然语言理解系统 SHRDLU，还有斯坦福大学肖特利夫（Shortliffe）等人开发的医学诊断专家系统 MYCIN。同期，哈佛大学沃博斯（Werbos）在他的博士论文中在感知机的基础上加入隐含层的学习算法，有效解决了多层网络中隐含结点的学习问题。1977 年，费根鲍姆教授在第五届国际智能联合会议上提出“知识工程”的概念，人工智能的研究从以基于推理为主的模型转向以基于知识为主的模型。

1980 年至今，知识工程与专家系统步入迅速发展阶段。20 世纪 80 年代，人工智能发展达到了阶段性的巅峰，科学家们陆续提出了多种神经网络，1987 年 6 月，第一届国际人工神经网络会议在美国召开，宣告了这一新学科的诞生。进入 20 世纪 90 年代，计算机日趋小型化、网络化和智能化，人工智能技术逐渐与数据库、多媒体等主流技术相结合，旨在使计算机更聪明、更高效、与人更接近。随着计算机和网络技术的普及和发展，当今人工智能研究者开始关注并探索并行与分布式处理技术，知识的获取、表示、更新和推理方法，多功能的感知技术，多智能体的研究以及数据挖掘等领域。

1.3.3　人工智能相关研究

人工智能是计算机科学的一个分支，人工智能研究使计算机可模拟人的某些思维过程和智能行为（如学习、推理、思考、规划等），主要包括让计算机实现智能的原理、制造类似于人脑智能的机器、使计算机实现更高层次的应用等方面。人工智能涉及计算机科学、电子、自动控制、机械、心理学、伦理学、哲学和语言学等多个学科，几乎涵盖自然科学和社会科学的所有学科，其范围已远远超出了计算机科学的范畴，它的终极目标是使机器拥有像人类一样的智力，可以替代人类实现学习、推理、思考、规划等多种功能。从应用的角度看，人工智能的研究主要集中在以下几个方面：机器人、语音识别、模式识别、自然语言处理、专家系统、计算机视觉、计算智能、自动程序设计、智能控制与智能规划等。

清华大学自主研发的科技情报大数据挖掘与服务系统平台 AMiner,参考了人工智能领域国际顶级期刊和会议在 2011—2020 年间所收录的全部论文数据和专利数据，从标题和摘要信息中抽取论文技术研究主题和所在领域，并按照不同技术研究方向的论文发表数量、论文引用量和领域引用特征进行综合评测排序，通过人工智能算法计算出不同人工智能技术研究方向的 AMiner 影响力指数，评选出了过去 10 年“十大人工智能研究热点”，如表 1.4 所示。

表 1.4　　AMiner 评选出的近 10 年“十大人工智能研究热点”

排名	人工智能研究热点名称	AMiner 指数
1	深度神经网络	98.16
2	特征抽取	21.51
3	图像分类	14.14
4	目标检测	12.73
5	语义分割	12.01
6	表示学习	11.88
7	生成对抗网络	11.44
8	语义网络	10.60
9	协同过滤	9.98
10	机器翻译	8.84

目前，人工智能已经被广泛地应用到工业、农业、交通、教育、航空航天等多个领域。在航天领域，人工智能已经成为中国航天的“探路者”，例如火星探测器。2020 年 7 月 23 日，在海南文昌航天发射场，我国用长征五号遥四运载火箭成功发射担负首次火星探测任务的天问一号火星探测器。2021 年 5 月 15 日，天问一号火星探测器成功着陆火星乌托邦平原南部预选着陆区，标志着我国首次火星探测任务（着陆火星）取得成功。天问一号火星探测器（见图 1.28）同时载有火星环绕器、着陆器和火星车，而火星车上装有太阳能电池板、探测雷达、磁场探测仪和气象测量仪。天问一号火星探测器着陆后，“祝融号”火星车开始进行着陆巡视。着陆巡视和智能移动机器人寻路也有着许多相似之处，人工智能技术在它们的工作中都扮演着重要的角色。火星车上也安装有避障感知器，当探测器遇到障碍时，火星车会像机器人一样自动绕开障碍物。

"天问一号"使用了基于计算机视觉、自然语言处理、机器学习、语音识别等技术的人工智能技术。在外太空，所有的事情都需要探测器自己决策，例如故障应用、异常处理等。未来，通过在火星探测器上配备更加成熟的人工智能设备和系统的方式，火星探测器将可以和宇航员一起执行任务、共同完成太空操作和实验等工作，极大地提高探测效率。

图 1.28 天问一号火星探测器

过去 10 年里，人工智能已从实验室走向产业化生产，重塑传统行业模式，并为全球经济和社会发展做出了不容忽视的贡献。目前人类仍处于弱人工智能时代。弱人工智能的行为都是被程序设计者的程序驱动的，只能解决特定领域的问题。当前全球人工智能浪潮汹涌，人们正努力实现人工智能从感知到认知的跨越，使之成为具有推理性、可解释性、认知性的强人工智能。未来 10 年，人工智能技术将实现从感知智能到认知智能的新突破。

1.4 人工智能发展

人工智能自提出以来，越来越深刻地影响着人类的生活。经过 60 多年的发展，人工智能在理论研究以及应用领域都取得了很多成果，人类正在飞快地进入一个由人工智能驱动的全新时代。

当前，人工智能技术与传统行业深度融合，广泛应用于交通、医疗、教育、商业、信息安全以及工业等多个领域，在有效降低劳动成本、优化产品和服务、创造新市场和就业机会等方面，为人类的生产和生活带来了革命性的转变。

1.4.1 人工智能应用领域

历史的车轮滚滚向前，如今，出现了与蒸汽机、电灯、计算机等发明等量级的新事物——人工智能，其正以迅雷不及掩耳之势席卷全球。当今机器基于各类数据和素材的积累实现了深度学习——以人的思维方式思考、解决问题。人工智能出现的意义绝不仅仅是机器人的批量生产与应用，而是作为核心驱动力驱动产业结构、城市形态、生活方式和科技格局的颠覆式变革。

人工智能开启未来之门，我们即将迎来以人工智能技术为主导的第四次工业革命。人工智能应用领域如图 1.29 所示，一方面，人类围绕人工智能积极布局了新兴领域，包括智能软硬件（语音识别、机器翻译、智能交互）、智能机器人（智能工业机器人、智能服务机器人）、智能运载工具（自动驾驶汽车、无人机、无人船）、虚拟现实与增强现实、智能终端（智能手表、智能耳机、智能眼镜）、物联网基础器件（传感器件、芯片）等，形成了人工智能主题的高端产业和产业高端的聚集；另一方面，人工智能推动制造业、农业、教育、金融、医疗、家居产业在内的传统产业转型升级，形成了智能制造、智能农业、智能教育、智能金融、智能医疗、智能家居等新兴产业。

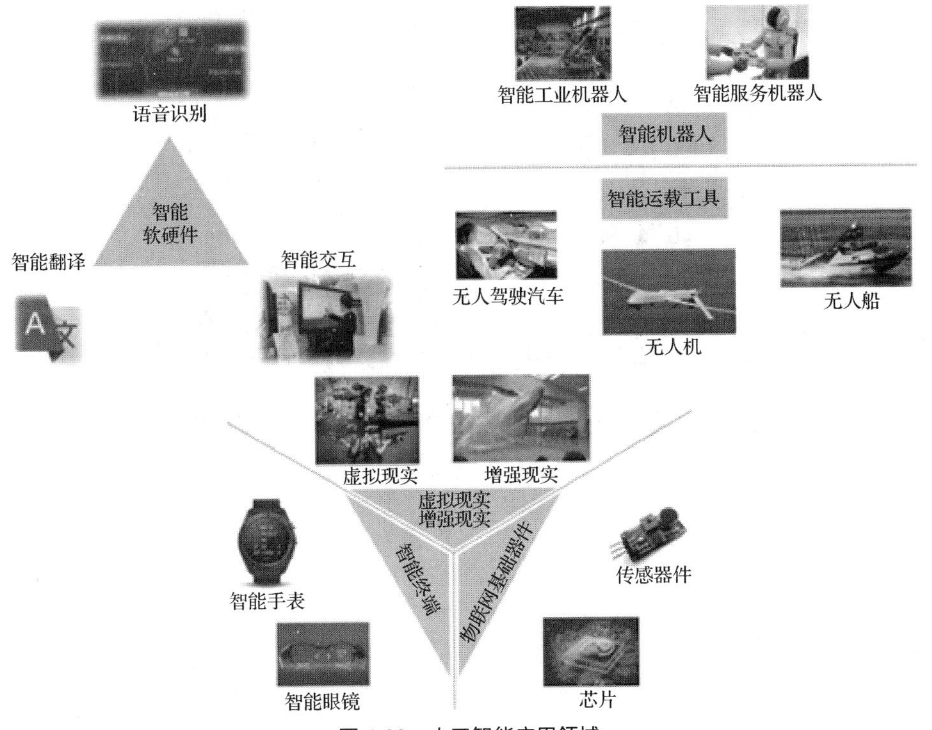

图 1.29 人工智能应用领域

智能制造是基于新一代信息技术的先进制造过程、系统与模式的总称（见图 1.30），其贯穿设计、生产、管理、服务等制造活动的各个环节，具有信息深度自感知、智慧优化自决策、精准控制自执行等功能。机器学习、深度学习、自然语言处理、语音识别、计算机视觉、计算机图形、机器人、人机交互、数据库、信息检索与推荐、知识图谱、知识工程、数据挖掘等人工智能技术被引入智能工厂、工程设计、工程工艺设计、生产制造、生产调度、故障诊断、智能物流、智能生产信息化管理系统等制造领域场景中，全面提升了产业发展的智能化水平。

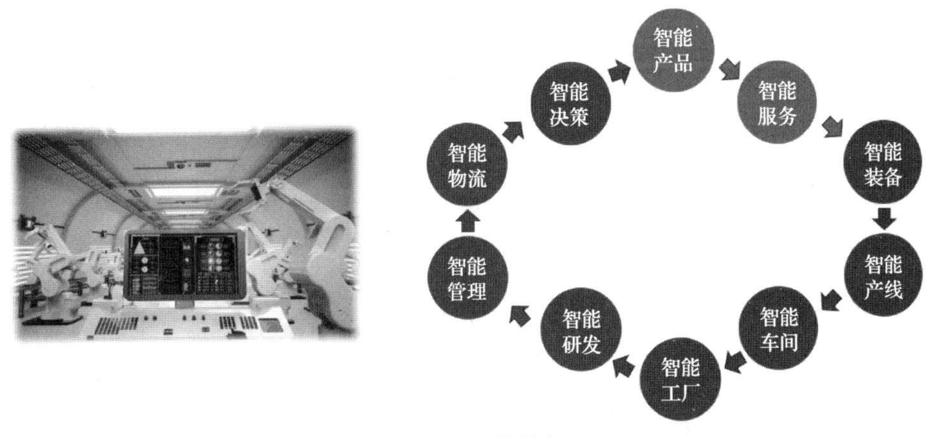

图 1.30 智能制造

智能农业系统通过物联网技术实时采集温室内的温度、土壤温度、二氧化碳浓度、湿度信号以及光照、叶面湿度、露点温度等环境参数，并引入机器学习、深度学习等人工智能技术以进行数据分析并制定决策，自动开启或者关闭指定设备（见图1.31）。智能农业系统可以根据用户需求随时处理相关信息，为农业综合生态信息监测、设备自动化控制和智能化管理提供科学依据。

图 1.31　智能农业

智能教育指在教育领域全面深入地运用现代信息技术来促进教育改革与发展过程（见图 1.32）。人工智能技术被引入教育领域的自适应学习、教育机器人、智慧校园、智能课堂、智能题库、语音测评、人机对话、教育辅助等场景，其技术特点是数字化、网络化、智能化和多媒体化，基本特征是开放、共享、交互、协作。智能教育以教育信息化促进了教育现代化，用信息技术改变了传统教育模式。

图 1.32　智能教育

智慧金融即人工智能与金融的全面融合。人工智能、大数据、云计算等高新技术被引入金融领域的智能获客、身份识别、智能风控、智能投顾、智能客服、移动支付以及业务流程优化等应用场景，全面赋能金融机构，提升金融机构的服务效率，拓展金融服务的广度和深度，使全社会都能获得平等、高效、专业的金融服务，实现金融服务的智能化、个性化、定制化（见图 1.33）。

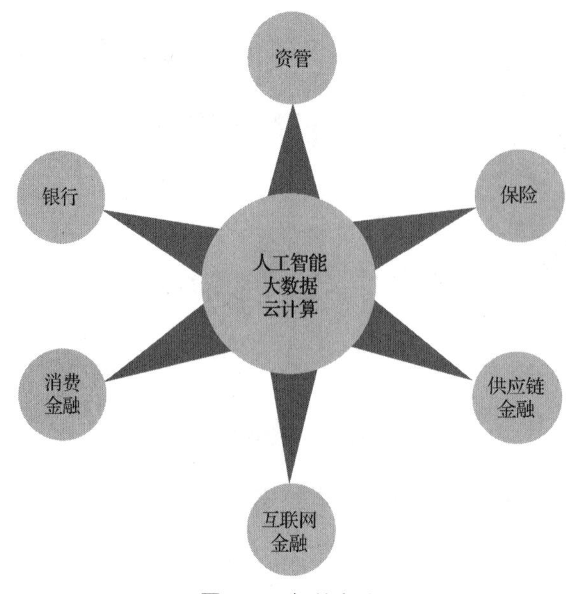

图 1.33　智慧金融

大量人工智能技术被引入医疗领域的电子病历、影像诊断、医疗机器人、健康管理、远程诊断、新药研发、基因测序等应用场景中，形成了智能医疗。智能医疗通过打造健康档案和区域医疗信息平台，利用最先进的物联网技术，实现了患者与医务人员、医疗机构、医疗设备之间的互动，逐步实现了医疗的信息化和智能化（见图 1.34）。

智能家居是以住宅为平台，利用综合布线技术、网络通信技术、安全防范技术、自动控制技术、音视频技术集成家居生活相关的设施，构建高效的住宅设施与家庭日程事务的管理系统，提升家居安全性、便利性、舒适性、艺术性，并使居住环境实现环保节能的目标（见图 1.35）。

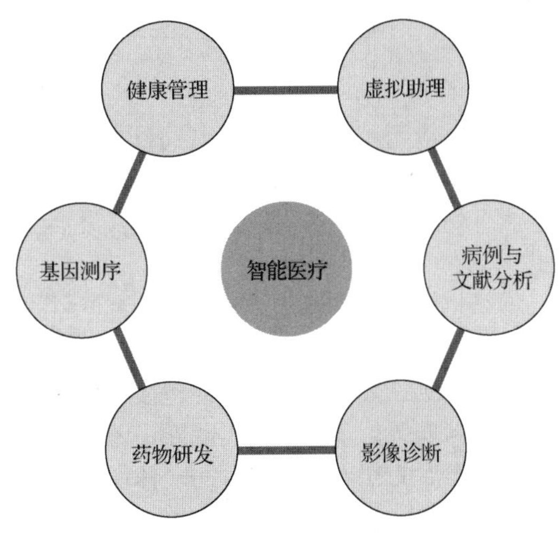

图 1.34　智能医疗

图 1.35　智能家居

1.4.2　人工智能发展

60 多年以来，人工智能经历了三次发展浪潮，目前其正处于第三次发展浪潮之中。人工智能的发展历程如图 1.36 所示。

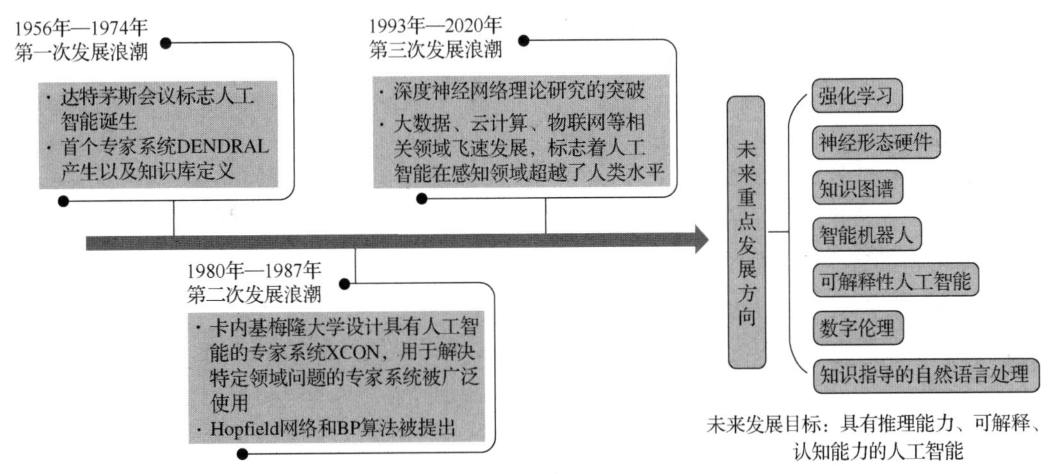

图 1.36　人工智能发展历程

1956 年，达特茅斯会议提出了“人工智能”这一概念，随之迎来了近 20 年的人工智能起步期，这一时期的目标在于让机器具有存取数据、计算数据的能力，并发展出了自然语言处理和人机对话技术。

20 世纪 80 年代，迎来了人工智能的第二次发展浪潮。1980 年，卡内基梅隆大学为数字设备公司设计了一套具有人工智能的专家系统 XCON。此后，用于解决特定领域问题的专家系统逐步开始在各行各业中使用。同时 Hopfield 网络和 BP 算法被提出，使得大规模神经网络训练成为可能。但由于 XCON 等专家系统的使用受限于特定场景且维护费用高，社会及政府对人工智能丧失信心，并逐渐减少了投入。

20 世纪 90 年代至 2010 年，计算性能方面的障碍基本被克服，人工智能迎来了第三次发展浪潮。1997 年，深蓝战胜了国际象棋世界冠军，这表明人工智能技术的发展逐渐超越了研究人类智能的范畴，并促使人工智能技术进一步走向实用化。2006 年，深度神经网络理论研究的突破更是推动了人工智能的发展高潮。

2011 年至今，大数据、物联网、云计算等技术飞速发展，人工智能技术在"听""说""看"等感知领域已经到达或超越了人类水平，人工智能技术的应用广泛出现在人们的日常生活中，与人类生活息息相关。深度学习技术被用于解决复杂的模式问题，在数据挖掘、机器翻译、自然语言处理、语音识别、推荐等多个领域取得了重要进展，使人工智能技术取得了飞跃式发展，并向着让机器具有决策智能、认知推理能力的方向迈进。

人工智能涉及计算机技术、控制论、语言学、神经生理学、心理学、数学等多个学科的交叉融合，其概念和内涵随着相关学科和应用领域的不同而不断变换。中国人工智能学会理事长李德毅院士在 2018 年中新人工智能高峰论坛上发表演讲时提出：人工智能的内涵包括四个方面，分别是脑认知基础、机器感知与模式识别、自然语言处理与理解、知识工程；此外，还可扩展到机器人与智能系统。未来的人工智能将以解决现实问题为发展的切入点，同时还会体现出人类的认知力与创造力。

技术预测机构 Gartner 发布的技术成熟度曲线被广泛用于评估新科技的可见度。观察 Gartner 近年发布的人工智能技术成熟度曲线可以发现，2020 年通用人工智能和增强智能技术正处于萌芽期；可解释人工智能、知识图谱、深度神经网络、智能机器人、数字伦理等处于期望膨胀期；机器学习技术从 2015 年起被寄予较高期望，但在 2020 年进入幻灭期；同样处于幻灭期的还有计算机视觉、自然语言处理、无人驾驶汽车等。目前语音识别技术已经发展成熟，即将发展成熟的人工智能技术主要有机器学习、计算机视觉、深度神经网络、决策智能以及增强智能，而强化学习、数字伦理、知识图谱、智能机器人等技术还在研发之中，距离发展成熟还需要 5～10 年。无人驾驶汽车技术虽然已经处于测试阶段，但该技术的成熟应用受制于传感器成本、计算能力难以应付复杂多变的路况等因素，未来 10 年也很难实现。

透过这一系列的发展可以发现，每一次经济的发展都与科技突破紧密相关。科技正在迎来新一轮的革新，全球科技竞争也即将开始。未来，人工智能将更多地向强化学习、神经形态硬件、知识图谱、智能机器人、可解释性人工智能等方向发展。

习题

一、选择题

1. 以下哪些属于计算机硬件？（　　）哪些属于计算机软件？（　　）

A. 中央处理器　B. 网络摄像头　C. 显卡　D. 麦克风

E. Windows　F. MySQL　G. 腾讯 QQ　H. 网易云音乐

2. 以下哪些属于与计算机相关的产品？（　　）

A. 自动提款机　B. 智能手机

C. 智能网关　　D. 无人驾驶汽车
E. 数码相机　　F. 打印机
G. 平板电脑　　H. 扫地机器人

3. 下列不属于计算机语言的是哪个？（　　）
A. 机器语言　　B. 汇编语言　　C. Python　　D. Office

二、解答题

1. 请简述从 1956 年至今，人工智能的发展经历了哪几个关键的阶段。
2. 人工智能技术的研究涉及哪些方面？请试着举例说明天问一号火星探测器使用了哪些人工智能技术。
3. 请简述图灵机的工作原理。
4. 世界上第一台通用电子数字计算机诞生于什么时间？请描述一下它的主要特点。
5. 什么是计算机？学习了本章后，请设想一下未来计算机的样子，描述一下它将会给人们的生活提供哪些便利的服务。
6. 冯 • 诺依曼体系结构包括几大部分？分别是什么？
7. 硬件是什么？软件是什么？它们的关系如何？
8. 什么是计算机程序？
9. 请简述算法、语言与程序之间的关系，并简要说明如何评价一个算法的优劣。
10. 请简述计算机语言发展的三个阶段。
11. 什么是计算思维？请简述利用计算思维进行问题求解的过程。
12. 人工智能的三大基石是什么？
13. 人工智能涉及哪些常见算法？
14. 人工智能有哪些应用领域？请举例说明人工智能技术在智慧城市中的应用。

02

第2章　计算系统

为了进行大量的数据运算，人类希望有一台机器可以帮助人们进行计算，于是第一台计算机诞生了。计算机从诞生至今经历了四个发展阶段，从电子管计算机发展到如今的超大规模集成电路计算机。1956 年，人工智能被首次提出。随着计算机的不断研制，人工智能得到了很大的发展。

如今，人工智能在许多高精尖领域（如航空航天、航海、工业制造等领域）发挥了重要的作用，在人类日常生活中也扮演着重要角色，例如虚拟个人助理、视频游戏、在线客服、音乐和电影推荐服务等应用都涉及人工智能技术。人工智能模拟了人类逻辑和计算的表现能力，“智能”被机器所实现。让机器拥有“智能”到底有多难？本章将深入探索和讲解计算系统。

2.1　计算与计算机简述

从宇宙探测器到手机应用（Application，App），它们都包括各种各样的计算。那么它们是怎样实现不同要求的计算的呢？

1. 问题分解

中国的宇宙探测器——天问一号火星探测器，于 2020 年 7 月 23 日在文昌航天发射场由长征五号遥四运载火箭发射升空，负责执行中国第一次自主火星探测任务。

此次火星探测是我国行星探测阶段的首次任务，也是第一次实现“环绕、着陆、巡视”3 个目标。其中，在巡视阶段，祝融号火星车顶端配备了一个装置用于实时探测的全景相机和识别矿物质成分的多光谱相机的方形盒子，它可以帮助火星车避开障碍。在这个过程中，遇到故障、异常时该如何行动，都需要火星车自己决定。

智慧城市是指利用各种信息技术或创新概念，将城市的系统和服务打通、集成，以提升资源运用的效率，优化城市的管理和服务，改善市民生活质量。图 2.1 所示是智慧城市示例图。智慧城市包括了人类生活的方方面面，涉及交通、医疗、政务、环保、安防、水务、旅游、专网、能源等，发挥着数字化城市管理的作用。

智慧农业充分利用现代信息技术成果，集成应用计算机与网络技术、物联网技术等，实现农业可视化、远程判断、远程控制等智能化管理。图 2.2 所示为智慧农业示例图。实现智慧农业后，农业管理人员通过测绘无人机可以实现利用图像识别病虫害、杂草、农田边界、作物生长情况，利用收集到的数据指导喷洒灌溉，灾害预警及损失评估、产量预估等，从而帮助农户迅速、提前做出正确决策。

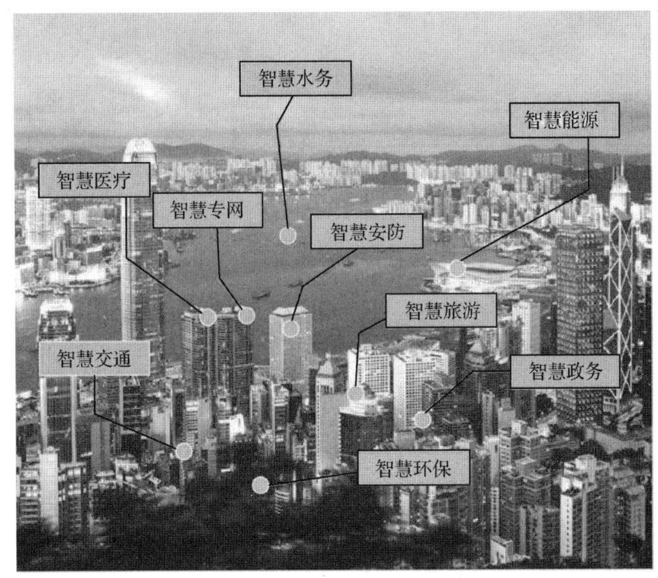

图 2.1　智慧城市示例图

图 2.2　智慧农业示例图

以宇宙探测、智慧城市和智慧农业 3 个智能应用场景为例，来探索人工智能是如何实现的。我们将该类智能问题分解为几个子问题，如表 2.1 所示。

表 2.1　　问题分解

智能应用场景	宇宙探测	智慧城市	智慧农业
问题 1 数据采集	获取火星表面数据（如火星的光照、沙尘、大气、温度、土壤等）	获取城市中的各种数据（如交通、气象、社交媒体、人的移动性等）	获取农田中的各种数据（如温度、湿度、光照、土壤、作物生长状况等）
问题 2 数据融合分析	分析火星表面数据	融合各种非结构化数据，从中获取有用数据	融合分析农田中的各种数据

续表

智能应用场景	宇宙探测	智慧城市	智慧农业
问题 3 数据存储	火星车记录自身各种状态（电池能量、行走路线）	城市云中心记录城市的各种状态（如早晚高峰期交通情况、节假日度假出行等）	农田数据中心记录农田的各种状态（如作物生长状况等）
问题 4 智能决策	祝融号火星车休眠、工作	城市各机构实现网络互联、数据互通	帮助农户做出正确决策

2. 模式分析

如表 2.2 所示，可通过分析宇宙探测、智慧城市、智慧农业的计算环境来解决上述子问题——问题 1：获取各种数据，对应计算环境的输入集合。问题 2：分析各种数据，对应计算环境的固定程序，即按照各自应用的计算规则处理数据。问题 3：记录各自应用的自身状态集合，它们将影响程序的下一步执行，对应计算环境的内部状态。例如当火星车电池能量不足时，火星车休眠，停止收集火星表面数据，开始吸收太阳能并将其转换成电能存储在电池中，以便火星车继续在火星表面工作。智慧城市的各系统数据会受很多因素的影响，例如若处于节假日，人们旅游出行比日常增多，此时会产生较多的交通数据、出行数据等，城市云中心需要记录这些状态所产生的数据，以便计算。问题 4：智能决策，祝融号火星车完成自动驾驶、城市各机构实现互联以及帮助农户做决策，对应计算环境的输出集合。

表 2.2　　计算环境

智能应用场景	输入集合	固定程序	内部状态	输出集合
宇宙探测	火星表面的各种数据	分析数据	火星车记录自身状态集合	祝融号的休眠、移动以及探测
智慧城市	城市产生的各种数据	分析数据	城市云中心记录状态集合	城市各机构互通互联及决策
智慧农业	农田产生的各种数据	分析数据	农田数据中心记录状态集合	控制农田各种设备的操作及辅助农户决策

具体来说，对于宇宙探测，自动控制的计算环境包括输入集合、固定程序、内部状态以及输出集合 4 个部分，其中祝融号火星车配备的全景相机获取到的火星表面各种数据作为计算环境的输入集合，将火星上的信息输送到火星车的计算"大脑"，按照开发人员制定的计算规则（固定程序）进行计算（分析）；同时祝融号火星车需要记录自身状态的改变，这些改变将控制火星车的行动，从而影响程序的下一步执行，最后控制火星车的休眠、工作以及如何工作，这就是输出集合。

智慧城市的实现离不开边云协作的计算环境（边缘计算与云计算协同）。边云协作的计算环境依然包括四个部分，如图 2.3 所示，其中城市物联网感知设备获取到的城市中的各种数据是计算环境的输入集合；在城市云中心按照开发人员制定的固定程序进行计算，城市云中心需要记录各种状态（如车辆增多、交通拥堵等），这些状态进而影响程序的下一步执行（如控制交通信号灯、疏通城市道路、避免拥堵等）；最后将产生不同的服务并提供给城市中的各种机构，作为计算环境的输出集合。

智慧农业的实现离不开嵌入式计算环境，其同样包含四个部分。智慧农业利用测绘无人机、传感器、农田机器人等嵌入式设备获取农田的各种数据信息并将它们作为计算环境的输入集合；这些信息在数据中心按照固定程序进行计算，同时在农田数据中心记录各种状态（如农作物生长状况、空气质量等），这些状态的变化（如天气变干燥）影响了程序的下一步执行；最后数据中心依据计算结果一方面控制这些设备的操作（如进行灌溉、加大空气湿度等），另一方面也将结果显示给农户，辅助他们决策，这是智慧农业计算环境的输出集合。

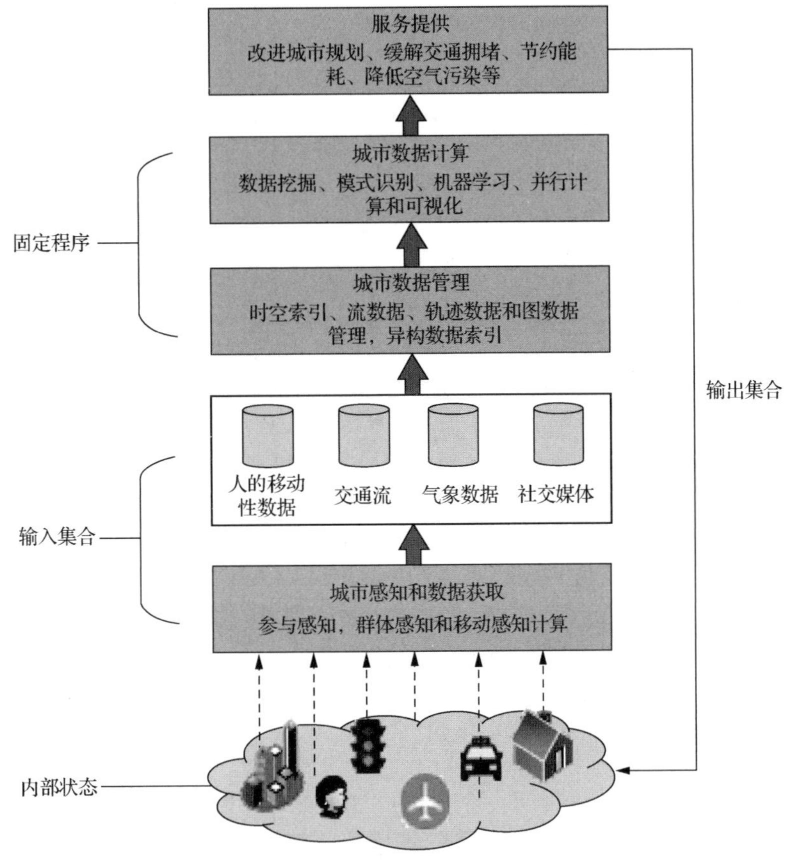

图 2.3　智慧城市计算环境示例图

3. 抽象

宇宙探测、智慧城市、智慧农业的计算环境都包括了输入集合、固定程序、内部状态以及输出集合四个部分。通过这四个部分（要素），可将宇宙探测、智慧城市、智慧农业的计算环境抽象为图灵机模型。

2.1.1　图灵机模型

前面已经介绍过图灵机的相关内容。在这一小节，将探索为什么这样一个简单的机器成了所有电子计算机的理论模型?

图灵机的基本思想是用机器来模拟人们用纸笔进行数学运算的过程。在逻辑结构上，图灵机由四个部分组成：一个无限长的存储带，一个读写头，内部状态存储器，控制程序指令。图灵机通过这样一台装置就能模拟人类所能进行的任何计算过程。

本小节通过一个简单的例子帮助读者更清楚地理解图灵机。

计算 1 累加到 100 的和，每次累加 1。存储带上包含了数字，还有“+”，“S”，“L”，“J”，“A”等符号。在这里不详细介绍图灵机如何计算得到结果，只是简单介绍图灵机四个部分之间的链接过程。规则逻辑就是该图灵机的运作规则，是开发人员预先定义好的规则，移动读头逻辑随着读头移动方格的内容而发生变化。

例如图 2.4 所示，读头读到第 8 个方格，方格内容为“+”，根据规则把第 9 个和第 10 个方格内的数字相加，结果放在寄存器中。

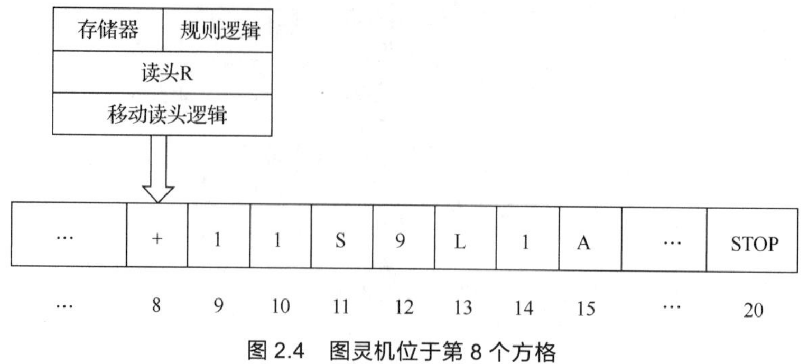

图 2.4　图灵机位于第 8 个方格

读头继续向前移动，当其读到第 11 个方格时，方格内容为“S”——存储，因此读取第 12 个方格的内容——9，即将前面相加的结果放置在第 9 个方格内。此时图灵机的存储带变为图 2.5 所示。

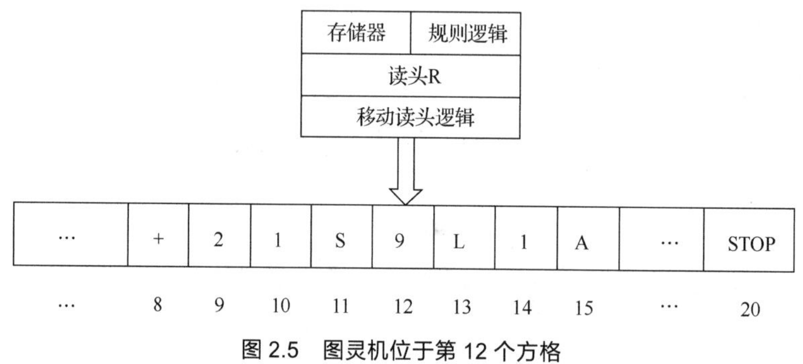

图 2.5　图灵机位于第 12 个方格

按照这样的规则一直往前执行，直到读头读到“STOP”，则停止执行。可以发现，当赋予图灵机的规则越多，图灵机的功能就会越强大。例如人类各种各样的计算，可以赋予图灵机加/减/乘/除法规则，位移规则，数据交换规则等。

随着时间的不断推移，人们没有停止对图灵机的向往，人们向往可以做出完成上面计算规则的电路和实现纸带的电路。终于，人们利用晶体管配合其他电子元件做出了加法器、乘法器、触发器、移位器、译码器等，还有最为重要的存储器。人们还做出了用于控制这些部件的逻辑单元，比如：什么时刻访问存储器，什么时刻控制这些部件完成各自的计算任务。最后人们把这些部件封装在一起，就成了中央处理器。中央处理器和图灵机的读头差不多，只是中央处理器要比图灵机的规则更复杂，执行速度也会更快。将中央处理器能完成的规则进行统一编码就形成了指令集，指令集需要有存储的地方，进而形成了内存。这样，冯 • 诺依曼体系结构就诞生了。图灵机是计算机的理论模型，而冯 • 诺依曼体系结构则是理论模型的工程化实现。

如图 2.6 所示，在计算机中，运算器与控制器等部件被封装在一起，称为中央处理器（Central Processing Unit，CPU）。中央处理器是计算机硬件系统的核心。存储器又分为内存储器与外存储器，CPU 和内存储器（内存）一起称为主机（Main Frame）。输入设备负责将程序和数据输入计算机，而输出设备则负责将程序执行结果输出计算机。

为何说图灵机如此伟大，是因为图灵机不仅仅是所有电子计算机的理论模型，它还可以模拟人类所有可能的计算过程，使机器拥有“智能”。

众所周知，蚂蚁是典型的社会群体，单只蚂蚁的行为较为简单，但蚁群整体却可以展现一些智能的行为。我们首先分析单只蚂蚁的行为，其次分析蚁群的智能行为，最后引申分析人类生活及改造世界的智能行为。

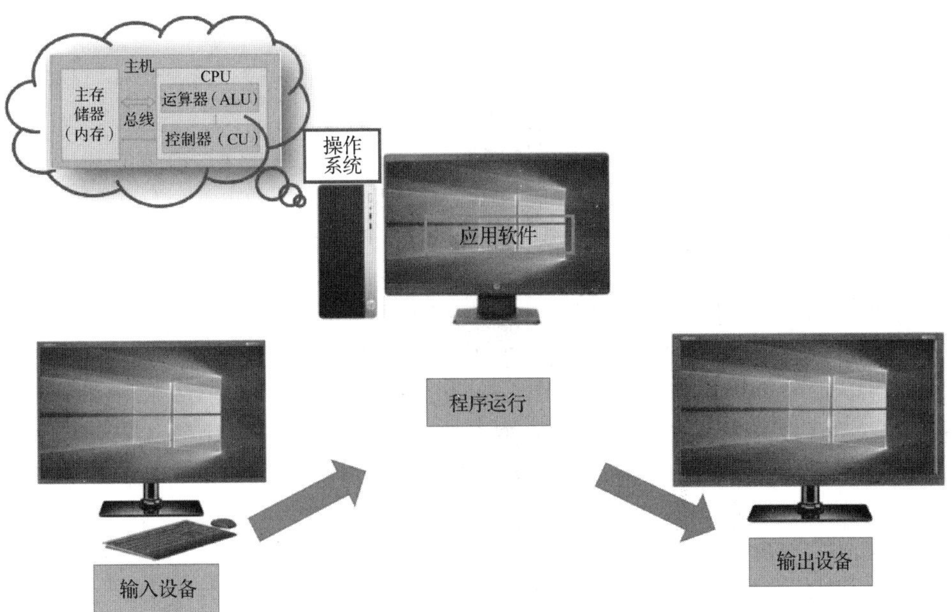

图 2.6　冯·诺依曼体系结构示意图

由于单只蚂蚁的行为较为简单，用一个无限长的纸带模拟蚂蚁行走的路径，这个纸带被分成若干个小的方格，每个方格只有黑白两种颜色来表示该方格内是否有食物。图 2.7 所示为蚂蚁所在纸带片段。

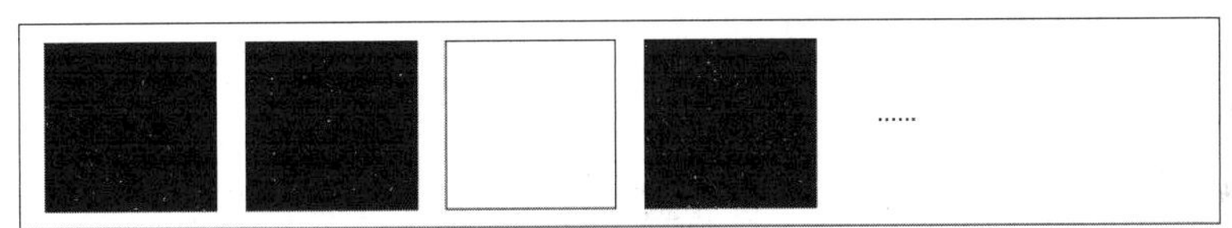

图 2.7　蚂蚁所在纸带片段

蚂蚁可以向前一格或向后一格。蚂蚁的固定程序为：黑色为食物区，有食物则蚂蚁向前一格；白色为空白区，没有食物则蚂蚁向后一格。此时，蚂蚁的输入集合为 IN={黑色，白色}，输出集合为 OUT={向前一格，向后一格}。

当蚂蚁在第二个格子吃完食物后，向前到达第三个格子。第三个格子为白色，没有食物，则蚂蚁向后一格。那么蚂蚁将在第二个和第三个格子之间来回循环。

当然在现实中，蚂蚁不可能来回循环，因为蚂蚁会有饥饿、吃饱的感受，并且食物吃完就会消失。那么可以改变程序：蚂蚁在黑色格子，如果是饥饿状态，则吃掉食物，黑色格子变成白色格子；如果是吃饱状态，则后移一格。蚂蚁在白色格子，如果是饥饿状态，则停下来等格子变黑；如果是吃饱状态，前移一格。表 2.3 所示为蚂蚁觅食程序。

表 2.3　　蚂蚁觅食程序

输入集合	当前状态	输出集合	下一个状态
黑色	饥饿	吃完食物格子变白（不移动）	吃饱
黑色	吃饱	后移一格	饥饿
白色	饥饿	等格子变黑（不移动）	吃饱
白色	吃饱	前移一格	饥饿

此时，蚂蚁的输入集合为 IN={黑色，白色}，输出集合为 OUT={向前一格，向后一格，吃完食物格子变白，等格子变黑}，内部状态 S={饥饿，吃饱}。因此蚂蚁觅食的过程可抽象为图灵机模型。

接下来分析蚁群的智能行为。研究人员发现蚁群可在不同的环境下寻找到到达食物源的最短路径。假设在某一环境下，蚁群从蚁窝到食物源的路径有多条，蚂蚁找到食物后会返回蚁窝，同时蚂蚁在行走的路上将留下信息素。那么蚁群的程序为：蚂蚁行走在一条路径上，在感知范围内感知食物，若感知到食物则朝食物方向前进，否则朝信息素多的方向走。在有障碍物时，若没有信息素指引则随机选择其他路径，如果有信息素指引则选择跟随信息素方向。可以发现，蚁群的输入集合为 IN={环境信息（如多条路径、障碍物等）}，输出集合为 OUT={选择信息素过多的路径，在感知范围内感知食物并朝食物方向前进，随机移动}，内部状态 S={环境信息（蚂蚁行走对环境信息造成的改变）}。如果在单位时间内某条路径上信息素过多，则代表当前这条路径上有更多的蚂蚁找到食物并返回，如此就会有越来越多的蚂蚁选择这条路，即可选择一条最短到达食物源的路径。

单只蚂蚁的图灵机模型较为简单，即输入集合为 IN={黑色，白色}，输出集合为 OUT={向前一格，向后一格}，而群体蚂蚁的图灵机模型则较为复杂，即输入集合为 IN={环境信息（如多条路径、障碍物等）}，输出集合为 OUT={选择信息素过多的路径，在感知范围内感知食物并朝食物方向前进，随机移动}，内部状态 S={环境信息（蚂蚁行走对环境信息造成的改变）}。可以发现，不管是单只蚂蚁还是蚁群，虽然它们的智能行为的表现形式不同，但是其本质并没有改变，其抽象模型依然是输入集合、输出集合、内部状态、固定程序，改变的仅仅是这些要素的集合维数和内容。这就是图灵机模型的伟大之处，当赋予图灵机更多规则时，图灵机的功能将更加强大，这也正是为何机器可以拥有"智能"的原因。

2.1.2 计算机的工作原理

前一小节介绍了计算机理论模型——图灵机。在此基础上，本小节将介绍计算机的工作原理。冯·诺依曼体系结构的各个部件在控制器的控制下协调统一工作。首先，把表示计算步骤的程序和计算中需要的原始数据，在控制器输入命令的控制下，通过输入设备送入计算机的存储器。然后，当计算开始时，在取指令作用下把程序指令逐条送入控制器；控制器对指令进行译码，并根据指令的操作要求向存储器和运算器发出存储、取数和运算命令，经过运算器计算并把结果存放在存储器内。最后，在控制器的取数和输出命令的作用下，通过输出设备输出计算结果。

1. 中央处理器

中央处理器，又称中央处理单元，是计算机系统的核心。其主要功能包括程序执行，数据处理，操作控制，时间控制和异常处理。

开发人员通过软件开发工具编写程序，然后由计算机运行程序，最终得到结果。计算机的工作过程就是程序的运行过程，也就是在控制器的控制下逐条执行程序中各指令的过程。

根据冯·诺依曼体系结构，中央处理器的工作分为以下 5 个阶段：取指令阶段，指令译码阶段，执行指令阶段，访存数据阶段和结果写回阶段，如图 2.8 所示。

① 取指令（Instruction Fetch，IF）阶段，即从主存储器（主存）中取指令到指令寄存器的过程。程序计数器（Program Counter，PC）用来表示当前取到的这条指令在主存中的位置。当这条指令被取出后，PC 中的数值将根据指令字长度自动递增。

② 指令译码（Instruction Decode，ID）阶段，取出指令后，指令译码器按照预定的指令格式，对取回的指令进行拆分和解释，识别出不同的指令类别以及各种获取操作数的方法。

③ 执行指令（Execute，EX）阶段，具体实现指令的阶段。此阶段，中央处理器的不同部分被连接起来，以执行所需的操作。

④ 访存数据（Memory，MEM）阶段，根据指令需要访问主存和读取操作数，中央处理器得到操作数在主存中的地址，并从主存中读取该操作数用于运算。部分指令不需要访问主存，此时可以跳过该阶段。

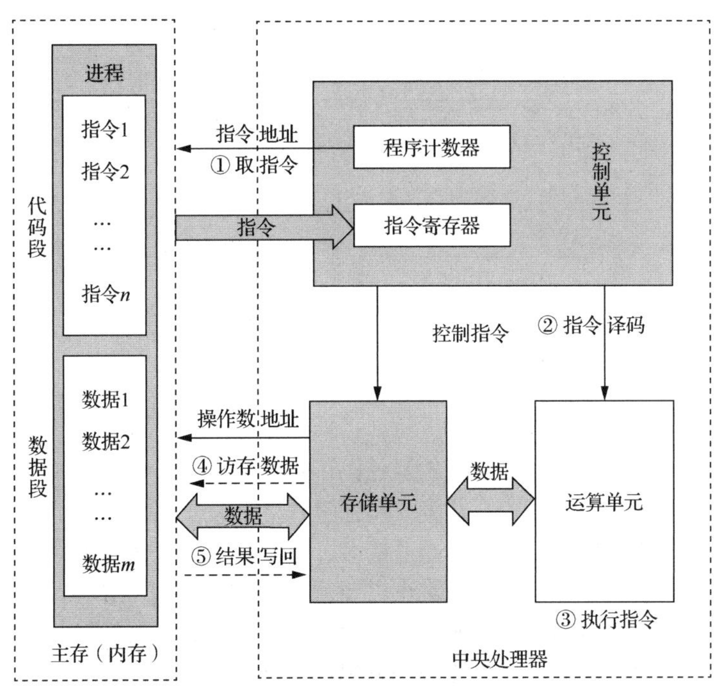

图 2.8 中央处理器工作原理

⑤ 结果写回（Write Back，WB）阶段。作为最后一个阶段，结果写回阶段把执行指令阶段的运行结果数据以某种存储形式"写回"。结果数据一般会被写到中央处理器的内部寄存器中，以便后续的指令快速地读取。

2. 存储器

对于通用计算机而言，存储器具有多层结构，最高层为中央处理器寄存器，中间为主存，最底层是辅存。主存就是内存，是直接与中央处理器交换信息的存储器，即中央处理器能够通过指令中的地址码直接访问的存储器，常用于存放处于活动状态的程序和数据，即当前正在执行中的数据和程序。辅助存储器就是外存，外存通常是磁性介质或者光盘，例如硬盘、软盘、磁带、CD 等。外存可以长期保存信息，并且不需要用电保存。但是由于要靠机械部件带动，外存的速度与中央处理器相比会慢很多。

在中央处理器部分介绍过，控制器需要从内存中取指令，这个指令就是计算机将开发人员编写的程序代码通过链接程序和装入程序写入内存中的。在多道程序环境下，程序要运行必须为之创建进程，而创建进程的第一件事就是要将程序和数据写入内存。图 2.9 显示了如何将一个源代码变为一个可在内存中执行的程序。

第一步，编译。由编译程序将用户源代码编译成若干个目标模块。

第二步，链接。由链接程序将编译后所形成的目标模块以及它们所需要的库函数链接在一起，进而形成一个装入模块。

第三步，装入。由装入程序将装入模块写入内存中。

在这个过程中，链接和装入又各自具有不同的链接方式和装入方式。

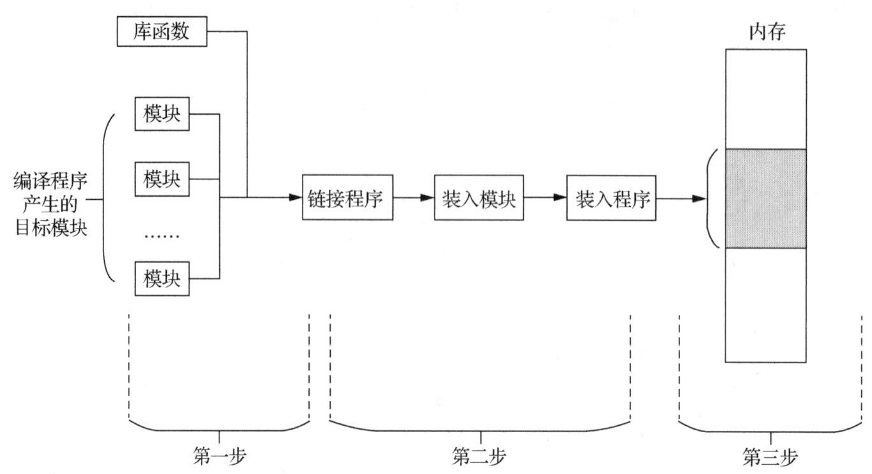

图 2.9　程序被写入内存的流程图

3. 输入设备

在存储器部分提到过，开发人员编写的源代码可变成一个能在内存中执行的程序，那么开发人员如何编写源代码？在传统应用中，开发人员通过软件开发工具编写源代码，例如可使用 C、C++、Java、Python 等开发工具，通常可通过键盘、鼠标的输入来编写源代码，由开发人员定义数据和程序。在智能应用中，开发人员通常也需要通过开发工具编写的源代码，由鼠标、键盘输入源代码；但与传统计算不同的是，智能应用中开发人员编写的代码的输入信息不再是单一的数据信息，而是与环境密切相关的信息，这些信息包括视频、图像、温度数据等。要获取这些信息就需要开发一些智能终端，例如无人机、小型机器人、摄像头、传感器等，由这些智能终端去获取开发人员需要的信息，因此这些智能终端也被称为输入设备。

输入设备的作用是将参加运算的数据和程序送入计算机。常用的输入设备有键盘、鼠标、扫描仪等。随着智能输入设备的发展，输入设备不仅仅是单一的键盘或鼠标，也可以是能够与人类或环境进行交互的智能终端。例如，在智慧工厂里，智能机器人可以通过扫描货架上的物品数量，把现存物品数量传回计算机，再由计算机判断是否需要补货。

传统输入设备与智能输入设备的变化如图 2.10 所示。

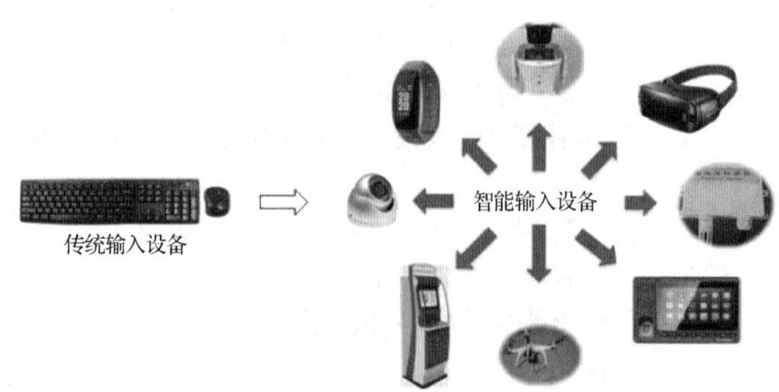

图 2.10　传统输入设备与智能输入设备

4. 输出设备

与输入设备正好相反，输出设备是将计算机处理好的结果转换为用户或者其他设备能够识别或接收的信息的装置，如显示器、绘图仪等。而在智能应用中，智能终端集成了输入和输出的功能。例如在智慧工厂中，当计算机接收到货架上物品不足的信息时，就会输出需要补货的任务，此时，智能机器人会进行补货，达到自动补货、减少人力消耗的目的。

5. 总线

总线是连接在计算机各部分之间进行信息传送的一组公共传输线，它将上述各大部件连接成一个有机的整体，如图 2.11 所示。

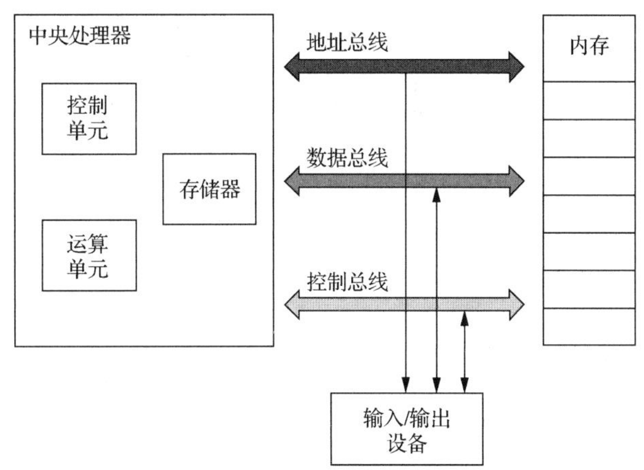

图 2.11　以总线连接的计算机组成框图

本小节介绍了计算机的组成原理，从中央处理器出发，控制器需要从内存中取指令进行处理，内存中的指令是开发人员编写的源代码通过链接程序和装入程序写入内存中的。开发人员使用软件开发工具编写源代码。通过这样的流程，开发人员可利用计算机开发出满足用户需求的软件。

人类所有可能的计算过程都可以抽象为图灵机模型，从图灵机模型的诞生到冯 • 诺依曼体系结构的形成，电子计算机由理论迈向了现实。在了解完计算机的工作流程后，读者可以想一想这样一个问题：在智慧城市中，每一天计算机都需要处理从各个领域获取的视频图像信息，以及各种传感器获取的数据信息；传统的冯 • 诺依曼体系结构已经满足不了如此海量的数据的处理需求了，那么计算机应该如何处理这些海量数据呢？

2.1.3　并行计算

人工智能为各行各业都带来了便利。比如在智慧城市中，城市的信息网络将完成状态（实时）自动监控、信息自动采集、数据自动分析和决策自动反映等功能。在这个过程中，不仅产生了人类生活的视频数据和图像数据，还有语音数据和文本数据。而对于这些人工智能的应用来说，它们不仅需要获取大量不同类型的数据，还需要快速处理这些数据。

1. 问题分解

随着社会科技的发展，信息网络的数据不再是单一的数据，而是海量的非结构化数据，如图 2.12 所示。非结构化数据包含了图像数据、文本数据、语音数据等。比如在智慧农业中，无人机可以捕获农作物生长状态的图像/视频信息，传感器可以获取土壤、温/湿度等数据信息；在智慧城市中，摄像头、传感器、手机等装备时时刻刻都在传输数据、记录数据。面对海量且复杂的数据，数据中心是如何处理的？我们可将问题分解为三个子问题，如表 2.4 所示。

图 2.12 非结构化数据

表 2.4 问题分解

问题	子问题
如何处理海量数据	问题 1：以何种方式处理数据
	问题 2：如何分析和融合海量数据以得到有用的数据
	问题 3：如何提高数据处理效率

2. 模式分析

串行计算是一种传统的数据处理方式。串行计算是按顺序进行的计算，即一个问题会被分解成一系列离散的指令，这些指令将按顺序依次被执行。这些指令均在一个处理器上被执行，而在任意时刻，最多只有一个指令被执行，如图 2.13 所示。在传统的计算过程中，所有计算任务不可分割，且会占用一块计算资源进行处理。当计算任务数量过多时，就会产生排队，排在后面的任务的计算速度就会变慢。

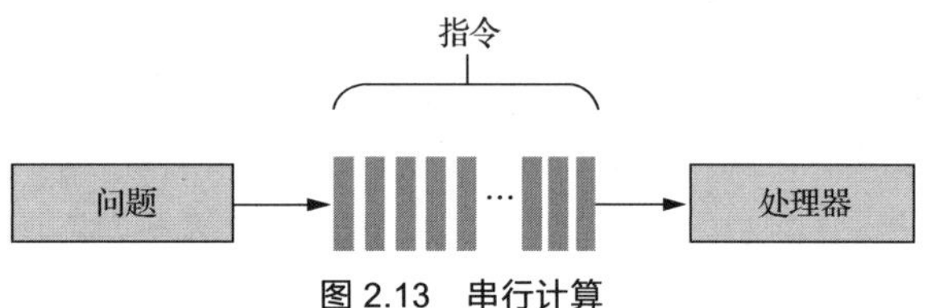

图 2.13 串行计算

传统的串行计算方式属于流水线方式，这样的方式虽然也可以处理海量数据，但是一方面无法提高运算速度，另一方面无法有效处理非结构化数据。而程序员则希望可以对不同类型的数据同时处理，以提高运算速度。

在使用计算机时，用户可以同时打开多个应用程序，可以一边听歌一边写文档，同时还可以使用微信和 QQ。这就说明当代计算机已经实现同时处理多个任务的功能。图 2.14 为英特尔 Xeon 处理器示意图，该处理器包括了 6 个线程和 6 个 L3 缓存单元。计算机可以将不同的任务放在不同的线程上处理，进而达到同时处理的目的。

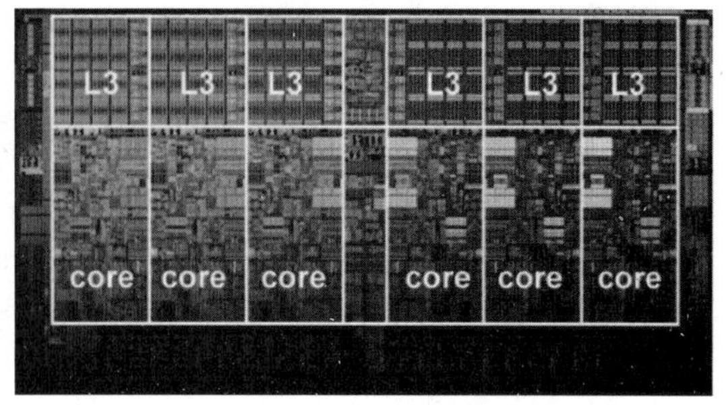

图 2.14 英特尔 Xeon 处理器示意图

随着社会科技的发展，数据类型越来越多，数据量越来越大，智慧城市每时每刻都在产生人的移动性数据、空气质量数据、社交媒体数据等各种各样的数据。图 2.15 为智慧交通计算示例图，从图中可以看出，在城市中多个建筑物上都会部署天线，这些天线可以同时获取各种数据信息，并将这些数据信息通过吉比特以太网络发送给数据中心（数据中心配备了计算集群）处理。

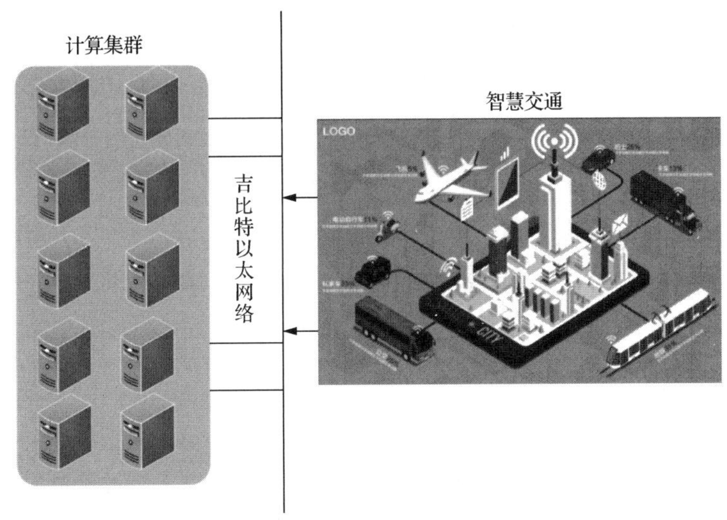

图 2.15　智慧交通计算示例图

为了实现对海量数据的处理，各互联网公司通常通过部署多核、多服务器、多计算集群的方式来高效处理多源、异构的数据。

3. 抽象

通过部署多核、多服务器、多计算集群的方式来处理数据属于并行计算。并行计算利用多个计算资源同时解决一个计算问题，如图 2.16 所示：首先，将问题分解为多个可以并发执行的离散部分；其次，每个部分可以进一步分解为一系列离散指令；最后，每个部分的指令同时在不同的处理器上被执行。

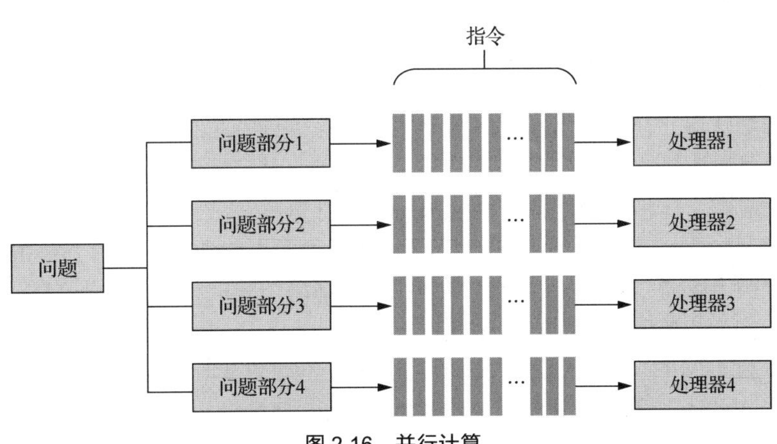

图 2.16　并行计算

并行计算是指在并行计算机或分布式计算机等高性能计算系统上所做的计算，其硬件基础是高性能并行计算机。并行计算机就是由多个处理单元（处理器或计算机）所组成的计算系统，这些处理单元相互通信和协作，能快速、高效地求解大型复杂问题。

并行计算具有以下优点。

（1）解决超大规模的问题

例如：阿里巴巴每年举办双十一大型促销活动，曾经在“双十一”的零点，服务器无法满足庞大的用户请求，从而产生了拥塞，导致页面无法显示。如今，阿里利用数百台服务器组成超大规模的运算集群，满足了“双十一”当天零点的用户服务请求需求，减少了拥堵。

（2）提供高并发性

先了解并发和并行的区别：并发是指在一段时间内可以解决多个用户的服务请求；并行是指在同一时间点可以解决多个用户的服务请求。通过部署多个处理器，每个处理器可以并发解决多个用户的服务请求，同时多个处理器可以并行解决庞大用户的服务请求。例如阿里、百度、腾讯等大型互联网企业可以同时为全国几十亿用户提供服务，就是因为使用了并行计算。

（3）节约大量的时间和金钱

这主要针对的是互联网企业。各互联网公司在面对如此海量的数据信息时，传统的计算方式满足不了用户的需求，同时，公司也需要花费大量的时间和金钱来处理这些数据。而并行计算则可解决这些问题。

人工智能是建立在物联网、大数据和并行计算基础之上的智能。正是有了物联网的感知和控制、针对大数据处理的高效算法、海量的并行计算资源，人工智能才成为了可能。

物联网提供了感知和控制物理世界的接口和手段，它们负责采集数据、记忆、去除噪声、简单分析、传送数据、交互、控制等。摄像头和相机记录关于世界的大量图像和视频，麦克风拾录语音和声音，各种传感器将它们感受到的世界转换成数字化描述。这些传感器，就如同人类的眼耳鼻舌和触觉，是智能系统的输入接口。这些大量的人和物的静态数据和活动数据，通过网络汇集到数据中心，形成了大数据。这些数据经过清洗，可以提炼出知识，生成模型，进而用来做相关的因果分析、统计分析、预测等，最终将数据转换成智能决策。

对数据的处理离不开大量的并行计算资源。正是有了大量的并行计算资源和算法，使得大量的数据能够被快速处理，复杂的模型能够被训练，人类的常识能够被提取为知识体系。这些知识和模型可以作为外部大脑，为人类和机器人提供智能决策，让人工智能成为现实。

2.1.4 嵌入式计算

随着社会科技的发展，信息网络的数据不再是单一的数据，而是海量的非结构化数据。例如在智慧农业中，传感器能获取温/湿度、光照、风速以及土壤成分等数据，还能得到农作物生长状况的图像以及视频数据，在农田中通过嵌入式节点可以获取并传输这些数据。

嵌入式计算是以应用为中心，以计算机技术为基础，并且软硬件可裁剪，适用于应用系统对功能、可靠性、成本、体积、功耗有严格要求的专用计算系统。嵌入式计算是一个专用的计算系统，即嵌入式系统。每一个嵌入式系统都可以处理一种类型的数据或程序。在智慧农业中，温\湿度传感器、光照传感器、风速传感器等都会各自从环境中获取相应的数据信息，并将这些数据发送给控制中心。这些传感器使用的就是嵌入式系统。

与通用计算机不同的是，嵌入式系统的用户一般不能改变计算机的程序，而只能做较少的升级。例如日常生活中的手机、平板电脑、数码相机、游戏机、电视机，还有 NASA 行星漫游车上的导航设备，用户并不能通过代码来改变这些系统的程序，只能使用并升级系统功能。接下来通过比较嵌入式计算机和通用计算机的不同点，如表 2.5 所示，来帮助读者充分理解嵌入式计算机。

表 2.5　　通用计算机和嵌入式计算机比较表

特征	通用计算机	嵌入式计算机
形式和类型	按其体系结构、运算速度和结构规模等因素分为大、中、小型机和微型机	形式多样，应用领域广泛，按应用来分
组成	通用处理器、标准总线和外设；软件和硬件相对独立	面向应用的嵌入式微处理器，总线和外部接口多集成在处理器内部；软件和硬件紧密集成在一起
开发方式	开发平台和运行平台都是通用计算机	采用交叉开发方式，开发平台一般是通用计算机，运行平台是嵌入式计算机
设计重点	高速、海量的数值计算，总线速度无限提升，存储容量无限扩大	智能化控制能力，嵌入性能、控制能力的可靠性

图 2.17 所示为智慧农业中的嵌入式设备。在这个蔬菜大棚中，安装了各种传感器以探测温度、湿度、光照、风速等多种信息。传感器在探测到这些信息后，将数据发送给控制中心，控制中心的工作人员进行分析，做出决策（如是否灌溉，加温、减温等）。其中，嵌入式系统的表现形式为无线传感器，具备获取数据、无线传输、计算、存储等功能，其运行时需要并发地调用计算系统资源。

嵌入式系统本质上是一种计算系统，具有集成度高、非标准化、接口非常复杂等特点。嵌入式系统中处理器的集成度都很高，通用可编程输入输出端口、定时器、中断控制器，通常都集成在处理器当中。一些嵌入式处理器甚至包含内存，只需要在外部扩展简单的电路，就可以组成系统。如图 2.18 所示，嵌入式系统的组成结构也是由中央处理器、内存、输入输出端口、总线等几个部分组成。

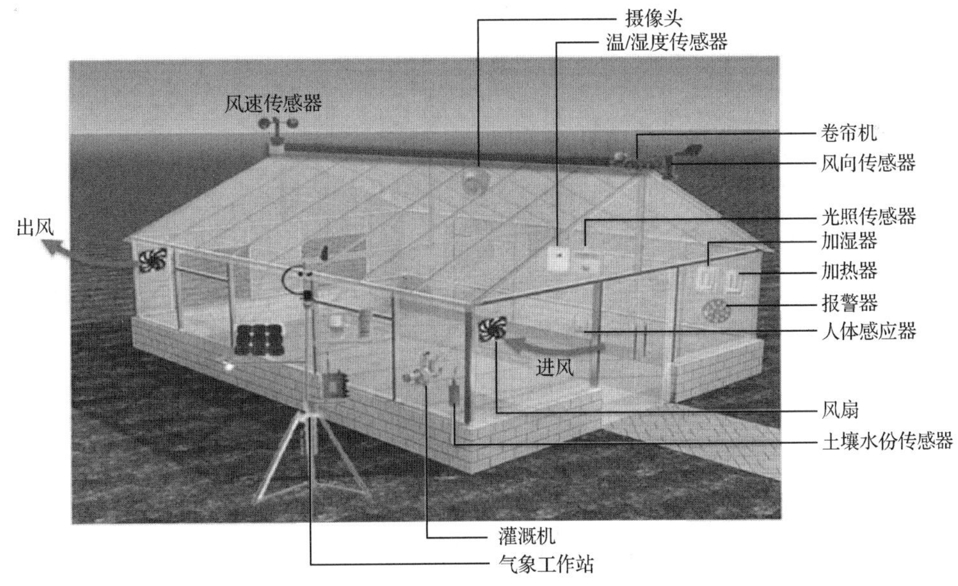

图 2.17　智慧农业中的嵌入式设备

由图 2.18 可以看到，一些基本设备，如通用输入输出设备、定时器、中断控制器，一般都是集成在处理器中的。当嵌入式处理器带有外部总线的时候，可以在总线上扩展内存（如 SRAM、FLASH 等），还可以扩展类似内存的部件，如网络芯片、USB 芯片、AD 模块、DA 模块等。

嵌入式系统能支持、提高或改善应用系统的总体性能，是应用系统的智能组成部件；嵌入式系统在功能上和物理结构上都嵌入在应用系统中，不独立于应用系统运行。例如，智慧农业中的集成嵌入式系统的无线传感器是智慧农业整体系统中的一个组成部件，它不独立于整体系统运行；而对于整体系统而言，正是有了这样的无线传感器，它才可以高效运行。这也能很好地体现嵌入式系统的优点：集成度大，可以缩减硬件空间，简化设计，可用计算机语言来控制，大大提高了系统的性能，降低了成本。

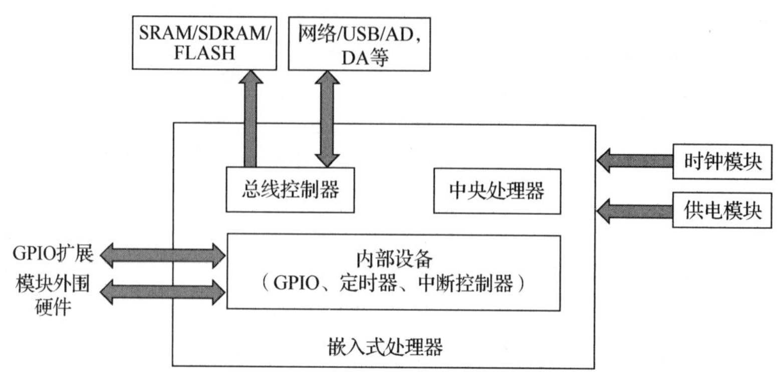

图 2.18　带有总线扩展的嵌入式系统

图 2.19 为智慧农业嵌入式结构。

STM32 控制器是专为嵌入式应用设计的 Arm 处理器。环境因子采集模块中的光照、温/湿度、二氧化碳数据并传输到 STM32 控制器进行处理，控制器通过继电器来驱动各个设备。在人机交互模块，用户可以看到各个传感器的数据。

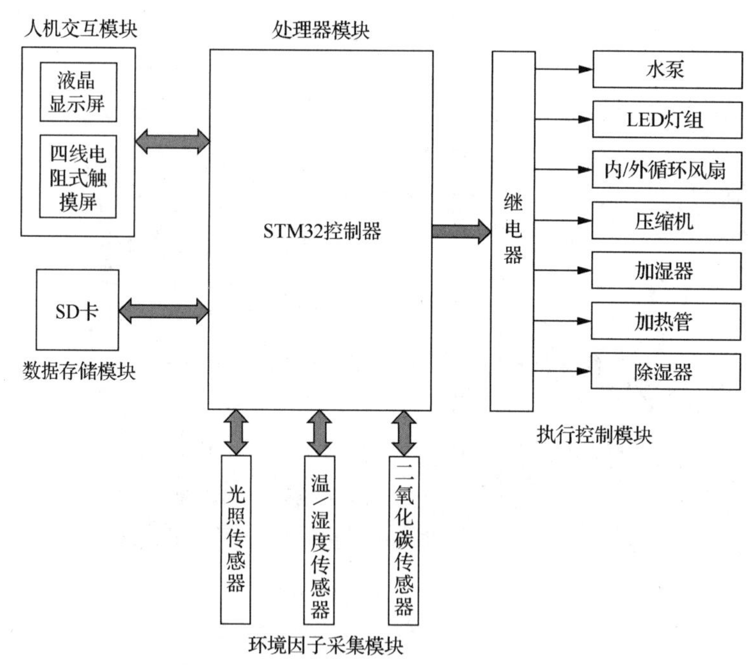

图 2.19　智慧农业嵌入式结构

嵌入式计算和并行计算都是处理数据的一种方式。嵌入式计算凭借其专用的计算系统，可以高效处理同一类型的数据；并行计算凭借其多处理器系统，可以高效处理不同类型的数据。但不论是何种计算方式，数据都需要在计算机上被执行，它们都离不开计算的本质，即计算系统的执行。

2.2　计算执行

并行计算、嵌入式计算等计算方式的应用提高了计算系统的计算速度和数据处理能力，使得计算系统为各种各样的应用提供了可运行的平台。图 2.20 所示为智能计算系统中常见的应用，开发人员利用 TensorFlow、PyTorch 等开发工具，设计开发了多种应用，例如移动设备、无人驾驶、智能家居、图像识别、语音识别等。

图 2.20　智能计算系统中常见的应用

计算系统中的各种应用不仅给人们的生活带来了极大的便利，也促进了各行业快速发展，而计算系统中这些应用的执行都离不开操作系统。计算系统通常由硬件和软件组成，操作系统则属于计算系统中的软件，它是硬件基础上的第一层软件，是硬件和其他软件沟通的桥梁。操作系统会协调程序的执行，管理系统资源，并提供最基本的系统功能，如管理与配置内存、决定系统资源供需的优先次序等。目前，随着计算机技术的发展，各类计算系统都对应着多种操作系统，例如计算机操作系统有 Linux、Windows、HUAWEI HarmonyOS 等，手机操作系统有 Android、iOS、Symbian 等，嵌入式操作系统有 Windows CE、PalmOS、eCos 等，智能家居操作系统有 HUAWEI HiLink、U-home、AkeetaHome&Community 等。操作系统是一个庞大的管理控制程序，其主要的五个管理功能分别为进程与处理机管理、作业管理、存储管理、设备管理、文件管理。因此，操作系统是计算系统的内核与基石。

图 2.21 所示为华为鸿蒙操作系统（HUAWEI HarmonyOS）架构图。华为鸿蒙操作系统是我国自主研发的计算机操作系统，其内核层采用了多内核设计，例如 Linux 内核、鸿蒙微内核以及 LiteOS，可支持针对资源受限的不同设备选用合适的 OS 内核。基础服务层是 HarmonyOS 的核心能力集合，其通过框架层对应用层提供服务。框架层为 HarmonyOS 的应用程序提供了 Java/C/C++/JS 等多语言的用户程序框架和 Ability 框架，以及各种软硬件服务对外开放的多语言框架 API。应用层包括系统应用和第三方非系统应用。HarmonyOS 的应用由一个或多个 FA(Feature

Ability）或 PA（Particle Ability）组成。其中，FA 有 UI 界面，提供与用户交互的能力；而 PA 无 UI 界面，提供在后台运行任务的能力以及统一的数据访问抽象。

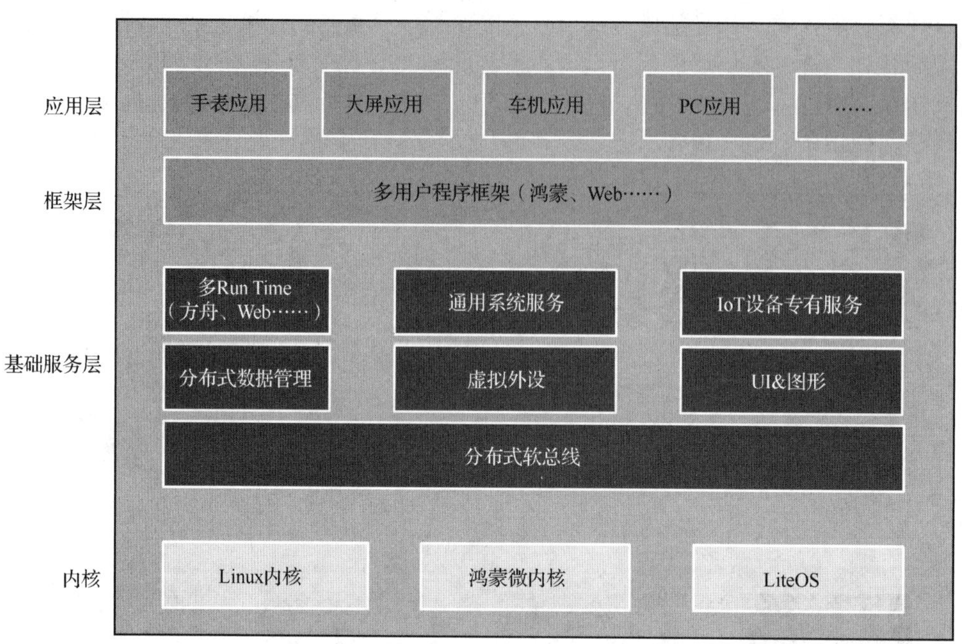

图 2.21　华为鸿蒙操作系统（HUAWEI HarmonyOS）架构图

嵌入式操作系统（Embedded Operation System，EOS）是一种用途广泛的系统软件。过去它主要应用于工业控制和国防系统领域。嵌入式操作系统在系统实时性、高效性、硬件的相关依赖性、软件固化以及应用的专用性等方面具有较为突出的特点。相对于一般操作系统而言，它除了具有一般操作系统最基本的功能，如任务调度、同步机制、中断处理、文件处理等，还具有以下嵌入式操作系统的特点：可裁剪性、强稳定性、弱交互性、强实时性、开放性和可伸缩性。嵌入式操作系统可用于各种设备控制中，为设备提供统一的驱动接口，操作方便、简单，提供友好的图形 GUI 和图形界面，追求易学易用。嵌入式系统一旦开始运行就不需要用户过多地干预，这就要负责系统管理的嵌入式操作系统具有较强的稳定性。嵌入式操作系统的用户接口一般不提供操作命令，它通过系统的调用命令向用户程序提供服务。在嵌入式系统中，嵌入式操作系统和应用软件被固化在嵌入式系统计算机的 ROM 中。同时嵌入式系统有更好的硬件适应性，即良好的移植性。

图 2.22 所示为嵌入式操作系统 Windows CE 的架构，其硬件层由 CPU、存储器、输入输出接口等组成；OEM 层是嵌入式硬件与 Windows CE 操作系统的结合层，其中引导程序模块将 Windows CE 内核加载到目标硬件系统的内存中，启动操作系统执行任务；操作系统层作为 Windows CE 核心层，既为 OEM 层提供接口和服务，也为应用层的应用程序提供应用编程接口；应用层则可以和用户进行交互。

虽然嵌入式操作系统具有强实时性、强稳定性等优点，但也存在着一些不足。首先，嵌入式操作系统资源有限，内核小，处理和实现的功能有限；其次，嵌入式操作系统中软件对硬件的依赖性高，软件的可移植性较差；再次，嵌入式操作系统对开发人员的专业性要求高，导致一般的开发人员无法进行快速的开发。因此，通用操作系统应运而生。

通用操作系统具有图形界面良好、集成开发环境良好、操作简单等特点，目前是应用最为广泛的操作系统。

Windows CE架构

应用层
Internet客服端服务
Windows CE应用程序
用户应用程序
操作系统层
应用程序和服务开发
核心动态链接库（DLL）
对象存储区
多媒体技术
图像窗口和事件系统
设备管理器
通信服务和网络
内核
OEM层
OEM接口层
设备驱动
引导程序
配置文件
硬件层

图 2.22　嵌入式操作系统 Windows CE 的架构

操作系统作为系统软件，负责控制和协调计算机及外部设备。由图 2.23 可以看出，操作系统向外支持应用软件的开发和运行，向内负责管理计算机系统中各种独立的硬件，使得它们可以协调工作。因此操作系统的主要功能是调度、监控和维护计算机系统。

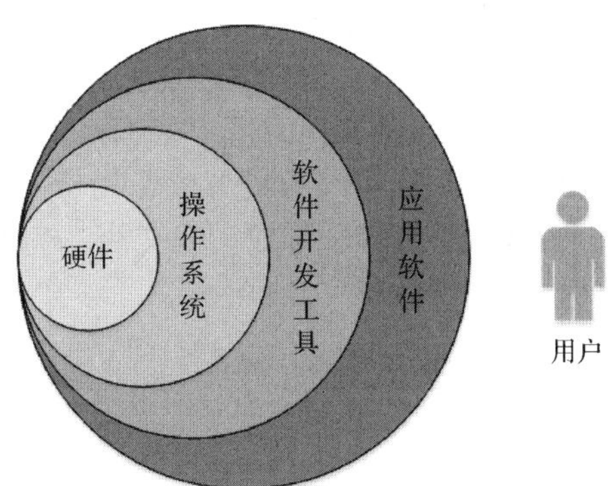

图 2.23　用户面对的计算机系统

计算机的工作原理是，开发人员通过输入设备编写一段源代码（也称源文件），源代码经过编译、链接和装载进入内存，操作系统控制中央处理器对源代码进行运算，最后向用户展示结果。在这个过程中，计算机执行的语言和开发人员编写的语言是同一种语言吗？答案为并不是同一种语言。这就涉及下文将要介绍的源代码如何被计算机执行。

2.2.1　编译、链接和装载程序

计算机能够理解的语言和开发人员所编写的语言并不是同一种语言，开发人员利用高级语言（如 Java、Python 等）编写源代码，操作系统把源代码翻译成由汇编语言构成的程序，再通过汇编器将汇编语言翻译成机器代码（也称目标文件）。

机器语言（即机器代码）是计算机能够读懂的语言。机器语言也称二进制语言，即由基本字符 0，1 组成。但开发人员很难读懂机器语言，而汇编语言就是开发人员可读懂的“机器语言”，与机器语言一一对应。

一个应用程序可能会包含多个源文件，通过编译形成了多个目标文件，此时的这些目标文件之间没有依赖关系。通过链接程序，可将这些目标文件“串”起来，进而形成可执行文件。

可执行文件通过装载程序即可被写入内存，进而被 CPU 执行。程序编译、链接和装载的整体流程如图 2.24 所示。

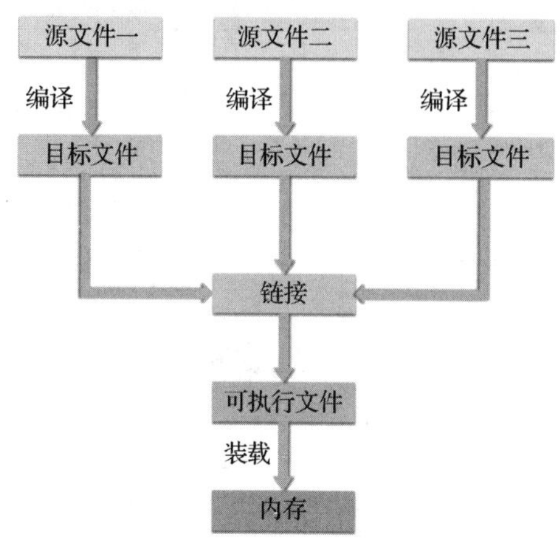

图 2.24　程序编译、链接和装载的整体流程

1. 编译和链接程序

编译就是把程序员所写的高级语言代码转化为对应的目标文件的过程。一般来说，高级语言的编译过程需要经历预处理、编译和汇编这三个过程。

在计算机中不同的文件其格式也不同，例如文档格式为 doc、名为“计算”的文档文件的格式为“计算.doc”，即文件名.文件格式；演示文件的格式为“计算.ppt”等。程序在编译过程中也会生成不同格式的文件。首先程序员编写的源代码文件格式为“hello.c”，其次经过预处理后形成预处理文件，格式为“hello.i”，再次经过编译后形成汇编文件，格式为“hello.s”，最后经过汇编形成目标文件，格式为“hello.o”，流程图如图 2.25 所示。

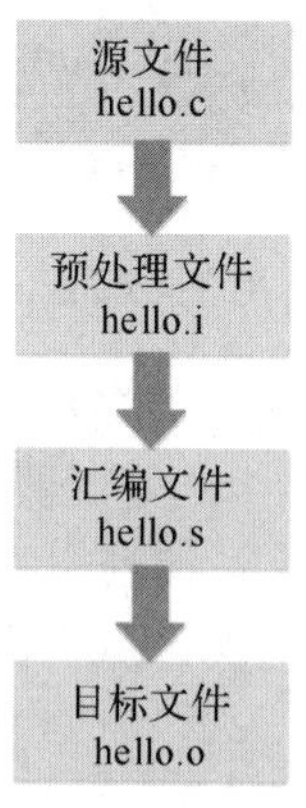

图 2.25　编译过程流程图

下面以简单的实例来介绍在编译过程中各文件的具体内容。

预处理：以图 2.26 为例，图 2.26 显示了简单的 C 语言程序，该程序的作用是向用户输出“hello AI”。

```
#include <stdio.h>
int main() {
printf("hello AI");
return 0;
}
```

图 2.26　hello.c 文件

在预处理过程中，对源代码中的伪指令进行处理，伪指令即源代码中的“#include”。预处理后形成了 hello.i 文件，如图 2.27 所示。图 2.27 为 hello.i 文件的部分内容。

```
__attribute__((__cdecl__)) __attribute__((__nothrow__)) int snwprintf (wchar_t *, size_t, const
wchar_t *, ...);
__attribute__((__cdecl__)) __attribute__((__nothrow__)) int vsnwprintf (wchar_t *, size_t, const
wchar_t *, __builtin_va_list);
# 1099 "d: \\include\\stdio.h" 3
__attribute__((__cdecl__)) __attribute__((__nothrow__)) int vwscanf (const wchar_t *__restrict__,
__builtin_va_list);
__attribute__((__cdecl__)) __attribute__((__nothrow__))
int vfwscanf (FILE *__restrict__, const wchar_t *__restrict__, __builtin_va_list);
__attribute__((__cdecl__)) __attribute__((__nothrow__))
int vswscanf (const wchar_t *__restrict__, const wchar_t * __restrict__, __builtin_va_list);

 __attribute__((__cdecl__)) __attribute__((__nothrow__)) FILE * wpopen (const wchar_t *, const
wchar_t *);

 __attribute__((__cdecl__)) __attribute__((__nothrow__)) wint_t _fgetwchar (void);
 __attribute__((__cdecl__)) __attribute__((__nothrow__)) wint_t _fputwchar (wint_t);
 __attribute__((__cdecl__)) __attribute__((__nothrow__)) int _getw (FILE *);
 __attribute__((__cdecl__)) __attribute__((__nothrow__)) int _putw (int, FILE *);

 __attribute__((__cdecl__)) __attribute__((__nothrow__)) wint_t fgetwchar (void);
 __attribute__((__cdecl__)) __attribute__((__nothrow__)) wint_t fputwchar (wint_t);
 __attribute__((__cdecl__)) __attribute__((__nothrow__)) int getw (FILE *);
 __attribute__((__cdecl__)) __attribute__((__nothrow__)) int putw (int, FILE *);
# 2 "hello.c" 2
# 3 "hello.c"
int main() {
 printf("hello AI");
 return 0;
}
```

图 2.27　预处理文件 hello.i

在经过预处理而得到的预处理文件中，有字符串，如“hello AI”，以及 C 语言的关键字，如 main、printf、return 等。

编译：编译程序通过词法分析和语法分析，在确认所有的指令都符合语法规则之后，将其翻译成汇编文件，即 hello.s，如图 2.28 所示。

```
.file "hello.c"
    .text
    .def ___main;  .scl  2;   .type 32;   .endef
    .section .rdata,"dr"
LC0:
    .ascii "hello AI\0"
    .text
    .globl     _main
    .def _main;     .scl  2;   .type 32;   .endef
_main:
LFB13:
    .cfi_startproc
    pushl %ebp
    .cfi_def_cfa_offset 8
    .cfi_offset 5, - 8
    movl %esp, %ebp
    .cfi_def_cfa_register 5
    andl  $-16, %esp
    subl  $16, %esp
    call   ___main
    movl $LC0, (%esp)
    call  _printf
    movl $0, %eax
    leave
    .cfi_restore 5
    .cfi_def_cfa 4, 4
    ret
    .cfi_endproc
LFE13:
    .ident     "GCC: (MinGW.org GCC Build-2) 9.2.0"
    .def _printf;    .scl  2;   .type 32;  .endef
```

图 2.28　汇编文件 hello.s 的部分内容

汇编：汇编过程是将汇编语言翻译成机器语言的过程，形成的目标文件中存放的就是与源代码等效的机器语言，即由 0，1 组成的机器语言。

程序通过编译程序生成了多个目标文件，链接程序将这些目标文件以及它们所需的库函数“串”在一起，形成了可执行文件。

程序的链接有以下三种方式。

静态链接：在程序运行之前，先将各目标文件及它们所需的库函数链接成一个完整的可执行文件，之后不再拆开。

装入时动态链接：将用户源代码编译后得到的一组目标文件，采用边装入边链接的方式装入内存。

运行时动态链接：针对某些目标文件的链接，只在程序执行中需要该模块时，才对该模块进行链接。

2. 装载程序

在运行可执行文件时，通过装载器来解析可执行文件，并将对应的指令和数据写入内存，然后 CPU 即可运行程序。

可执行文件被装载到内存后，会占用内存空间。在 CPU 执行指令时，程序计数器是按顺序一条一条执行指令的，那就意味着这些指令需要被连续地存储在一起。因此，可执行文件占用的内存空间应是连续的。装载程序找到一段连续的内存空间，把这段连续的内存空间地址和整个程序指令里指定的内存地址做一个映射，程序指令就会被装载到指定的内存位置。

指令里用到的内存地址叫作虚拟内存地址，而实际在内存硬件中的空间地址叫作物理内存地址。虚拟内存和物理内存之间有一个映射表，在实际执行程序指令时，虚拟内存地址通过映射表即可找到对应的物理内存地址，找到后 CPU 即可执行相应的指令。

映射关系如图 2.29 所示。程序 A 和程序 B 通过映射即可被装载到内存中。在前面提到过，可执行文件占用的内存空间是连续的，在图 2.29 里可看到，对于程序 A，只需要知道该段程序的起始地址和相应的空间大小，即可快速完成映射。

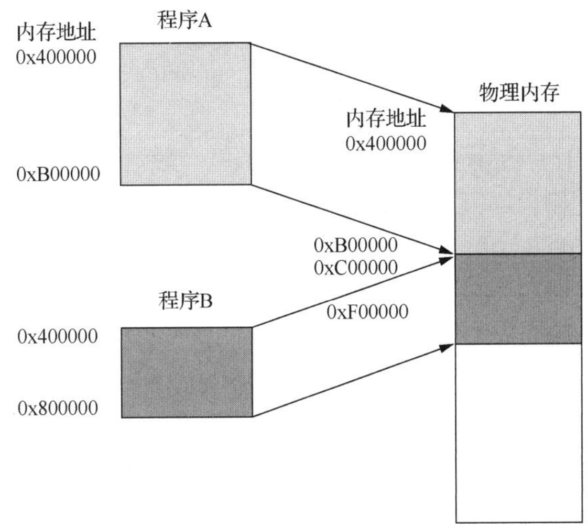

图 2.29　虚拟内存和物理内存的映射关系

这种找出一段连续的物理内存和虚拟内存地址进行映射的方法叫作内存分段，这里的段是指系统分配出来的那个连续的内存空间。综上所述，装载程序通过这样的方式将可执行文件写入内存，CPU 即可运行。

当然这样简单的内存分段法还有一些不足，因为直接的分段会导致产生内存碎片，这就需要用内存分页的方法来解决，还可用动态装载的方法来优化内存的使用等，在此就不一一详述了。

将一个可执行文件装入内存时，可采用三种方式：绝对装入方式、可重定位装入方式和动态运行时装入方式。

绝对装入方式：在编译时，如果知道程序将驻留在内存的什么位置，那么编译程序将产生绝对地址的目标代码。在装载程序时，按照可执行文件中的地址，将程序和数据写入内存。在写入内存后，不许对程序和数据的地址进行修改；程序中所使用的绝对地址，既可在编译或汇编时给出，也可由开发人员直接赋予。

可重定位装入方式：根据内存当前的使用情况，将可执行文件装载到内存的某个位置。

动态运行时装入方式：在把可执行文件写入内存后，并不立即把可执行文件中的相对地址转换为绝对地址，而是把这种地址转换推迟到程序真正执行时才进行。因此，写入内存后的所有地址都仍是相对地址。

2.2.2 程序、进程和线程

当程序变为可执行文件进入内存后，CPU 即可执行程序。在此需要注意的是，通用计算机可以同时打开多个应用程序，也就是说会有多个可执行文件进入内存。比如用户可以同时打开视频软件、WPS、浏览器等。因此 CPU 需要同时处理多个程序，那么如何分配计算资源来计算不同的程序，同时使计算资源利用率达到最大呢？本小节将介绍进程和线程的概念，使读者了解进程和线程的区别，以及操作系统如何调度进程和线程。

1. 程序、进程和线程的关系

程序（Program）是一个静态的概念，一般对应于操作系统中的一个可执行文件，比如：在智慧工厂中，系统要启动机器人扫描货架上的物品，则对应机器人的可执行文件就是扫描程序。当工厂管理员单击启动机器人按钮后，操作系统会加载程序到内存中，机器人开始执行该程序，于是产生了“进程”。

进程（Process）是执行中的程序，是一个动态的概念，是资源分配和调度的基本单位，也是操作系统结构的基础。线程是进程的一个实体，是 CPU 调度和分派的基本单位，是比进程更小的能独立运行的基本单位。

当打开多个应用程序时，每个应用代表了一个进程，操作系统为这些进程分配 CPU 资源，使用户可以同时使用这些应用程序。图 2.30 所示为 Windows 中的任务管理器，在任务管理器中可以看到当前操作系统正在执行的进程以及它们各自占用的 CPU 资源、内存资源等。

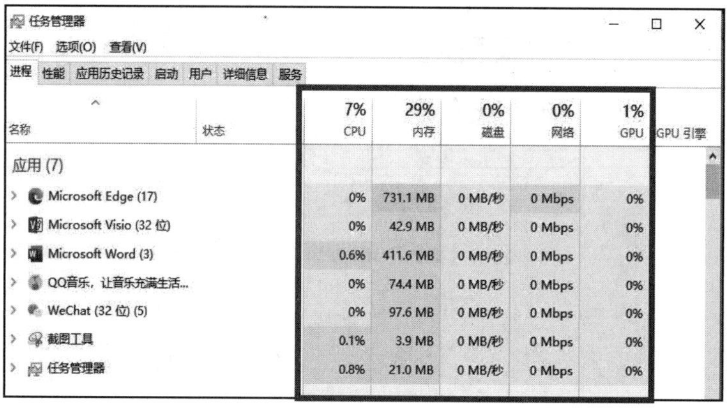

图 2.30 Windows 中的任务管理器

进程和线程从概念上区分：进程是拥有资源的基本单位；线程是调度的基本单位，它基本不拥有资源（除了在运行过程中必不可少的资源，其本身基本不拥有资源）。进程可以产生多个线程。与多个进程可以共享操作系统的某些资源一样，同一进程的多个线程也可以共享此进程的某些资源（比如代码、数据），所以线程又被称为轻量级进程。

进程之间是相互独立的，它们之间没有主从关系。操作系统会为每个进程分配内存，一个进程的终止不会影响另一个进程的状态。如图 2.31 所示，当前计算机包括了 Microsoft Edge、Microsoft Word、QQ 音乐、微信等进程，是否关闭 QQ 音乐并不影响微信程序的使用。

一个进程会产生一个主线程，由主线程产生了多个子线程。主线程就像人的大脑，其他子线程就像人的四肢。子线程由主线程派生，并且依附于主线程。当主线程终止时，子线程随之终止。以 QQ 聊天为例，图 2.32 显示了进程与线程之间的关系。当用户打开 QQ 和别人进行会话时，计算机会为 QQ 分配一个进程；而假设用户和其他五个人同时聊天，那就代表 QQ 这个进程产生了五个线程，每个聊天页面都代表了一个线程。

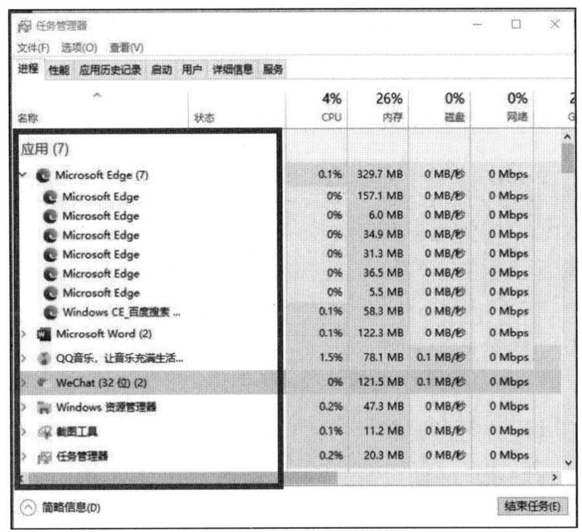

图 2.31　计算机进程示意图

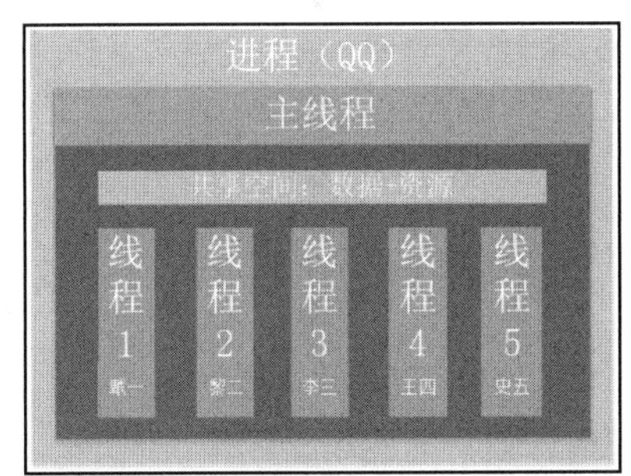

图 2.32　进程与线程之间的关系

由图 2.32 可以看出，线程是存在于进程内的，位于一个进程内的线程可以共享部分资源，因此它们之间的通信不需要额外的通信函数。主线程与子线程可以同步或异步执行。

2. 进程和线程的调度

上面介绍了程序、进程和线程之间的关系。这里将从处理机的角度来介绍如何调度进程和线程。

（1）进程调度

处理机是计算机系统中存储程序和数据，并按照程序规定的步骤执行指令的部件。处理机包括 CPU、主存储器、输入输出接口。

进程调度的过程包括：首先保存处理机的现场信息。在进程进行调度时，需要保存当前进程的处理机的现场信息，如程序计数器、多个通用寄存器的内容等；然后按某种方式选取进程，即由调度程序按某种调度方式选取一个进程；最后分派程序把处理机分配给该进程。

为了提高进程调度的效率，系统中所有的就绪进程会被按照一定的方式排成一个或多个队列，以便调度程序能最快地找到某进程。从一个进程切换到另一个进程时，处理机会发生两对上下文切换操作。第一对上下文切换时，操作系统将保存当前进程的上下文，同时装入分派程序的上下文，以便分派程序运行；第二对上下文切换时，将移出分派程序，把新选取的进程的 CPU 现场信息装入处理机的各个相应寄存器中。

前面提到调度程序按某种调度方式选取一个进程，在此简单介绍两种调度方式，即非抢占方式和抢占方式。如果采取非抢占方式，当把处理机分配给某个进程后，不管它要运行多长时间，都一直让它运行，直至该进程完成，自愿释放处理机，或发生某事件而被阻塞时，才把处理机分配给其他进程。如果采取抢占方式，调度程序可根据某种原则去暂停某个正在执行的进程，将已分配给该进程的处理机重新分配给另一进程。这样的原则主要包括优先权原则、短进程优先原则、时间片原则等，具体内容如下。

优先权原则：对不同的进程赋予不同的优先级，当优先级高的进程到达时，便暂停当前正在执行的进程，将处理机分配给优先级高的进程。

短进程优先原则：当新到达的进程比正在执行的进程明显短时，将暂停当前进程的执行，把处理机分配给新到达的（短）进程。

时间片原则：各进程按时间片轮流运行，当一个时间片用完后，便停止该进程的执行而重新进行调度。

进程的状态分别为：就绪（等待 CPU 资源）、执行（获取 CPU 资源而正在执行）、阻塞（释放 CPU 资源，同时停止竞争 CPU，直到被唤醒）。进程队列调度模型如图 2.33 所示。

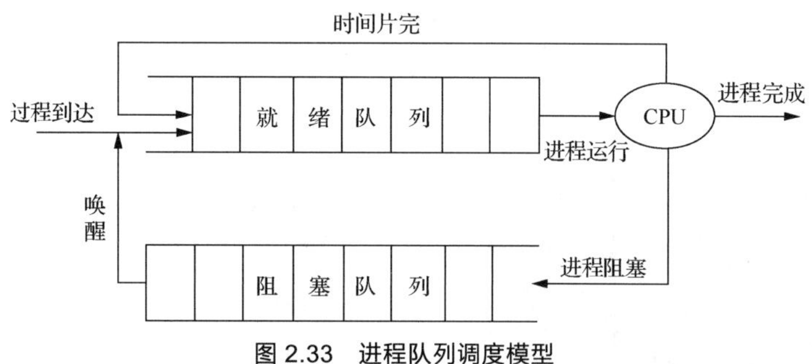

图 2.33　进程队列调度模型

如图 2.33 所示，当进程从一个状态到另一个状态变化时，会触发一次调度。以下状态的变化都会触发操作系统的调度。

从就绪态到运行态：进程被创建后进入就绪队列，操作系统从就绪队列选择一个进程运行。进程在队列中服从先进先出原则，即先到达的进程将先被操作系统选择。

从运行态到就绪态：当一个进程的时间片用完后，它将加入就绪队列尾部，再次等待被执行。

从运行态到阻塞态：正在执行的进程因须等待某种事件发生而被阻塞时，当前进程进入阻塞队列，操作系统从就绪队列中选择下一个进程运行。

从阻塞态到就绪态：处于阻塞状态的进程，若其等待的事件已经发生，则进程被唤醒，并从阻塞态变为就绪态。

从运行态到结束态：当进程执行完成后，操作系统会从就绪队列中选择下一个进程运行。

（2）线程调度

当进程之间进行切换时，由于要保留当前进程的处理机环境和设置新选中进程的处理机环境，因而需要花费不少的处理机时间。也就是说，由于进程是一个资源的拥有者，因而在创建、撤销和切换时，系统必须为之付出较大的时空开销。为了解决这个问题，引入了线程。因此，线程成了处理机调度的基本单位。

线程的实体基本上不拥有系统资源，只拥有能保证其独立运行的资源。由于线程没有拥有系统资源，因此线程的切换非常迅速。在多核处理器系统（如当代计算机包括了三核处理器、四核处理器等）中，一个进程中的多个线程之间可以并发执行，不同进程中的线程也能并发执行。在同一进程中，线程的切换不会引起进程的切换。

线程的调度与进程的调度采用相同的调度策略，因为当进程被分配了资源后，真正在处理机上运行的是线程。下面将通过一个简单的例子来介绍线程的调度。

假设 CPU 为 3 核 CPU，操作系统采用抢占式的时间片原则进行线程调度。此时有两个进程 A 和 B 位于就绪队列中，如图 2.34 所示，操作系统将分配资源给这两个进程。

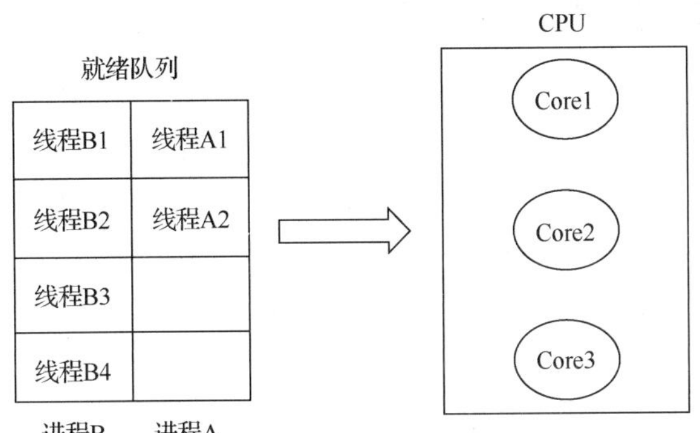

图 2.34　进程 A 和进程 B 将被分配资源

图 2.35 表示操作系统进行一次分配后各线程的情况。可以看到，因为 CPU 为 3 核，所以当分配给进程 A 两个线程后，还剩余一个线程可以分配给进程 B。

各线程经过一次分配后（见图 2.35），假设线程 A1，A2，B1 在时间片用完后没有执行完，则此时会再次调度，进行线程切换，线程 A1，A2，B1 放弃 CPU 并被加入就绪队列尾部，线程 B2，B3，B4 获得 CPU 资源并开始执行，如图 2.36 所示。

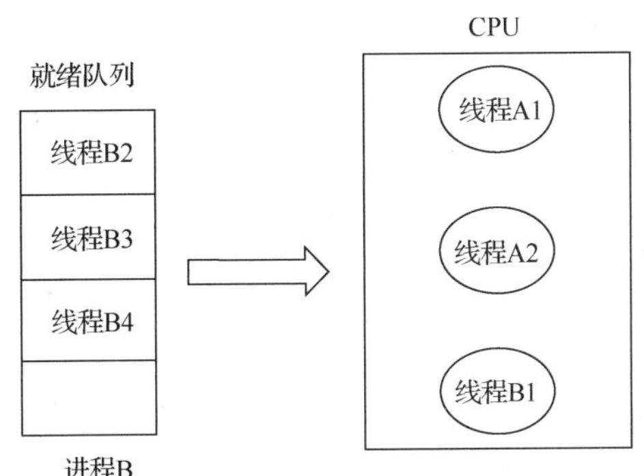

图 2.35　经过一次分配后各线程的状态

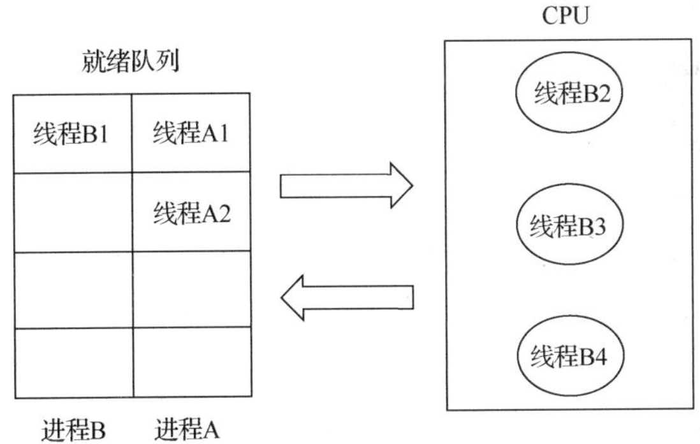

图 2.36　线程切换

2.2.3　文件系统

在介绍冯 • 诺依曼体系结构时提到了存储器，存储器中的内存主要用于程序运行过程中存放指令，其中不能永久存放数据。

存储器分为内存与外存。内存主要用于程序执行过程中快速读取指令或数据，而外存则用于数据的持久化存储。持久化存储指的是即使主机断电了，外存中的数据依然存在。本小节所要介绍的文件系统是存储在外存设备中的。

操作系统中负责管理和存储文件信息的软件被称为文件管理系统，简称文件系统（File System）。文件系统包括操作系统用于明确存储设备上文件的方法和数据结构，此处的方法即在存储设备上组织文件的方法。这里的文件泛指保存在存储设备上的所有数据，而不单单指文档。常见的存储设备是磁盘，也有基于 NAND Flash 的固态硬盘。从系统角度来看，文件系统是对存储设备的空间进行组织和分配，负责文件存储并对存入的文件进行保护和检索的系统。具体来说，它负责为用户建立文件，存入、读出、修改、转储文件，控制文件的存取，当用户不再使用时撤销文件等。

在计算机中，文件系统是命名文件及放置文件的逻辑存储系统。DOS、Windows、OS/2、Macintosh 和 UNIX-based 操作系统都有文件系统，在这些系统中文件被放置在分等级的（树状）结构中的某一处。文件可被放置进目录（Windows 中的文件夹）或子目录，即树状结构中的任何位置。文件系统会指定命名文件的规则，这些规则包括文件名的字符数最大量，哪种字符可以使用，以及某些系统中文件名后缀可以有多长等。文件系统还包括通过目录结构找到文件的指定路径的格式。文件系统是软件系统的一部分，它的存在使应用可以方便地使用抽象命名的数据对象和大小可变的空间。

如图 2.37 所示，在 Linux 文件系统下能看到 bin、home 等目录。如图 2.38 所示，在 Windows 文件系统下能看到 C 盘、D 盘，每个盘都可以存放不同的文件。通常 C 盘存储系统文件，D 盘或其他盘则存放应用程序文件或者用户自己定义的文件，同时用户可以很轻松地在这些系统下添加、删除文件，这就是文件系统提供的功能。如果没有文件系统支持，则看似很简单的操作将变得异常复杂。举个简单的例子，如果没有文件系统，用户直接面对的就是磁盘，那么就需要用户自己记录每个磁盘扇区的空闲情况，先不说添加文件、删除文件等操作所需要的工作量，仅仅记录每个扇区就需要大量的操作。

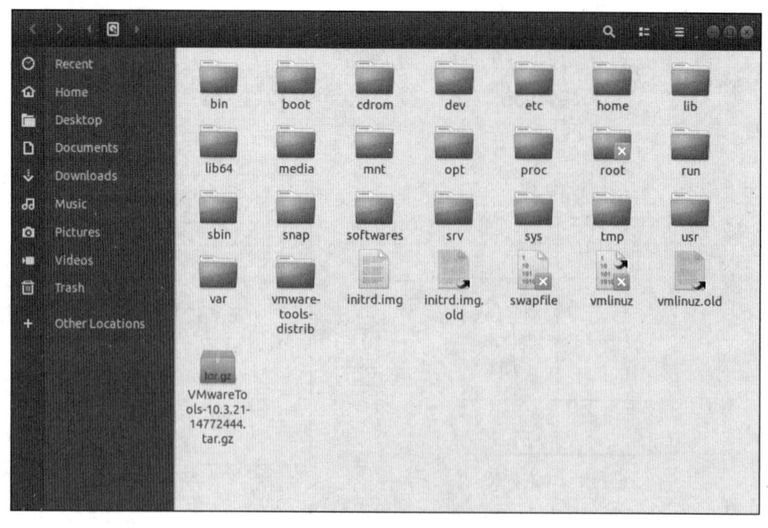

图 2.37　Linux 文件系统

文件系统的树状结构如图 2.39 所示，在 C 盘根目录下，有五个子文件，以各子文件为根目录又可生成多个子文件。在 Windows 系统中，可在不同文件夹下建立具有相同文件名的文件，例如 Google 这个文件夹存在于文件 Program Files 和文件 Program Files（x86）下。但是在同一文件夹下，不能存在两个名称相同的文件，例如在 Program Files 文件夹下，不能存放两个 Google 文件。这种存储文件的方式对用户来说容易操作和上手。

图 2.38　Windows 文件系统

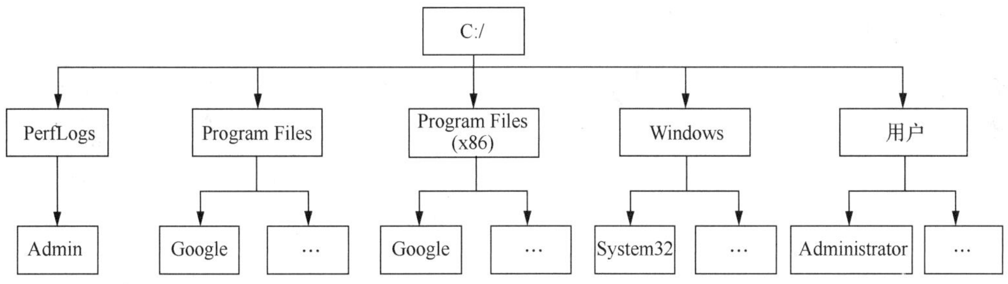

图 2.39　文件系统的树状结构

本节首先介绍了操作系统，包括计算机操作系统（Linux、Windows、HUAWEI HarmonyOS）、手机操作系统（Android、iOS、Symbian）、嵌入式操作系统（Windows CE、PalmOS、eCos）以及通用操作系统等；其次介绍了源代码通过编译/链接程序形成可执行文件，通过装载程序将形成的可执行文件写入内存，即可被 CPU 处理；再次介绍了为了计算这些可执行文件，引入了操作系统运算调度的最小单位——线程、进程，通过进程和线程的调度机制，CPU 的计算资源可被最大化；最后介绍了文件系统——程序在操作系统上执行时，其会被存放在存储器上，但存储器并不能持久地存放数据，因此计算机通过文件系统来实现持久化存储。

2.3　未来的计算机

2.3.1　计算机系统的发展

在并行计算部分中提到过，当今的计算机均采用并行计算来提高计算效率。阿里巴巴、腾讯、百度同时可以为全国十几亿人口提供服务，他们是如何做到的？为了运用并行计算，各互联网公司部署了数以千计甚至是万计的服务器来快速满足服务要求。不止国内的互联网公司如此，国外的苹果、微软、Facebook、Google 也同样会部署数以万计的服务器。那么，这里就有一个问题，数以万计的服务器放在哪里？若放在写字楼里，互联网公司每年需要消耗巨大的电能来为之降温，这样的成本是互联网公司不希望看到的。因此这些互联网公司把服务器放在了常年温度保持在十几度的地方，微软公司甚至将他们的服务器放在了海底，如图 2.40 所示。

（a）微软，苏格兰奥克尼群岛海岸线附近水域

（b）Google，芬兰，哈米纳海湾

（c）腾讯，贵州省贵州新区，占地约 770 亩

（d）Facebook，瑞典，离北极圈仅 100 公里

图 2.40　各互联网公司部署服务器地址

图 2.40 中各互联网公司的选址虽然减少了电能的损耗，但是为了部署服务器，他们对环境造成了破坏，加速了全球变暖。目前，不管是学术界还是工业界，都在试图解决这个问题。

基于目前科技发展带来的环保问题，探讨未来计算机的发展方向显得尤为迫切。计算机的未来发展包括以下几个方向。

其一，微型化。要利用微电子技术和超大规模集成电路技术，把计算机的体积进一步缩小。当计算机体积缩小以后，会影响它的计算速度吗？这个问题是否定的——科技的发展将使电脑芯片变得更小、传输速度更快、耗电量更少。就像我们使用的手机、iPad、智能手表，虽然体积很小，但是并不影响他们的计算速度。

其二，巨型化。这个巨型并不是指体积，而是指速度、存储量和计算机功能。如超级计算机、量子计算机、光子计算机、纳米计算机等，这类计算机将主要应用于天文、气象、地质、核技术、航天和卫星轨道计算等尖端科学技术领域，以提供计算支持。

其三，网络化。计算机的发展也离不开互联网的发展。借助网络技术可以更好地分享网上的信息。在这个动态变化的网络环境中，实现计算资源、知识资源、专家资源的共享，可以让用户享受可灵活控制的、智能的、协作式的信息服务。

其四，智能化。随着科技的发展，机器完全有可能具有模拟人的感觉、思维、情感等的能力，实现“强人工智能”。但是，在发展人工智能的同时，社会需要用法律去约束人工智能，使人工智能向着积极正确的方向发展，进而造福于人类。

2.3.2　未来计算机

1. 计算机系统的发展

未来计算机会朝着微型化、巨型化、网络化和智能化的方向发展。这样的计算机会更有利于人工智能甚至社会的发展。

在传统的通用计算机的基础上，超级计算机、量子计算机等新型计算机正在研究的进程中。这些计算机的计算速度会更快，可以解决更复杂的数学问题。

（1）超级计算机

国家超级计算中心是由科学技术部批准成立的数据计算机构，是科学技术部下属事业单位。截至 2020 年，科学技术部批准建立的国家超级计算中心共有八所，分别是国家超级计算天津中心、国家超级计算广州中心、国家超级计算深圳中心、国家超级计算长沙中心、国家超级计算济南中心、国家超级计算无锡中心、国家超级计算郑州中心、国家超级计算昆山中心。图 2.41 所示为国家超级计算长沙中心和天津中心。

（a）国家超级计算长沙中心

（b）国家超级计算天津中心

图 2.41　国家超级计算中心

超级计算机由数百、数千甚至更多的处理器组成，可以计算通用计算机和服务器所不能完成的大型复杂数据。图 2.42 是太湖之光超级计算机。超级计算机虽然有“超级”的名号，但其基本部件和个人计算机没有太大的不同，主要的区别在于，超级计算机有着非常强大的数据处理能力，超级计算机的计算速度可以达到每秒一万亿次以上。超级计算机在航空航天、生物医药、新材料研究、石油勘探等多个领域起到了基础支撑作用，从武器装备到天气预报都离不开超级计算机，这在一定程度上体现了一个国家的综合科研能力。例如我国的天河二号超级计算机可以模拟宇宙大爆炸 1 600 万年后至今，约 137 亿年的宇宙演化过程。超级计算机的存在为各种高端精密先进的技术发展提供了强大的计算支持。

图 2.42　太湖之光超级计算机

中国有三大超级计算机研制单位：曙光、天河、神威。天河三号超级计算机原型机在核心芯片上做到了自主、独立、创新，真正实现了“超算”的全国产。我国在这个领域已经实现了全球领先。此前中国在超级计算机领域相对于其他发达国家来说是稍逊一筹的。从 1987 年中国开始研发超级计算机，到现在中国已经突破了“超算”领域的核心技术封锁。中国超级计算机的更多突破未来可期。

（2）量子计算机

2020 年 12 月 4 日，中国量子计算机原型机“九章”问世，如图 2.43 所示。其算力实现全球领先，中国成为世界上第二个实现“量子优越性”的国家。量子计算机原型机“九章”由中国科学技术大学潘建伟等人构建，国际学术期刊《科学》发表了这一成果，并称这是“世界上最先进的实验”和“一个重大成就”。

量子优越性（又称“量子霸权”）是指当新生的量子计算机原型机在某个问题上的计算能力超过了最强的传统计算机，就证明其未来有多方超越的可能。在量子计算机算力测试时，经常使用复杂数学算法求解的方式衡量计算机的计算水平，据悉，“九章”量子计算机仅需 200 秒就可以求解高斯玻色取样的数学算法，而世界上最先进（截至 2021 年）的超级计算机“富岳”计算同一问题则需要 6 亿年时间。谷歌 2019 年 9 月推出了“悬铃木”量子计算机，具有 53 个光子，而中国的“九章”具有 76 个光子。对比来看，“九章”的计算速度比美国的量子计算机“悬玲木”快 100 亿倍，并且弥补了“悬铃木”中依赖样本数量的技术漏洞。在量子计算机运行过程中，如何约束光子是最大的挑战，其锁相精度要保持在一纳米的范围，相当于百公里数据传输误差不能超过一根头发丝。与“超算”相比，“九章”在图论、机器学习、量子化学等领域有着巨大的应用价值。

图 2.43 “九章”量子计算机原型机

2. 未来人工智能

随着计算机的不断发展，人类生产生活的数据和信息环境有了大幅提升，人工智能正从学术驱动转变为应用驱动，从专用智能迈向通用智能，人类社会与物理世界的二元结构正在进阶到人类社会、信息空间和物理世界的三元结构，人与人、机器与机器、人与机器的交流互动越来越频繁。而海量化的基础数据、持续提升的运算能力、不断优化的算法模型，结合多种应用场景的新应用已构成相对完整的闭环，成为推动新一代人工智能发展的三大要素（见图 2.44）。

然而，运行人工智能算法会消耗大量能量，远远超过了大脑完成同任务所需的能量。未来，为了高效率发展人工智能，研究工作者需要寻求解决高能耗问题的方法。

高能耗的问题来自于计算机和大脑运算原理的不同。计算机运行速度的障碍来自于数据被存储在存储器中，存储器和处理器在物理上是相互独立的。当人工智能算法运行时，数百万甚至数十亿的参数需要在存储器中存储、搜索，然后在处理器上相加或相乘。而在大脑中，存储器无处不在，信息被分布和保存在突触中，它同时负责处理数据。每个神经元与一万个突触相连，意味着大脑具备计算和存储并置的能力，并且还具备并行处理能力，具有十分惊人的能效。为了解决高能耗的问题，人工智能运用了和大脑相类似的解决问题的运算结构，人工智能中的基于深度神经网络算法的设计灵感就来自于大脑。

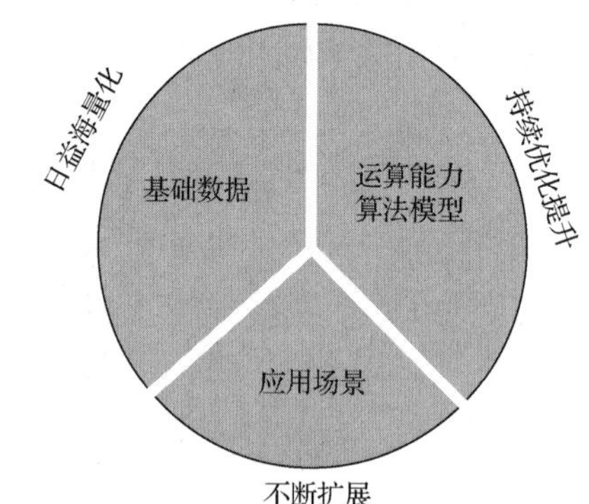

图 2.44 新一代人工智能主要驱动因素示意图

通过分析计算机和大脑在运算原理上的不同，我们希望计算机可以模拟大脑中的神经元以及连接神经元的突触的行为，进而解决高能耗的问题。虽然目前仍无法开发出一套完整的解决方案，但是有了这样的解决思路，未来的技术发展前景是光明的。

习题

一、选择题

1. 中央处理单元由什么组成？（　　）

A. 运算器和控制器　　B. 存储器和控制器

C. 运算器和存储器　　D. 运算器、存储器和控制器

2. 以下产品，哪些属于嵌入式系统？（　　）哪些不属于？（　　）

A. 手机　　B. 游戏机　　C. 数字电视机　　D. 苹果电脑

E. 温/湿度传感器　　F. LED 屏幕　　G. 银行存/取钱自助机

3. 以下关于嵌入式系统的说法正确的是？（　　）

A. 嵌入式系统的用户可以更改应用程序

B. 嵌入式系统是专用计算机系统

C. 嵌入式系统本质上不是一种计算机系统

D. 嵌入式系统不能提高应用系统的总体性能，只是应用系统的组成部分

4. 以下关于程序、进程和线程说法错误的是？（　　）

A. 一个程序可能包含多个进程

B. 通常一个进程都有若干个线程

C. 进程之间可以并发执行，一个进程中的线程只能分时执行

D. 进程是资源分配的基本单位

5. 以下哪些说法是正确的？（　　）

A. 内存可永久存放数据

B. Windows 系统下，C 盘也可存储用户自己定义的文件

C. 在不同目录下可存储文件名相同的文件

D. 文件系统中的文件指的是常见的文档

二、解答题

1. 图灵机的四大要素是什么？

2. 请简述冯•诺依曼体系结构计算系统的工作流程。

3. 中央处理器的工作流程分为几个阶段？每个阶段需要做什么？

4. 一个源代码如何变为一个可在内存中执行的程序？需要哪几步？

5. 请简述传统输入设备和智能输入设备的区别。基于这些区别，开发人员编写代码的方式发生了哪些变化？

6. 请简述在智慧农业中包含了哪些数据类型？这些类型的数据都是如何被获取的？

7. 并行计算为人工智能带来了哪些好处？为何要采用并行计算而非串行计算？

8. 请举例说明程序、进程和线程之间的关系。

9. 请简述未来计算机的发展方向，并分析其可能的计算系统架构。

第二部分

程序设计与算法

03 第3章　Python编程基础

在人脸识别、语音识别、购物推荐、无人驾驶等人工智能应用中，智能行为是如何实现的？在计算机的世界里，通过算法设计、编写程序可以在计算系统中实现自动化执行。程序设计语言是一种计算机和人都能识别的语言，能够实现人与机器之间的交流和沟通。程序设计语言处在不断的发展和变化中，从最初的机器语言发展到如今的 2 500 种以上的高级语言，每种语言都有其特定的用途和不同的发展轨迹。Python 作为一种面向对象的、动态的程序设计语言，具有非常简洁而清晰的语法，它既可以用来快速开发程序脚本，也可以用来开发大规模的软件。

第二部分将从机器人投篮案例任务分析出发，通过问题分解、模式识别，抽象分析、算法设计，程序编写来实现关键算法，在解决案例任务的过程中讲解 Python 编程。

3.1　问题求解的计算思维方法

随着人工智能技术和机器人传感分析技术的结合，越来越多为模仿人类行为而设计的机器人出现了。日本研发的 Cue 投篮机器人，身高 1.9m，其投篮姿势与运动员一致，投篮技术完全超过了专业的篮球运动员，其投球命中率接近 100%。

投篮机器人模仿专业篮球运动员投出篮球，如何实现百分百投篮呢？

3.1.1　问题分解

针对机器人投篮问题，首先，设定一个模拟篮球场的场景；然后，机器人要实现投篮百发百中，可以划分为 3 个子问题，如表 3.1 所示。第 1 个问题是投篮机器人对模拟篮球场的“记忆”；第 2 个问题是探索机器人在不同情况下投篮所得到的轨迹线，第 3 个问题是完成抛球的动作。

表 3.1　问题分解

问题序号	问题描述	编程目标
问题 1	模拟篮球场的构建与表示	投篮机器人对模拟篮球场的“记忆”
问题 2	投篮机器人投球的状况	篮球飞行的轨迹线
问题 3	篮球初始状态	初始点坐标
	篮球中间状态	抛球线的轨迹
	篮球终点状态	进篮筐内的条件

3.1.2 模式识别

篮球运动员在球场上投篮时，如何才能命中篮筐？投篮机器人可以通过计算机模拟篮球轨迹建立坐标系，先计算篮球投出后某一时间的坐标点，再循环计算篮球在空中多个坐标点的位置，最后计算不同初始条件下篮球轨迹坐标点，进而找出合适的投篮角度或篮球出手速度以实现百分百投篮，如表 3.2 所示。

表 3.2 机器人投篮与计算机模拟投篮的相似之处

机器人投篮	计算机模拟百分百投篮
机器人投篮参数设置	设定参数，计算坐标点
投篮后篮球轨迹描述	循环计算一次投篮多个坐标点
多次投篮对应的多条篮球轨迹描述	多重循环实现多次投篮的坐标点
落入篮球筐的轨迹即投篮命中轨迹	找出进篮筐的坐标点以实现百分百投篮

3.1.3 抽象

已知机器人投篮时的出手速度 v_0、出手高度 h 和出手角度 θ，在不考虑空气阻力和落点有效区域的情况下，利用计算机模拟建立坐标系，计算机器人抛出篮球的坐标值，并绘制其运动轨迹。在 v_0 和 h 一定的情况下确定出手角度 θ 的范围，可以实现机器人百分百投篮。

利用计算机模拟投篮过程，首先需要建立坐标系模拟机器人投篮场景，x 轴代表篮球水平方向的坐标，y 轴代表篮球垂直方向的坐标，如图 3.1（a）所示；其次，机器人投篮轨迹线可通过在坐标系上绘制一条抛物线来模拟，如图 3.1（b）所示。

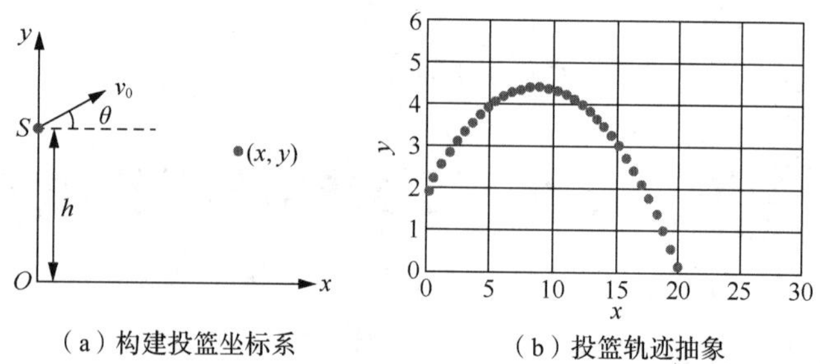

（a）构建投篮坐标系　（b）投篮轨迹抽象

图 3.1 构建机器人投篮的坐标系与投篮轨迹抽象

机器人投篮轨迹可以用 N 个点来模拟，每个坐标点(x,y)的表达式如下。

$$\begin{cases} x = v_0\cos(\theta)t, \\ y = h + v_0\sin(\theta)t - gt^2/2 \end{cases} \tag{3.1}$$

根据不同的时间点可计算出不同的坐标点，在屏幕上绘制这些坐标点则可模拟得到篮球在空中的运动轨迹。

图 3.2 绘制了在不同条件下机器人投篮的篮球运动轨迹。图 3.3 绘制了投进篮筐的篮球轨迹线以获取百分百投篮的各种参数，并且把这些参数存放在机器人的“大脑”内，需要时随时调出即可实现百分百投篮。

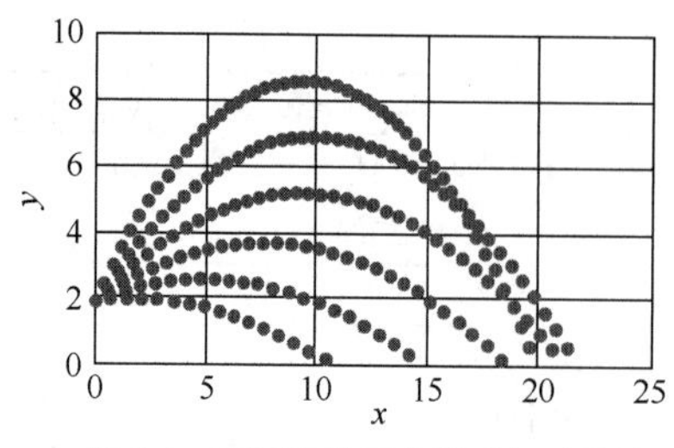

图 3.2 不同条件下的篮球运动轨迹

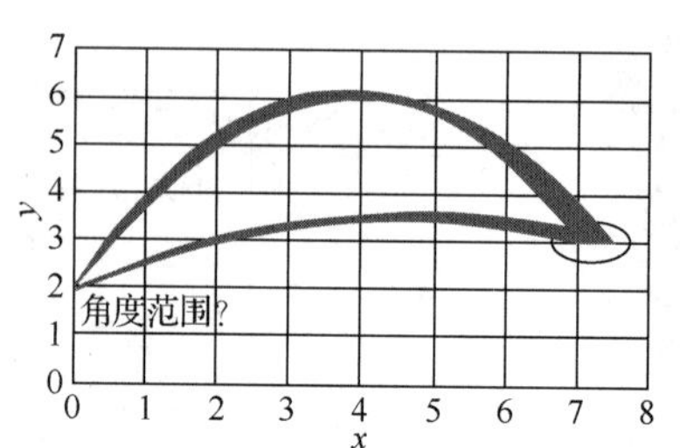

图 3.3 百分百投篮的篮球轨迹线

3.1.4　算法设计

实现机器人投篮任务，可以通过以下 5 个步骤来完成。

第 1 步：建立一个二维的坐标系，并计算篮球在某一时间的坐标点.

第 2 步：在合理的范围内绘制篮球的一个坐标点，如图 3.1（a）所示。

第 3 步：在合理的范围内绘制篮球的 n 个坐标点，如图 3.1（b）所示。

第 4 步：绘制多次机器人投篮的篮球运动轨迹，如图 3.2 所示。

第 5 步：在投篮出手速度与出手高度一定的条件下，找出合适的角度，解决机器人百分百投篮问题，如图 3.3 所示。

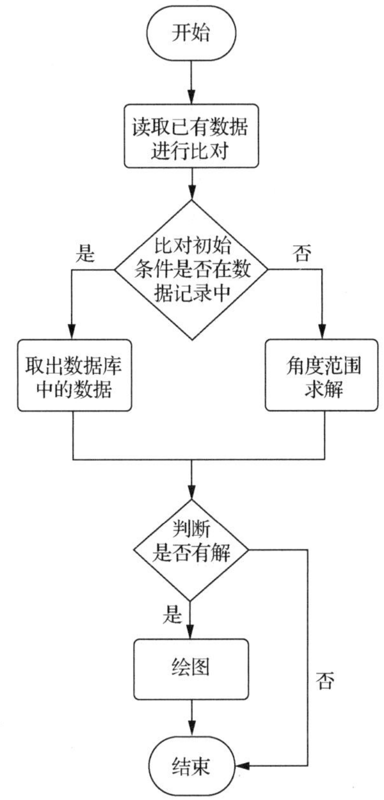

图 3.4　机器人百分百投篮程序流程

下面看一个机器人百分百投篮问题的示例描述：已知篮球筐的高度 3.05m 和宽度 0.45m，机器人在离球筐中心点 7.25m 的位置进行定点投篮，在 v_0 和 h 一定的情况下，求机器人出手投球的角度范围并据此绘制篮球轨迹曲线。

机器人百分百投篮程序流程如图 3.4 所示。案例的分析与实现详见第 4 章 4.4 节。

3.2　编程的基本概念

编程，即编辑程序，通过一门计算机语言描述一段由数据结构和算法组成的代码，再通过其对应的编译器编译、链接，最后生成计算机能够识别并执行指令的机器码的过程。通俗地理解，通过编程，我们要教会计算机如何在不同情况下按步骤解决 3.1.4 小节中百分百投篮问题。

在学会如何编写程序之前，我们需要了解一些编程的基础知识，包括程序的基本要素与程序设计语言的基本概念。

3.2.1 程序的基本要素

程序是什么？程序是给计算机发号施令的指令集合。这些指令主要包括两部分内容：一是描述问题数据的对象以及这些数据对象的关系，即数据结构，二是描述这些数据对象操作的规则，这些规则是求解问题的算法。计算机按照程序所描述的算法对具有某种数据结构的数据进行加工处理，因此在合理的数据结构下设计一个好的算法尤为重要。

著名的瑞士计算机科学家尼古拉斯·沃斯教授曾提出：算法+数据结构=程序。数据结构和算法是程序的基本要素。

数据结构是计算机存储、组织数据的方式。数据结构是指相互之间存在一种或多种特定关系的数据元素的集合。程序设计中常用的数据结构包括数组（Array）、栈（Stack）、队列（Queue）、链表（Linked List）、树（Tree）和图（Graph）等。Python 常用的数据结构包括列表、元组、字典与集合等。这些数据结构将在第 4 章中详细介绍。

算法是为解决问题而精心设计的计算步骤和方法。它代表着用系统的方法解决问题的策略机制。也就是说，能够针对一定规范的输入，在有限时间内获得所要求的输出。不同的算法可能会用不同的时间、空间或效率来完成同样的任务。一个算法的优劣可以用空间复杂度与时间复杂度来衡量。

设计一个好的算法一般要有 0 或多个输入和输出，算法在执行了有限步骤后要能够终止。面对一个具体的问题，可能会有多种解决方案，可以设计多个算法实现，可以通过分析、比较后挑选出一种最优的算法。算法设计好后，用算法描述语言或程序流程图把算法表示出来。例如，图 3.4 为机器人百分百投篮程序流程图。

关于如何设计好的算法，如何评价一个算法的好坏，以及一些常用的经典算法，本书第 5 章会有更详细的介绍。

3.2.2 Python 语言

解决问题的算法设计好后，需要通过程序设计语言来描述算法的实现步骤，再通过计算系统执行并输出结果。

1. Python 语言简介

Python 是在 ABC 语言的基础上开发的，它继承了 ABC 语言的优点，受到了 Modula-3 的影响，并结合了 C/C++语言的用户习惯。它支持命令式编程与函数式编程两种模式，完全支持面向对象程序设计，语法简洁清晰，功能强大且易学易用，一度成为了 UNIX 和 Linux 开发者所青睐的开发语言。

Python 是一门跨平台、开源、免费的，结合了解释性、编译性、互动性和面向对象的脚本语言，其关键特性如下。

- 简单易学：Python 是一种代表简单主义思想的语言。阅读一个良好的 Python 程序就感觉像是在读英语故事一样，但这个英语故事的格式要求非常严格！Python 的这种伪代码本质是它最大的优点之一。Python 有极其简单的语法，很容易上手。
- 免费开源：Python 是 FLOSS（自由/开放源代码软件）之一。简单来说，你可以自由地发布这个软件的复制文件、阅读它的源代码、对它进行改动、把它的一部分用于新的自由软件中。
- 可移植可扩展性：由于开源，Python 已被移植到了许多平台上（经过改动使它能够工作在不同平台上）。如果你需要你的一段关键代码运行得更快或者希望某些算法不公开，可以把你的部分程序用 C 或 C++编写，然后在 Python 程序中使用它们。

- 解释性：用 Python 语言写的程序不需要编译成二进制代码，这意味着可以直接从源代码运行程序。在计算机内部，Python 解释器会把源代码转换成字节码的中间形式，然后把它翻译成计算机使用的机器语言再运行。
- 面向对象：Python 既支持面向过程的编程，也支持面向对象的编程。在“面向过程”的语言中，程序是由过程或仅仅是可重用代码的函数构建起来的。在“面向对象”的语言中，程序是由数据和功能组合而成的对象构建起来的。与其他主要的语言如 C++ 和 Java 相比，Python 以一种非常强大又简单的方式实现了面向对象编程。
- 丰富的库：Python 标准库确实很庞大。它可以帮助你处理各种工作，包括正则表达式、文档生成、单元测试、线程、数据库、网页浏览器、CGI、FTP、电子邮件、XML、XML-RPC、HTML、WAV 文件、密码系统、GUI（图形用户界面）、Tk 和其他与系统有关的操作。
- 规范的代码：Python 采用强制缩进的方式使得代码具有极佳的可读性。

客观来说，相较于 C++、Java，Python 的运行速度要慢许多。这也是许多公司不使用 Python 作为软件开发工具语言的很重要的原因。但随着互联网、大数据与人工智能的发展，Python 在网络爬虫、大数据分析与处理、科学计算可视化、自然语言处理、游戏设计与开发等领域获得了广泛的应用。在本教材中，Python 作为一个实现计算与人工智能的工具语言，主要解决如下问题。

- 算法设计。利用 Python 实现各种经典算法，包括常用的递归、搜索和梯度下降算法。
- 网络爬虫。学习如何在互联网上爬取免费的数据，调用 request 库请求网页，用 beautifulsoup 库来解析网页数据。学习使用 Scripy 爬虫框架爬取网络数据，也包括 Python 文件与文件夹的管理与操作。
- 数据分析。在获取了大量数据的基础上，利用 Python 结合科学计算库 NumPy、机器学习等技术，对数据进行清洗、去重、规格化处理，实现数据的分类与预测等数据分析与处理方法。
- 自然语言处理。利用 Python 实现文字识别、词频统计、词云生成、语音识别等自然语言处理操作。
- 科学计算。利用 Pandas，NumPy，Matplotlib 等众多程序库，用 Python 实现科学计算、数据表与数据库的处理以及数据可视化的操作。
- 人工智能。利用百度平台，实现人工智能领域内的机器学习、神经网络、深度学习，学习人脸识别，图像识别和语音识别。

2. Python 开发环境的搭建

常用的 Python 开发环境除了 Python 官方安装包自带的 IDLE，还有 Anaconda3、PyCharm 和 Visual Studio Code 等，本书主要通过 Anaconda3 提供的 Spyder 和 Jupyter Notebook 开发环境来介绍 Python 的基本语法及其在算法设计、网络爬虫、数据分析、数据挖掘与可视化、人工智能（深度学习）等方面的应用。本书的代码同样可以在其他开发环境中运行。

（1）Anaconda3 环境搭建

Conda 是一个开源的软件包管理系统和环境管理系统，用于安装多个版本的软件包及其依赖关系，并在它们之间轻松切换。其是当下流行的 Python 环境管理工具。

Anaconda 指的是一个开源的 Python 发行版本，其包含了 Conda、Python 等 180 多个科学包及其依赖项。因为包含了大量的科学包，Anaconda 的下载文件比较大（约 531 MB），如果只需要某些包，或者需要节省带宽或存储空间，则可以使用 Miniconda 这个较小的发行版（仅包含 Conda 和 Python）。

关于 Anaconda 软件的安装及应用方法可通过相关网站进行搜索获取，在此不再赘述。安装好后的 Anaconda3 的启动菜单如图 3.5 所示。

图 3.5　Anaconda3 的启动菜单

其中的 Spyder 和 Jupyter Notebook 是本教材中所使用的两个 Python 程序开发工具。

（2）Spyder

Spyder 是一个强大的 Python 科学环境。它具有综合开发工具的高级编辑、分析、调试和分析功能与科学包的数据探索、交互执行、深度检查和优美的可视化功能的独特组合。

启动 Spyder（Anaconda3）后，进入 Spyder 工作界面，如图 3.6 所示，其中左侧是 Python 代码的编辑窗口，可编写 Python 程序，文件的后缀名为.py，右上角是变量生成区，显示代码运行过程中变量的值，右下角是控制台，代码的运行结果会在这里显示；此外，也可实现单条指令的执行与显示。

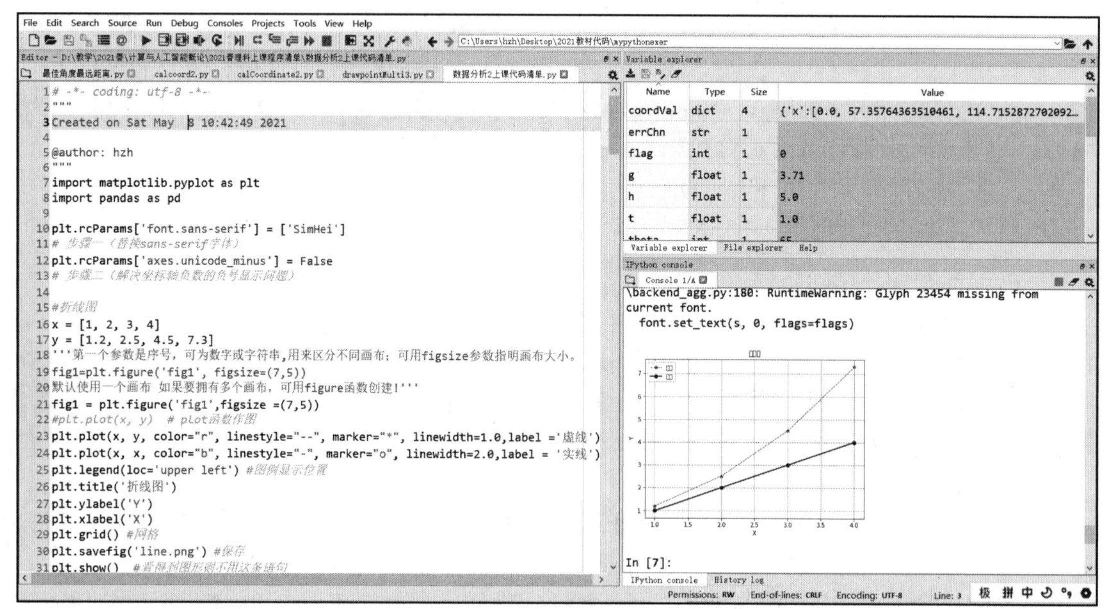

图 3.6　Spyder 工作界面

（3）Jupyter Notebook

Jupyter Notebook 是基于网页的用于交互计算的应用程序。其以网页的形式打开，支持用户在网页中直接编写和运行代码，代码的运行结果也会直接在代码块下显示。如在编程过程中需要编写说明文档，可在同一个页面中直接编写，便于做及时的说明和解释。

Jupyter Notebook 文档中包含了交互计算、说明文档、数学公式、图片以及其他富媒体形式的输入和输出，文档的后缀名为.ipynb 的 JSON 格式文件，文档也可以导出为 HTML、LaTeX、PDF 等格式，可以很方便与他人共享使用。

Jupyter Notebook 的运行界面如图 3.7 所示

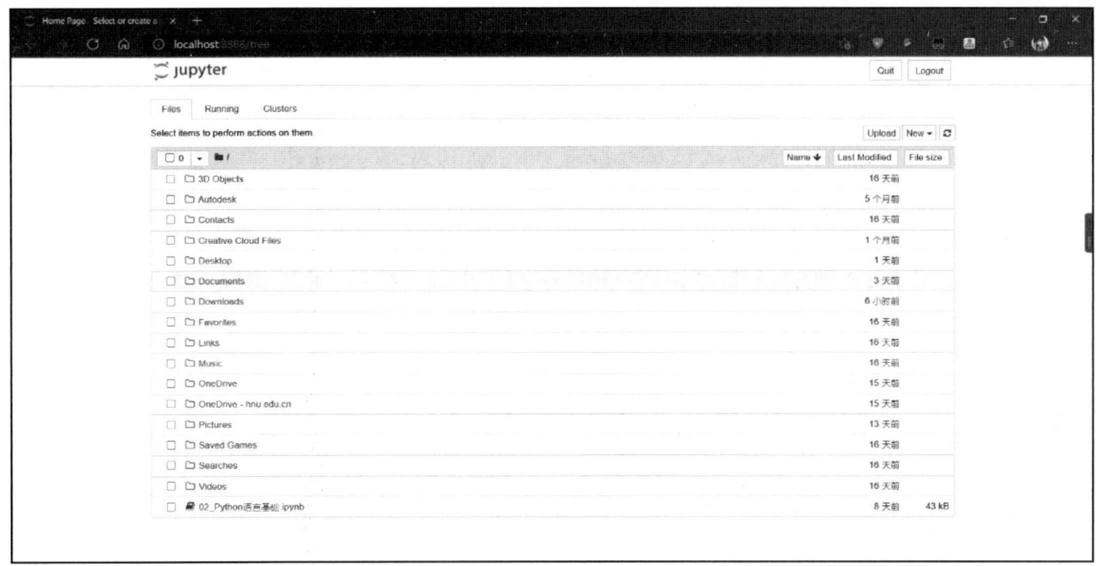

图 3.7　Jupyter Notebook 的运行界面

运行后，软件将打开一个本地网页（注意在运行期间不要关闭电脑打开的命令行）。用 Jupyter Notebook 打开.ipynb 文件后的工作界面如图 3.8 所示。

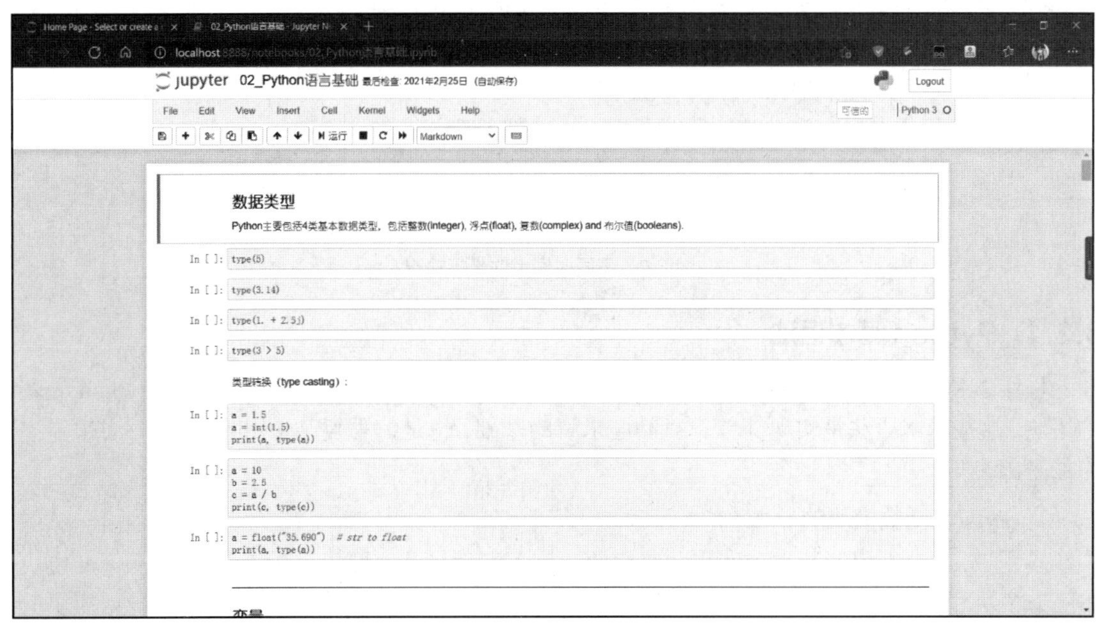

图 3.8　Jupyter Notebook 的工作界面

文档中的每一个单元格被称为一个 cell，每一个 cell 都可以独立运行并显示结果，但前面 cell

的运行结果会影响到后面的 cell，也就是说前面 cell 定义的变量、导入的库，后面的 cell 仍可以访问与使用，这一点读者要特别注意。

3.2.3 第一个 Python 程序：计算篮球某时刻的坐标值

在成功搭建了 Python 开发环境后，接下来以 Python 为工具语言，绘制投篮轨迹线案例，并在解决案例任务的过程中讲解 Python 编程。

在机器人百分百投篮问题中，根据重力加速度 g、时间 t、角度θ、初始高度 h、初速度 v_0 即可计算出篮球的横坐标和纵坐标。本小节将通过变量赋值、公式计算以及数学库函数的调用来计算投篮机器人某一时刻的坐标值。

若篮球初始高度 h=1.9m，初速度 v_0=14m/s，重力加速度 g=9.8m/s^2，角度θ=30×π/180；根据表达式 $x=v_0\cos(\theta)t$，$y=h+v_0\sin(\theta)t-gt^2/2$，可以计算当 t=0,1,2,3,4,5,6,…时多个坐标点的值。计算程序如下。

程序 3-1 计算 t 时刻的篮球坐标值并在屏幕上输出。

```
import math                                 #导入 math 库
g,h,v0 = 9.8,1.9,14.0                       #多重赋值
theta = 30.0*math.pi/180.0                  #角度转弧度
t = 1                                       #时间 t 赋值为 1
x = v0*math.cos(theta)*t                    #计算表达式的值并赋给 x 横坐标
y = h+v0*math.sin(theta)*t-g*t*t*0.5        #计算表达式的值并赋给 y 纵坐标
print('t=1 时刻的坐标为:')                   #输出提示信息
print(x,y)                                  #输出 t=1 时刻的坐标值
t = eval(input("enter t:"))                 #从键盘输入时间 t 的值
x = v0*math.cos(theta)*t                    #计算 t 时刻的 x 坐标
y = h+v0*math.sin(theta)*t-g*t*t*0.5        #计算 t 时刻的 y 坐标
print('t=%.2f 时刻的坐标为:' % t )           #输出 t 时刻的提示信息
print(x,y)                                  #输出 t 时刻的坐标点
```

程序运行结果如图 3.9 所示。

```
t=1时刻的坐标为:
12.124355652982143 3.9999999999999982

enter t:1.4
t=1.40时刻的坐标为:
16.974097914174997 2.096
```

图 3.9 不同时间点的坐标输出

3.2.4 Python 基本语法

程序 3-1 求解了投篮机器人投出的篮球在某一时刻的坐标值，该程序段用到了 Python 最基本的语法，这些基本语法是实现简单计算问题求解的基础，也是编写复杂 Python 程序时必须要掌握的最基础的知识。

1. Python 函数模块的导入

应用 Python 编程，通常会使用一些模块（库）来满足开发要求。Python 模块有标准模块、第三方模块和自定义模块。每个模块包含多个函数，用户要使用这些函数，需要先导入模块。在 Python 中导入模块的基本语法如下。

```
import <模块 1>
import <模块 2>
```

```
…
import <模块 n>
```

在导入模块后，就可以使用模块中的函数了，例如程序 3-1 中的 math.cos(theta)表示使用 math 模块中的 cos 函数，math.pi 表示圆周率。

有时候，模块名比较长，为了方便使用，通常用 as 定义一个别名。例如导入 Matplotlib 模块的 pyplot 子模块的语句为 import matplotlib.pyplot as plt，其中 plt 为别名，然后就可以用 plt.plot()来绘图了。

有时候也可以通过 from 方式从模块中导入指定的函数到当前的程序中，其语法格式如下。

```
from <模块名> import <函数名>
```

例如：

```
from math import *              #导入 math 库中所有的函数
from math import cos,sqrt       #导入 math 库中的 cos()和 sqrt()函数
```

用 from 方式导入模块函数后，就可以直接使用函数，而不需要在函数前加模块名了。若程序 3-1 中加入了语句 from math import cos,sqrt，则可以直接用 cos(theta)来求余弦值。

2. 数据的输出

数据的输出是指将程序的运行结果显示在输出设备上供用户查看。输出语句的基本语法如下。

```
print(<输出值 1>[,(<输出值 2>,…, <输出值 n>,sep='',end='\n'])
```

通过 print()函数可以将多个值输出，这些值之间以 sep 参数分隔，最后以 end 参数结束。sep 参数默认为空格，end 参数默认为换行。示例如下。

```
#print()输出
print("Python",123)             #输出 Python 123
print('t=1 时刻的坐标为:')       #输出提示信息“t=1 时刻的坐标为:”
print(1+2)                      #输出表达式的值 3
print(x,y,sep=', ')             #输出 x 和 y 的值，x 和 y 之间用逗号隔开
```

在上述代码中，#代表单行注释，用来说明该行代码的作用；Python 也支持多行注释，可使用三个单引号（'''）或三个双引号（"""）来实现。

print()语句默认输出结果后换行，如果希望输出结果后不直接换行，而是在该行结尾继续输出下一行 print()的结果，则可以使用 end 参数。示例如下。

```
#print()单行输出
print(1, end="+")               #end 参数在未指定时默认为换行符
print(2, end="=")
print(3)
```

上述程序段输出的结果为：

```
1+2=3
```

3. 变量赋值与数据类型

（1）变量赋值

变量用来存储程序中的各种数据。给变量赋值用赋值运算符“=”来完成，其基本语法为：

```
变量 = 表达式
```

其含义是将右边表达式的值赋给左边的变量。

Python 的变量赋值实质上是引用，同一个变量可以先后被赋予不同类型的值，定义为不同的对象参与计算。如果给变量赋予不同的值，则变量会指向不同的“值”对象。变量里存放的是值对象的位置信息。可用 id()函数确切地知道变量引用的值的内存地址。示例如下。

```
x=1                             #对 x 第一次赋值
print(id(x))                    #使用 id()查看 x 引用的内存地址
```

```
x=1.5                                    #对 x 第二次赋值
print(id(x))                             #再次查看，发现 x 引用的地址发生了变化
```

可以对单个变量赋值，也可以对多个变量同时赋值，如程序 3-1 中的语句“g, h, v0 = 9.8,1.9,14.0”就实现了对多个变量的赋值。

（2）数据类型

Python 有丰富的数据类型，其中列表、元组、字典等组合数据类型将在 4.1 节和 4.2 节中介绍，这里仅介绍数值与字符串这两种基本的数据类型。

数值类型包含整数、浮点数、布尔型值和复数。

整数是不带小数部分的数值，如 255、0、2 014。和其他语言不同，Python 整数没有长度限制，甚至可以计算有几百位数值的大整数。

Python 整数可以用 4 种进制来表示：十进制、二进制、八进制和十六进制。十进制按默认方式书写，其他进制则需要加特殊的前缀，分别是 0b、0o、0x，其中的字母也可以是大写。在十六进制中，用 A～F 这 6 个字母代表十进制的 10～15，换成小写字母 a～f 也一样。示例如下。

```
#整数
print(255)                               #用十进制整数表示 255
print(0xff)                              #用十六进制整数表示 255
print(0o123)                             #用八进制整数表示 83
print(0b0100001)                         #用二进制整数表示 33
```

不同进制的整数经过 print()函数输出后的形式均为十进制数值。

计算机中用浮点数来表示带小数的实数。浮点数可以使用普通的数学写法，如 0.123 4，-3.141 59 等；对于特别大或特别小的浮点数，则使用科学计数法表示；用 E 或 e 来表示 10 的幂，如 1.234e-1 表示 0.123 4。

```
#浮点数
print(0.1234)                            #普通浮点数表示 0.1234
print(1.234e-1)                          #科学计数法浮点数表示 0.1234
print(-3.1415926)                        #负浮点数表示-3.1415926
```

与整数不同，浮点数存在上限与下限，计算结果超出上限和下限时会产生溢出错误。浮点数只能以十进制形式书写。

布尔型值就是逻辑值，只有 True 和 False，分别代表“真”和“假”。

复数是 Python 内置的数据类型，使用 1j 表示-1 的平方根。复数有 real 和 imag 两个属性，分别用来查看复数的实部和虚部。示例如下。

```
#复数型
print((3+4j).real)                       #3.0
print((3+4j).imag)                       #4.0
```

字符串是由字符组成的序列，是用一对单引号(')、双引号(")或者三引号(''') 括起来的一个或多个字符，其中单引号和双引号都可以表示单行字符串，两者作用相同。单引号与双引号都可以作为字符串的一部分，一般当字符串中有单引号时，便使用双引号作为界定符；而当双引号是字符串的一部分时，则用单引号作为界定符。三引号也可以表示单行或多行字符串。

```
#字符型
print ('hello world')                    #显示英文字符串 hello world
print ("湖南大学")                        #显示中文字符串 湖南大学
print ('let\'s go\n')                    #显示带转义字符的字符串 let's go
```

转义字符是一些特殊的字符，Python 用反斜杠(\)来代表转义字符，以便表示那些特殊字符。例如，'\\'、'\"'、"\'"分别代表字符反斜杠(\)、双引号(")、单引号(')，'\n'代表回车，'\t'代表横向制表符。

在字符串中可用 r 或 R 来定义原始字符串，不让转义字符生效。例如 print(r'\n\t')显示为\n\t，转义字符不起作用。

4. 运算符与表达式

表达式是由数字、变量、运算符、括号等组成的式子，最常见的表达式为算术表达式，其对应的算术运算符有“+”“-”“*”“/”“//”“%”“**”，分别表示加、减、乘、除、整除、取余和乘方操作。除了算术表达式外，还有比较、逻辑表达式，每种表达式都有其对应的运算符。该部分内容将在 3.4 节中重点介绍。

```
#算术表达式
import math                          #导入 math 库
a,b,c=1,2,1
delta=b*b-4*a*c                      #将算术表达式的值赋给变量 delta
x1=(-b+math.sqrt(delta))/(2*a)       #求一元二次方程的根
x2=(-b-math.sqrt(delta))/(2*a)       #求一元二次方程的根
print(x1,x2)                         #输出 x1 和 x2 的值，分别为-1.0 和-1.0
```

数学中有大括号{}、中括号[]与小括号()，在计算机语言中这些括号另有重用。计算机语言中的圆括号跟数学中的圆括号一样，当“先乘除后加减”不够用时，即不能清晰地表明运算次序时，需要用圆括号来帮忙，如计算一元二次方程根的公式，如果写成 x1=-b+ math.sqrt(delta)/2*a，它实质上表示的是如下式子。

$$x_1=-b+\frac{\sqrt{b\times b-4\times a\times c}}{2}\times a \tag{3.2}$$

假设程序中的变量赋值语句为 a,b,c =1,2,1，则 x1=-2+0/2*1=-2，而不是正确答案-2/(2*1)=-1。圆括号可多重嵌套，但必须成对出现。

5. 数据的输入

数据输入是指程序在运行的过程中从输入设备中获得数据。Python 的数据输入用 input()函数来实现，其基本语法如下。

```
x=input(<提示字符串>)
```

input()函数首先输出提示字符串，然后等待用户从键盘输入数据，直到用户按回车键结束，此时函数就会返回用户输入的字符串（不包括最后的回车键）给 *x* 赋值。例如 Python 执行代码 name = input("enter your name:")时，系统会弹出字符串"enter your name:"，等待用户进行输入。用户输入相应的内容后按回车键结束，则输入的内容保存在 name 变量中。

由于 input()函数从键盘接收的输入内容是一串字符，而公式计算需要的常常是整数或实数，Python 经常通过 eval()函数来进行转换。程序 3-1 中的语句“t = eval(input("enter t:"))”就使用了 eval()转换函数，实现了从键盘输入一个整数并赋给 t 的功能。

可以在 Spyder 的 console 中输入 help(eval)来查看 eval()函数的功能。它能将输入的字符串当成有效的 Python 表达式来求值，并返回计算结果，如语句 print(eval('1+1'))会输出为表达式 1+1 的值 2。

程序语句“x,y=eval(input(" please enter x ,y：")”可以实现从键盘输入 2 个数后分别给 x 和 y 赋值。输入数据时，两个数之间要用逗号隔开。多个变量的赋值可以采用类似的方法实现。

3.2.5 计算并绘制坐标点

程序 3-1 计算了 t=1 和 t=1.4 时的坐标值并通过 print(x,y)显示了结果，接下来要在屏幕上绘制这两个点，执行效果如图 3.10 所示。

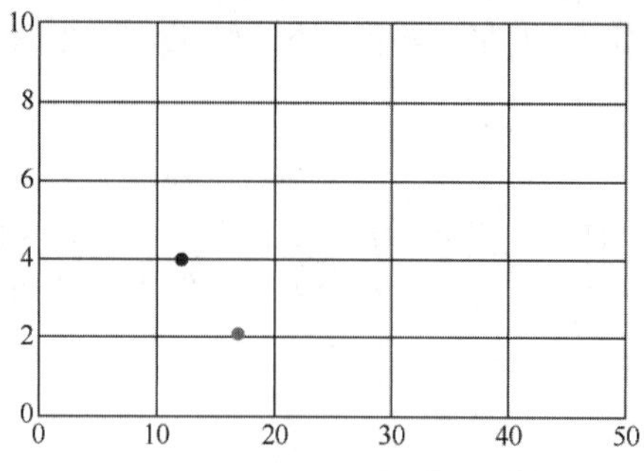

图 3.10 在屏幕上绘制两个点

程序 3-2 在屏幕上绘制两个点。

```
import matplotlib.pyplot as plt                    #导入 matplotlib.pyplot 模块
import math
g, h, v0 = 9.8,1.9,14.0
theta = 30.0*math.pi/180.0
t = 1
x = v0*math.cos(theta)*t
y = h+v0*math.sin(theta)*t-g*t*t*0.5
plt.plot(x,y,'ro')                                 #绘制 t=1 时刻的红点
t = eval(input("enter t:"))                        #从键盘输入数据给 t 赋值
x = v0*math.cos(theta)*t
y = h+v0*math.sin(theta)*t-g*t*t*0.5
plt.plot(x,y,'go')                                 #绘制 t 时刻的绿点
plt.grid('on')                                     #显示网格线
plt.axis([0,50,0,10])                              #设置坐标轴范围
plt.show()
```

语句“import matplotlib.pyplot as plt”导入了 matplotlib.pyplot 绘图子模块，同时将该绘图子库取别名为“plt”。Matplotlib 是 Python 中流行的 2D 绘图库，它可以跨平台画出很多高质量的图形。Matplotlib 的子模块 pyplot 提供了 2D 图表制作的基本函数，这些函数可实现创建不同的图形、在图形上创建画图区域、在画图区域上画线、在线上标注等功能。

程序 3-2 中，plt.grid()的含义是在屏幕上绘制网格。plt.axis([0,50,0,10])的含义是建立坐标轴，其 x 轴的取值范围为[0,50]，y 轴的取值范围为[0,10]。plt.plot()的含义是在屏幕上画点，plt.plot(x,y,'ro')中“x,y”为点的坐标，“ro”中 r 表示点的颜色为 red，除此之外的颜色标记还有 blue(b)、green(g)、cyan(c)，magenta(m)、yellow(y)，black(k)、white(w)等；“ro”中 o 表示圆点，除此之外的数据点类型标记还有.(小点)、v(下三角)、^(上三角)、<(左三角)、>(右三角)等。

关于数据可视化的其他操作，在本书网路与大数据思维部分会详细介绍，如果读者想提前了解绘图函数的使用，可以在 Spyder 的 console 中输入 help('matplotlib.pyplot.plot')以获得 plot()函数的详细用法。

3.3 模块化编程——函数

函数是一段具有特定功能的、可反复使用的代码段。函数能实现代码复用，降低编程难度，也可实现程序模块化。利用它可将复杂的问题分解成一个个小问题，每个小问题就是一个小模块，小模块可用函数封装实现。小问题解决了，大问题也迎刃而解了。

Python 有自带的内置函数，也有丰富的模块资源提供的第三方函数，这些函数都在模块中定义好了，用户只要传递对应的实参，它们就能返回一个值。用户也可以定义自己的函数，需要的

时候从函数模块中调用即可。

3.3.1　内置函数

内置函数是指不需要导入任何模块即可直接使用的函数。

除了丰富的模块函数资源外，初学者编程时使用最多的是 Python 自带的内置函数。Python 3.x 提供了 60 多个内置函数，如表 3.3 所示。

表 3.3　　Python 常用内置函数表

abs()	delattr()	hash()	memoryview()	set()
all()	dict()	help()	min()	setattr()
any()	dir()	hex()	next()	slice()
ascii()	divmod()	id()	object()	sorted()
bin()	enumerate()	input()	oct()	staticmethod()
bool()	eval()	int()	open()	str()
breakpoint()	exec()	isinstance()	ord()	sum()
bytearray()	filter()	issubclass()	pow()	super()
bytes()	float()	iter()	print()	tuple()
callable()	format()	len()	property()	type()
chr()	frozenset()	list()	range()	vars()
classmethod()	getattr()	locals()	repr()	zip()
compile()	globals()	map()	reversed()	__import__()
complex()	hasattr()	max()	round()	

下面以与字符串有关的内置函数为例，讲解内置函数的使用方法。

```
#内置函数的使用
str1="helloworld"     #定义字符串变量 str1 并赋值
print(ord('A'))       #输出字符 A 的 ASCII 值 65
print(chr(65))        #输出 ASCII 值 65 对应的字符 A
print(len(str1))      #输出字符串的长度 10
print(max(str1))      #输出字符串中 ASCII 值最大的字符 w
print(min(str1))      #输出字符串中 ASCII 值最小的字符 d
print(list(str1))     #将字符串转换成列表['h', 'e', 'l', 'l', 'o', 'w', 'o', 'r', 'l', 'd']
print(sorted(str1))   #输出有序字符串['d', 'e', 'h', 'l', 'l', 'l', 'o', 'o', 'r', 'w']
```

上述程序段利用 Python 的内置函数实现了字符串的一些最基本的操作。其中 list(str1)函数可将字符转换成列表，sorted(str1)函数可实现字符串的排序，返回的也是列表。关于列表的基本操作在 4.1 节中会详细解释。

表 3.3 所示的内置函数在后续章节中会陆续用到。对于本章没学到的函数功能，请读者自行查阅相关资料，此处不再一一列出。

3.3.2　自定义计算坐标的函数

除了 Python 自带的内置函数和第三方库函数外，有些函数是用户自己编写的，被称为自定义函数。Python 使用 def 定义一个函数，其基本语法如下。

```
def  函数名(<参数列表>):
     函数体
     return <返回值列表>
```

函数定义以关键字 def 开头，然后给出函数名；参数列表可以为空，也可以有一个或多个参数；函数体由一条或多条语句组成；return 语句返回函数的值，当函数无返回值的时候可以省略；

Python 函数返回值可以是一个或多个。

需要注意的是，函数内的语句执行严格缩进，这也符合 Python 编程规范。

现模仿 math 模块的功能，在当前的工作路径下建立一个 myMath.py 文件，将要重复调用的自定义函数建立在 myMath.py 文件中，以方便后续程序调用此文件中的自定义函数。

程序 3-3 自定义计算坐标的函数。

```
def calCoordinate2(g,h,v0,thetadegree,t):        #函数定义
    #函数说明
    '''
      根据参数值计算 t 时刻的坐标
      :param g:引力常数
      :param h:初始高度
      :param v0:初始速度
      :param thetadegree:以度为单位的角度
      :param t:时刻
      :return:x,y 坐标
    '''
    import math
    theta=thetadegree*math.pi/180.0
    x=v0*math.cos(theta)*t
    y=h+v0*math.sin(theta)*t-g*t*t*0.5
    return x,y                                    #函数返回
```

程序 3-3 中的函数定义语句为“def calCoordinate2(g,h,v0,thetadegree,t):”，其中函数名为“calCoordinate2”，函数参数为“(g,h,v0,thetadegree,t)”。各参数的意义在函数说明中有标注，通过 Spyder 的 console 执行“help('myMath. calCoordinate2')”命令，也可看到函数说明信息。

语句“return x,y”返回坐标点的值。

3.3.3 调用函数绘制坐标点

调用函数的方法是直接使用函数名，并在函数名后的括号内传入实际的参数，多个参数之间用逗号隔开，即用“函数名 (实参列表)”的方式调用。

函数调用的过程其实是一个参数传递的过程，用实参代替形参，调用自定义函数，执行函数体语句，返回函数的执行结果。

程序 3-4 用函数调用方法实现在屏幕上绘制 t=1 时刻的坐标点。

```
import myMath                                     #导入自定义函数库
import matplotlib.pyplot as plt                   #导入绘图函数库
plt.grid('on')                                    #显示网格
plt.axis([0,50,0,10])                             #设置坐标轴
g, h, v0, theta, t = 9.8,1.9,14.0,30,1            #函数参数赋值
x,y= myMath.calCoordinate2(g,h,v0,theta,t)        #函数调用返回坐标值
plt.plot(x,y,'ro')
plt.show()
```

语句“x,y=myMath.calCoordinate2(g,h,v0,theta,t)”调用了 myMath.calCoordinate2 函数。当函数 calCoordinate2 的形参(g,h,v0,thetadegree,t)收到实参的值(9.8,1.9,14.0,30,1)后，转去执行 calCoordinate2 函数体，并将函数计算结果返回给变量 x 和 y，继续执行程序 3-4 中的函数调用后面的语句，直到程序结束。

程序 3-4 执行的结果如图 3.11 所示。

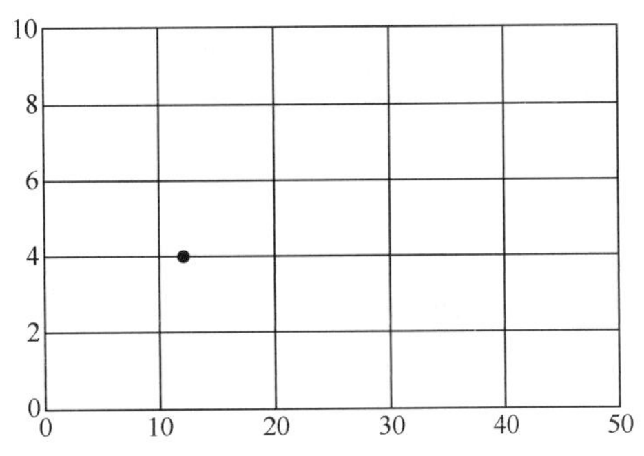

图 3.11　调用函数绘制坐标点

3.3.4　函数的参数

1. 形参与实参

函数的参数有形式参数与实际参数。定义函数时函数头中所包含的参数为形式参数（简称形参），而调用函数时使用的参数是实际参数（简称实参）。在定义函数时，形参类似于占位符，其不是拥有具体值的变量。只有在调用函数时，调用者将实参的值传递给形参，形参才拥有具体值。

一般情况下，形参与实参的数量要相同，对应位置要一致，这样才能正确地传递参数。

Python 对象按内容来说可分为不可变与可变对象，不可变对象包括数字、字符串和元组，而可变对象包括列表与字典。Python 参数传递采用的是"传对象引用"方式，即传递参数时，如果参数是可变对象，则函数内部的修改会影响到函数外部的实参；如果参数是不可变对象，则函数内部的修改不会影响到函数外部的实参。示例如下。

```
def increaint(x):
    x+=1                                    #整数为不可变对象
def increalist(x):
    x+=[1]                                  #列表为可变对象
a=10
increaint(a)                                #函数调用
print(a)                                    #输出结果 a=10
b=[1,2,3]                                   #b 为列表，为可变对象
increalist(b)                               #函数调用
print(b)                                    #b=[1,2,3,1]
```

2. 默认参数、位置参数、关键字参数和可变参数

在 Python 函数定义时，可以使用默认参数，如果函数调用时没有传入某些参数，则将默认值传递给实参，如果混合默认参数与非默认参数，则非默认参数必须定义在默认参数之前。

在 Python 函数调用时，实参传递给形参。实参有两种类型：位置参数和关键字参数。位置参数是按照函数定义时的顺序进行传递的，形参要与实参按顺序一一对应，否则会出现异常。

关键字参数调用函数时以类似于"name=value"的格式传递参数，此时实参的顺序可以与形参不对应，通过明确指定给哪个形参传递相应的实参即可完成传递参数的过程。这样的函数调用方式所使用的参数被称为关键字参数。

例如，定义一个用于在平面直角坐标系中求两点距离的函数 CalTwodist()的示例如下。

```
def  CalTwodist (x1, y1, x2=2, y2=2):      #函数定义，x2 和 y2 给出了默认值
    from math import sqrt                   #从 math 模块导入 sqrt()函数
    dist=sqrt((x1-x2)**2+(y1-y2)**2)        #函数调用
    return dist                             #函数返回
```

```
dis1=CalTwodist (1, 1 )                    #使用了默认参数，求(1,1)与(2,2)两点间的距离
dis2=CalTwodist (1, 1, 3, 3)               #使用了位置参数，求(1,1)与(3,3)两点间的距离
dis3=CalTwodist (y1=3, x1=2, y2=4, x2=5)   #使用了关键字参数，求(2,3)与(5,4)两点间的距离
```

可变参数是指所传入的参数个数是可变的，其可以是一个、两个或任意个。在 Python 中使用*args 和**kwargs 来定义可变参数。

args 方式是在形参前面加一个星号，表示可以接收多个位置参数并把它们放到一个元组中。

kwargs 方式是在形参前面加两个星号，表示可以接收多个关键字参数并把它们放在一个字典中，示例如下。

```
# *args 的使用
def function(a,b,*args):
     print(a,b)
     print(args)
function(1,2,3,4,5)
```

上述程序的运行结果如下。

```
1 2
(3, 4, 5)

# **kwargs 的使用
def function(a,b,**kargs):
    print(a,b)
    print(kargs)
function(1,2,x=3,y=4,z=5)
```

上述程序的运行结果如下。

```
1 2
{'x': 3, 'y': 4, 'z': 5}
```

3.3.5 函数返回

函数返回是指返回函数的结果。与其他程序设计语言不同，Python 支持函数返回 0 个到多个值。return 返回多个值则以元组的方式保存。示例如下。

```
def swap(x,y):
    x,y = y,x                    #x,y 交换
    return x,y
print(swap(5,9))                 #输出(9,5)
```

3.4 基本的程序设计方法——分支

分支结构是根据程序运行过程中的某些特定条件，选择其中一个分支来执行的结构。分支结构可分为单分支结构、二分支结构和多分支结构。

Python 提供了 if 语句、if-else 语句和 if-elif-else 语句来实现单分支结构、二分支结构和多分支结构。

3.4.1 单分支——if 语句

单分支结构：当某条件为真时，执行某代码段，其基本语法如下。

```
if 表达式:
    语句块
```

其程序流程图见图 3.12，当 if 表达式的值为 True，执行语句块，否则跳过语句块继续执行语句块后面的语句。注意语句块要缩进若干长度。示例如下。

```
#判断一个数是否是偶数
a = 1
```

```
if a % 2 == 0:
    print("a是偶数")  #显然这行是不输出的
print("这行输出")
```

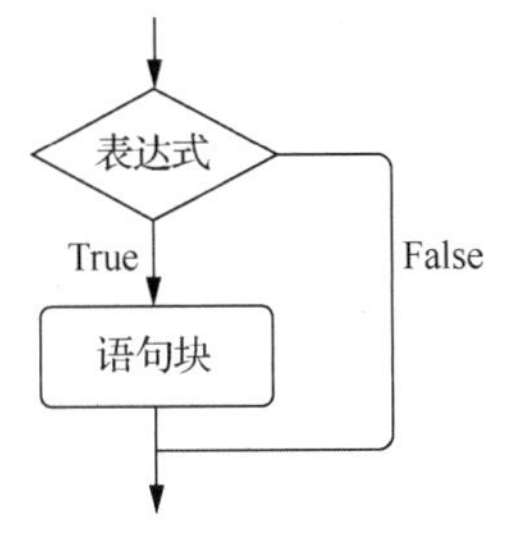

图 3.12 单分支程序流程图

3.4.2 二分支——if-else 语句

二分支结构：当某条件为真时，执行某代码段，否则执行另一代码段。其基本语法如下。

```
if 表达式:
    语句块 1
else:
    语句块 2
```

其程序流程图见图 3.13，当 if 表达式的值为 True 时，执行语句块 1，否则执行语句块 2。示例如下。

```
#求两个数的最大值
x, y = eval(input("enter x, y: ")
if x >= y:
    max_2 = x
else:
    max_2 = y
print (max_2)
```

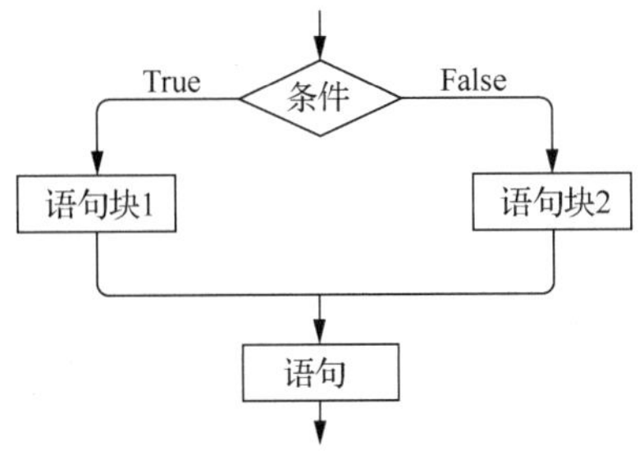

图 3.13 二分支程序流程图

此外，二分支结构还有一种更简洁的表达方式，适合判断并返回特定值，例如求两个数的最大值的程序可简化如下。

```
x, y = eval(input("enter x, y : ")
max_2 = x if x>=y else y      #简化形式实现二分支
print (max_2)
```

3.4.3 多分支——if-elif-else 语句

当分支结构的分支多于两个时，需要使用多分支结构。Python 中用 if-elif-else 语句来实现多分支，其基本语法如下。

```
if 表达式 1:
```

```
        语句块 1
elif 表达式 2:
        语句块 2
elif 表达式 3:
        语句块 3
  ……
else:
        语句块 n
```

其程序流程图见图 3.14，如果表达式 1 的值为 True，则执行语句块 1，否则计算表达式 2；如果表达式 2 的值为 True，则执行语句块 2……如果前面 n-1 个表达式的值都为 False，则执行 else 子句后的语句块 n。

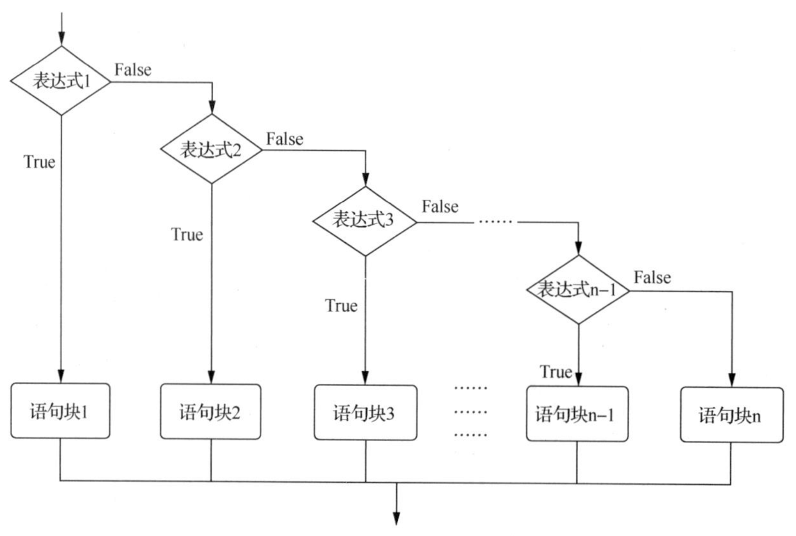

图 3.14　多分支程序流程图

另外，if-elif-else 语句可以省略 else 子句，此时相当于 else 子句的语句块为空语句，即前面所有的表达式均返回 False 时，分支结构不执行任何操作。

示例如下。

```
#求分段函数
x=eval(input('x='))    #输入 x 值
if  x<0:               #条件表达式 1
      y=-1
elif x==0:             #条件表达式 2
      y=0
else:
      y=1
print(y)               #输出 y 的值
```

3.4.4　智能型计算坐标函数

如何让计算坐标函数像人一样聪明？当时间为负数时返回出错信息，高度为负数时返回提示信息。下面通过 Python 多分支结构，设计求解篮球坐标的智能型函数，实现在一个合适的范围内进行计算。

程序 3-5　求解篮球坐标的智能型函数。

```
def calCoordinateSmart1(g,h,v0,thetadegree,t):
```

```
    #函数说明
    '''
       根据参数值计算时刻 t 的坐标
       :param g:引力常数，要求大于 0
       :param h:初始高度，要求大于 0
       :param v0:初始速度，要求不等于 0
       :param thetadegree:以度为单位的角度，在 0～360 之间
       :param t:时刻，要求大于 0
       :return:x, y, flag, errMsg, x 横坐标，y 纵坐标，计算状态，错误信息
       如果参数正常，纵坐标（即高度）大于 0，则 flag 为 1，errMsg 为空，
       如果参数不正常，则 flag 为-1，errMsg 为对应错误信息
       如果纵坐标为负数，则 flag 为-2，errMsg 为高度为负
    '''
    import math
    x,y,flag,errMsg=0,0.0,0.0,''              #对返回值进行初始化
    if (g<=0):
          flag,errMsg=-1,'重力加速度为负数'
    elif (h<=0):
          flag,errMsg=-1,'高度初值不能为负数'
    elif (math.fabs(v0)<0.01):
          flag,errMsg=-1,'初速度太小'
    elif (thetadegree<0 or thetadegree>=360):
          flag,errMsg=-1,'角度不在[0,360)内'
    elif (t<0):
          flag,errMsg=-1,'时间小于 0'
    else:
          theta=thetadegree*math.pi/180.0
          x=v0*math.cos(theta)*t
          y=h+v0*math.sin(theta)*t-g*t*t*0.5
          if (y<0):
               flag,errMsg=-2,'坐标点的纵坐标即瞬时高度为负数了'
          else:
               flag,errMsg=1,''
    return x,y,flag,errMsg
```

程序 3-5 中“x,y,flag,errMsg=0,0.0,0.0,''”是 4 个返回值的初值，确保在返回时其值是存在的。

程序 3-5 中“(y<0)”被称为“比较式”或“比较表达式”。其中“<”被称为比较符，就是数学中的小于符号“<”。在计算机语言中，此类符号还有>（大于）、>=（大于或等于）、<=（小于或等于）、!=（不等于）、==（等于）。

比较表达式的结果是 True 或 False，当判断条件成立时，为 True，否则为 False。

程序 3-5 中从“if (g<=0):”开始到第一个“else:”的代码段，对篮球的初始值 g，h，v0，thetadegree 进行多种情况的判断与处理。其中从“:”处另起一行，描述此种情况的处理措施。

“if (g<=0):”之意为“如果 g 小于或等于 0”，处理措施描述为“flag, errMsg=-1,'重力加速度为负数'”。

“elif (h<=0):”之意为“否则，如果 h 小于或等于 0”。“elif”为“else if”的缩写。

“elif (math.fabs(v0)<0.01):”之意为“否则，如果|v0|<0.01”。其中 math.fabs(v0)之意为|v0|，即“绝对值”。

由于技术原因，实数在计算机中只能近似表示，不能精确表示。若要判断 2 个实数是否相等，通常只要 2 个实数的差的绝对值很小就认为它们相等，如“|v0|<0.01”即“速度的绝对值小于 0.01”，则认为其已经等于 0 了。当然问题不同，这个数字也不同，如精密设备加工的精度可能要求“绝对值小于 0.0001 米”才能认为其值等于 0。

“elif (thetadegree<0 or thetadegree>=360):”，其中“or”与汉语“或”含义相近，被称为“逻辑运算符”，即“thetadegree<0”与“thetadegree>=360”中只要有一个成立就属于“角度超出范围”。在计算机语言中，此类逻辑运算符还有“and”，表示“并且、同时”之意；“not”表示“不是，否定，非”之意。

程序 3-5 中语句“else:”条件下的语句块对坐标点的纵坐标值进行了判断。

“if (y<0)”表示如果 y 坐标值为负数，则对应的语句块为“flag,errMsg=-2,'纵坐标即瞬时高度为负数了'”，即此时描述计算状态的变量 flag 为-2，描述出错信息的变量 errMsg 为'纵坐标即瞬时高度为负数了'。

“else”表示否则，此时对应的语句块为“flag,errMsg=1,''”，即计算状态变量 flag 为 1，出错信息变量 errMsg 为''，2 个单撇之间没有任何内容，即没有出错信息。

3.4.5 在合理范围内绘制坐标点

可以通过运行程序 3-6 来测试不同情况下程序的运行结果，只有当 flag=1 的时候，屏幕上才能绘制坐标点。

程序 3-6 在合理的范围内绘制坐标点。

```
import myMath                                     #导入自定义函数库
import matplotlib.pyplot as plt                   #导入绘图函数库
plt.grid('on')                                    #显示网络
plt.axis([0,50,0,10])                             #坐标系
g, h, v0, theta, t = 9.8,1.9,14.0,30,3.5          #参数赋值
#调用函数求 t=3.5 时的坐标值
x,y,flag, errMsg= myMath.calCoordinateSmart1(g,h,v0,theta,t)
print(x,y,flag, errMsg)                           #输出函数返回结果
if flag==1:
    plt.plot(x,y,'ro')                            #画点
    plt.show()
g, h, v0, theta, t = 9.8,1.9,14.0,30,1            #参数赋值
#调用函数求 t=1 时的坐标值
x,y,flag, errMsg= myMath.calCoordinateSmart1(g,h,v0,theta,t)
print(x,y,flag, errMsg)
if flag==1:
    plt.plot(x,y,'ro')                            #画点
    plt.show()
```

程序的执行结果如图 3.15 所示。

```
42.4352447854375-33.625000000000014 -2 纵坐标即瞬时高度为负数了
12.124355652982143 3.9999999999999982 1
```

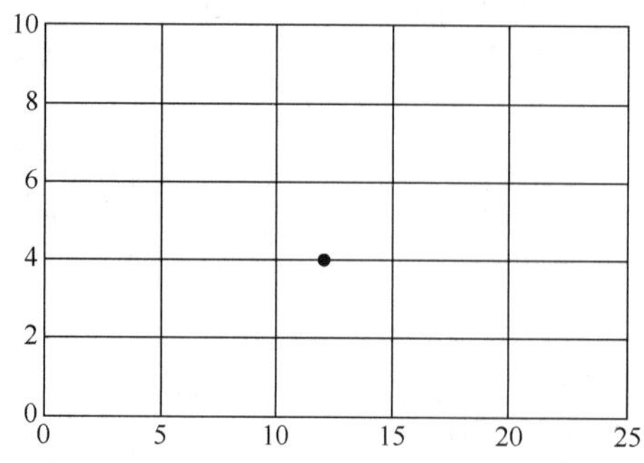

图 3.15 在合理的范围内绘制一个点

程序 3-6 两次调用了 myMath.calCoordinateSmart1(g,h,v0,theta,t)函数，从程序的运行结果来看，当 t=3.5 时，函数调用返回 y<0，flag 值为-2，不满足绘制条件，输出提示信息“纵坐标即瞬时高度为负数了”；而当 t=1 时，flag 值为 1，满足绘制条件，在屏幕上绘制了一个坐标点。

3.5　基本的程序设计方法——循环

理论上讲，知道如何绘制一个坐标点，就知道如何绘制 *N* 个坐标点，只要把绘制坐标点的代码重复写 *N* 次，每次为 *t* 设置不同的值即可。但此方法比较呆板，且进行了大量的重复工作。为解决此类重复问题，Python 引入了循环机制。

循环是指满足某些条件时反复执行某些操作的过程。Python 循环分为 while 循环和 for 循环。for 循环将在 4.1 节中重点介绍。

本节将选用 while 循环来完成如何在合理的范围内绘制 N 个坐标点的任务，如图 3.16 所示。

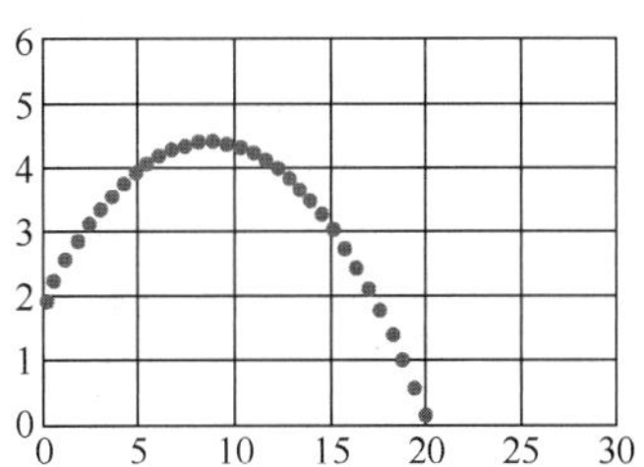

图 3.16　屏幕上绘制 *N* 个点

3.5.1　while 循环

在 Python 中 while 循环的一般形式如下。

```
while 条件表达式:
    语句块
```

当表达式成立的时候，重复执行语句块，语句块也被称为循环体，程序流程图见图 3.17。与 if 分支语句类似，表达式后的冒号不能省略，循环体的语句块要缩进。

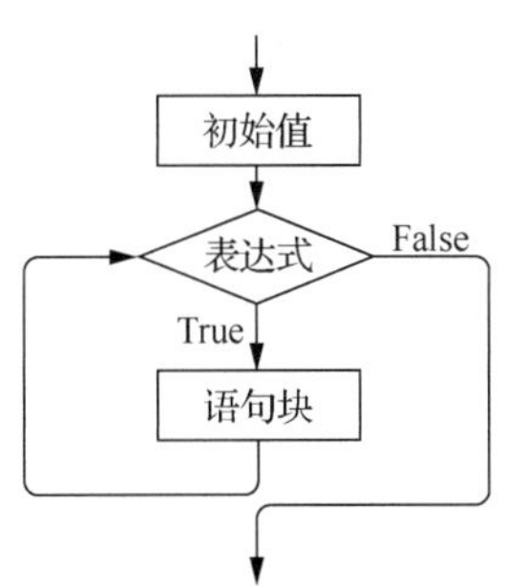

图 3.17　while 循环程序流程图

求 1 到 100 之和并输出的示例如下。

```
#求 1 到 100 之和
n,s,i = 100,0,1                         #循环初始化 n,s,i
while i <= n:                           #循环条件判断
    s = s + i                           #结果的累加
    i += 1                              #循环变量的修改
```

```
print(s)                                  #输出 5050
```

上述程序的执行过程为：先进行循环初始化，对 n、s、i 赋初值；接下来通过 while 进行循环条件判断，当 i<=n 条件成立时，重复执行循环体 s=s+i 和 i+=1；当 i>n 时循环结束，输出 5050。

3.5.2 在合理范围内绘制多个坐标点

同样利用 while 循环可实现计算多个点并绘制多个点的任务。

程序 3-7 调用智能函数绘制合理范围内的 *N* 个坐标点。

```
import myMath                             #导入自定义函数库
import matplotlib.pyplot as plt           #导入绘图库
plt.grid('on')                            #显示网络
plt.axis([0,30,0,6])                      #建立坐标系
g, h, v0, theta, t, x, y = 9.8,1.9,14.0,30,0,0,0
flag,errChn = 0, ' '                      #参数赋初值
timeStep = 0.05                           #隔多长时间画一个点
#开始重复画点
x,y,flag,errChn=myMath.calCoordinateSmart1(g,h,v0,theta,t)
while (flag>0):                           #循环条件判断
    plt.plot(x,y,'ro')
    t=t+timeStep                          #循环变量修改
    x,y,flag,errChn=myMath.calCoordinateSmart1(g,h,v0,theta,t)
plt.show()
```

程序 3-7 中循环的条件为“flag>0”，在 while 循环前，flag 的初始值由调用函数 calCoordinate Smart1(g,h,v0,theta,t)计算而来；flag 的值会随着 t 的变化而变化，每隔 0.05s 计算并绘制一个点，直到 flag<=0 时结束循环。

如果程序在循环过程中循环条件表达式的值一直为 True，则无法退出循环，计算机会出现“死机”现象。

例如，求 1 到 100 的和的程序，某初学同学写的程序如下。

```
s=0
i=1
while (i<101):
    s+=i
    print(s)
```

由于循环变量 i 的值一直没有发生变化，循环条件 i<101 一直为 True，因此程序会无限循环，进而产生“死机”现象。

另一种情况是，在某些循环中，当满足某一条件的时候需要提前中止循环，例如要判断一个数是否是素数，当从 2 开始将其作为因子并进行整除时，只要有一个因子能被该数整除，就可以提前结束循环，判断该数不是素数。

为了避免“死机”现象的发生，Python 提供了由 if 与 break 语句结合来实现提前中止循环的方法。此外，if 与 continue 语句结合可以提前中止某次循环并开始下一次循环。

break 的用法示例如下。

```
#break 的用法
n = 5
while n > 0:
    n -= 1
    if n == 2:
        break
    print(n,end=' ')
print("循环结束")
```

运行结果如下。

```
4 3  循环结束
```

continue 的用法示例如下。

```
#continue 的用法
n = 5
while n > 0:
    n -= 1
    if n == 2:
         continue
    print(n, end=' ')
print("循环结束")
```

运行结果如下。

```
4 3 1 0 循环结束
```

比较以上两个程序可以看到，当 n=2 时，“if(n==2)” 为 True ，break 语句执行，提前跳出了当前循环，故程序结果只输出 4 和 3。而当程序中的 break 换成 continue 后，当 n=2 时，“if(n==2)”为 True，continue 语句执行后会提前中止 n=2 的循环，继续执行 n=3 的循环，故程序会输出除了 2 以外的其他数。

3.5.3　循环嵌套

循环嵌套又被称为多重循环，循环嵌套层数不限，但循环嵌套的内循环与外循环不能交叉。循环嵌套有二重与多重嵌套形式。最常用的循环嵌套是二重循环嵌套，即内循环执行完后，外循环执行一次。while 二重嵌套循环语法如下。

```
while 表达式 1:
     while 表达式 2:
           语句块 A
     语句块 B
```

当表达式 1 条件成立时，执行内循环表达式 2。若表达式 2 成立，则执行内循环体语句块 A；反之，退出内循环执行语句块 B，并继续循环判断表达式 1。若表达式 1 值为真，则继续执行内循环……如此重复直到表达式 1 不成立，结束二重循环。

```
#使用二重循环嵌套输出 50 ~ 100 之间的素数
n= 50                                    #外循环初始化
while(n < 100):                          #外循环判断
     i = 2                               #内循环初始化
     while(i <= (n/i)):                  #内循环判断
         if not(n%i):
             break                       #提前中止内循环
         i = i + 1                       #内循环变量修改
         if (i > n/i) :
             print(n, end = ' ')         #输出素数，不换行
      n = n + 1                          #外循环变量修改
```

上述程序中内循环用来判断某一个数是否是素数，如果是则输出该素数，否则进入外循环继续循环，直到 i>=100 结束循环，程序的输出结果如下。

```
53 59 61 67 71 73 79 83 89 97
```

程序 3-7 可以很轻松地实现在屏幕上绘制 *N* 个点的任务。接下来采用多重循环的方法来完成图 3.18 所示的绘制篮球多条轨迹线的任务。

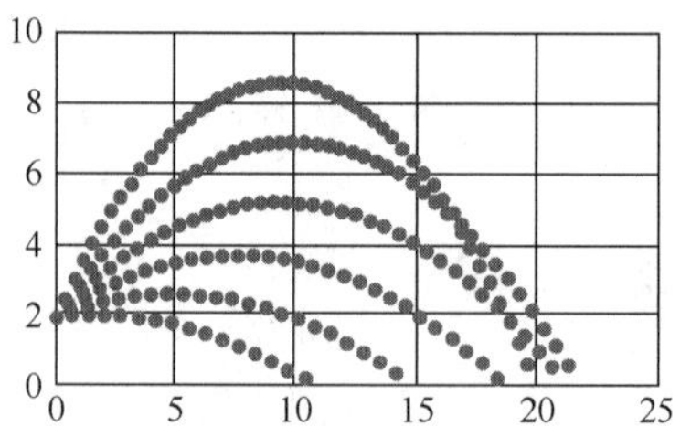

图 3.18　在合理范围内绘制多条轨迹线

3.5.4　在合理范围内绘制多条轨迹线

程序 3-7 中的关键是语句“while (flag>0)”，当循环条件“flag>0”成立时，自动执行“循环体”中的各条语句，执行完后程序能自动回到“while (flag>0)”语句上，重新判断“循环条件”。尽管语句很少，但它能实现自动重复，非常精巧。

程序 3-7 中只画出了初始角度为 30° 的轨迹上的各个点，如果想画出角度为 5°、10°、15°、…、60° 时的所有点，同样可以使用“while(循环条件)”这个句型，此时条件换成了“while (theta<=60)”，见程序 3-8。

程序 3-8　在合理范围内绘制多条轨迹线。

```
import matplotlib.pyplot as plt
import myMath
plt.grid('on')
plt.axis([0,25,0,10])
#二重循环初始化
g,h,v0,theta = 9.8,1.9,14.0,5          #各个参数的初值，角度从 5° 开始
flag ,errChn =0,' '
timeStep=0.04                          #隔多长时间画一个点
thetaStep=10                           #每隔 10° 画一条线
#开始重复画点
while (theta<=60):                     #外循环条件判断
    t,x,y=0.0,0.0,0.0                  #每个角度的时间、坐标初值为 0
    x,y,flag,errChn=myMath.calCoordinateSmart1(g,h,v0,theta,t)
    while (flag>0)                     #内循环条件判断
        plt.plot(x,y,'ro')
        t=t+timeStep
        x,y,flag,errChn=myMath.calCoordinateSmart1(g,h,v0,theta,t)
    theta=theta+thetaStep
plt.show()
```

程序 3-8 利用二重循环解决了在合理范围内绘制多条轨迹线的任务。

其中“while (theta<=60)”是外循环的循环条件，theta 的初值从 5° 开始，thetaStep 为角度变化的间隔，每隔 10° 画一条线。theta 依次为 5、15、25、35、45、55、65，当到了 65 时已经超过 60，因此角度 65 那条线没有画出来，图 3.18 中只有 6 条曲线。其实只要将“thetaStep=10”中的 10 改为 5，不增加任何语句即可画出 2 倍多的曲线。若将“while (theta<=60):”中的 60 改为 90，则可扩大画曲线的范围，因此循环的效率是相当高的。

而内循环则完成在角度、初速度和高度一定的条件下，每隔 timeStep 秒绘制一个坐标点的任务。

内循环中每条曲线的时间 t、x 坐标和 y 坐标都要重新置 0，内循环初始化语句为 t,x,y=0.0,0.0,0.0，通过调用函数 myMath.calCoordinateSmart1(g,h,v0,theta,t)获取内循环初始化变量 x,y,flag,errChn 的值。内循环的循环判断用“条件语句 flag>0”来控制，flag 的值会随着 t 值的变化而变化，当 flag<=0 时结束画一条线，退出内循环后进入外循环并开启下一轮循环。

多重程序中总的循环次数为内外循环次数之和，程序 3-8 中所有画出的点的个数相加为程序的执行次数。在计算机中用“时间复杂度”来衡量一个程序的效率，时间复杂度的问题在后续算法思维中会重点介绍，在此不再深入论述。

习题

编程题

1. 简单计算问题的求解拓展训练。

（1）银行存款利息计算法。

由 2021 年中国银行最新存贷款基准利率表可知，1 年期、3 年期、5 年期银行存款的利率分别为 1.75、2.75、2.75，请计算出 124 547 元存 1 年、存 3 年、存 5 年的利息并分别输出。

（2）三角形面积的计算。

一个三角形的三边长分别是 a、b、c，它的面积为 $\left[p(p-a)(p-b)(p-c)\right]^{1/2}$，其中 $p=1/2(a+b+c)$。假设 a、b、c 分别为 3、4、5，请计算三角形的面积，计算结果四舍五入精确到小数点后 2 位。

（3）逆序数输出。

请从键盘输入一个不小于 100 且小于 1 000，精确到小数点后一位的浮点数。请编程实现将该数逆序输出。例如输入 123.4，则输出 4.321。

（4）高斯钟形函数公式的计算。

已知高斯钟形函数公式为：

$$f(x)=\frac{1}{\sqrt{2\pi s}}\mathrm{e}^{[-\frac{1}{2}(\frac{x-m}{s})^2]}$$

请编写程序，计算不同参数下 $f(x)$ 的结果。例如当 m、s、x 分别赋值为 0、2、1 时，输出 0.25。

2. 函数编程拓展训练。

（1）在 myMath.py 中参照程序 3-3 中函数编写的格式，将计算两点坐标的函数 calTwodist() 添加进 myMath.py 文件中，请按规范写好函数说明。

（2）在 myMath.py 中，编写参数为年限、本金、利率，返回值为“本金+利息”的值函数 moneyrate1()，结合当年的 1 年期、3 年期、5 年期银行存款的利率，计算出 114 514 元存 1 年、存 3 年、存 5 年的“本金+利息”值并输出。

（3）在 myMath.py 中建立求一元二次方程 $ax^2+bx+c=0$ 根的函数 myroot1()，参数为方程的系数(a,b,c)，返回值为方程的 2 个根，根相同则返回 2 个相同的值。

（4）在 myMath.py 中建立利用海伦公式求三角形面积的函数 myarea1()，参数为三条边的长度(a,b,c)，返回值为三角形的面积，面积结果保留小数点后两位。

3. 分支程序拓展训练。

（1）在 myMath.py 中参照程序 3-5，编写根据学生成绩计算成绩等级的智能型函数 ScoreGrade1()。要求成绩必须为 0～100 的浮点数，返回值可以有等级也可以有等级说明。例如，如果成绩等级为 0，说明输入的成绩超出范围；成绩等级为“D”，说明成绩不及格。

（2）在 myMath.py 中编写参数为年限、本金、利率，返回值为“本金+利息”的智能型函数 MoneyrateSmart1()。自己找出 1 年期、3 年期、5 年期银行存款的利率，算出 114 514 元存 1 年、存 3 年、存 5 年的“利息+本金”值，要求对年限、本金、利率的取值范围进行约束，如何约束请根据具体情况确定，“利息”要求不能超过“本金”。

（3）在 myMath.py 中建立求一元二次方程 $ax^2+bx+c=0$ 的根的智能型函数 myrootSmart1()。参

数为方程的系数(a,b,c)，返回值为方程的 2 个根；根相同时，则返回 2 个相同的值。要求二次项系数 a 不为 0，判别式 $b^2-4ac \geq 0$，方程根小于 0.000 000 1 时要报警。

（4）在 myMath.py 中建立利用海伦公式求三角形面积的智能型函数 myareaSmart1()。参数为三条边的长度(a,b,c)，返回值为三角形的面积。要求三条边满足三角不等式，当面积小于 0.000 000 1 时要报警。

4. while 循环拓展训练。

（1）参考程序 3-7 写一个程序，调用 myMath.py 中的智能型函数 moneyrateSmart1()，以 1 年期复利（即"利滚利"）模式存 12 000 元（复利是指 1 年到期后，将利息与本金一块作为来年的本金再存入），请计算出多少年后变成 24 000 元，并比较复利和本金两种存款方式，哪种存款方式更划算。

（2）参考程序 3-7 写一个程序。调用 myrootSmart1()函数，计算多个一元二次方程的根，当系数 a 不为 0 就一直计算。

提示：程序中一元二次方程的系数(a,b,c)可以从键盘输入，循环条件为"a!=0"。

（3）参考程序 3-7 写一个程序。调用 myareaSmart1()函数，计算多个三角形的面积，只要它们的三条边满足三角不等式就一直计算。

提示：程序中三角形的三条边(a,b,c)也需要从键盘输入，"循环条件"换成"三角不等式"。三角不等式用 and 和 or 来连接多个不同的条件表达式，从而组成复合条件表达式。

（4）求解 sin$x$ 的泰勒展开式。

参照程序 3-5 在 myMath.py 中建立求 sin$x$ 的智能型函数，要求 x 的角度满足 0～2π，并参考程序 3-7，编程实现可计算多个 sin$x$ 的函数，x 从键盘输入，直到最后一项的绝对值小于 10^{-7}（注：x 为弧度值）。

其中 sin$x$ 的泰勒展开式为：

$$\sin x = x - \frac{x^3}{3!} + \frac{x^5}{5!} - \frac{x^7}{7!} + \cdots$$

（5）求解素数问题。

在 myMath.py 中建立一个判断某数是否为素数的智能型函数 isPrime(x)，如果 x 是素数则返回 1，否则返回 0；并通过参考程序 3-7 写一个程序调用 isPrime(x)，实现从键盘输入多个数可多次判断是否为素数的程序，当输入的数为 0 时结束循环。

（6）最大公约数问题。

在 myMath.py 中建立求两个数的最大公约数的函数 gcd(x,y)，定义函数时假设 x>y，函数返回最大公约数；并参考程序 3-7 写一个程序调用 gcd(x,y)函数，实现从键盘输入两个数，并计算他们的最大公约数的程序。注意：函数调用时要保证 x>y，如果不满足条件，则两个数要先交换，交换完后再调用 gcd(x,y)函数。

（7）参考程序 3-8 写一个程序，调用 myMath.py 中的智能型函数 isprime(x)，验证哥德巴赫猜想：即任何一个大于或等于 6 的偶数，总可以表示成两个素数之和。例如：88=5+83，111 111 12=11+111 111 01。

04 第4章　Python编程进阶

在第 3 章 Python 编程基础中，通过实现绘制机器人投篮轨迹案例，我们已经学习了问题分解、模式识别，抽象和算法设计的计算思维方法，了解了 Python 编程规范，掌握了 3 种最基本的程序设计方法，运用了模块化编程思想，也能用分支与循环解决一些简单的计算问题，能对简单的数据进行分析与处理。

而在网络与大数据时代，程序常常需要处理大容量数据，这些海量数据结构复杂，类型丰富。Python 数据结构提供了序列数据类型——列表与元组；映射数据类型——字典；集合数据类型——集合。这些数据结构可以很方便地批量处理数据。

本章将通过列表、字典和文件等存放数据的载体，以 3 种不同的方式来实现机器人投篮轨迹线的绘制，并在此基础上，计算投篮角度，绘制百分百投篮轨迹。

4.1　序列数据类型——列表

在序列数据中，数据与数据之间存在先后关系。通过索引（下标）可以访问每个数据，实现批量处理多个数据的功能。字符串、元组和列表都属于序列数据类型。

字符串是单一字符的有序组合，由于字符串类型十分常用，单一字符串只表达一个含义，它也被看成是基本数据类型。元组是包含了 0 个或多个数据的不可变序列数据，而列表是一个可以修改的可变数据序列，使用灵活。列表与元组的结构及操作类似，限于篇幅，本章仅介绍列表。

程序 3-7 和程序 3-8 完成的是每计算一个点就画一个点的任务，是否有更简洁的方式将所有的坐标点一次绘制出来呢？本节将用列表来实现更简洁地绘制坐标点的方法。

4.1.1　用列表存储多条轨迹线的坐标点

下面我们尝试在 myMath.py 中增加函数 calCoordinateSmart2(g,h,v0,thetadegree,t0,t1)，产生指定时间内的所有正常的坐标点。

程序 4-1　产生指定时间的坐标点并保存在列表中。

```
def calCoordinateSmart2(g,h,v0,thetadegree,t0,t1):
    #函数说明
    '''
        根据参数值计算出多个时间点的坐标并保存在列表中
```

```
        :param g:引力常数,要求大于 0
        :param h:初始高度, 要求大于 0
        :param v0:初始速度, 要求不等于 0
        :param thetadegree:以度为单位的角度, 在 0~360 之间
        :param t0:开始时刻, 要求大于 0
        :param t1:结束时刻, 要求大于 0
        :return:xarr、yarr、flag、errMsg 分别表示横坐标 x、纵坐标 y、计算状态、错误信息
    '''
    import math
    #对返回值进行初始化, 确保返回时其值是存在的
    xarr,yarr,flag,errMsg=[],[],1,' '  #定义存放坐标点的两个空列表 xarr,yarr
    if (g<=0):
        flag,errMsg=-1,'重力加速度为负数'
    elif (h<=0):
        flag,errMsg=-1,'高度初值不能为负数'
    elif (math.fabs(v0)<0.01):
        flag,errMsg=-1,'初速度太小'
    elif (thetadegree<0 or thetadegree>=360):
        flag,errMsg=-1,'角度不在[0,360)内'
    elif (t0<0):
        flag,errMsg=-1,'时间小于 0'
    else:
        theta=thetadegree*math.pi/180.0
        t=t0
        while (t<=t1):                                    #循环判断
            x=v0*math.cos(theta)*t                        #计算 x 坐标值
            y=h+v0*math.sin(theta)*t-g*t*t*0.5            #计算 y 坐标值
            if (y<0):                                     #提前中止循环的条件
                flag,errMsg=-2,'纵坐标即瞬时高度为负数了'
                break
            else:
                xarr.append(x)                            #将横坐标点的值添加到列表 xarr 中
                yarr.append(y)                            #将纵坐标点的值添加到列表 yarr 中
            t=t+0.05                                      #隔 0.05 秒计算一个坐标点
  return xarr,yarr,flag,errMsg
```

程序中的语句“xarr,yarr,flag,errMsg=[],[],1,' '”中，“[]”表示 xarr 要存的不是一个数，而是一组数，大多数计算机语言中称此为“数组”，在本课程所学的 Python 语句中称此为“列表（list）”。

4.1.2 列表的基本概念

列表是可以存放不同类型数据的序列数据容器，用[]表示，数据之间用逗号隔开。例如：Ls=["Python", 1, 3.0, [2,3,4],(1,2,3)]，可以看出该列表中包含了字符串、整数、浮点数、列表和元组等多个基本数据类型的元素。

列表中每个元素都有一个编号，称为索引，索引从 0 开始。一个包含了 n 个元素的列表中，第一个元素的索引为 0，最后一个元素的索引为 n-1。另外，列表的索引也可以采用负数的方式表示，最后一个元素的索引为-1，倒数第二个元素的索引为-2……首个元素的索引为-n。图 4.1 和图 4.2 分别给出了列表正向与逆向索引示意。

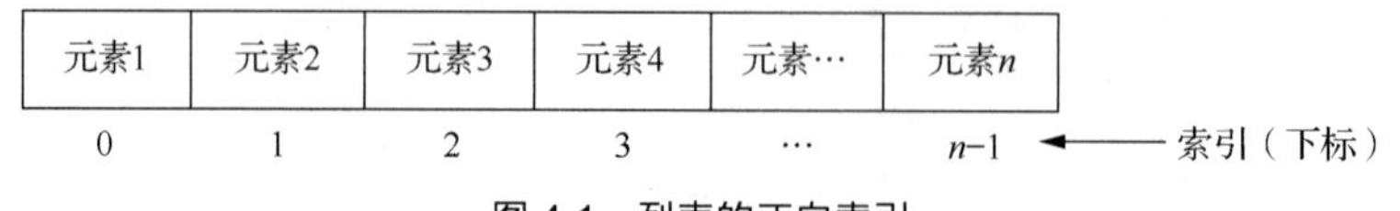

图 4.1 列表的正向索引

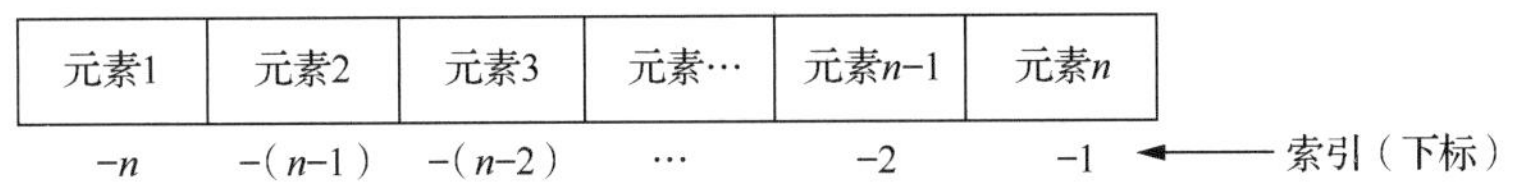

图 4.2　列表的逆向索引

可以通过索引和切片访问列表中的元素，表 4.1 给出了读取列表中一个或多个元素的示例，假设 Ls=["Python", 1, 3.0, [2,3,4],(1,2,3)]。

表 4.1　通过索引和切片访问列表中的元素

语句	含义	X 的值
X=Ls[0]	读取 Ls 中的首个元素	Python
X=Ls[−1]	读取 Ls 中的最后一个元素	(1,2,3)
X=Ls[0:3]	读取 Ls 中的第 0～2 号的元素	['Python',1,3.0]
X=Ls[−2:]	读取 Ls 中的第−2、−1 号元素	[[2,3,4],(1,2,3)]

也可以通过 for 循环与 in 语句相结合的方法循环遍历列表。

for 循环同 3.5 节中的 while 循环类似，都可以实现循环。for 循环一般用来遍历迭代对象，如列表、字符串、字典等，可以自动按序获取迭代对象中的元素。for 循环的基本语法如下。

```
for 循环变量 in 遍历对象:
    语句块
```

示例如下。

```
L = [78, 65, 89, 26]
for i in range(len(L)):          #通过索引访问列表
    print(L[i])
```

也可以采用如下写法。

```
L = [78, 65, 89, 26]
for num in L:                    #直接遍历列表
    print(num)
```

语句 for i in range(len(L))中 len()函数用于获取某个对象的长度，range(a,b,step)函数用于产生一个从 a 开始到 b−1 结束、步长为 step 的等差整数序列，当 step=1 的时候可省略，当 a=0 时也可省略。示例如下。

```
for i in range(5):
    print(i)                     #输出 0 ~ 4 数字序列
for i in range(5,9):
    print(i)                     #输出 5 ~ 8 数字序列
for i in range(0,10,3):
    print(i)                     #输出 0 ~ 10 之间间隔为 3 的数字序列 0, 3, 6, 9
```

此外 range()函数与 list()一起使用时，可将数字序列转换成列表类型，例如执行语句 L=list(range(1,101,2)，会产生奇数数列[1,3,5,7,…,99]。

4.1.3　列表的基本操作

列表是可变数据类型，其长度没有限制，内容是可变的，可以存储大量的数据，用户可自由地对列表数据进行增加、删除、修改、查找等操作，且每个操作都可以用相应的函数和方法来实现。

1. 列表的常用操作

列表为序列数据容器，故列表支持成员关系操作符（in），可判断某个元素是否在列表中；使用加法操作符（+）和乘法操作符（*）可实现列表元素的合并和复制。

Python 内置函数提供了与列表有关的基本函数，常用的有 len()、max()、min()、sum()、sorted()、 reversed()和 list()等函数。

列表自带的各种操作方法可以很方便地实现对列表的增加、删除、查找、修改和统计等操作，其基本语法为：列表.方法名。

程序 4-1 中语句“xarr.append(x)”是将 x 的值添加到列表 xarr 中。

关于列表常见操作的含义见表 4.2。

表 4.2 常用的列表操作

列表操作	含义
L.append(x)	将 x 添加到 L 的最后
L.insert(i,x)	将 x 添加到索引为 i 的位置
L.pop(i)	删除第 i 位置元素，若省略 i，则删除最后一个元素
L.remove(x)	删除列表中的首个 x
A = L.index(x)	将 L 中的首个 x 的索引赋给 A
B = L.count(x)	将 L 中的 x 出现的次数赋给 B
x in/not in L	判断 x 是否在 L 中
L.reverse()	对 L 中的元素进行逆序排列
L.sort()	对 L 中的元素进行升序排列
A =len(L)	将 L 中元素的个数赋给 A
A =max(L)	将 L 中最大元素的值赋给 A
A =min(L)	将 L 中最小元素的值赋给 A
A =sum(L)	将 L 中所有元素的和赋给 A
L =L1+L2	将 $L1$ 和 $L2$ 中的元素连接成一个新列表 L
A = n*L	n 个 L 连接成一个新列表 A
A = sorted(L)	将 L 中的所有元素排序后赋给 A（默认从小到大排序）
A = reversed(L)	将 L 中的所有元素反转后赋给 A（函数返回一个迭代对象）

利用上述这些功能灵活地操作列表，可以更简洁、高效地处理不同类型、不同长度的数据信息。

对 ls = ['hello word']，可执行下列代码。

```
print(ls+ls)              #两列表元素合并得到['hello word', 'hello word']
print(ls*2)               #列表复制得到['hello word', 'hello word']
print(list('abcd'))       #字符串转换成列表['a', 'b', 'c', 'd']
```

对 lst = [101, 25, 38, 29]，可执行下列代码。

```
#列表内置函数的基本操作
print(len(lst))           #输出列表长度 4
print(max(lst))           #输出列表元素最大值 101
print(min(lst))           #输出列表元素最小值 25
print(sum(lst))           #输出列表元素之和 193
print(sorted(lst))        #输出列表从小到大排序后的结果[25, 29, 38, 101]
print(reversed(lst))      #列表元素反转
print(lst)                #输出列表元素[101, 25, 38, 29]
```

其中 sorted()可实现列表的排序，但不改变列表的数据结构，故最后一条 print(lst)输出的为列表初定义的数据。

reversed()实现列表元素的逆序输出，返回一个迭代对象，可通过 for 循环访问迭代对象，输出反转后的数据。示例如下。

```
for num in reversed(lst) :
     print(num, end =' ') #输出 29 38 25 101
```

列表方法的基本操作示例如下。

```
lst.insert(2,30)                #在列表中下标为 2 的位置处插入 30
print(lst)                      #[101, 25, 30, 38, 29]
lst.sort()                      #列表排序
print(lst)                      #输出排序后的列表[25, 29, 30, 38, 101]
lst.reverse()                   #列表反转
print(lst)                      #输出反转后的列表[101, 38, 30, 29, 25]
```

综上所述，列表的各种操作方法会改变列表的值。

2. 列表推导式

列表推导式是用简洁的方式对列表或其他迭代对象的元素进行遍历、过滤或再次计算，快速生成满足特定需求的新列表，其基本语法如下。

```
L=[包含 x 的表达式 for x in 序列 if 条件表达式]
```

列表推导式在逻辑上等价于一个循环语句，只是形式上更简洁。示例如下。

```
lst1 = [x * x  for  x  in  range(20)  if  x % 2  = = 1]
```

上述语句等价于如下程序。

```
lst1=[]
for x in range(20):
     if x % 2 = = 1:
         lst1.append(x*x)
```

如果在列表推导式中包含多层循环，那么代码就会复杂一些，示例如下。

```
lst2=[x*y  for x in range(1,5)  if  x > 2  for y in range(1,4)  if  y < 3]
```

上述语句等价于如下程序。

```
lst2=[]
for x in range(1,5):
     if x > 2:
          for y in range(1,4):
               if y < 3:
                    lst2.append(x*y)
print(lst2)                   #结果为[3, 6, 4, 8]
```

程序 4-1 中语句“while (t<=t1):”中的循环条件“t<=t1”，表示只要时间 t 不到截止时间 t1 就重复执行“循环体”中的每条语句，t1 的值可以足够大。

循环体中先计算坐标值，再判断纵坐标，语句“if (y<0):”表示如果纵坐标小于 0，即篮球落到地面了，则执行“break”，提前中止循环，并返回函数结果。

4.1.4　用列表实现绘制多条线

下面我们调用 myMath.py 中的函数 calCoordinateSmart2，产生坐标列表，从而完成多条曲线的绘制。

程序 4-2　用列表实现绘制多条线。

```
import matplotlib.pyplot as plt
import myMath
plt.grid('on')
plt.axis([0,25,0,10])
g,h,v0,theta=9.8,1.9,14.0,5          #各个参数的初值，角度从 5 度开始
flag ,errChn=0,' '
thetaStep=10                         #每隔 10 度画一条线
#开始重复画线
while  (theta<=60):
  flag,x,y=0,[],[]                   #每个角度的时间、坐标初值为 0；x，y 为空列表
```

```
    x,y,flag,errChn=myMath.calCoordinateSmart2(g,h,v0,theta,0,100)
    if (flag>0):
        plt.plot(x,y,'ro')            #画一条线
    theta=theta+thetaStep             #画下一个角度
plt.show()
```

与程序 3-8 相比，程序 4-2 的代码更简单，每个角度只调用一次坐标计算函数“x,y,flag,errChn=myMath.calCoordinateSmart2(g,h,v0,theta,0,1000)”。

画图时不是采用程序 3-8 中的循环语句，而是仅采用分支语句“if (flag>0)”，从而调用一次“plt.plot(x,y,'ro')”就可以画出整条曲线，即 plot()函数不仅可以一次画一个点，也可以一次画多个点，相当灵活。

程序 4-2 运行结果见图 4.3。

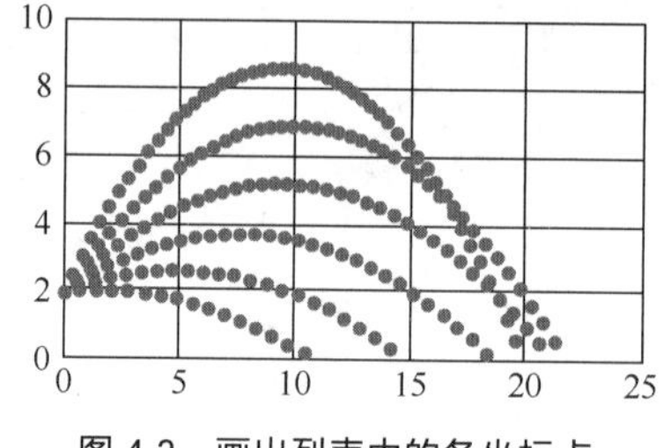

图 4.3　画出列表中的各坐标点

4.2　映射数据类型——字典

映射类型的数据结构，存在一对一的映射关系，例如每个居民都有唯一的身份证号码，可用映射的方式表示为“居民:身份证号码”；也存在多对一的映射关系，例如多个学生有相同的成绩，可用映射的方式表示为“学生学号:成绩”；而一对多的关系则不能被称为映射。

字典是一种映射数据类型。第 3 章 3.5 节、本章 4.1 节已分别用多重循环和列表来实现在屏幕上绘制多个坐标点的任务，如果将坐标点的数据存储在字典里，是否也能实现同样的功能呢？

4.2.1　用字典存储多条轨迹线的坐标点

下面我们在 myMath.py 中增加函数 calCoordinateSmart3(g,h,v0,thetadegree,t0,t1)，产生指定时间内的所有正常的坐标点。

程序 4-3　产生指定时间坐标点的信息，并保存在字典中。

```
def calCoordinateSmart3(g,h,v0,thetadegree,t0,t1):
    #函数说明
    '''
      根据参数计算出多个时间的坐标，返回值为一个字典
      :param g:引力常数，要求大于 0
      :param h:初始高度，要求大于 0
      :param v0:初始速度，要求不等于 0
      :param thetadegree:以度为单位的角度，在 0 ~ 360 之间
      :param t0:开始时刻，要求大于 0
      :param t1:结束时刻，要求大于 0
      :return: retVal，返回包含横坐标 x、纵坐标 y、计算状态、错误信息的字典
    '''
    import math
    xarr,yarr,flag,errMsg=[],[],1,' '
    retVal={'x':[],'y':[],'flag':1,'errMsg':' '}     #定义一个字典并初始化
    if (g<=0):
        flag,errMsg=-1,'重力加速度为负数'
    elif (h<=0):
        flag,errMsg=-1,'高度初值不能为负数'
    elif (math.fabs(v0)<0.01):
        flag,errMsg=-1,'初速度太小'
    elif (thetadegree<0 or thetadegree>=360):
        flag,errMsg=-1,'角度不在[0,360)内'
```

```
        elif (t0<0):
            flag,errMsg=-1,'时间小于 0'
        else:
            theta=thetadegree*math.pi/180.0
            t=t0
            while (t<=t1):
                x=v0*math.cos(theta)*t
                y=h+v0*math.sin(theta)*t-g*t*t*0.5
                if (y<0):
                    break
                else:
                    xarr.append(x)                        #添加 x 到 xarr 列表中
                    yarr.append(y)                        #添加 y 到 yarr 列表中
                t=t+0.05                                  #每隔 0.05 秒计算一个坐标点
        #将结果保存在字典里
        retVal['x'],retVal['y'],retVal['flag'],retVal['errMsg']=xarr,yarr,flag, errMsg
        return retVal                                     #返回字典
```

程序 4-3 中“retVal={'x':[],'y':[],'flag':1,'errMsg':''}”定义了一个特殊类型的变量 retVal，它有 4 个分量（也称为属性/字段/键名），分别为 x, y, flag, errMsg，对应程序 4-1 中的 4 个变量。x 与 y 的类型为列表，flag 为 1，即整数，errMsg 为字符串。分量名称写在一对单撇中，此种数据类型被称为“字典（dictionary）”。

4.2.2 字典的基本概念

不同于字符串、列表等序列数据，Python 字典所存储的数据元素没有顺序，每个数据元素包含“键”和“值”，以冒号分隔，表示为“键:值”，英文为“key:value”，不同元素之间以逗号隔开，所有元素放在一对大括号里面，格式如下。

```
d = {key1 : value1, key2 : value2, …… }
```

字典元素中的“键”可以是 Python 中的不可变数据类型，例如整数、浮点数、字符串、元组等类型，但不可以是列表、集合和字典或其他可变数据类型，而且包含了列表元素的元组也不能作为字典的“键”。字典的键（key）是唯一的，不能重复，而值（value）是可以重复的。

字典可以用把若干“键:值”元素放在一对大括号中的形式进行创建，也可以用 dict 类的不同形式或字典推导式来创建，示例如下。

```
dict0 = {}                                                  #创建空字典
dict1 = {'name': 'Hunan University', 'url': 'http://www.hnu.edu.cn/', 'create_time':
1903}                                                       #创建有 3 个键值对的字典
dict2 = dict.fromkeys(['name', 'url', 'create_time'])  #以列表的值作为字典的键来
                                                            #创建字典，每个键的值都为'None'
dict3 = {ch: ord(ch) for ch in "Hunan University"}      #使用字典推导式创建字典
```

当使用字典的 fromkeys()方法创建字典时，可以指定键的值，不指定则值为'None'，也可设置为其他默认值，示例如下。

```
Subject ={'语文', '数学', '英语'}
dict4 = dict.fromkeys(Subject,60)
print(dict4)  #输出{'数学': 60, '英语': 60, '语文': 60}
```

4.2.3 字典元素的访问

字典支持索引操作，把“键”作为索引可以返回对应的“值”，如果字典中不包含这个“键”，则会抛出异常，示例如下。

```
print(dict1['name'])                                        #输出 Hunan University。
```

字典的 get()方法用于获取指定的“键”对应的“值”，如果指定的“键”不存在，get()方法会返回空值或指定的值，示例如下。

```
print(dict1.get('name'))                    #输出“Hunan University”
print(dict1.get('address', '不存在这个键'))    #输出“不存在这个键”
```

字典对象支持元素迭代，可以将字典转换为列表或元组，也可以用 for 循环遍历其中的元素。

使用字典对象的 items()、keys()和 values()方法可以遍历字典中的元素、“键”和“值”，默认情况下遍历字典的“键”，示例如下。

```
print(list(dict1.keys()))                   #把所有的“键”转换为列表
print(list(dict1.values()))                 #把所有的“值”转换为列表
print(list(dict1.items()))                  #把所有的元素转换为列表
print(list(dict1))                          #默认状态下把所有的元素转换为列表
```

用 for 循环可遍历字典，示例如下。

```
for key in dict1:                           #默认遍历所有的键
    print(key, end=" ")
for key in dict1.keys():                    #遍历所有的键
    print(key, end=" ")
for value in dict1.values():                #遍历所有的值
    print(value, end=" ")
for key, value in dict1.items():            #遍历所有的元素
    print(key, value)
```

4.2.4 字典的基本操作

字典能以“键”的方式进行修改赋值。若该“键”存在，则修改该“键”对应的“值”；若该“键”不存在，则往字典中添加新的键值对。示例如下。

```
dict1["type"] = "985"                       #新增键值对
dict1["type"] = "985,211"                   #修改键“type”的值
```

使用字典对象的 pop()方法可以删除字典指定的“键”对应的元素，同时返回对应的值。而 popitem()方法则可以删除字典最后一个元素并返回一个包含“键”和“值”的元组。示例如下。

```
print(dict1.pop('create_time'))             #删除键"create_time"并返回其值
print(dict1.popitem())                      #删除最后一个元素并返回其键值对的元组
```

另外，也可以用 del 函数删除指定的“键”对应的元素。示例如下。

```
del dict1['url']                            #删除键"url"
print(dict1)                                #{'name': 'Hunan University'}
```

4.2.5 字典的嵌套

字典的键可以是数字、字符串和元组，其对应的值可以是 Python 支持的任何类型的对象，除了数字和字符串，也可以是列表、元组或者字典，由此产生了字典的嵌套。字典嵌套包含字典嵌套列表、列表嵌套字典和字典嵌套字典三种嵌套方式。

在字典嵌套列表中，以列表作为字典的“值”，可以用字典关键字和列表索引访问嵌套数据。示例如下。

```
#字典嵌套列表
class1 = {'names': ['张三', '李四', '王五'], 'scores': [95, 98, 75]}
print(class1['names'])                      #['张三', '李四', '王五']
print(class1['scores'][1])                  #98
```

也允许在列表中嵌套字典。可通过列表索引与字典关键字访问嵌套数据，示例如下。

```
#列表嵌套字典
class2 = [{'name': '张三', 'score': 95}, {'name': '李四', 'score': 98}, {'name':
```

```
'王五', 'score': 75}]
print(class2[0])                          #{'name': '张三', 'score': 95}
print(class2[1]['name'])                  #李四
```

在字典嵌套字典的情况里，以字典作为字典的“值”，通过多层关键字可以访问嵌套数据，示例如下。

```
#字典嵌套字典
class3 = {"001":{'name': '张三', 'score': 95}, "002":{'name': '李四', 'score': 98},
"003":{'name': '王五', 'score': 75}}
print(class3['001'])                      #{'name': '张三', 'score': 95}
print(class3["001"]["name"])              #张三
print(class3["001"]["score"])             #95
```

4.2.6 用字典实现绘制多条线

下面我们调用 myMath.py 中的函数 calCoordinateSmart3()，产生坐标列表，并将结果保存在字典中，从而完成多条线的绘制。

程序 4-4　用字典实现绘制多条线。

```
import matplotlib.pyplot as plt
import myMath
g,h,v0,theta=9.8,1.9,14.0,5                 #各个参数的初值，角度从 5 度开始
flag, errChn =0, ''
thetaStep=10                                #每隔 10 度画一条线
plt.grid('on')
plt.axis([0,30,0,10])
while (theta<=60):                          #开始重复画点
    flag,x,y=0,[],[]                        #每个角度的标志位为 0，坐标初值为空
    coordVal={'x':[],'y':[],'flag':1,'errMsg':''}        #初始化字典
    #函数调用返回字典
    coordVal=myMath.calCoordinateSmart3(g,h,v0,theta,0,1000)
    if (coordVal['flag']>0):
        plt.plot(coordVal['x'],coordVal['y'],'ro')
    else:
        print(coordVal['errMsg'])
    theta=theta+thetaStep                   #画下一个角度
plt.show()
```

程序 4-4 和程序 4-2 类似，通过调用函数 myMath.calCoordinateSmart3()返回了一个字典类型的变量。篮球坐标值为字典变量 coordVal 的'x'和'y'键的值，在 flag>0 的情况下，通过执行 plt.plot(coordVal['x'],coordVal['y'],'ro')可一次性绘制多组篮球坐标点的值。

程序运行的结果如图 4.4 所示，其输出图形和图 3.20、图 4.3 完全一样。

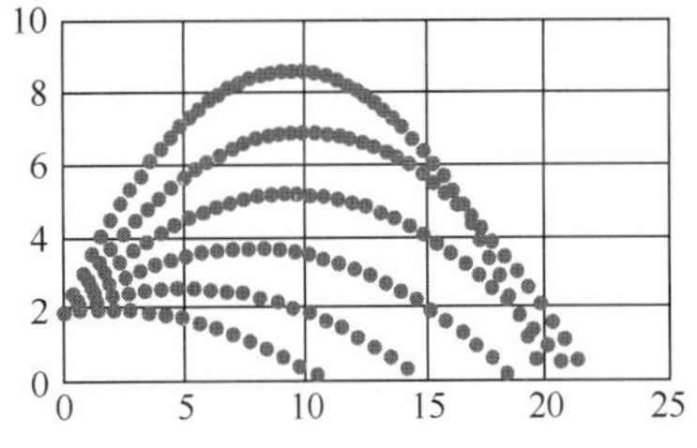

图 4.4　画出字典中的各坐标点

4.3 文件操作

在 Python 编程基础中，我们知道：input ( ) 函数可用来获取用户输入的数据，这些数据可以是单个数据，也可以是多个数据；程序获得数据，通过计算与处理，结果可显示在屏幕上，也可保存在 Python 数据容器中。但这些数据，一旦程序结束，或者计算机断电重启，就会自动消失。

是否有一种机制，能将数据永久地保存下来，需要的时候可以读出数据，数据修改后可以更新保存？类似在百分百案例中，如果能将每次投篮命中的数据保存下来，下次碰到同样的初始条件就可以直接读取数据绘制投篮轨迹。答案就是本节要介绍的文件操作。

4.3.1 文件的基本概念

文件是存储在存储介质上的数据序列，可以包含任何数据内容。操作系统对数据管理是以文件为单位的，文件有一些基本的属性，如文件名、文件大小、文件创建的时间、文件类型、文件位置、文件编码等。

1. 文件的表示

为方便用户识别和管理数据，每个数据文件都有一个文件名。文件名由主文件名和扩展名两部分组成，中间通过“.”连接。如本章程序中常用的自定义函数库文件 myMath.py，文件名为 myMath，扩展名为 py，文件名一般采用“见名知义”的原则来命名，例如：myMath 文件名表示我的数学库函数文件，扩展名一般代表文件的类型，py 代表 Python 程序文件。常见文件类型和扩展名如表 4.3 所示。

表 4.3　常见文件类型与扩展名

文件类型	扩展名
文本文件	txt、dat、rtf 、odt
音频文件	wav、mid、mp3、aiff、wma、flac、aac
视频/动画文件	mp4、mpg、wmv、avi、flc、swf、mov
图片文件	bmp、tif、gif、png、jpeg、jpg、wmf、eps、ai、psd
网页文件	htm、html、asp、php、vrml、jsp、css
常用办公文件	doc、docx、xls、xlsx 、ppt、pptx、pdf
数据/数据库文件	accdb、odb、csv、mdb、mdf、dbf、myd、json
程序文件	exe、com、py、c、cpp、java
其他	zip、rar、xml

2. 文件与目录

文件在磁盘上存放是通过目录来组织与管理的。目录提供了文件的路径地址，一般采用树型结构，每个磁盘有且只有一个根目录，根目录下可以有多个文件与子目录，子目录下可以有下一级目录，这种从根目录开始标识文件所在完整路径的方式被称为绝对路径。在绝对路径下，所有程序引用同一个文件所使用的路径都是一样的。

如果知道访问文件的程序与文件的位置关系，则可采用相对路径，即相对程序所在的目录位置建立其引用文件所在的路径。在相对路径下，不同目录的程序引用同一文件时，所使用的路径将不相同。绝对路径与相对路径的不同之处在于描述目录路径时，所采用的参考点不同。

#绝对路径演示

假设文件 myMath.py 保存在 C 盘 User 目录的子目录 hzh 下，则绝对路径下的文件名由磁盘驱动器、目录层次和文件名三部分组成，即 C:\User\hzh\myMath.py 在 Python 中表示为：“C:\\User\\hzh\\myMath.py”或“C:/User/hzh/myMath.py”

#相对路径演示

假设文件 myMath.py 保存在 C 盘 User 目录的子目录 hzh 下，源文件保存在 C 盘 User 目录下，则包含相对路径的文件名为 hzh\myMath.py，在 Python 中表示为：“hzh\\myMath.py”或“hzh/myMath.py”

注意，在 Windows 中建立路径所使用的几个特殊符号为："..\" 代表当前目录，"..\" 代表上一层目录。

3. 文件编码

为什么只能读懂 0 和 1 的计算机能显示图片的内容？为什么有时打开文件会出现像中毒了一样的"乱码"？像键盘上的 26 个英文字母（包括大小写），还有一些常用的符号（如*、#、@等）在计算机中是如何表示的呢？

文件编码的本质就是让只认识 0 和 1 的计算机，能够理解我们人类使用的语言符号，并且将这些语言符号转换为二进制数进行存储和传输。而具体用哪些二进制数表示哪些符号，理论上应该有一套通用的规则，这就是编码。

常用的编码方式见表 4.4，其中 ASCII 规定了常用符号用哪些二进制数来表示；GB2312 和 GBK 码解决了常用汉字的二进制表示；Unicode 码又称万国码，为了解决不同国家符号的互通问题，其编码表将世界上所有的符号都纳入其中。每个符号都有一个独一无二的编码。UTF-8（8-bit Unicode Transformation Format）码是一种针对 Unicode 的可变长度字符编码，它可以使用 1～4 个字节表示一个符号，根据不同的符号可变化字节长度，而当字符在 ASCII 范围时，就用一个字节表示，所以 UTF-8 码还可以兼容 ASCII。

表 4.4　常用的编码方式

编码表	适用性	特点
ASCII	英文大小写，字符，不包含中文	占用空间小
GB2312 和 GBK 码	支持中文	GBK 码是 GB2312 的升级
Unicode 码	支持国际语言	占用空间大，适用性强
UTF-8 码	支持国际语言	是 Unicode 码的升级，两者可互相转化，占用空间小，ASCII 被 UTF-8 码包含

在 Python 3.x 中，程序处理我们输入的字符串，默认使用 Unicode 码；数据在硬盘上存储，或者在网络上传输时，为节省空间常使用 UTF-8 码；也有一些中文的文件和中文网站，使用 GBK 和 GB2312 编码。Unicode 是内存编码的规范，而 UTF-8 是如何保存和传输 Unicode 的手段。所有的文本类型都使用 Unicode 码，即可直接使用 str.encode()进行编码，并用 bytes.decode()进行解码（为文本）。

```
#文本与 UTF-8 码之间的转换示例
s1='你好吗'
print(s1.encode('utf-8')) # b'\xe4\xbd\xa0\xe5\xa5\xbd\xe5\x90\x97'
s2=s1.encode('utf-8')
print(s2.decode())      #你好吗
```

从以上程序段可知，汉字的 UTF-8 码采用十六进制前缀\x 表示，每个汉字占用 3 个字节，编码的本质是二进制数据，所以使用 b 作为前缀。

按照文件的编码方式，我们可将文件分为文本文件（Text File）和二进制文件（Binary File）。

文本文件是基于字符编码的文件，保存的是文本数据，这些文本会采用一定的编码方式。在用记事本等软件保存文本文件时，通常需要指定编码方式（或用默认的编码方式）。汉字文件有时打开后会显示乱码，这往往就是编码方式选择不当导致的。文本文件由字符组成，可以看成一个很长的字符串。

二进制文件是基于值编码的文件，存储的是二进制数据，也就是说，数据按照其实际占用的字节数来存储。二进制文件不是以字符为单位的，不能看成字符串，而是被当作特定格式的字节流来处理。

4.3.2 常用文件操作

1. 文件的打开和关闭

(1)打开文件

通常文件保存在外部存储设备上，需要使用文件的时候，要将文件读入内存，并为文件创建一个文件对象(或称文件句柄)，后面对文件的操作就通过这个文件对象进行。这个过程就是文件的打开。在 Python 中，对文件的操作包括打开、读或写、关闭等。Python 中，文件的打开使用的是 open()函数，其常用格式如下：

```
文件对象 = open(file, mode='r', encoding=None, errors=None)
```

其中，file 是必需的，是文件名或路径；mode 为可选参数，指定文件的打开模式，默认以文本文件只读方式打开文件。文件打开模式有多种，如表 4.5 所示。

表 4.5 文件打开模式

模式	描述
t	文本模式(默认)
b	二进制模式
r	只读模式，文件指针放在文件开头
w	覆盖写模式。如果该文件已经存在，则会先删除原有内容，然后从头开始写入。如果该文件不存在，则新建文件进行写入
a	追加写。如果文件已经存在，则将内容写到文件尾部。如果文件不存在，则新建文件进行写入
x	写模式。如果文件不存在，则创建并写入。如果文件已经存在，则会报错
+	打开文件进行更新，可以与 r/w/a/x 一起使用，表示在原功能之上增加读写功能。例如，r+表示打开文件用于读写

r、w、a、r+、w+、a+都是默认对文本文件进行操作，rb、wb、ab、rb+、wb+、ab+表示以二进制模式进行操作。

encoding 为可选参数，用于指定文件的编码方式，一般使用 UTF-8。errors 为可选参数，仅对文本文件有用，用于指定字符编码出错时如何处理。例如，以只读方式打开一个文本文件，编码方式为 UTF-8，忽略编码错误(即忽略不识别的字符)，语句如下：

```
fr = open('data.txt', 'r', encoding='utf-8',errors='ignore')
```

(2)读或写文件

文件打开或建立后，文件在内存中了，就可以对文件进行读取或写入。把内存中(通常是变量中)的数据存储到文件对象中的操作被称为写操作，把文件对象中的数据取出来存储到内存中(通常是变量中)的操作被称为读操作。文件对象的读写操作方法稍后介绍。

(3)关闭文件

文件读写完毕，一定要关闭文件，将文件写回硬盘等辅助存储设备中，并释放文件所占用的相关系统资源。关闭文件的语句如下：

```
<文件对象名>.close()
```

如果文件是以写模式创建的，且没有关闭命令，则将无法在辅助存储设备中创建这个文件。一个文件被某个程序打开而没有关闭，其他程序就无法打开这个文件。关闭后的文件不能再进行读写操作，否则会引发 ValueError 错误。在 Python 中，为了防止文件被打开后忘记关闭，提供了 with 语句来使用文件：

```
with open(file, mode) as <文件对象名>:
    语句块
```

在 with 语句中的 open()函数就是前面打开文件的 open()函数，with 下面的语句块通过文件对象对文件进行读或写。这种方式在语句块结束后不需要相关语句来关闭文件，Python 会自动关闭文件。

2. 文件的读取与写入

（1）文件的读取

读文件的过程可分为打开、读取和关闭文件。Python 提供了 3 种常用读取文件的方法，如表 4.6 所示。

表 4.6 文件读取方法

方法	含义
<文件对象名>.read([size])	从文件读取指定的字节数。如果没有给定 size 的值，或者 size 的值为负数，则读取全部文件内容
<文件对象名>.readline([size])	从文件中读取整行，包括“\n”字符。如果给定 size 的值（非负），则返回给定的字符数或字节数
<文件对象名>.readlines()	从文件中读取所有行，以每行一个元素形成一个列表返回。该列表可以用 for…in…结构进行处理

假设在 C:\User\hzh 下有 5 个学生 5 次作业成绩的文本文件 score.txt，文件内容如图 4.5 所示，可以用三种方法读取文件，并在屏幕上显示文件内容。

第一步：打开文件，可采用绝对与相对路径两种方式打开文件。

```
f= open('c:\User\hzh\score.txt',"r",encoding='utf-8') #绝对路径打开文件
f = open('score.txt',"r",encoding='utf-8') #相对路径打开，程序文件与 score.txt 在同一目录下
```

第二步：读取文件。

第一种方法：用 f.read()方式读取文件，返回的是一串字符。print(f1.read())可将读取的文件内容显示在屏幕上，程序如下，程序运行结果如图 4.6 所示。

```
#read()读取文件
f = open("score.txt","r",encoding='utf-8') #相对路径
print(f.read())                    #读取整个文件并显示在屏幕上
#print(f.read(8))                  #读取文件中的前 8 个字符并显示在屏幕上
f.close()                          #关闭文件
```

第二种方法：用 f.readline()读取文件，返回的是当前一行的字符串，若要显示整个文件的内容，则可通过循环遍历访问实现。例如：print(f.readline()) ，读取并输出文件第一行，即“张恩 23 35 44 88 96”。读取整个文件的程序如下：

```
#readline()读取文件
f = open("score.txt","r",encoding='utf-8') #相对路径
while True:
    line = f.readline()            #读取一行数据
    if line:                       #判断读取的数据是否为空
        print(line,end=' ')        #逐行输出文件数据
    else:                          #文件尾部返回一个空字符串，退出循环
        break
f.close()                          #关闭文件
```

程序运行结果如图 4.6 所示。

```
score.txt  untitled1.py
1 张恩 23 35 44 88 96
2 哈利 60 77 68 88 90
3 赫敏 97 99 89 91 95
4 马林 100 85 90 87 99
5 贺红 100 89 94 67 78
```

图 4.5 score.txt 文件内容

```
张恩 23 35 44 88 96
哈利 60 77 68 88 90
赫敏 97 99 89 91 95
马林 100 85 90 87 99
贺红 100 89 94 67 78
```

图 4.6 输出文件内容

第三种方法：用 f.readlines()读取文件，读取后的文件数据保存在列表中。程序运行结果如图 4.7 所示，读取文件程序如下：

```
#readlines()读取文件
f = open("score.txt","r",encoding='utf-8')      #相对路径
lines =f.readlines()                            #读取文件内容到列表 lines 中
print(lines)                                    #显示列表内容
for line in lines:                              #遍历列表并输出文件内容
    print(line,end='')
f.close()                                       #关闭文件
```

```
['张恩 23 35 44 88 96\n', '哈利 60 77 68 88 90\n', '赫敏 97 99
89 91 95 \n', '马林 100 85 90 87 99\n', '贺红 100 89 94 67 78']
张恩 23 35 44 88 96
哈利 60 77 68 88 90
赫敏 97 99 89 91 95
马林 100 85 90 87 99
贺红 100 89 94 67 78
```

图 4.7　readlines()读取文件数据运行结果

第三步：关闭文件 f.close()，完成文件的读取操作。

（2）文件的写入

Python 提供了 2 种方法写入文件。

方法一：<文件对象名>.write([str])

write()方法用于向文件中写入一个字符串或字节流。

方法二：<文件对象名>.writelines([str])

writelines()方法用于向文件中写入一个序列（列表）的字符串，如元素为字符串的列表。换行需要自己添加换行符“\n”。

例如：假设要实现统计 score.txt 文件中这 5 个学生的作业总得分，写入一个 totalScore.txt 文件中，并将统计后的总成绩显示在屏幕上。

可以先读取 score.txt 文件的数据，然后对每个学生的成绩进行统计，最后写入 totalScore.txt 文件，再读取 totalScore.txt 文件的数据并显示在屏幕上。在文件读写的过程中要先打开文件，读写完后再关闭文件，那么该采用哪种方式来读和写呢？

一般来说，读取文件我们用 read()函数，但是在这里，程序需要把 5 个人的数据按行分开处理，故使用 readlines()函数来读取 score.txt 文件，totalScore.txt 文件的写入操作也采用按行写入的 writelines()函数来完成，至于最后要显示统计后的成绩，可以采用 read()函数来完成，程序如下。

```
#打开并读取文件
with open ("score.txt","r",encoding='utf-8') as f:#用 with 打开文件
    lines=f.readlines()
f.close()
#统计成绩
total_scores = []                           #新建一个空列表
for line in lines:
    data =line.split()
    sum = 0                                 #先把总成绩设为 0
    for score in data[1:]:                  #遍历列表中第 1 个数据和之后的数据
        sum = sum + int(score)              #然后将它们依次加起来，但分数是字符串，所以要转换
    result = data[0]+' '+str(sum)+'\n'      #结果就是学生姓名和总分，后面加上空格与换行符，
                                            #写入的时候更清晰
```

```
    total_scores.append(result)          #每统计一个学生的总分，就把姓名和总分写入空列表
#写入统计后的数据
f = open('totalScore.txt','w',encoding='utf-8') #以写的方式打开文件
f.writelines(total_scores)
f.close()
#显示统计后的数据
f = open("totalScore.txt","r",encoding='utf-8')    #以读的方式打开文件
print(f.read())                                    #读取整个文件并显示在屏幕上
f.close()                                          #关闭文件
```

上述程序中用 with 方式打开 score.txt 文件，用 split()函数分割获取每一行的姓名与分数，用 for…in…循环进行加法统计成绩总分，total_scores 列表用来保存统计好的姓名和分数，程序运行后按行显示每个学生的姓名和分数，显示的结果见图 4.8。读者也可在此基础上继续完善与拓展，对成绩数据进行添加、修改、查询等操作，实现一个小型的学生成绩管理系统。

```
张恩 286
哈利 383
赫敏 471
马林 461
贺红 428
```

图 4.8　程序运行结果

3. 文件指针的定位

在读写文件的时候，文件指针是顺序向下移动的，在读写一些字符后移动到这些字符后面的位置，在读写一行后移动到下一行的起始位置。但有时为了需要，要将文件指针直接移动到某个指定位置，这时可以用 seek()函数进行指针定位，其语法如下：

```
<文件对象名>.seek(offset[,whence])
```

其中，offset 表示要移动的字节或字符数，负数表示从倒数第几位开始。whence 是可选参数，默认值为 0，表示从文件头算起，还可以取 1 或 2，1 表示从当前位置算起，2 表示从文件末尾算起。

假设要随机读取 totalScore.txt 文件中某一个学生的成绩，可通过seek()函数来实现，文件指针定位程序示范如下：

```
#seek()文件指针定位
f = open("totalScore.txt","r",encoding='utf-8')
print(f.read())                  #读取整个文件并显示在屏幕上,文件指针到达文件尾部
f.tell()                         #获取当前文件指针的位置 60
f.seek(0)                        #重置文件指针到达文件开始的部分
print(f.readline())              #读取第一行数据
f.tell()                         #获取当前文件指针的位置 12
f.seek(48)                       #文件指针移动到 48 的位置
print(f.readline())              #输出最后一行数据
f.close()                        #关闭文件
```

由以上程序段可知，文件打开后，文件指针的初始位置为 0，tell()函数可随时查看文件指针的位置，seek()函数能以当前位置为基准前后移动，默认是从 0 开始。通过文件指针的移动，可随机读取文件中的数据，该程序段随机读取了第一行和最后一行的数据。

4.3.3　用文件存储多条轨迹线的坐标点

前面主要介绍文本文件的读写操作，文本文件是一种最简单的数据文件格式，其操作也很简单。而在人工智能大数据分析中，最常使用的数据文件格式有 CSV，JSON 等。

CSV（Comma-Separated Values，逗号分隔值）是一种国际通用的、相对简单的数据存储文件格式，一般由若干字段相同的行组成，常用于不同程序之间进行数据交换，也是一种最常用的数据存储格式。CSV 文件中的每行存储一个样本或记录，一行内多个数据之间使用逗号分割，表示

样本数据特征或字段。CSV 文件在商业、科学等领域被广泛应用。关于 CSV 文件的操作，在后续与大数据相关的章节中会详细介绍。

JSON（JavaScript Object Notation，JS 对象简谱）是一种轻量级的数据文件格式，采用完全独立于语言的文本组织方式，具有简洁和清晰的层次结构，易于人们阅读和编写，同时也易于机器解析和生成，并能有效地提升网络的传输效率。这些特征使得 JSON 成为理想的数据文件格式。

1. JSON 数据结构

JSON 建构于两种数据结构之上。

第一：值的有序列表（An ordered list of values）。在大部分语言中，它被理解为数组（array）。

第二："名称/值"对的集合（A collection of name/value pairs）。在不同的语言中，它被理解为对象（object），记录（record），结构（struct），字典（dictionary），哈希表（hash table），有键列表（keyed list）或者关联数组（associative array）。

其中数组数据用中括号表示，各元素之间用逗号隔开。例如：["张三","李四","王五"]

对象数据用大括号表示，由键值对组成，各键值对用逗号隔开。其中 key 必须为字符串且是双引号，value 可以是多种数据类型。例如：{"name": "Jack", "address": "HuNanUniversity", "scores": [75, 85, 90, 60]}。

2. Python 数据与 JSON 数据的转换

Python 的列表与字典同 JSON 的数组与对象对应，且两者之间可以相互转换。

JSON 模块提供了两个函数来完成转换操作，介绍如下。

（1）Python 数据转成 JSON 字符串：json_data = json.dumps(python_data);

（2）JSON 字符串转成 Python 数据：python_data = json.loads(json_data);

例如：下列程序段展示了字典数据与 JSON 字符串的转换

```
# 字典数据与 JSON 字符串的转换
import json                          #先导入 JSON 模块
Dict = {'name': 'Jack','address': 'HuNanUniversity','scores': [75,85,90,60]}
print(Dict)                          #显示字典数据
Json_Dict = json.dumps(Dict)         #转换成 JSON 字符串
print(Json_Dict)                     #显示 JSON 字符串
Dictdata = json.loads(Json_Dict)     #还原成字典数据
print(Dictdata)                      #输出还原后的字典数据
```

3. Python 操作 JSON 文件

既然 Python 数据可以和 JSON 数据互相转换，Python 数据就可以保存在 JSON 文件中。JSON 文件一般存储在.json 后缀的文件中。把一个 Python 类型的数据直接写入 JSON 文件有两种方法来实现。

（1）与文本文件的写入操作类似，用 write()函数来实现，如我们将上面的字典数据存入 data.json 文件中：

```
with open("data.json", "w") as data:
data.write( json.dumps(Dict) )
```

（2）也可用 JSON 模块提供的 dump()函数来实现。

```
json.dump(data, open('data.json', "w"));
```

从 JSON 文件中读取数据返回一个 Python 对象可用 load()函数来实现。

```
data = json.load(open('data.json'));
```

4. 用 JSON 文件存储多条轨迹线的坐标点并绘制篮球轨迹

在前面的章节中通过计算，机器人投篮轨迹数据可以保存在列表中，也可以保存在字典中，然后一次性绘制多条轨迹。下面以文件的方式来实现同样的任务。

程序 4-5　用文件来存储投篮轨迹线的坐标并绘制投篮轨迹。

```
#用文件存储篮球多条轨迹线
import matplotlib.pyplot as plt
import myMath
import json                                         #导入 JSON 库
g,h,v0,theta=9.8,1.9,14.0,5                         #各个角度的初值，角度从 5 度开始
flag=0
errChn=''
thetaStep=10                                        #每隔 10 度画一条线
plt.grid('on')
plt.axis([0,30,0,10])
coordval_list=[]                                    #存放每条轨迹线的列表
while (theta<=60):                                  #开始重复画点
    flag,x,y=0,[],[]                                #每个角度的标志、坐标初值为 0
    coordVal={'x':[],'y':[],'flag':1,'errMsg':''}
    coordVal=myMath.calCoordinateSmart3(g,h,v0,theta,0,1000)
    if (coordVal['flag']>0):
        coordval_list.append(coordVal)              #数据保存在列表中
    else:
        print(coordVal['errMsg'])
    theta=theta+thetaStep                           #下一个角度
#将列表数据写入 JSON 文件中
with open("trac_data.json","w") as data:
    data.write(json.dumps(coordval_list))
#打开 JSON 文件并读出文件内容
data = json.load(open("trac_data.json"))
for coordVal in data:
    if (coordVal['flag']>0):
        plt.plot(coordVal['x'],coordVal['y'],'ro') #绘制投篮轨迹
    else:
        print(coordVal['errMsg'])
plt.show()
```

程序中将每条轨迹线的坐标点信息以字典的方式保存在列表 coordval_list 中。trac_data.json 文件保存了 6 条轨迹线的信息。通过 JSON 文件的读操作获取坐标点的信息并还原成 Python 字典，再依次绘制 6 条轨迹线，程序的运行结果如图 4.9 所示，和程序 4-2，程序 4-4 的输出结果一致。

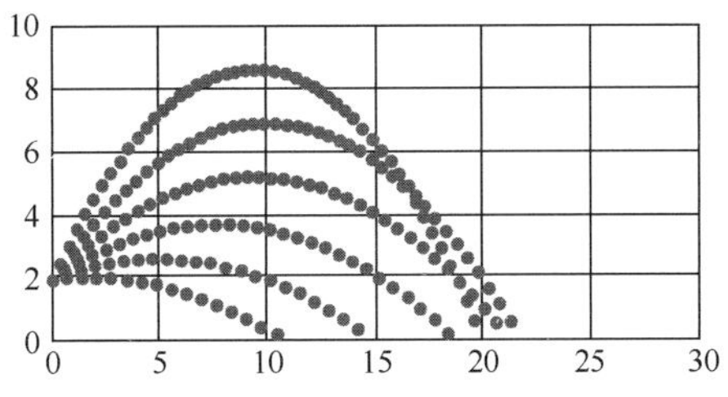

图 4.9　用文件方式绘制多条轨迹线

4.4　Python 综合案例——百分百机器人投篮

随着人工智能技术的不断发展，投篮机器人已经可以通过高速摄像机和实时反馈技术来模拟篮球运动员的下蹲、投篮动作，其拥有类人形的手指，并且会使用手指来控制投球时的精度。其投篮进篮筐的准确率可达百分百。百分百投篮机器人利用了深度学习技术，其命中的每个球都是

上万次的机器学习和机器自动化计算的结果。

4.4.1 案例任务描述

已知某机器人投篮出球速度 v_0 为 14m/s，出手位置高度 h 为 1.9m，篮筐中心和机器人的水平距离 x 相差 7.25m（三分线），垂直离地高度 H 为 3.05m，篮球筐的直径为 0.45m，半径 r 为 0.225m，请编程计算百分百投篮机器人出手投球角度范围并绘制投篮轨迹。其投篮初始状态模拟如图 4.10 所示。

说明：篮球不可以从下往上穿过篮筐。

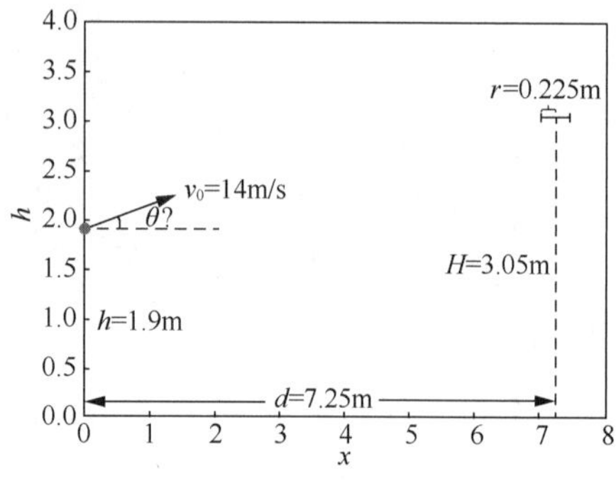

图 4.10 机器人投篮初始状态模拟

4.4.2 案例任务分析

本章 4.1～4.3 节用三种不同的方法绘制了机器人在不同的速度和角度下投篮的轨迹线，在此基础上本节实现机器人百分百投篮。

案例任务描述中已经明确了定点投篮时篮筐的位置坐标、篮筐离地的高度、篮筐的大小。要实现百分百投篮，可以将该问题分解为两个子问题。

子问题一，解决篮球落入篮筐的角度问题。假设机器人投篮的初速度、高度一定，落入篮筐是篮球的“中间状态”，这个“中间状态”可抽象为：篮筐的高度 3.05m，直径 0.45m，离抛球点的距离 7.25m，在计算篮球在某一个时间点 t 的横坐标时，判断该坐标是否落在了球筐所在的 x 轴范围内，如果在此范围内则说明篮球命中，此时的角度范围即可满足要求。

子问题二，在求解百分百投篮角度问题后，将数据以字典的方式保存下来。当下一次遇到相同的初始数据时，无须计算就能直接读取保存的数据，实现投篮机器人的“记忆”功能，这样能减少大量的重复运算，提高程序的运行效率，更好地实现程序的自动化执行。

在第 3 章的 3.1.5 小节中，图 3.4 给出了百分百投篮的程序流程图。该程序设计采用了自顶向下、逐步求解、分而治之的设计策略，并体现了模块化程序设计思想。

整个程序可分为 5 个模块，每个模块的功能由相应的函数来实现，各模块之间层层调用，主函数通过调用各模块函数来实现计算百分百投篮角度范围，绘制百分百投篮轨迹。各模块功能和函数如图 4.11 所示。

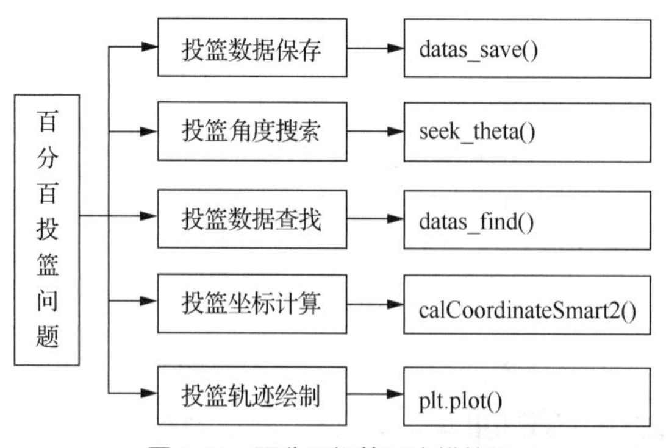

图 4.11 百分百投篮程序模块图

4.4.3 案例任务实现路径

案例实现的路径参见图 4.12，解决百分百投篮问题需要实现数据查找、角度搜索、参数数据存储、坐标计算、绘制坐标轨迹以及输出百分百投篮角度范围等。

其中 datas_find()在篮球轨迹数据文件中查找数据，如果没找到匹配的数据，则调用 seek_theta()获得百分百投篮的合适角度范围数据，而在 seek_theta()函数中调用datas_save()则用来保存百分百投篮数据信息，主函数通过调用 datas_find()获得角度范围数据，calCoordinateSmart2()函数接收角度信息以计算篮球轨迹坐标列表，并通过 plt.plot()函数绘制投篮轨迹，同时计算并输出百分百投篮角度范围。

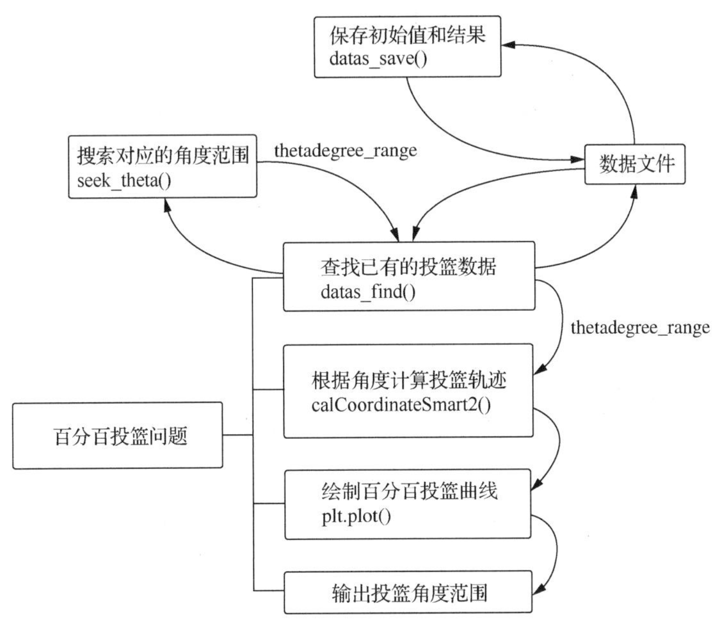

图 4.12 百分百投篮案例实现路径

4.4.4 程序模块的代码实现

接下来我们来一一完成图 4.11 中 5 个程序模块的代码实现。

1. 投篮数据保存

机器人投篮数据采用 JSON 文件格式存储。JSON 文件中可以包含类似字典或列表两种格式的数据信息，本案例数据以列表的方式存储。列表中嵌入字典，列表的每个数据就是一个字典。案例通过对 JSON 文件的读写和对列表元素的添加来实现百分百投篮数据保存。

在 myMath 库中增加函数 datas_save(g, h, H, v0, d, r, thetadegree_list)用于数据保存。

程序 4-6 投篮数据保存。

```
def datas_save(g, h, H, v0, d, r, thetadegree_list):
    #函数说明
    '''
      根据参数值保存数据：读文件，添加新数据，写入文件中
      :param g:引力常数
      :param h:初始高度
      :param H:目标高度
      :param v0:初始速度
      :param d:目标位置横坐标中心
      :param r:目标位置半径
      :param thetadegree_list:角度范围列表
    '''
```

```
    import json
    # 将初始条件保存到字典中
    initial_data = {'g' : g, 'h' : h, 'H' : H, 'v0' : v0, 'd' : d, 'r' : r}
    # 将初始条件和对应角度范围保存到 data 文件中
    data = {'init': initial_data, 'range': thetadegree_list}
    try: # 尝试打开文件并读取现有的数据到 datas 列表中
        with open('data_history.json', "r", encoding="utf-8") as datajson:
            datas = json.load(datajson)
    except: # 如果打开失败，创建 datas 空列表
        datas = []
    with open('data_history.json', "w", encoding="utf-8") as datajson:
        datas.append(data) # 将新数据加入列表
        datajson.write(json.dumps(datas, indent=2, separators=(',', ':'), ensure_
ascii=False))# 将字典转化成 JSON 字符串并写入文件中
```

程序 4-6 的语句“data = {'init': initial_data, 'range': thetadegree_list}”中，字典变量 data 包含 2 个键值对，其中键'init'的值 initial_data 是一个字典，包含 7 个键值对，分别用来存放机器人投篮的初始数据，另一个键为'range'，其值 thetadegree_list 为百分百投篮角度列表。

try-except 为 Python 异常处理语句。程序尝试打开'data_history.json'数据文件，若打开成功，则将文件数据保存在列表变量 datas 中，否则，文件中无数据，datas 为空列表。

语句“datas.append(data)”将新数据加入列表中，再通过写的方式将 datas 写入新数据文件'data_history'中，这种读写数据文件的方式不会导致原有的数据被覆盖。

2. 投篮角度搜索

进行百分百投篮角度搜索时，当篮球纵坐标 y 在篮球筐的高度 H 之上，横坐标 x 落在篮球筐内时，投篮初始数据满足百分百投篮要求，取相应的投篮角度即可。

在 myMath 库中增加函数 seek_theta(g, h, H, v0, d, r)来查找合适的角度范围。

程序 4-7 投篮数据搜索。

```
def seek_theta(g, h, H, v0, d, r):
  #函数说明
  '''
     根据参数值寻找角度范围
     :param g:引力常数
     :param h:初始高度
     :param H:目标高度
     :param v0:初始速度
     :param d:目标位置横坐标中心
     :param r:目标位置半径
     :return: thetadegree_range:角度范围列表
  '''
  import math
  import numpy as np                                            #导入 NumPy
  delta_h = H - h                                               #球筐和投球点的距离差
  thetadegree_range = []                                        #角度范围列表初始化
  for thetadegree in np.arange(0, 90, 0.01):                    #遍历 0~90，间隔 0.01 取值
      theta = thetadegree*math.pi/180.0                         #角度转弧度
      if v0 ** 2 * math.sin(theta) ** 2 - 2 * g * delta_h  < 0:
         continue  #如果该角度无法到达指定高度，则用二次函数无解，直接尝试下一个角度
      t = (v0 * math.sin(theta) + math.sqrt(v0 ** 2 * math.sin(theta) ** 2 - 2 *
      g * delta_h)) / g                           #求到达篮筐时的时间 t
      if d - r <= v0 * math.cos(theta) * t <= d + r:            #判断能否命中
         thetadegree_range.append(theta*180.0/math.pi)          #添加角度范围
```

```
    datas_save(g, h, H, v0, d, r, thetadegree_range)          #调用保存函数保存数据
    return thetadegree_range
```

程序 4-7 中的语句“import numpy as np”导入了 NumPy 库，并给 NumPy 取别名为 np。NumPy 库是 Python 科学计算的基础包，提供了数组和矩阵两种数据类型以及相关的操作函数。语句“np.arange(0, 90, 0.01)”是指利用 NumPy 库的 arange 函数产生 0° 到 90° 之间步长为 0.01° 的等差角度数组。

根据物理知识可计算篮球到达篮筐的时间，即语句“t = (v0 * math.sin(theta) + math.sqrt(v0 ** 2 * math.sin(theta) ** 2 - 2 * g * delta_h)) / g ”。程序中两个 if 语句分别对篮球纵坐标和横坐标的值的范围进行判断，通过 for 循环遍历角度数组，将满足百分百投篮要求的角度添加到 thetadegree_range 列表中。最后调用 datas_save()函数（程序 4-6）实现百分百投篮数据的保存。

3. 投篮数据查找

数据查找模块是在“data_history.json”文件中查找与初始数据一致的数据信息的，如果找到了，则返回百分百投篮角度列表，否则调用 seek_theta()函数求出百分百投篮角度范围。

下面我们在 myMath 库中增加函数 datas_find(g, h, H, v0, d, r)以实现投篮数据查找。

程序 4-8　投篮数据查找。

```
def datas_find(g, h, H, v0, d, r):
    #函数说明
    '''查找历史数据并根据参数值进行比对，重复则采用历史数据
        :param g:引力常数
        :param h:初始高度
        :param H:目标高度
        :param v0:初始速度
        :param d:目标位置横坐标中心
        :param r:目标位置半径
        :return:thetadegree_list:函数返回值：角度范围列表
    '''
    import json         #导入 JSON 库
    try:                #尝试打开文件并读取现有的数据到 datas 列表中
        with open('data_history.json', "r", encoding="utf-8") as datajson:
            datas = json.load(datajson)
    except:             #如果打开失败，则创建 datas 空列表
        datas = []
    #初始数据字典
    initial_data = {'g' : g, 'h' : h, 'H' : H, 'v0' : v0, 'd' : d, 'r' : r}
    flag = True
    for data in datas:
    #逐条比对初始数据，如果初始数据相同则取出角度范围数据
        if data['init'] == initial_data:
            thetadegree_list = data['range']
            print('已在历史数据中查找到相同投球角度范围数据')
            flag = False
            break
    if flag:            #如果该初始数据不在数据文件中，则求解角度范围
        print('未能获取到相同初始数据，开始求解投球角度范围')
        thetadegree_list = seek_theta(g, h, H, v0, d, r)  #求解角度范围函数
    return thetadegree_list
```

程序 3-15 的语句“initial_data = {'g' : g, 'h' : h, 'H' : H, 'v0' : v0, 'd' : d, 'r' : r}”给出了要查找的初始数据字典。

从“data_history.json”文件读取数据到 datas 列表中，利用 for 循环遍历 datas 中的数据到 data

中，data['init']为键'init'的值，令其与初始数据字典 initial_data 比对。若比对成功则执行语句“thetadegree_list = data['range']”，获得百分百投篮角度范围数据；否则调用 seek_theta()函数计算并获取百分百投篮数据。

程序中 flag 为判断初始数据是否在数据文件中的标志位，其初值为 True，假设初始数据不存在 data_history.json 文件中，当逐条比对找到数据时，其值变为 False。循环结束后，语句“if flag:”用来判断是否需要求解百分百角度范围。

可以看到程序 4-6、程序 4-7 和程序 4-8 对应的三个函数互相调用，datas_find()函数调用了 seek_theta()函数，seek_theta()函数调用了 datas_save()函数。三个函数之间逻辑清晰，而在主函数中我们只须调用 datas_find()函数就能获得数据文件或者通过计算求解对应的角度范围。

4. 投篮轨迹绘制

主函数调用 myMath.py 中的 datas_find()函数即可获取投篮角度范围，调用程序 4-1 的 calCoordinateSmart2()函数即可计算投篮坐标列表，并通过 plt.plot()函数绘制投篮轨迹。

程序 4-9 投篮轨迹绘制。

```
import matplotlib.pyplot as plt
import math
import myMath                                    #导入自定义函数库
#各参数初始化
v0, h, d, H, r, g = 14, 1.9, 7.25, 3.05, 0.45 / 2, 9.8
#调用函数求解百分百角度范围
thetadegree_list = myMath.datas_find(g, h, H, v0, d, r)
if thetadegree_list == []:
      print("该数据无解")
else:
      for thetadegree in thetadegree_list:
            theta = thetadegree*math.pi/180.0
            delta_h = H - h                      #篮筐与投球点的距离差
            tmax = (v0 * math.sin(theta) + math.sqrt(v0 ** 2 * math.sin(theta) ** 2
            - 2 * g * delta_h)) / g              #篮球到篮筐的时间
            x, y, flag, errMsg = myMath.calCoordinateSmart2(g, h, v0, thetadegree,
            0, tmax)                             #计算到达篮筐的坐标点值 x, y
            plt.plot(x, y, 'r-')                 #绘制投篮轨迹
      #计算角度范围
      for i in range(len(thetadegree_list)-1):
            if thetadegree_list[i+1] - thetadegree_list[i] > 0.015:
                  break
      if i !=len(thetadegree_list)-1:
            print("角度范围为{:.2f}°-{:.2f}°, {:.2f}°-{:.2f}°".format(thetadegree_
            list[0], thetadegree_list[i], thetadegree_list[i+1], thetadegree_list[-1]))
      else:
            print("角度范围为{:.2f}°-{:.2f}°".format(thetadegree_list[0],
            thetadegree_ list[-1]))
      plt.grid(True)
      plt.show()
```

程序 4-9 通过调用 myMath 的 datas_find()函数，返回投篮角度列表，并保存在 thetadegree_list 变量中。

程序 4-9 中第一个 for 循环访问了 thetadegree_list 列表，这是为了获得百分百投篮坐标点。根据物理公式，计算篮球到达篮筐的时间 tmax，调用 myMath 的 calCoordinateSmart2 函数求出 0～tmax 的每个坐标点的值并保存在 x，y 列表中，最后通过 plt.plot(x, y, 'r-')绘制坐标点。

程序 4-9 中第二个 for 循环访问了 thetadegree_list 列表，这是为了从 thetadegree_list 列表中输

出百分百投篮角度范围。因为查找出来的角度列表包含的是可以命中篮筐的所有角度而非角度起始范围，所以需要额外进行起始位置查找。通过数学证明存在的角度范围可能是 0～2 个，而无解条件在程序开始就已被排除，故只须判断角度列表中有无间断点。若无间断点则角度范围由列表的首尾元素值组成，否则在间断点处分开，即可得到两个角度范围。

4.4.5 案例运行结果展示

案例运行结果如图 4.13 所示。

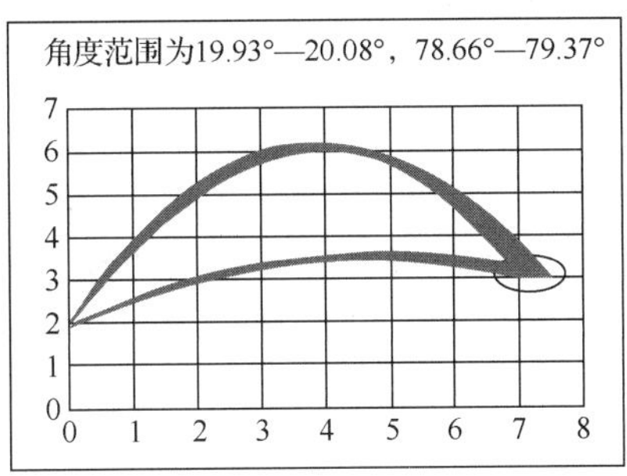

图 4.13 百分百投篮轨迹及角度范围

习题

编程题

1. 列表的拓展训练。

（1）完数问题。

完数是一个数的所有因数（包含 1 且不包含其本身）的和等于这个数本身的数，在 myMath.py 中建立判断一个数是否是完数的函数 isPernum(x)，参照程序 4-2 通过函数调用实现求 N～M 的完数列表，并在屏幕上输出。例如输入（1,100），输出为：[6,28]。

（2）列表的并交差集问题。

在 myMath.py 中建立求两个列表的并 getUn(L1,L2)、交 getCross(L1,L2)和差 getMinus(L1,L2)集的函数，参照程序 4-2 通过函数调用编程实现求两个列表元素的并、交和差集，并输出程序运行的结果。

（3）约瑟夫问题。

在 myMath.py 中建立 Josephus(n,m)函数，形参为总人数 n，出圈序号 m，函数返回出圈列表。问题的具体描述为：n 个人按 1,2,3,…,n 编号，并顺序围坐一圈。开始按照 1,2,3,…,m 报数，凡报到 m 就出圈，直到所有人出圈为止。请输出出圈列表。

例如输入 6,4，预期输出：[4,2,1,3,6,5]

2. 字典的拓展训练。

（1）进制转换。

在 myMath.py 中建立一个把二进制整数转换成八进制整数的函数 BintoOct_int(b_num)和把二进制整数转换成十六进制整数的函数 BintoHex_int(b_num)，通过函数调用实现二进制、八进制和十六进制整数的转换。

说明：不要使用 Python 自带的进制转换函数来实现。

（2）整数的翻译。

在 myMath.py 中建立将 0～9 的数字转换成英文的函数 unit_to_word()和将 10～99 的数字转

换成英文的函数 tens_to_word()，通过函数调用实现将用户输入的一个 0～999 的整数转换成其对应的英文表示。例如，729 将被转换成 seven hundred and twenty nine。

（3）词频统计。

统计一段英文中单词的个数，并将词频最高的 5 个单词输出。

说明：英文字符串可以从键盘输入，也可以直接赋值或从文件中读取，程序的输出格式为：单词:词频。

3. 文件的拓展训练。

（1）文件比较。

请编程实现比较两个文本文件的内容。如果文件完全相同，则输出“OK!”，否则输出“NO!”。

（2）成绩处理。

假设在 scores.txt 文件中存放着某一个班的计算与人工智能概论课程的成绩，包含学号，姓名，平时成绩，期中成绩和期末成绩五列，请根据平时成绩占 40%，期中成绩占 20%，期末成绩占 40% 计算总评成绩，并按学号，姓名和总评成绩三列写入文件 fina_Scored.txt 中，同时在屏幕上显示该班的平均分，以及各个分数段的人数（90 分以上，80～89，70～79，60～69 和 60 分以下）。

（3）JSON 文件操作。

已知一班级的学生通讯录信息为：学号，姓名，专业，班级，电话，邮箱，地址。请编程实现下列操作：

（a）建立 N 个同学的通讯录，N 从键盘输入，通讯录信息以字典的方式建立；

（b）将 N 个同学的通讯录信息保存在 Address_list.json 文件中；

（c）从 Address_list.json 中查找某个学生的信息，找到后则输出学生信息，否则显示“查无此人”。

4. Python 综合拓展训练。

（1）密码问题。

编号为 1、2、3、…、N 的 N 个人按顺时针方向围坐一圈，每人持有一个密码（正整数）。从指定编号为 1 的人开始，按顺时针方向自 1 开始顺序报数，报到指定数 M 时停止报数，报 M 的人出列，并将他的密码作为新的 M 值，从他在顺时针方向的下一个人开始重新从 1 开始报数，依此类推，直至所有的人全部出列为止。请设计一个程序求出出列的顺序，其中 $N \leqslant 30$，M 及密码值从键盘输入。

（2）求最大子序列和。

输入一个整数列表 nums，找到一个具有最大平均数的连续子列表（子列表中最少包含一个元素），返回其最大平均数。

提示：该题有多种解题方式，尤其是当列表中的元素个数超过 10 000 个时，程序的编写要考虑采用最优化的算法来实现，这在后面章节的算法思维相关内容中会具体介绍。

（3）跳水比赛得分排序。

十位评委对六位跳水比赛队员打分，六位跳水比赛队员的得分数据如 fs 列表所示：

fs=[[‘zhang’,9.5,9.8,9.7,9.6,9.5,9.9,9.6,9.2,9.3,9.7], [‘huang’,8.5,8.8,7.7,7.6,8.5,8.3,9.1,7.8,7.5,9.3],
    [‘liu’,9.5,8.8,7.2,9.6,8.5,6.5,6.3,7,6.9,9],   [‘chen’,9.5,9.8,8.7,8.6,7.5,8.8,8.1,9.3,9.2,9.9],
    [‘lin’,9.9,7.8,7.5,7.2,6.5,9.1,9.2,9.3,8.5,8.2],   [‘ye’,9.8,6.8,6.2,9.3,7.5,8.3,9.1,9.4,8.7,8.9]]

请编程实现计算每位选手的实际得分，即去掉一个最高分和一个最低分后的平均分，并按从高到低的顺序输出前 3 名的名次、姓名和实际得分（保留两位小数）。例如，第 1 名为姓名 zhang，分数为 9.59。

（4）机器人投篮案例拓展：求机器人最远投篮角度。

已知某机器人以 14m/s 的出手速度 v_0、1.9m 的出手高度 h、一定的出手角度 θ 投出篮球，不考虑空气阻力和落点有效区域，计算在出手速度 v_0 和出手高度 h 一定的情况下，出手角度 θ 的值，以使其投篮最远。请输出最远距离与最佳出手角度，并建立坐标系绘制图 4.14 所示的最远的篮球运动轨迹（g=9.8m/s^2）。

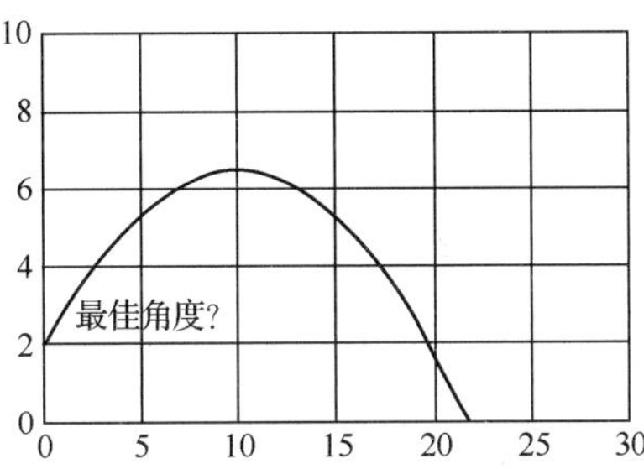

图 4.14　机器人最远投篮轨迹

05 第5章　算法设计

算法是解决某个具体问题的方法与步骤，其表现形式是一系列的指令。需要注意的是，不能将算法和计算机程序混为一谈。编写计算机程序可以实现算法，也可以使用其他方法实现算法。

本章主要讨论算法的定义和算法的时间复杂度，并对几种常见的算法进行分析，包括用于任务分解的二分法、用于搜索的深度优先遍历算法等，帮助读者加深对计算思维的理解和运用。

5.1　什么是算法

算法不一定是计算机程序，本质上来说，算法是求解问题的步骤。例如，曹冲称象也可看作一个算法：把大象赶上船→记录船下沉的位置→将石块放入船内使其下沉至同样的位置→称石头的重量（即大象的重量）。

本节通过一个例子来说明如何设计算法来求解具体的问题。再次说明，算法仅仅是解决问题的一系列步骤，这些步骤可以借助任何可用的工具来完成，包括编写计算机程序。

5.1.1　算法是解题步骤

一个问题可以有多个不同的解法，即多个不同的算法。来看一个简单的数学问题，要计算 $1+2+\cdots+n$（n 为偶数）的结果，可设计算法步骤：

（1）将序列中的前 2 个数字相加，得到结果，记为 x；

（2）删除这 2 个数字，用 x 代替；

（3）重复执行前两个步骤，直到序列中所有数字都加完为止，x 的数值就是结果。

对于上面的算法，可以用 Python 语言设计一个程序，用 input()函数采集用户输入的 n 的值，然后设计循环完成前两个步骤，最终输出结果；也可以直接用纸和笔来完成上述步骤。

当然，上面的算法不是一种“聪明”的算法，我们可以使用更好的算法来解决这个数学问题：

（1）将数字首尾配对相加，即 $1+n,2+n-1,\cdots$，每对数字的结果都是 $n+1$；

（2）一共有 $n/2$ 个这样的对子；

（3）最终的结果为 $n(n+1)/2$。

可见，对于同一个问题，可以设计出很多种不同的算法，最终选择哪种算法来求解问题，通常取决于一些考量指标，例如时间开销、存储开销等。在上面的例子中，当 n 增大时，第 1 个算法的运算次数也会增加，而第 2 个算法的运算次数是恒定的，因此第 2 个算法是更好的算法。在 5.2 节将介绍算法的时间开销问题。

5.1.2　算法与计算思维

第 1 章介绍了计算思维的四要素：问题分解、模式识别、模式归纳（抽象）、算法设计与编程。运用抽象、问题分解、模式识别的最终目的就是设计算法以求解问题。因此，算法和抽象、问题分解、模式识别是密不可分的，脱离了抽象、问题分解、模式识别，算法也无从谈起。

例如，5.1.1 小节中数字累加的问题，可能就来源于具体问题的一个抽象，例如下面的问题。

果农第 1 天采摘一个果子，第 2 天采摘两个果子，以后每天都比前一天多采摘一个果子，一直到第 100 天，求果农这 100 天一共采摘了多少个果子？

下面我们用第 1 章中提到的计算思维的 4 个步骤来求解该问题。

1. 抽象

抽象的原则是，仅关注与问题求解相关的信息，并从所有细节中分离出核心信息。因此，对于果子问题，应忽略果子的重量、颜色等和问题求解目标无关的信息，而仅关注果子的数量，将该问题抽象为一个数值计算问题：计算 $1+2+\cdots+n$ 的结果。

在 5.1.1 小节中，在计算 $1+2+\cdots+n$（n 为偶数）的描述中，增加了一个约束条件：n 为偶数。这是为了便于理解第 2 个算法，因为该算法使用了首尾数字配对的思路，只有 n 为偶数时，才能将所有数字配对。

2. 模式识别

如果将 n 为偶数这个约束条件去掉，则应如何用第 2 个算法来求解问题呢？简单来说，一个问题 P1 可以用算法 A 来求解，在面对一个新的问题 P2 时，如果能通过某种方式将 P2 转化成 P1，那么问题 P2 也能用算法 A 求解。这种转化方式就是模式识别，其本质是分析 P1 和 P2，找出相同点，探求内在规律。

在摘果子问题中，当 n 为奇数时，可以先计算到 $n-1$，因为 $n-1$ 是偶数，此时可以直接套用原来的算法来求解，求解完成之后，再将结果加上 n 即可（如图 5.1 所示）。这样，n 为奇数的问题就转化成了 n 为偶数的问题。在现实中，由于不同的问题之间或问题内部经常存在大量可以摸索的规律，因此，模式识别也是在算法设计时经常需要使用的手段。

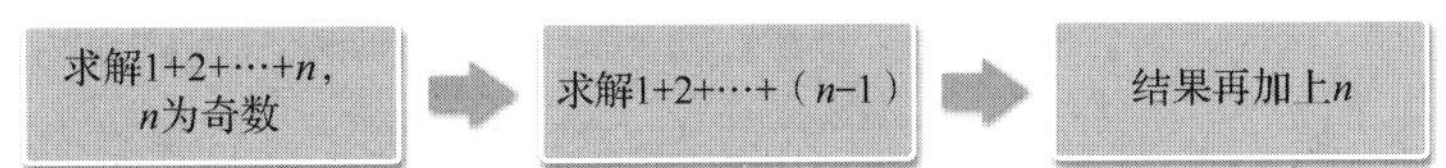

图 5.1　当 n 为奇数时进行模式识别

3. 问题分解

问题分解是计算思维中另一个重要的组成部分，也是算法设计中经常需要使用的手段。例如，把果子问题改成如下问题。

果农第 1 天采摘一个果子，第 2 天采摘两个果子，以后每天都比前一天多采摘一个果子，一直到第 100 天；果农将果子装箱出售，每个箱子可以装 20 个果子，价格为 90 元一箱，果农将最后不足一箱的果子直接拿到市场零售，价格为 5 元/个，求果农一共获得了多少钱。

上述问题比求果子总数要复杂一些，但是，可以对该问题进行分解，得到表 5.1 所示的 5 个子问题。

表 5.1　　果子销售金额问题的分解

序号	问题描述	算法
子问题 1	求果子总数	循环中累加
子问题 2	求装箱数目，零售数目	表达式求值
子问题 3	求整箱果子的销售金额	表达式求值
子问题 4	求剩余果子的销售金额	表达式求值
子问题 5	求销售总额	求和

第 1 个子问题就是前面讨论过的问题，第 2、3、4 个子问题是简单的表达式求值问题，第 5 个子问题是简单的加法问题。

4. 算法设计

在抽象、问题分解、模式识别这些过程之后，再设计可行的算法，将问题的求解方法描述出来，就完成了问题的求解。通常用流程图或者伪代码的方法来描述一个算法。上述果子销售金额问题的求解算法如图 5.2 所示。

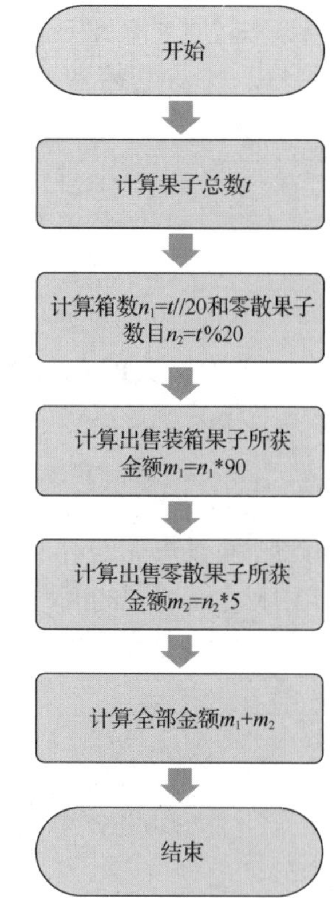

图 5.2　求解果子销售金额问题的算法

算法就像一条线索，将抽象、问题分解、模式识别这些过程贯穿起来，一起为问题求解服务。

5.2　算法性能

衡量一个算法的性能时，通常会将时间复杂度和空间复杂度作为指标。时间复杂度衡量的是算法在运行时间上的开销；空间复杂度则衡量了算法在存储空间上的开销。

空间复杂度主要衡量一个算法在运行过程中占用的存储空间，包括算法的代码本身占用的存储空间、算法的输入输出数据占用的存储空间以及算法运行时临时占用的存储空间。一般来说，对于空间复杂度的调整和优化主要着眼于第三部分，即算法运行时临时占用的存储空间。我们通常会采用一些特别设计的数据结构来完成存储空间的优化。

由于大容量存储设备的普及，人们在对算法进行优化时，更多地考虑让算法更快地算出结果以便节省宝贵的时间，因此算法的性能分析通常指的是时间复杂度分析。本节主要对时间复杂度进行介绍。

在 5.1.1 小节的摘果子问题中，一共介绍了两个算法。显然，算法 1 需要进行 n 次加法运算，算法 2 只需要计算表达式 $n(n+1)/2$，包含 1 次加法运算、1 次乘法运算和 1 次除法运算，共 3 次运算。更重要的是，随着 n 的增大，算法 1 需要进行的运算次数也会同步增加，当 n 非常大的时候，例如 n 为 1 亿时，使用算法 1 所需要的运算次数就非常可怕了；而算法 2 的运算次数总是 3 次，不管 n 有多大。

可以估算一下在问题规模为 n 的情况下程序的大致运行时间，由于不同型号的中央处理器每秒执行运算的次数不同，而且受到操作系统等其他因素的影响，同样的程序每次运行需要的时间也会有差别。一般可用每秒执行一百万（10^6）条指令为基准来估算程序的运行时间。这样，对于算法 1，当 n 为 1 亿时，程序运行大致需要 100 秒的时间；而算法 2，总是只需要 3 次运算，程序运行时间几乎可以忽略不计。

上述分析方法的本质是描述算法执行时间和问题规模 n 之间的关系。在计算机学科中，这种关系通常用时间复杂度来描述，时间复杂度也是衡量算法性能的关键指标。

5.2.1　算法性能的衡量指标：时间复杂度

同一个问题的两种不同算法可能导致执行效率的差异，算法 1 的运行次数会随着 n 的增大而增大，算法 2 的运行次数则总是恒定的。如果将 n 称为问题的规模，则 n 越大，问题的规模就越大。对于一个特定的算法，经常需要分析算法的运行时间随着问题规模的变化而变化的规律。

下面以求解火星车“祝融号”（见图 5.3）探索火星表面所需的时间为例，来分析问题规模与时间之间的关系。

图 5.3　中国首辆火星车“祝融号”

“祝融号”是我国首辆火星车，用来对火星表面进行探测。假设要探测的区域面积为 $n\text{km}^2$，为完成任务，设计了 4 个备选方案，并分析了不同方案下问题规模 n 与时间的关系。

1. 方案 1：线性关系

火星车每 2h（小时）可以探测完 $1km^2$ 的火星表面，若有 $n\ km^2$ 需要探测，则共需时间 $2\times n=2n$h，可用一个函数来表达这个关系，记为 $T(n)=2n$，这是一种线性关系。

2. 方案 2：对数关系

火星车每 5h 可以探测完剩下面积的一半，直到剩下的面积小于 $1km^2$。这个问题需要每次将 n 除以 2，直到 n 为 1，在数学上就是求以 2 为底，n 的对数。因此，在这种模式下，问题规模 n 与时间的关系为 $T(n)=5\log n$，其中 $\log n$ 为 $\log_2 n$ 的简写，这是一种对数关系。

3. 方案 3：多项式关系

火星车探测第 1 个 $1km^2$ 需要 1h，第 2 个 $1km^2$ 需要 2h……第 n 个 $1km^2$ 需要 nh。对于这个工作模式，显然需要的总时间为 $T(n)=1+2+3+\cdots+n=(1+n)\times n/2=0.5n^2+0.5n$，这是一种多项式关系。

4. 方案 4：常数关系

这种方案中，不管需要探索的区域有多大，火星车都花费 10h 进行探测，即 $T(n)=10$。

上述 4 种方案中，都得到了问题规模 n 与时间的函数关系。但是，在现实中，不同中央处理器运行相同算法所需的时间是不同的，因此，需要分析算法中重复执行某些代码的次数，即以基本操作的重复次数来衡量算法的效率。显然，基本操作的重复次数，也与问题规模相关。

将方案 1 用另一种方式描述，假设火星车探测完 $1km^2$ 的火星表面需要进行 2 次基本操作，若有 $n\ km^2$ 需要探测，则共须重复 $2\times n=2n$ 次，可用一个函数来表达这个关系，记为 $T(n)=2n$，显然，这是一个线性关系。其他方案也可用同样的方法描述。对于果子销售金额问题，算法 1 的基本操作重复次数就是 $T(n)=n$，共须进行 n 次基本操作（加法），而算法 2 的基本操作次数 $T(n)=3$。

$T(n)$实际上就是时间规模函数，它描述了某个算法在问题规模为 n 时需要消耗的时间长短，但是，用 $T(n)$来衡量算法的执行效率是有缺陷的。考虑火星车探索问题的方案 1 与方案 3，方案 1 的 $T(n)=2n$，方案 3 的 $T(n)=0.5n^2+0.5n$，当 n 为 1 时，方案 1 的时间为 2，方案 3 的时间为 1，方案 3 优于方案 1；当 n 为 10 时，方案 1 的时间为 20，方案 3 的时间为 55，方案 1 优于方案 3。

可见，$T(n)$ 由于受到 n 的影响，无法直接用于衡量算法的优劣，为此，人们引入渐进时间复杂度的概念，将时间规模函数 $T(n)$简化为一个数量级，记为 $O(f(n))$，其中，$f(n)$为 $T(n)$简化后的数量级函数，简化的规则如下。

（1）$T(n)$是常量时，$f(n)=1$，渐进时间复杂度为 $O(1)$。

（2）$T(n)$不是常量时，保留 $T(n)$的最高阶，且忽略最高阶前的系数。例如 $T(n)=0.5n^2+0.5n$ 时，$f(n)=n^2$，渐进时间复杂度为 $O(n^2)$。

为了方便起见，通常将渐进时间复杂度简称为时间复杂度。显然，时间复杂度是问题规模与执行次数在数量级上的函数。表 5.2 描述了若干常见的时间复杂度，表内的时间复杂度从小到大排列。

表 5.2　常见的时间复杂度

执行次数函数举例	时间复杂度	说明
217	$O(1)$	常数
$4\log n+12$	$O(\log n)$	对数，$\log n$ 为 $\log_2 n$ 的简写
$3n+21$	$O(n)$	线性
$2n+3n\log n+15$	$O(n\log n)$	对数线性，$\log n$ 为 $\log_2 n$ 的简写
$6n^2+5n+19$	$O(n^2)$	平方
$2n^3+3n^2+5n+8$	$O(n^3)$	立方
7×3^n	$O(2^n)$	指数

图 5.4 展示了时间复杂度随问题规模的变化趋势，可见，随着问题规模 n 的增加，以线性复杂度为分界线，越靠后的时间复杂度，增长速度越快。特别是指数函数，随着问题规模的增大，其时间复杂度的增长速度是非常惊人的。例如，当 n 为 8 时，2^8 为 256；当 n 为 16 时，2^{16} 为 65 536；当 n 为 32 时，2^{32} 超过 42 亿。

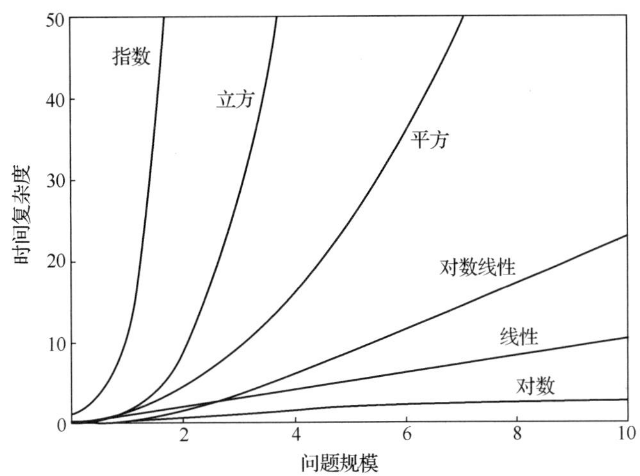

图 5.4 时间复杂度随问题规模的变化趋势

对于表 5.2 中的时间复杂度，越靠前的在效率上的表现越好。当一个算法在效率上无法满足计算需求时，就需要对算法进行改进。例如，在排序算法中，冒泡排序法的时间复杂度是 $O(n^2)$，快速排序法的则是 $O(n\log n)$。

5.2.2 算法性能分析举例

下面以火星车与探测飞船的数据通信为例，演示如何分析算法的时间复杂度。

火星车在探索了一部分火星表面之后，需要使用通信系统将探测过程中获得的图片信息传送回探测飞船。假设火星车每次可以传送一张图片或者两张图片，试分析要传送完 n 张图片，火星车一共有多少种传送方案。

例如，当 n 为 3 时，火星车共有 3 种图片传送方案。

（1）方案 1：每次都传送一张图片，分 3 次传完。

（2）方案 2：首先传送一张图片，然后传送两张图片，分 2 次传完。

（3）方案 3：首先传送两张图片，然后传送一张图片，分 2 次传完。

1. 问题分解

将整个问题记为 $f(n)$，表示需要传送 n 张图片时，共有 $f(n)$ 种不同的方案。当 n 很大时，火星车的传送方案非常多，此时可以用问题分解的方式来简化该问题。

对于所有的解决方案，考察最后一次传送，要么传送 1 张图片，要么传送 2 张图片，$f(n)$ 一定等于“最后传送 1 张图片的方案”和“最后传送 2 张图片的方案”的总和。而“最后传送 1 张图片的方案”的总数，实际上就是这个问题：传送 $n-1$ 张图片共有多少种方案，可记为 $f(n-1)$；同理，“最后传送 2 张图片的方案”的总数，实际上就是这个问题：传送 $n-2$ 张图片共有多少种方案，可记为 $f(n-2)$。因此，$f(n)=f(n-1)+f(n-2)$，显然，这是一个斐波那契数列问题。

如图 5.5 所示，在这个问题中，规模为 n 的问题被分解成了 2 个子问题。

（1）子问题 1：传送 $n-1$ 张图片的方案总数。

（2）子问题 2：传送 n−2 张图片的方案总数。

2. 模式识别

在本例中，每个问题都可以被分解为 2 个子问题，而这 2 个子问题又可以继续分解下去，直到子问题可以直接求解，这些子问题之间的相似性就是需要寻找的规律，如图 5.6 所示。

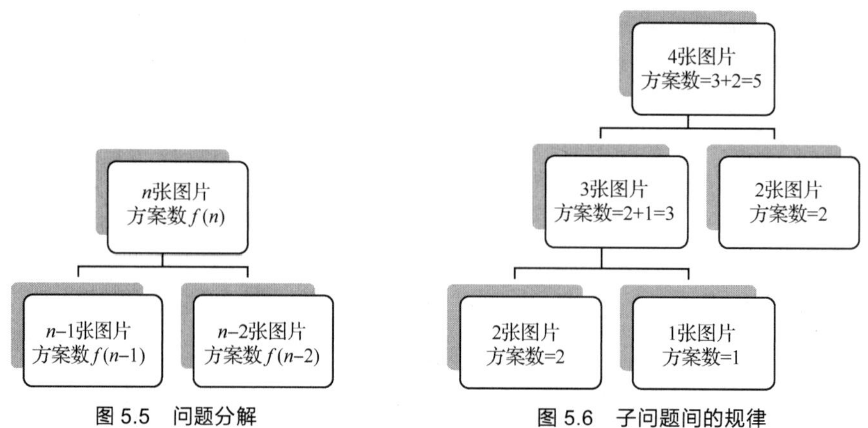

图 5.5　问题分解

图 5.6　子问题间的规律

在这个问题中，最小的子问题如下。

（1）最小子问题 1：$f(1)=1$，即 1 张图片有 1 种发送方案。

（2）最小子问题 2：$f(2)=2$，即 2 张图片有 2 种发送方案。

从 $f(1)$和 $f(2)$出发，可以计算出 $f(3)=f(1)+f(2)=3$，然后计算出 $f(4)=f(2)+f(3)=5$，依此类推，可计算出任意的 $f(n)$。在计算过程中所得到的数字序列，即斐波那契数列。

3. 抽象

对于“火星车有多少种传送方案”这一问题，不需要关心火星车传送图片所使用的具体技术，也不需要关心每张图片传送的时间有多长，仅关注所有可能方案的总数即可，因此，可将该问题抽象成纯粹数学意义上的斐波那契数列问题。

4. 算法设计

以上述分析为基础，可以设计出最终的算法，该算法的核心是以 $f(1)$和 $f(2)$为基础，循环地计算 $f(3),f(4),\cdots,f(n)$。图 5.7 以流程图的形式展现了该算法。

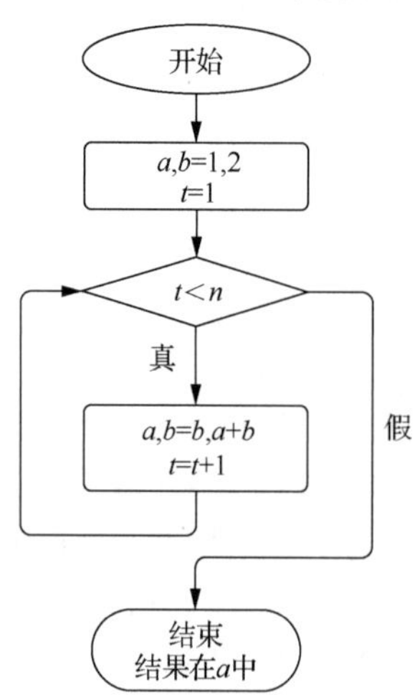

图 5.7　火星车发送图片方案问题的算法流程图

5. 时间复杂度分析

在算法中，初始化部分对 3 个变量进行了赋值，循环的次数为 $n-1$，每次循环执行 1 次判断和 3 个赋值，因此，算法的代码执行次数为：$T(n)=3+3\times(n-1)=3n$。

因此，算法的时间复杂度为 $O(n)$。

程序 5-1 是完成火星车发送图片问题的 Python 程序，在第 2 行代码中，变量 a 表示当 n 为 1 时的策略总数，即 f(1)，变量 b 表示当 n 为 2 时的策略总数，即 f(2)。第 1 次循环时，第 4 行代码结束后 a 和 b 的值分别为 f(2)和 f(3)，以此类推，第 n−1 次循环时，第 4 行代码结束后 a 和 b 的值分别为 f(n)和 f(n+1)，因此，最终的结果在 a 中。

程序 5-1　用斐波那契数列解决火星车发送图片问题。

```
n = eval(input("n="))
a,b=1,2
for i in range(n-1):
      a,b=b,a+b
print(a)
```

5.3　问题求解计算思维方法

在进行问题求解时，经常需要使用一些特定的策略，这些策略通常是一些行之有效的方法的总结，可以解决相应的问题。常见的策略包括迭代法、穷举法、递归、贪心、分治、动态规划、深度优先遍历、广度优先遍历、分支限界等。本节主要介绍迭代法、穷举法、二分法、递归、深度优先遍历、梯度下降法。

5.3.1　迭代法

迭代法是从某个值开始，不断地利用旧值推导出新值的算法。5.2.2 小节中用来求解火星车发送图片方案的算法，就是一个典型的迭代法。此法可以从 2 个旧值出发，不断地推导出新值，每次推导，可被看作一次迭代，经过 $n-1$ 次迭代后，可得到最终结果。

另一个运用迭代法的典型案例，是使用辗转相除法求最大公约数的算法。辗转相除法又叫欧几里得算法，其基本原理为：数 a 与数 b 的最大公约数等于数 b 与数 $a\%b$ 的最大公约数（%为求余数），即 $\gcd(a,b)=\gcd(b,a\%b)$。

以 40 和 18 为例，辗转相除法的步骤如图 5.8 所示。

要求出 a 与 b 的最大公约数，可计算 $a\%b$，然后将 b 赋给 a，$a\%b$ 赋给 b，这样一直计算下去，直到 $a\%b$ 的结果为 0，算法的实现如图 5.9 所示。需要注意的是，在最开始的时候，若 $a<b$，则 $a\%b$ 的结果就是 a，此时会将 a 和 b 交换位置，因此，不需要特意增加步骤来交换 a 和 b 的值。

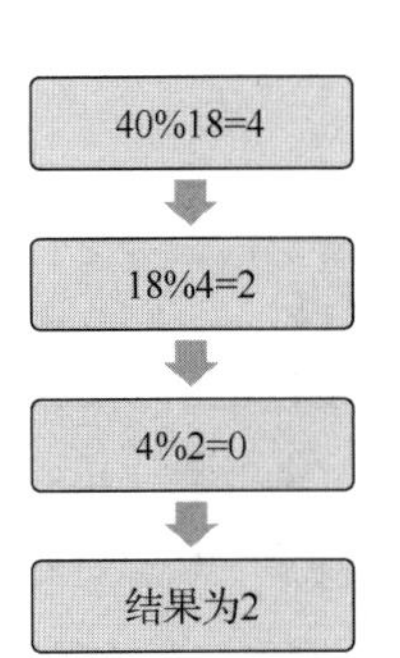

图 5.8　辗转相除法求 40 与 18 的最大公约数

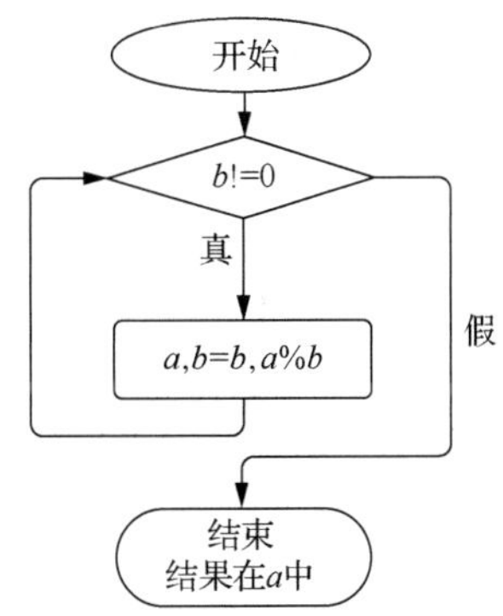

图 5.9　辗转相除法求最大公约数的算法流程图

由于除数大于或等于 2，每次迭代后余数最多为原来的一半，最多需要迭代 log*a* 次，因此时间复杂度为 $O(\log a)$。

程序 5-2 使用 Python 语言完成了辗转相除法求最大公约数的程序，第 1 行获得用户输入的两个数 a 和 b，第 2～3 行循环地进行辗转相除，直到 b 为 0，最后的结果在变量 a 中。

程序 5-2　迭代法求最大公约数。

```
a,b = eval(intput('a=')), eval(input('b='))
while b!=0:
     a,b=b,a)%b
print(a)
```

5.3.2　穷举法

穷举法也称暴力法，如果在求解问题时，无法找到有效解决问题的办法，可以对所有可能的解进行逐一验证，将符合要求的解找出来。穷举法有效地利用了计算机强大的计算能力来求解问题，但是，穷举法的效率非常低下，时间复杂度较高。

下面以火星车采集火星岩石标本的问题为例，说明穷举法的使用方法。火星车在火星的某个区域探测到一些特殊的岩石，被要求采集 2 块岩石带回飞船。假设飞船留给岩石的载荷是 *X*kg，且火星车可以通过三维扫描，获得岩石的体积和密度，要求火星车在所有的岩石中，选择 2 块岩石，使其质量之和恰好为 *X*kg。

1. 问题分解

如表 5.3 所示，可将上述问题分解为两个子问题。

（1）子问题 1：扫描每块岩石，获得岩石的体积和密度，计算岩石的质量。

（2）子问题 2：从岩石中选出质量之和为 *X*kg 的 2 块岩石。

表 5.3　两块岩石问题的分解

子问题 1	计算岩石的质量	先扫描以获得体积和密度
子问题 2	选出两块合适的岩石	对所有可能的岩石组合计算质量和

2. 抽象

在本例中，岩石的形状、颜色，火星车的运载方式等为无关信息，仅须关注岩石的质量。因此，可以将每一块岩石都抽象为一个数字，代表岩石的质量，这样，就可将问题转化为一个纯粹的数字问题。

3. 算法设计

使用穷举法来解决这个问题，即列举岩石所有可能的两两组合，再找出质量之和为 *X*kg 的组合。对前面 $n-1$ 个数进行循环（外循环），每次外循环，都将这个数和它后面的所有数依次进行配对（内循环）。算法的流程图如图 5.10 所示，*A* 为用来存储岩石质量的列表，*i* 和 *j* 为列表 *A* 的索引号。

4. 时间复杂度分析

算法中，初始化部分对 1 个变量进行了赋值，外循环次数为 $n-1$（n 为岩石总数），每次外循环执行 1 个判断语句、2 个赋值语句和 1 个内循环。内循环执行次数是变化的，即 $n-1,n-2,\cdots,1$。对于变化的情况，使用平均循环次数 $(n-1+n-2+\cdots+1)/(n-1)=n/2$，每次内循环执行 2 个判断语句和 2 条赋值语句，因此，算法的代码执行次数为 $T(n)=1+(n-1)(3+n/2\times4)=2n^2+n-2$，算法的时间复杂度为 $O(n^2)$。

采集岩石标本问题的 Python 代码在程序 5-3 中，其中第 1～5 行代码用穷举法实现了搜索函数 find()，该函数在列表 *A* 中搜索 2 个元素，使得这 2 个元素的质量之和恰好是 *X*，并返回这 2 个元素在列表 *A* 中的索引号。

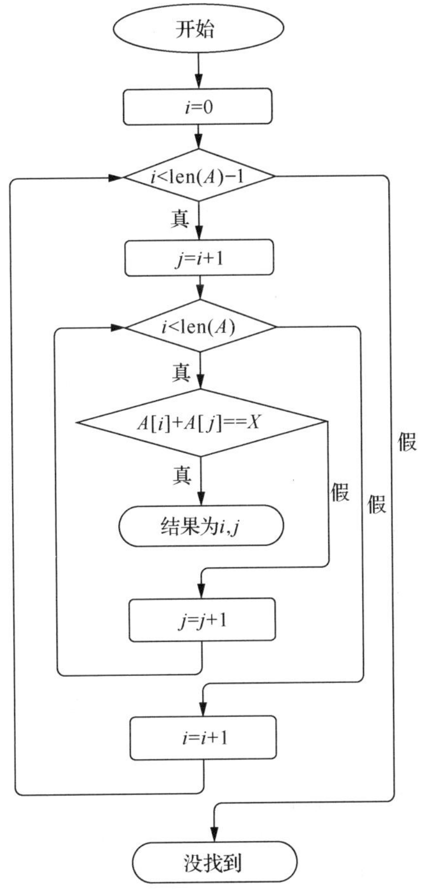

图 5.10　穷举法求最大组合质量的算法流程图

程序 5-3　用穷举法完成采集岩石标本问题。

```
def find(A,x):
    for i in range(len(A)-1):
        for j in range(i+1,len(A)):
            if A[i]+A[j]==X:return i,j
    return -1, -1
A=[18,9,25,6,19,14,8,27,15]
X=22 #要求的组合质量
i,j=find(A,X)
print(A[i],A[j])
```

5.3.3　二分法

二分法通常用来对搜索算法进行优化，因此，在介绍二分法之前，首先对搜索算法进行分析。

在一个线性序列（例如列表）中查找指定的值，若找到，则返回索引，这就是搜索。通常来说，直接从头到尾进行搜索的算法是非常消耗时间的，时间复杂度为 $O(n)$，n 为序列的长度。图 5.11 演示了在数字列表 *A* 中搜索 x 的算法，如果找到 x，则结果为 x 在 *A* 中的序号（从 0 开始）；否则，结果为−1（表示没有找到）。实际上，Python 的列表自带搜索函数，其实现方式如图 5.11 所示，时间复杂度为 $O(n)$。

程序 5-4 是使用 Python 列表的搜索函数进行搜索的例子，第 2 行代码使用列表的 index 函数在列表 A 中搜索元素 19，并返回 19 在 A 中的索引号，如果没有找到，则返回-1；如果有多个，则返回找到的第一个元素的索引号。

程序 5-4　在列表中搜索元素。

```
1    A=[52, 49, 6, 24, 19, 60, 134, 88]
2    idx=A.index(19)  #搜索函数
3    print(idx)
```

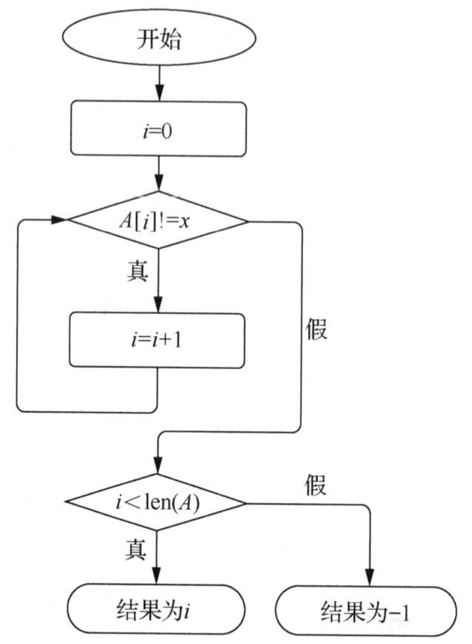

图 5.11　在数字列表中搜索 x 的算法流程图

如前所述，这种搜索算法的时间复杂度为 $O(n)$，当序列中元素非常多的时候，需要消耗大量的时间。例如，当一个序列中共有 2^{32}=4 294 967 296（约 43 亿）个元素时，最坏的情况下，需要循环 4 294 967 296 次，以每秒执行 10^6 条指令的计算机为例，其需要运行 1 个多小时。

图 5.12　用二分法查字典

如图 5.12 所示，考虑在字典中搜索单词的场景，如果从第 1 页开始查，一页页依次搜索，效率很低。能有效提高查字典效率的方法是二分法。

（1）翻到中间位置，如果该位置的首字母比要查的首字母大，要查的单词一定在该位置前面，此时，后面的部分可以抛弃（假定撕掉后面的部分）；如果该位置的首字母比要查的首字母小，则抛弃前面的部分。

（2）在剩下的部分中，再翻到中间位置并比较，按同样的方法抛弃不需要的部分。

（3）持续这个过程，直到翻到的位置恰好有要查的单词或者只剩下一页纸。

以上查字典的方法就是二分法，是人类在生活中经常使用的有效策略，同时，二分法也是计算机的一个经典算法。二分法的核心思想是：每次都将解的搜索空间缩小为原先的一半。

使用二分法，对图 5.11 的算法进行改进，假定列表 A 已经排序，搜索的基本步骤如图 5.13 所示。

（1）在列表 A 的区间$[i,j](i<=j)$中查找 x，其中 i,j 为索引，初值为 0 和 len(A)-1。

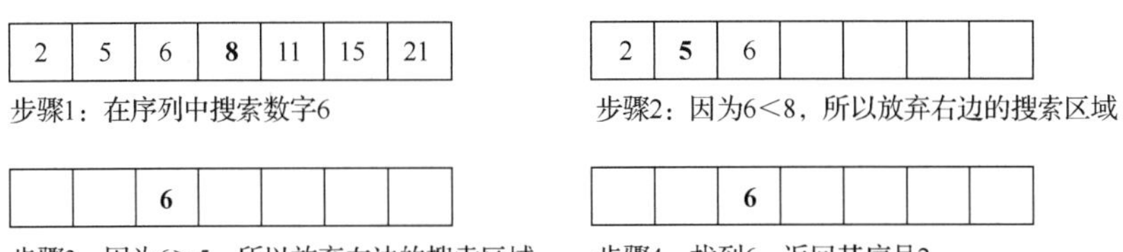
2
5
6
8
11
15
21
步骤1：在序列中搜索数字6
2
5
6
步骤2：因为6<8，所以放弃右边的搜索区域
6
步骤3：因为6>5，所以放弃左边的搜索区域
6
步骤4：找到6，返回其序号2

图 5.13　用二分法在已排序序列中进行搜索

（2）考察区间中间元素的值，$y=A[(i+j)//2]$，若 $x==y$，则算法结束；若 $x<y$，则 x 必定位于原区间的左半边，即$[i,(i+j)//2-1]$；若 $x>y$，则 x 必定位于原区间的右半边，即$[(i+j)//2+1,j]$。

（3）在新的区间（原区间一半大小）中继续查找。

（4）重复上面 2 个步骤，区间会不断缩小直至找到 x。

（5）若直到区间无效时$(i>j)$还没找到 x，则表明 x 不在 A 中。

可见，二分法在每次循环过程中，都会依据比较结果，将搜索范围缩减为原来的一半。因此，对于长度为 n 的序列，最多只需要 $\log n$ 次比较，就可以得出搜索结果。

实际上，这种每次将搜索范围缩小为原来一半的策略，就是问题分解：每次将搜索区间分解为中间元素与左右两个区间（即分为三个子问题），再根据 x 和中间元素的关系，判断 x 在哪个区间中，即每次抛弃两个子问题，只保留一个子问题，若保留的子问题对应的区间有效，则继续分解下去，如表 5.4 所示。

表 5.4　　二分搜索的问题分解

子问题序号	区间	范围
子问题 1	左半区间	$[i,(i+j)//2-1]$
子问题 2	中间的元素	$[(i+j)//2]$
子问题 3	右半区间	$[(i+j)//2+1,j]$

显然，使用二分法进行搜索，可将时间复杂度从 $O(n)$降低到 $O(\log n)$。当一个序列中有 2^{32} 个元素时，可将最大比较次数从 43 亿次降低到 32 次（$\log(2^{32})=32$）。

但是，使用二分法进行搜索有个重要的前提条件，即待搜索的序列是排好序的，例如，英文字典都是按照字母顺序排好序的。如果一个未排序的序列要使用二分法进行搜索，就需要事先进行排序，目前，最好的排序算法是快速排序法，其时间复杂度为 $O(n\log n)$。

Python 的列表有排序函数，采用的排序算法就是快速排序法。使用 Python 列表的排序函数进行排序的代码如下。

```
A=[34,6,19,14,20,4,88]
A.sort()  #从小到大排序
```

为了使用二分法需要进行额外的排序操作，这个开销是否合算呢？答案是如果只需要搜索一次，那不如直接搜索；如果需要经常从一个很长的序列中进行搜索，那不如事先花点时间排好序，以后就可以一劳永逸地利用二分法进行搜索了。

图 5.14 是使用二分法在已排序的数字列表中搜索 x 的算法，该算法是对图 5.11 算法的改进，可以将时间复杂度从 $O(n)$提升到 $O(\log n)$。其算法是将二分法实现为一个函数 bsearch(A,i,j,x)，该函数接收 4 个参数：列表、左边界、右边界、要搜索的值。若在列表中找到 x，函数返回找到的元素的位置；若没有找到，函数返回-1。

下面使用二分法对 5.3.2 小节中的火星车采集岩石标本问题进行改进。对于该问题，穷举法的时间复杂度是 $O(n^2)$；采用二分法，可将时间复杂度降低为 $O(n\log n)$。

如图 5.15 所示，新算法的基本思想是：首先对存储岩石质量的列表 A 进行排序，对列表的前

$n-1$ 个元素进行遍历，对于每次遍历的元素 $A[i]$，在列表 A 的区间[i+1,$n-1$]中，使用二分法搜索 $X-A[i]$，若找到该元素，算法结束。假设找到的元素的索引号为 j，则 $A[i]$和 $A[j]$就是质量之和为 X 的 2 块岩石。图中的函数 bsearch()是二分搜索函数。

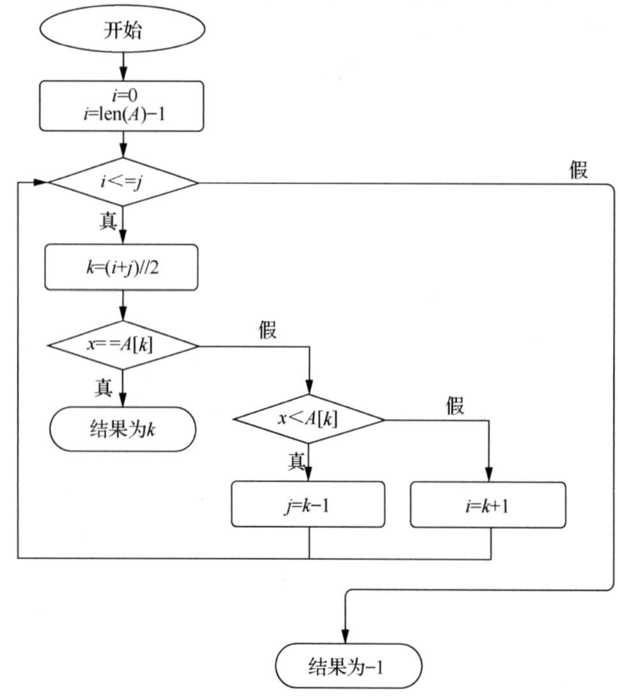

图 5.14　用二分法在数字列表中搜索 x 的算法

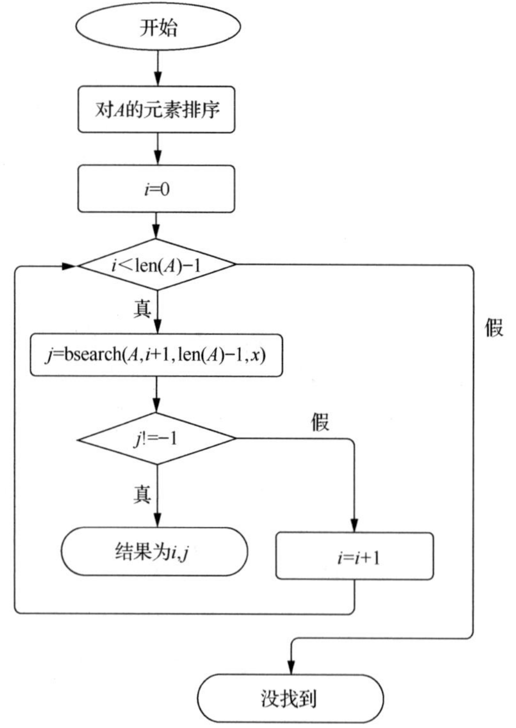

图 5.15　用二分法改进火星车采集岩石标本问题

下面来分析改进后算法的时间复杂度。首先，对 A 进行排序的时间复杂度为 $O(n\log n)$，外层的循环次数为 $n-1$，循环中的二分搜索函数的时间复杂度为 $O(\log n)$，因此，算法的时间复杂度为 $O(n\log_2 n)$。

程序 5-5 用二分法实现了采集岩石标本问题，第 1～7 行是二分搜索函数 bsearch，该函数使用二分法在列表 A 的 i 到 j 范围内搜索元素 x；第 11～15 行对列表 A 的前 n-1 个元素 A[i]进行遍历，然后使用 bsearch 搜索 X-A[i]，如果找到，返回它在 A 中的索引号 k；由于 A[i]+A[k]=A[i]+X-A[i]=X，因此 A[j]就是要找的元素。需要注意的是，在进行二分搜索之前，第 10 行使用了 sort 函数对列表进行排序。

程序 5-5　用二分法完成采集岩石标本问题。

```
def bsearch(A,i,j,x):
    while i<=j:
       k=(i+j)//2
      if x==A[k]:return k
      elif x<A[k]:j=k-1
      else: i=k+1
    return -1
A=[18,9,25,6,19,14,8,27,15]
X=22 #要求的组合质量
A.sort()
for i in range(len(A)-1):;
    res=bsearch(A,i+1,len(A)-1,X-A[i])
    if res!=-1:
       print(A[i],A[res])
       break
```

5.3.4　递归

递归是函数调用自身的操作，例如，程序 5-6 是使用递归求 n 的阶乘的 Python 代码，函数 Factorial(n)在其内部调用了 Factorial(n-1)。

程序 5-6　用递归求阶乘。

```
def Factorial(n):
  if n==1:
    return 1                  #最小子问题，递归的出口
  else:
    return n*Factorial(n-1) #递归调用
  print(Factorial(10))
```

递归通常用来将复杂问题一层层地分解为更小的、形式相同的子问题，这种分解会一直进行下去，直到子问题可以直接求解。

在上面求解阶乘的例子中，$f(n)=n!$是原问题，我们可以将它分解为更小的子问题$(n-1)!$和一个乘法操作，即 $f(n)=f(n-1)*n$，而$(n-1)!$又可以被分解为更小的子问题：$f(n-1)=f(n-2)*(n-1)$。这种分解操作会一直进行下去，直到最小的子问题变为 1!，这个最小的子问题可以直接求解，即 $f(1)=1$，而不需要继续分解。同时，这个最小的子问题也是递归函数的出口。一定要为递归函数设计出口，否则程序会陷入死循环，最后会导致栈溢出。

对于阶乘问题，可用如下递归式来表达。其中，$f(i)$表示计算 i 的阶乘。

$$f(i)=\begin{cases}1, & i=1\\ f(i-1)*i, & i>1\end{cases} \tag{5.1}$$

对于递归的时间复杂度，需要考察递归的次数，以及每次递归执行的操作数，最终的时间复杂度=递归次数×每次递归执行的操作数。

对于阶乘问题，显然递归次数为 n，每次执行 1 个判断和 1 个乘法，因此 $T(n)=n\times 2$，时间复杂

度为 $O(n)$。需要注意的是，对于一些较为复杂的递归，其时间复杂度的计算需要使用特殊的公式。

下面使用递归来求解 5.3.1 小节的最大公约数问题，实际上，gcd(a,b)=gcd(b,a%b)这个公式本身就是一种递归的定义方式。

原问题：求 a 与 b 的最大公约数。

子问题：求 b 与 a%b 的最大公约数。

最小子问题：b 为 0 时，a 与 b 的最大公约数为 a。

下面是最大公约数问题的递归式，其中，$f(i,j)$表示计算 i 和 j 的最大公约数。

$$f(i,j)=\begin{cases} i, & j=0 \\ f(j,i\%j), & j\neq 0 \end{cases} \tag{5.2}$$

程序 5-7 是最大公约数问题的递归算法实现。

程序 5-7 用递归求解最大公约数。

```
def GCD(a,b):
    if b==0:
      return a
    else:
      return GCD(b,a%b)
```

$a<b$ 时，经过一次递归将交换 a 和 b；$a>b$ 时，$a\%b<a/2$，此时问题的规模至少缩小了一半。算法执行递归的次数小于 log$a$，其时间复杂度为 $O(\log a)$，类似于二分法。

在这两个例子中，使用递归的目的是进行问题分解，它强调的是分解后的子问题具有与原问题相同的形式，即所有的子问题都具有自相似性。

接下来分析一个更为复杂的经典问题：汉诺塔问题。

如图 5.16 所示，有 3 根柱子，分别用 A、B、C 表示，柱子 A 上有 n 个盘子，按照从大到小的顺序依次叠放，越靠近底部的盘子越大。要将所有的盘子从柱 A 挪到柱 C 上，一次只能挪动 1 个盘子，大盘子不能放在小盘子上面，挪动时可以借助柱 B。

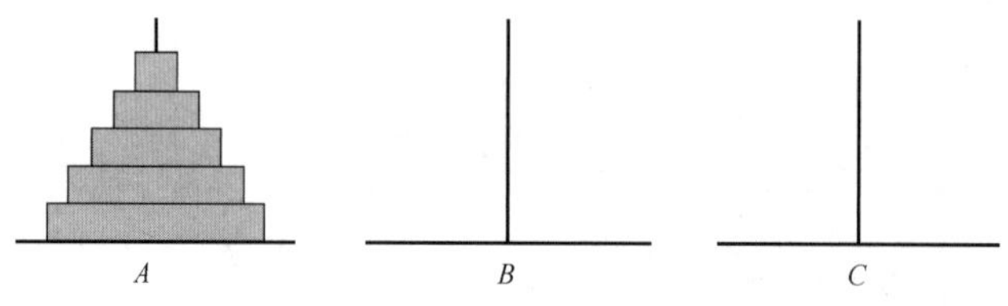

图 5.16　汉诺塔问题

这个问题的要点是进行问题分解，找出和原问题具有相同形式的子问题。算法步骤如图 5.17 所示。

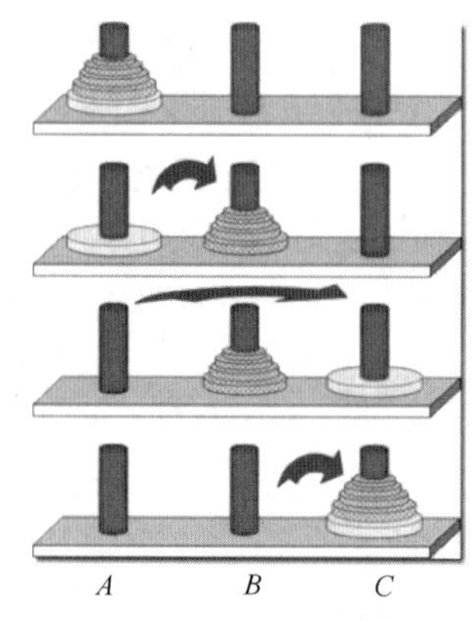

图 5.17　求解汉诺塔问题

（1）将柱 A 最底部的盘子焊接到柱 A 上。

（2）完成子问题：将 $n-1$ 个盘子从柱 A 移动到柱 B。

（3）将原来焊接在柱 A 上那个最大的盘子取下来，移动到柱 C 上。

（4）完成子问题：将 $n-1$ 个盘子从柱 B 移动到柱 C。

步骤（1）是为了便于理解，实际上可以去掉。注意步骤（2）和步骤（4），这两个子问题的形式和原问题是一样的，只是起点或终点不同，且问题规模更小。这两个子问题又可以继续分解下去，直到要移动的盘子数目为 1，此时可以直接移动。

汉诺塔问题的递归式为：

$$f(i,a,b,c)=\begin{cases}a\rightarrow c,i=1\\ f(i-1,a,c,b),a\rightarrow c,f(i-1,b,a,c,),i>1\end{cases}\tag{5.3}$$

其中，$f(i,a,b,c)$表示将 i 个盘子从柱 A 移动到柱 C，可以借助柱 B。

程序 5-8 为求解汉诺塔问题的 Python 代码（以 10 个盘子为例）。

程序 5-8　用递归求解汉诺塔问题。

```
def move(i,a,b,c):
    if i == 1:
        print(a,"--->",c)     #最小子任务
    else:
        move(i-1,a,c,b)       #子问题 1
        move(1,a,b,c)         #子问题 2，可直接完成
        move(i-1,b,a,c)       #子问题 3
move(10,"A","B","C")
```

由于 move()函数会递归地调用自身两次，即 $T(n)=2T(n-1)$；这样一直递归下去，会使递归函数的调用次数变为 2^{n-1}。因此，该算法的时间复杂度为 $O(2^n)$。

5.3.5　深度优先遍历

深度优先遍历（Deep First Search，DFS）是一种用于在树形结构或网状结构中进行搜索的有效算法。

树（Tree）是由结点和边组成的不存在任何环的一种数据结构。一棵树可以被看成由根结点和子树构成，因此，树具有天然的递归结构。没有结点的树被称为空树。

假设某个班有 10 位同学，李明是班长；班级下面有 3 个小组，小组长分别为张华、马芳和赵杰，每个小组又包含若干同学。这种结构可以用一棵树来表示，如图 5.18 所示。

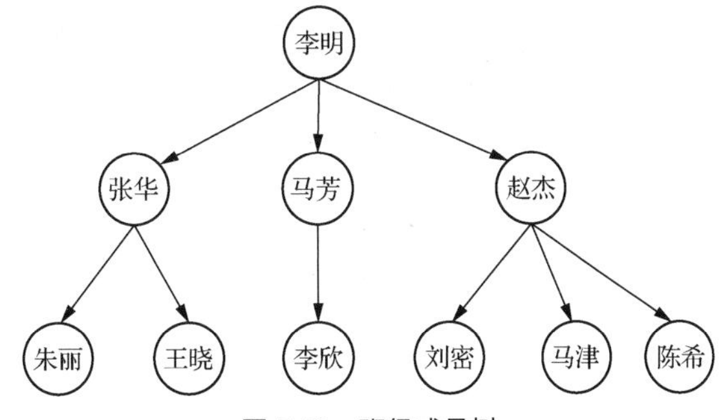

图 5.18　班级成员树

这棵树可分解为如下 4 个部分，其中，各子树又可以继续分解下去。

（1）根结点为李明。

（2）以张华为根结点的子树。

（3）以马芳为根结点的子树。

（4）以赵杰为根结点的子树。

可以用 Python 语言的嵌套列表来表达这棵树，代码如下。一棵树由根结点以及各个子树构成，子树的结构和原树的结构相同。

```
tree = ['李明', #根节点
        ['张华',['朱丽'], ['王晓']],                #子树 1
        ['马芳', ['李欣']],                         #子树 2
        ['赵杰', ['刘密'],['马津'],['陈希']]         #子树 3
]
```

如果要求输出班级中所有同学的姓名，则需要对整棵树进行遍历，访问每个结点。对一棵树进行遍历的方法有两大类，一类是深度优先遍历，另一类是广度优先遍历（Breadth First Search，BFS）。

所谓 DFS，就是沿着树的枝叉一直往下走，直到最底层的某个叶子结点，然后再往回走，到枝叉处继续往下走，一直这样下去，直到将所有的结点都访问一次。可以按照树的分解方式依次访问这棵树的不同部分，其中子树的访问方式和原树一样，即以递归的方式进行访问。班级成员树的 DFS 访问方法如下。

（1）访问根结点。

（2）访问以张华为根结点的子树。

（3）访问以马芳为根结点的子树。

（4）访问以赵杰为根结点的子树。

程序 5-9 是对应的 Python 代码，第 2 行代码对节点 tree 的子节点进行遍历获得 item，第 6 行代码以 item 为参数进行递归调用，由于 item 代表 tree 的一颗子树，dfs(item)即访问该子树，结合第 2 行的循环，第 2～6 行的代码就是依次访问 tree 的所有子树。由于递归的特性，第 6 行代码可能会导致继续递归，即对 item 的各个子树继续进行访问，最终的结果是对整棵树的所有节点进行访问。

程序 5-9 使用 DFS 对树进行遍历。

```
1   def dfs(tree):                              #定义 dfs 函数
2       for index,item in enumerate(tree):
3           if index==0:
4               print(item)                     #访问根节点
5           else:
6               dfs(item)                       #用递归方式访问子树
7   dfs(tree)                                   #调用 dfs 函数
```

设树中的结点总数为 n，由于每个结点都会被访问且只被访问 1 次，因此，DFS 的时间复杂度为 $O(n)$。

除了树形结构，图（Graph）是另一种经常使用 DFS 进行搜索的结构。图由一系列的顶点构成，这些顶点之间存在的一些连线被称为边，边可以具有权重的属性。

地图就是一种典型的图结构，地图中的地点是顶点，边是两个地点之间的路径，边的权重就是路径的距离（或者通行时间等）。

图 5.19 是湖南大学南校区的地图，可以对这个地图进行抽象，抽取若干重要地点作为“顶点”，将这些地点之间的道路用线条连接起来以形成“边”，进而得到图 5.20 所示的“图”。

假设要设计一种寻路算法，让机器人从天马学生公寓出发，找到一条有效的路径，最后到达图书馆。由图 5.20 可知，可行的路径有如下的很多条。

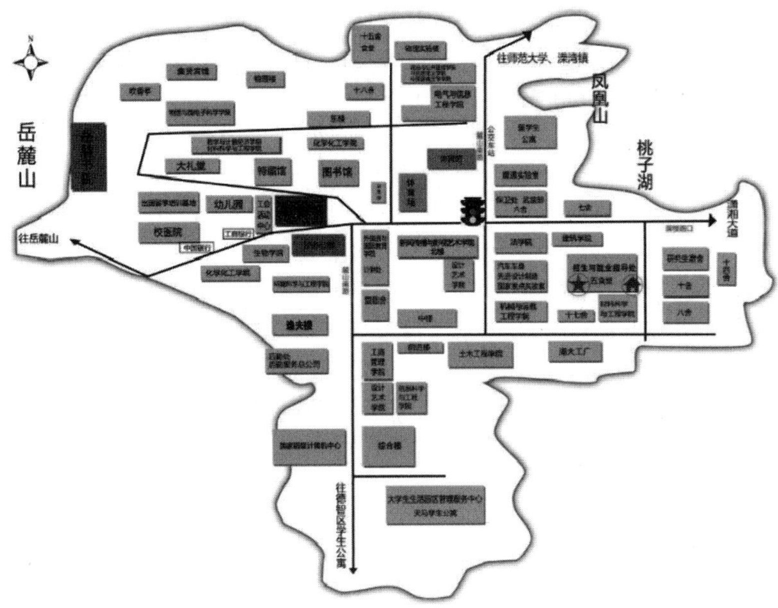

图 5.19 湖南大学南校区地图

（1）路线 1：天马学生公寓→五食堂→体育馆→图书馆。

（2）路线 2：天马学生公寓→五食堂→逸夫楼→东方红广场→图书馆。

（3）路线 3：天马学生公寓→综合楼→图书馆。

（4）路线 4：天马学生公寓→综合楼→逸夫楼→东方红广场→图书馆。

（5）路线 5：天马学生公寓→综合楼→逸夫楼→五食堂→体育馆→图书馆。

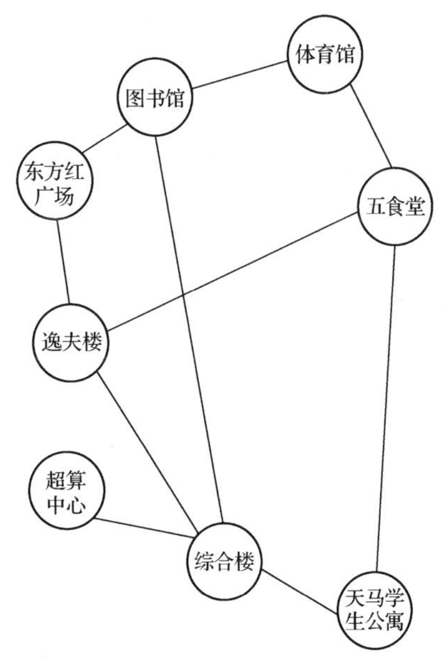

图 5.20 由湖南大学南校区地图抽象出来的图

可以用一种被叫作邻接矩阵的结构来存储图的信息。对于图 5.20 所示的图结构，其邻接矩阵是一个 8 行 8 列的矩阵（如表 5.5 所示），表格中标注为 1 的格子表示行和列所示地名之间存在一条直接路径。

表 5.5　　　　地图信息的邻接矩阵

	天马学生公寓	综合楼	超算中心	逸夫楼	东方红广场	图书馆	体育馆	五食堂
天马学生公寓		1						1
综合楼	1		1	1		1		
超算中心		1						
逸夫楼		1			1			1
东方红广场				1		1		
图书馆		1			1		1	
体育馆						1		1
五食堂	1			1			1	

对于表 5.5 所示的矩阵信息，可以用 Python 语言的嵌套列表来表达如下。

```
map=[[0,1,0,0,0,0,0,1],
     [1,0,1,1,0,1,0,0],
     [0,1,0,0,0,0,0,0],
     [0,1,0,0,1,0,0,1],
     [0,0,0,1,0,1,0,0],
     [0,1,0,0,1,0,1,0],
     [0,0,0,0,0,1,0,1],
     [1,0,0,1,0,0,1,0]]
```

假设天马学生公寓、综合楼、超算中心、逸夫楼、东方红广场、图书馆、体育馆、五食堂的编号分别为 0,1,2,⋯,7，则从天马学生公寓到图书馆的寻路问题就可以转化为从编号 0 到编号 5 的寻路问题。

地名对应的编号可被当作索引号进而对 map 中的元素进行索引，元素值为 1 表示有一条路径，元素值为 0 表示没有路径，例如，map[1][0]为 1，表示综合楼和天马学生公寓之间有一条路径。

一种有效的策略是，机器人位于地点 P1 时，对所有和 P1 连接的其他地点进行循环，若某个地点没有访问过，就操控机器人走过去，并且将其标记为已访问。对于连接到 P1 的其他地点，也依次进行尝试，如果没有地方可去了，就退回去，再看看有没有其他地点可走。

图 5.21 演示了从天马学生公寓到图书馆的路径选择，一共经过 7 个步骤，粗体字标识的顶点代表当前位置，带阴影的顶点代表已经访问过的顶点。寻路策略最终选择的路径是：天马学生公寓→综合楼→逸夫楼→东方红广场→图书馆。需要注意的是，在寻路过程中，虽然访问了超算中心，但从超算中心出发没有任何新的未访问地点可去，因此会发生一次回溯，即回到上一个地点——综合楼，从综合楼出发再选择下一个未访问地点——逸夫楼。

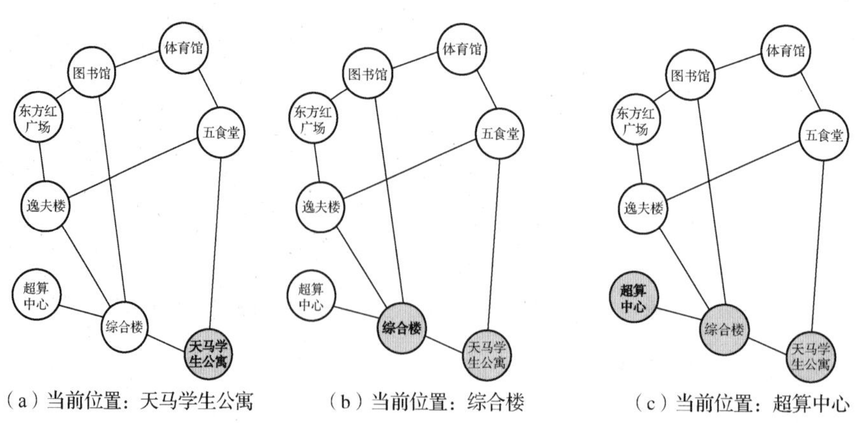

（a）当前位置：天马学生公寓　（b）当前位置：综合楼　（c）当前位置：超算中心

图 5.21　从天马学生公寓到图书馆的路径选择

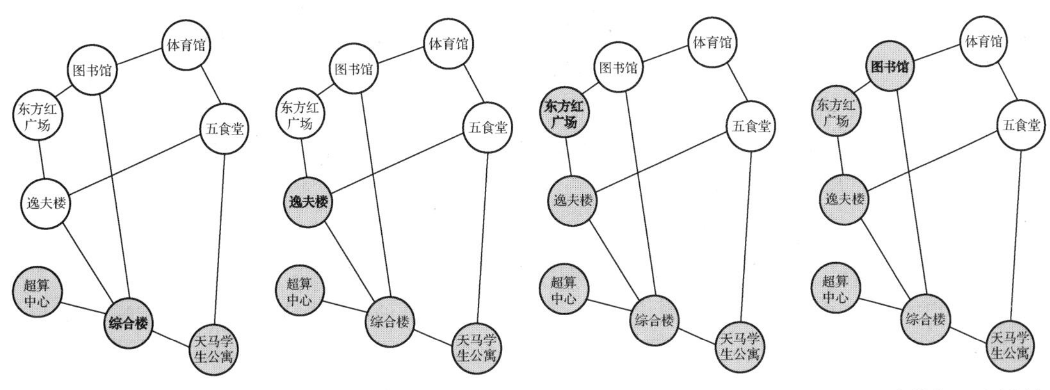

（d）当前位置：综合楼　（e）当前位置：逸夫楼　（f）当前位置：东方红广场　（g）当前位置：图书馆

图 5.21　从天马学生公寓到图书馆的路径选择（续）

程序 5-10 是使用 DFS 在 map 中搜索可行路径的 Python 代码。

程序 5-10　使用 DFS 实现机器人寻路程序。

```
1   name=['天马学生公寓','综合楼','超算中心','逸夫楼',
2         '东方红广场','图书馆','体育馆','五食堂']
3   visited = [0]*8                          #记录顶点是否已访问
4   path=[]                                  #保存路径的列表
5   def dfs(start,end):                      #返回 True 表示已找到终点
6       path.append(name[start])             #将顶点加入路径
7       visited[start]=1                     #标记该顶点已访问
8       if start==end:return True
9       for i,x in enumerate(map[start]):
10          if x==1 and visited[i] == 0:
11              if dfs(i,end):               #对新的未访问顶点递归
12                  return True
13      #循环完，没有新的路可走，删除路径中最后一个顶点
14      path.pop()
15      return False
16  dfs(0,5)                                 #0 和 5 分别是起点和终点的编号
17  print(path)
```

程序的运行结果如下。

```
['天马学生公寓', '综合楼', '逸夫楼', '东方红广场', '图书馆']
```

程序的第 1～2 行将地名按照编号顺序放入列表 name 中，用于通过索引号获得地名；第 3 行的 visited 用于记录每一个顶点的访问状态，初值都为 0，表示未访问；机器人走到某个地点时，需要将该地点的编号对应的访问状态设置为 1；第 4 行的 path 用来记录有效路径中的各个顶点对应的地名；第 5～15 行是一个递归函数 dfs()，这是寻路算法的核心；第 16 行以 0 为起点、5 为终点调用 dfs()函数；第 17 行输出有效路径。

dfs()函数是递归函数，函数的 start 参数可被理解为机器人刚进入一个未访问地点时，该地点的编号；第 6 行将这个新地点的地名追加到路径列表中；第 7 行将这个新地点的访问状态标记为已访问；第 8 行判断是否已到达终点，若到达终点，则返回 True，需要注意的是，dfs()函数会进入多次，也会返回多次；第 9～12 行是函数的关键，通过一个循环，对 start 连接到的所有未访问顶点，以这些顶点为起点，进行递归调用，由于每次进入 dfs()函数都会标记一个地点，因此，地图中未访问顶点的规模会越来越小；若程序运行到第 14 行，此时循环已经结束，代表从 start 出发的所有未访问顶点都已尝试，若找到终点，理应在循环中退出函数（通过第 12 行代码），既然没有退出，表示这条路无法通向终点，此时需要将本次进入函数时加入路径的 start 删除（通过 pop()函数

删除）；第 15 行返回 False，表示进行回溯，即会回到上一次递归调用的地方。

结合图 5.21 和 dfs()函数的调用过程，可以发现，除了需要对已访问顶点进行标记之外，图的 DFS 算法在本质上和树的 DFS 算法没有区别。可以将图看成一棵特殊的树，以起点天马学生公寓为根结点，其子结点是通过边连接到的各个顶点。因此，上面的算法实际上仍然是树的分解问题，且可分为如下两步进行访问。

（1）访问根结点，判断是否是终点。

（2）依次递归访问子树（以边连接到的未访问顶点为根结点）。

图 5.22 用树的方式来查看一个图，这样，在图中搜索路径的问题就转化为在一棵树中搜索某个叶子结点的问题，同时需要标记已访问的结点。注意在超算中心发生了回溯，因为搜索到超算中心时，综合楼已被标记为已访问状态，因此从超算中心出发没有任何新的结点可以访问，只能进行回溯，回到以综合楼为根结点的树，进入下一次循环，访问以逸夫楼为根结点的子树。

和树的 DFS 类似，在图中搜索时，每个结点只能访问一次，因此，时间复杂度也是 $O(n)$，其中 n 为图中的顶点总数。

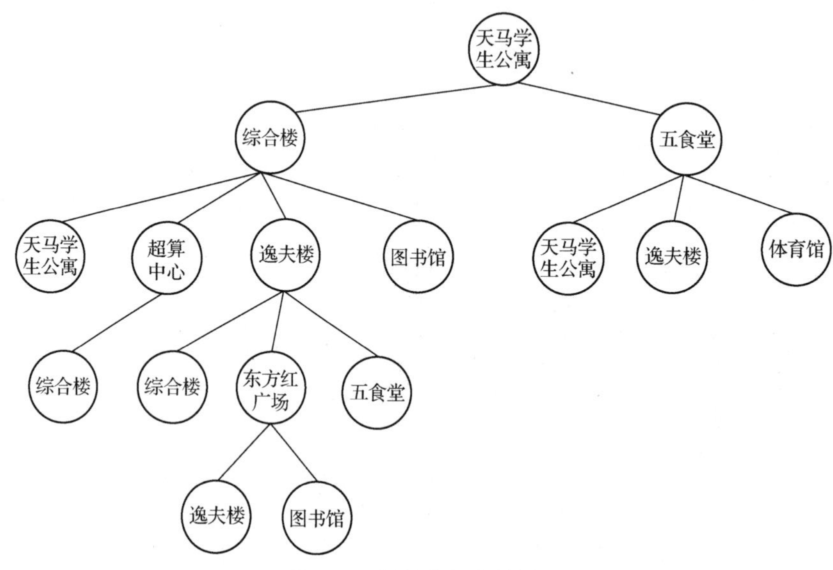

图 5.22　用树的方式表达图

5.3.6　梯度下降法

梯度下降法作为简单且常用的最优化方法，值得读者深入学习掌握。机器学习算法的本质都是先建立初始模型，然后通过最优化方法对目标函数（损失函数）进行优化，从而训练出最好的模型。现在深度学习的优化算法大多数在采用梯度下降法及其变种方法。本小节对梯度下降法及其应用由浅入深地进行介绍，并应用该算法解决问题。

1. 用梯度下降法求一元函数的最值

一元函数的最值一般通过找函数导数为 0 的点来求得，即 $f'(x)=0$，然而在实际问题中，方程 $f'(x)=0$ 通常不容易求解。梯度下降法不是直接求方程 $f'(x)=0$ 的解，而是通过逐步改变 x 的值，从而找出函数 $f(x)$的最小值。

图 5.23 对梯度下降法原理的几何意义进行了说明。对于给定的一个函数 $y=f(x)$，如图 5.23（a）所示，任给一个 x 坐标位置 x_k，y 值为 $f(x_k)$，其在 x_k 点处的导数值为 $f'(x_k)$，在图示中用箭头表示，箭头方向即梯度方向（梯度方向是指向函数值增大的方向）。

梯度下降法的基本思想就是：为了找到函数的最小值处，只要让函数值朝着梯度方向的反方向（下降方向）走一小步，再求出此处的梯度方向，继续往梯度方向的反方向走一小步，如此往复，就能找到函数的最小值。该思想体现在 x 轴上，就是让 x 值沿着梯度方向在 x 轴的分量方向的反方向改变，体现在数学表达上，其迭代公式为 $x_{k+1}=x_k-\eta f'(x_k)$，这里 η 为学习率，一般设置得较小，且 $\eta>0$。对于该迭代公式，先参看图 5.23（a），在 x_k 处函数导数值是大于 0 的，那么根据该公式，x 值会逐步减小，直到函数导数值接近 0；一旦函数导数值小于 0，该迭代公式就会使 x 值逐步增大，因此如果一直迭代下去，对于图 5.23（a）的函数，x 值会在函数导数值为 0 的位置附近小幅振荡。

振荡幅度与学习率 η 的设置有关。对于该迭代公式，先参看图 5.23（a），在 x_k 处函数导数值是小于 0 的，那么根据该公式，x 值会逐步增大，直到函数的导数值接近 0；一旦函数的导数值大于 0，该迭代公式就会使 x 值逐步减小，因此如果一直迭代下去，对于图 5.23（b）的函数，x 值会在函数导数值为 0 的位置附近小幅振荡。振荡幅度与学习率 η 的值有关。因此这个迭代公式能够为函数找到局部最小值。当然如果学习率 η 设置得过大，则会导致 x 值在此处大幅度左右振荡，稳定不下来。由图 5.23 可以看出，随着 x 值的逐步迭代，$f'(x)$值逐步趋向于 0，随着 $f'(x)$趋向于 0，迭代公式中的 $\eta f'(x_k)$也趋向于 0，也就是说 x 值每次迭代导致的振幅跨度是逐步减小的。

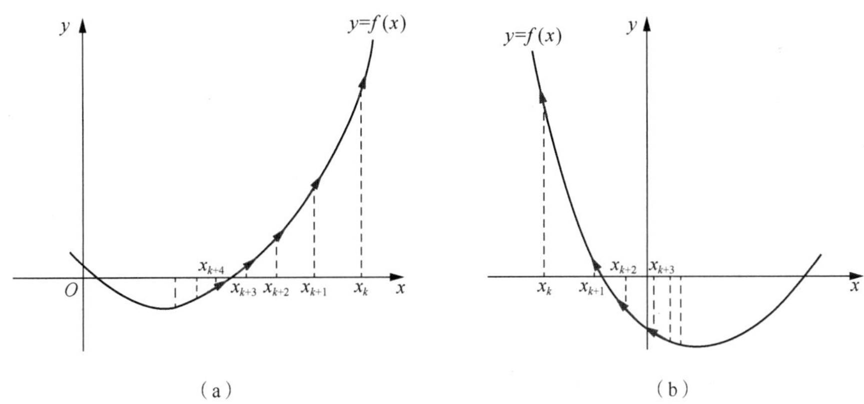

图 5.23　梯度下降法求一元函数最值的几何意义

从数学公式的角度，也可以阐述清楚梯度下降法的原理，理解此原理仅需要掌握数学上的导数计算原理即可。对于函数 $y=f(x)$，当 x 变为 $x+\Delta x$ 时，函数值变为 $f(x+\Delta x)$，函数值的变化为 Δy，即 $\Delta y=f(x+\Delta x)-f(x)$。根据导数计算公式，有：

$$f'(x)=\lim\frac{f(x+\Delta x)-f(x)}{\Delta x} \tag{5.4}$$

这里，Δx 为“无限小的值”，若将其替换为“微小值”（一小步），则不会造成太大的误差。因此，下式近似成立：

$$f'(x)\approx\frac{f(x+\Delta x)-f(x)}{\Delta x} \tag{5.5}$$

两边同乘以 Δx，得到 $\Delta x f'(x)=f(x+\Delta x)-f(x)$，从而有：

$$\Delta y=f(x+\Delta x)-f(x)\approx f'(x)\Delta x \tag{5.6}$$

根据上式，要想找到函数的最小值，需要让函数值随着 x 的变化而减小，即让 $\Delta y<0$，当自变量由 x 变为 $x+\Delta x$ 时，对应的函数值在减小，即 $f(x+\Delta x)<f(x)$随着 x 在不断迭代，函数值一直在减小，最终能够找到最小值。要让 $\Delta y<0$，根据上式，要求 Δx 与 $f'(x)$符号相反，即 $\Delta x=-f'(x)\times\eta$，即使得 $x_k+1-x_k=-f'(x)\times\eta$，进而得到梯度下降法的迭代公式如下：

$$x_k+1=x_k-\eta\times f'(x_k) \tag{5.7}$$

这里 η 被称为学习率，其一般设置得较小，以使 Δx 足够小。

有了一元函数求最值的梯度下降法迭代公式，对于一元函数求最小值问题，可以用图 5.24 所示的流程图加以解决。

对于求一元函数的最大值问题，只要对原函数取反号，求新函数的最小值，即求原函数的最大值。

2. 用梯度下降法求多元函数的最值

我们以二元函数 $z=f(x,y)$ 为例来讲解梯度下降法。对于给定的一个函数 $z=f(x,y)$，如图 5.25 所示，任给一个坐标位置 (x_k,y_k)，在该坐标点处的函数导数值为 $f'(x_k,y_k)=\left(\frac{\partial f}{\partial x_k},\frac{\partial f}{\partial y_k}\right)$，在图示中用箭头表示，箭头方向为梯度方向（梯度方向是指向函数值增大的方向）。梯度下降法的基本思想就是：为了找到函数的最小值处，只要让函数值朝着梯度方向的反方向走一小步，再求出此处的梯度方向，继续往梯度方向的反方向（下降）走一小步，如此往复，就能找到函数的最小值。该思想体现在 x 轴和 y 轴上，就是让 x 值沿着梯度方向在 x 轴上的分量方向的反方向改变；让 y 值沿着梯度方向在 y 轴上的分量方向的反方向改变。该思想体现在数学表达上时，迭代公式为：$(x_{k+1},y_{k+1})=(x_k,y_k)-\eta\times\left(\frac{\partial f}{\partial x},\frac{\partial f}{\partial y}\right)$，这里 η 被称为学习率，一般设置得较小，且 $\eta>0$。从图 5.25 中可以看出，随着 (x,y) 值的逐步迭代，在 (x,y) 点处的函数导数 $\left(\frac{\partial f}{\partial x},\frac{\partial f}{\partial y}\right)$ 值也逐步趋向于 $(0,0)$，随着 $\left(\frac{\partial f}{\partial x},\frac{\partial f}{\partial y}\right)$ 趋向于 $(0,0)$，迭代公式中的 $\eta\left(\frac{\partial f}{\partial x},\frac{\partial f}{\partial y}\right)$ 也趋向于 $(0,0)$，也就是说 (x,y) 值在函数的导数为 $(0,0)$ 附近的迭代趋于稳定。当然，如果学习率 η 设置得过大，则会导致 x 值在此处大幅度左右振荡，稳定不下来。

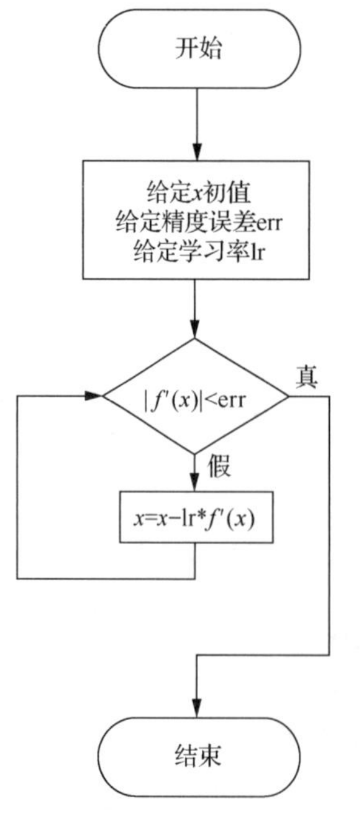

图 5.24　用梯度下降法求一元函数最小值的流程图

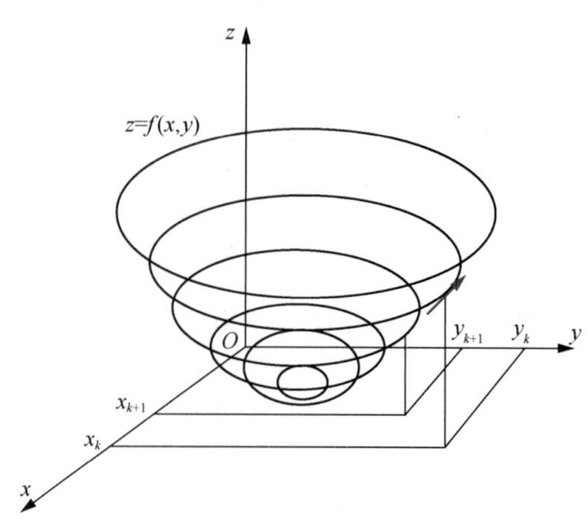

图 5.25　梯度下降法求二元函数最值的几何意义

还可以从数学函数求偏导的角度来推导梯度下降法。类比一元函数 $y=f(x)$，用梯度下降法求二元函数 $z=f(x,y)$的最值，当 x 变为 $x+\Delta x$，y 变为 $y+\Delta y$ 时，函数值变为 $f(x+\Delta x,y+\Delta y)$，函数值的变化为 Δz，即 $\Delta z=f(x+\Delta x,y+\Delta y)-f(x,y)$。根据偏导数计算公式，二元函数的偏导数计算公式为：

$$\Delta z = f(x+\Delta x, y+\Delta y) - f(x,y) \approx \frac{\partial f}{\partial x}\Delta x + \frac{\partial f}{\partial y}\Delta y = \left(\frac{\partial f}{\partial x}, \frac{\partial f}{\partial y}\right) \cdot (\Delta x, \Delta y) \tag{5.8}$$

这里的点号（•）是内积符号，表明两个向量求内积。同理，只有当 $\Delta z<0$ 时，表明随着自变量的微小变化，对应的函数值在减小，最终能够找到最小值。而当向量$(\Delta x,\Delta y)$与向量$\left(\frac{\partial f}{\partial x},\frac{\partial f}{\partial y}\right)$方向相反时，能够使 $\Delta z<0$，即可以取$(\Delta x,\Delta y)=-\eta\times\left(\frac{\partial f}{\partial x},\frac{\partial f}{\partial y}\right)$

上式中，向量$\left(\frac{\partial f}{\partial x},\frac{\partial f}{\partial y}\right)$本身就是函数在点$(x,y)$处的梯度方向，也就是函数在点$(x,y)$处增长最快的方向（由低值指向高值），通俗说是曲面在点(x,y)处最陡的坡度方向（低→高）。因此向量$(\Delta x,\Delta y)$取负梯度方向时，表明在当前位置沿着最陡的方向往低值走。

因此梯度下降法的迭代公式如下：

$$(x_{k+1},y_{k+1})=(x_k,y_k)-\eta\times\left(\frac{\partial f}{\partial x_k},\frac{\partial f}{\partial y_k}\right) \tag{5.9}$$

其中 η 被称为学习率。

有了二元函数求最值的梯度下降法迭代公式，对于二元函数求最小值的问题，可以用图 5.26 所示的流程图加以解决。

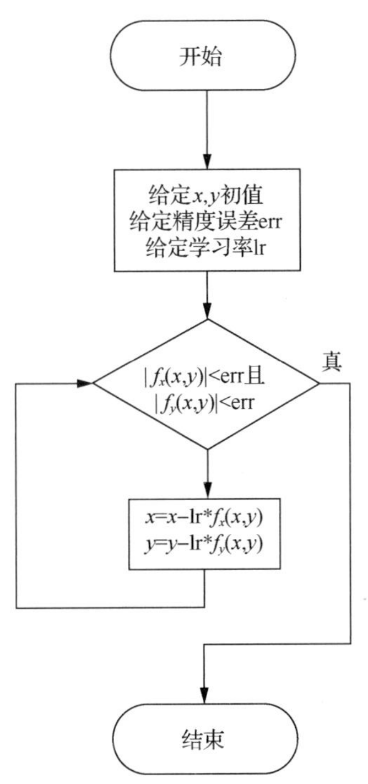

图 5.26　梯度下降法求二元函数最小值的流程图

同理可以扩展到三维及以上维度函数的求最值问题。

习题

一、解答题

1. 分析下面程序的时间复杂度。

```
x=0
for i in range(n):
    for j in range(j,n):
        x+=i*j
```

2. 分析下面递归函数的时间复杂度。

```
def f(n,m,p)
   if n<=0:
      print(m,o)
   else:
      f(n-1,m+1,p)
      f(n-1,m,p+1)
```

二、编程题

1. 用迭代法求解下面的问题。

一只猴子第 1 天采摘了一些桃子，它在第 2 天吃了第 1 天桃子总数的一半多一个，第 3 天吃了第 2 天所吃桃子总数的一半多一个，依此类推，到第 10 天时，桃子只剩下一个。问：猴子第 1 天摘了多少个桃子？

2. 用迭代法求解下面的问题。

一辆吉普车来到 1 000km 宽的沙漠边沿。吉普车的耗油量为 1L/km，总装油量为 500L。显然，吉普车必须用自身油箱中的油在沙漠中设几个临时加油点，否则是通不过沙漠的。假设在沙漠边沿有充足的汽油可供使用，那么吉普车应在哪些地方、建多大的临时加油点，才能以最少的油耗穿过这块沙漠?

3. 用穷举法求解下面的问题。

输出 10 000 以内的所有素数（从 2 开始）。

4. 用穷举法求解下面的问题。

张、王、李三家各有三个小孩。一天，三家的九个孩子在一起比赛短跑，规定不分年龄大小，跑第一得 9 分，跑第二得 8 分，以此类推。比赛结果为：各家的总分相同，且这些孩子没有人同时到达终点，也没有任何一家的两个或者三个孩子获得相连的名次。

已知获得第一名的是李家的孩子，获得第二名的是王家的孩子。问获得最后一名的是谁家的孩子?

5. 用二分法求解下面的问题。

对于给定的 4 组数（每一组的数目相同，且数目不大于 100），在每组数中找一个数，使得 4 个数之和为 0，求共有多少组数符合条件（不同的索引号算作不同的结果）。

例如，4 组数如下。

[−45, −41, −36, −36, 26, −32]

[22, −27, 53, 30, −38, −54]

[42, 56, −37, −75, −10, −6]

[−16, 30, 77, −46, 62, 45]

则结果为 5。

这 5 组符合条件的数如下。

(−45, −27, 42, 30)，(26, 30, −10, −46)，(−32, 22, 56, −46)，(−32, 30, −75, 77)，(−32, −54, 56, 30)。

6. 用二分法求解下面的问题。

一根长为 L 的钢筋被加热后，温度增加了 n℃，那么其新的长度为 $S=(1+n\times C)\times L$，其中 C 为热膨胀系数。钢筋最多膨胀到 $1.5L$ 的长度。

当钢筋被夹在两面墙中间然后被加热时，它会膨胀，又因墙壁限制，钢筋形状会变成一个弧形，而钢筋原来所处位置就是这个弧所对的弦。请计算出弧的中点与弦的中点的距离。

7. 用递归求解下面的问题。

4

9　3

11　8　7

1　9　6　5

2　10　4　9　7

在上面的数字三角形中寻找一条从顶部到底边的路径，使得路径上所经过的数字之和最小。路径上的每一步都只能往左下或右下走，只须求出最小的和，无须给出具体路径。

8. 用递归求解下面的问题。

给定二维平面中 n 个点的坐标（整数），算出距离最近的 2 个坐标点之间的距离，其中 $n\leqslant$ 10 000。

9. 使用 DFS 求解下面的问题。

给定一个含有 n 个元素的数组 A 和一个整数 k，要求从这 n 个数中选择一些数，使得这些数的和恰好为 k。

10. 使用 DFS 求解下面的问题。

已知 n 个整数 $b_1, b_2,\cdots,b_n$，以及一个整数 k（$k<n$）。从这 n 个整数中任选 k 个整数相加，可分别得到一系列的和。

例如当 n=4，$k=3$，4 个整数分别为 3，7，12，19 时，可得全部的组合与它们的和如下。

3+7+12=22　　3+7+19=29　　7+12+19=38　　3+12+19=34

要求计算出和为素数的情况共有多少种。

例如上例的结果为 1，因为只在一种情况下和为素数，即 3+7+19=29。

11. 用梯度下降法求解下面的问题。

已知函数 $y=x+\sqrt{\left(2\times R\times x-x^2\right)}$，其中 R 为大于 0 的常数，x 的取值范围为$[R,2\times R]$。当 R=10 时，求该函数在 x 取值区间内函数的最大值。要求在所找出的函数最大值处，函数导数与 0 值的差异小于 10^{-8}；并以保留 6 位小数的方式输出此时的 x 值和 y 值以及导数值；学习率设置为 0.1；x 的初值可以取 R。

12. 用梯度下降法求解函数 $f\left(x,y\right)=x^3-y^3+3x^2+3y^2-9x$ 的最小值。

要求在所找出的函数最小值处，函数导数与 0 值的差异小于 10^{-6}；并以保留 8 位小数的方式输出此时的 x 值、y 值以及两个偏导数值；学习率设置为 0.1；x、y 的初值采用随机数，随机种子为 np.random.seed(3)，随机数 x=np.random.randn(), y=np.random.randn()。

第三部分

人工智能与智能计算

06 第6章　智能感知

人在感知周围环境时依赖于自身的视觉、听觉、触觉等自然感知能力，而当机器像人一样具备理解语言、识别图像、聆听声音等感知能力时，机器就有了认知世界以及响应世界的可能。机器感知是人工智能的重要内涵之一。随着深度学习的发展，自然语言处理、机器视觉、模式识别等作为人工智能在机器感知层面的重要研究内容，已经在许多领域得到了广泛应用。

6.1　自然语言处理

20 世纪中期第一台通用电子数字计算机问世，人们便产生了机器可以准确翻译自然语言的美好愿景，并希望可以创造出一台机器，实现各种语言之间的互通和转换。人们开始思考：计算机是否可以处理自然语言？计算机处理自然语言的方式是否和人类一样？人类理解自然语言的过程如图 6.1 所示。

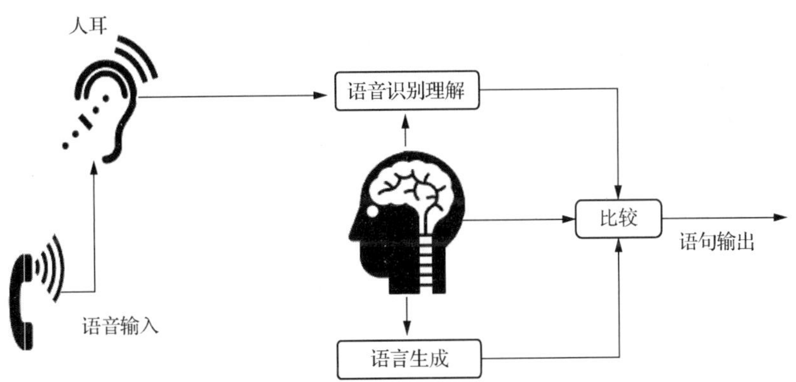

图 6.1　人类理解自然语言的过程

参照人的翻译过程，两种语言之间的转换可以简单地使用“逐词替换”来实现，例如，想把英语语句翻译成汉语语句，只须先将句子分解为单词，再用对应的汉语单词进行替换，最后按照汉语的语法规则整理语句顺序：

This	is	a	computer
这	是	一（台）	计算机

这种逐词替换的方法需要大量的词汇存储以及快速的搜索速度来保证两种语言快速对应。但是，逐词翻译引出了自然语言处理中的经典难题——歧义问题。假设我们将某个语句输入计算机，但是这个语句的含义不止一种，举例如下：

I made her goose

“goose”和“her”在句法和语义上都是有歧义的。“her”可以表示给予格的代词或者所属格的代词，“goose”既可以是名词也可以是形容词。如图 6.2 所示，“翻译软件 1”将“goose”视为名词“鹅”，并按双宾语结构对该语句进行处理，将该语句译为“我给她做了鹅”；但是，“翻译软件 2”将“goose”视为形容词，并按宾语补足语结构对该语句进行处理，将该语句译为“我把她惹毛了”。

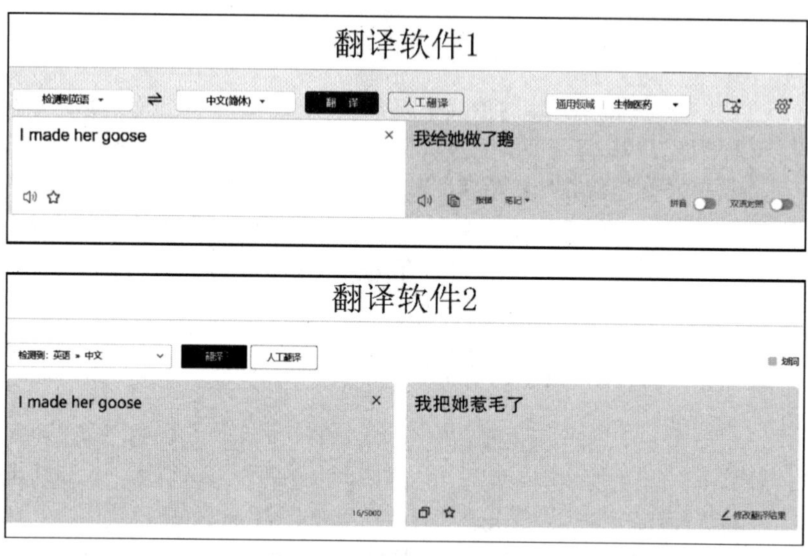

图 6.2　机器翻译的不同结果

那么怎么让机器真正地理解和生成人类的自然语言呢？自然语言处理就是致力于此的一项技术。

1. 自然语言处理的方法

在自然语言处理的发展过程中，产生了基于规则的自然语言处理方法以及基于统计的自然语言处理方法。

基于规则的自然语言处理方法是理性主义的，它这样处理自然语言：依照人们所设定的自然语言语法规则将输入的语句分解为句法结构，如图 6.3 所示，再根据一套语义规则把句法结构映射到语义符号结构。在这套自然语言处理系统中，规则集合是人们预先设计给机器的，是先验的知识。

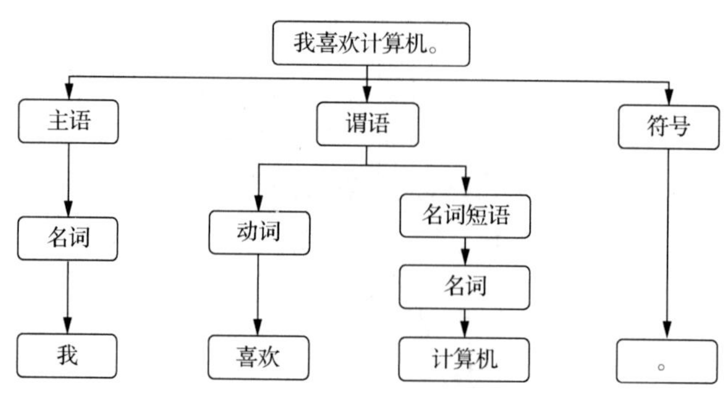

图 6.3　句法结构分析树

理性主义在 20 世纪 50 年代至 20 世纪 80 年代盛行，它认为人类的大部分语言知识是与生俱来的，这些语言知识构成了分析和理解自然语言的规则。在一个自然语言处理系统中，与领域相关的规则集由专家手工编写，因此理性主义受限于人类学习语言的方式和语言研究的深度。

除了句法，研究者也关注语义分析和知识表示等问题，但是语义比句法更难通过计算机描述和表达。值得一提的是，中国古代语言学的主要研究集中在语义而不是句法上，例如，《说文解字》就是对语义的研究成果。

如图 6.4 所示，早期人类对自然语言处理的理解认为其是基于句法分析和语义分析的。

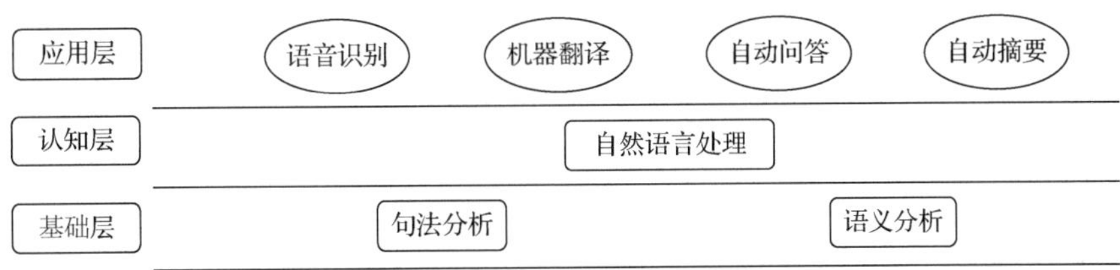

图 6.4　早期对自然语言处理的理解

当人们意识到规则无法灵活地应对语言问题时，基于统计的经验主义开始受到重视。经验主义认为人类不可能天生就拥有一套语言的处理规则和方法。经验主义尝试从大量的语言数据中获取语言的结构知识，这开辟了基于语料库的研究方法。经验主义利用统计学习的方法建立语言处理模型，并由语料库中的训练数据来估计统计模型中的参数。

表 6.1 对比了理性主义与经验主义。

表 6.1　理性主义与经验主义对比

理性主义	经验主义
继承哲学中的理性主义	继承哲学中的经验主义
以符号为主，认为人类的行为可以用物理符号系统进行模拟	使用随机或者概率的方法研究语言
演绎法	归纳法
有限状态转移网络，有限状态转录机合一算法，依存算法，一阶谓词演算，语义网络	隐马尔可夫模型，最大熵模型，*n* 元语法，概率上下文无关语法，噪声信道理论，贝叶斯方法

基于统计的经验主义在文字识别领域因大量的资料分析而取得了巨大的成功。20 世纪 50 年代末到 60 年代中期，自然语言处理的经验主义蓬勃发展。1959 年，布莱德索（Bledsoe）和布罗宁（Browning）建立了贝叶斯系统以用于文本识别，与此同时世界上第一个联机语料库——布朗语料库诞生了。20 世纪 60 年代，统计方法在语音识别上也取得了巨大的成功，具有代表性的成果有美国数学家伯姆（Baum）等人提出的隐马尔可夫模型（Hidden Markov Model，HMM）和卡内基-梅隆大学（Carnegie Mellon University，CMU）的拜克（Baker）等人提出的噪声信道与解码模型。

2. 自然语言处理的任务

自然语言处理有两个核心的任务，一个是自然语言理解（Natural Language Understanding，NLU），另一个是自然语言生成（Natural Language Generation，NLG）。

自然语言理解，顾名思义就是计算机怎样理解自然语言以及具备和正常人一样的语言理解能力，其核心问题是：自然语言是如何传递信息的？人如何理解语义并掌握真正的信息？自然语言理解在生活中的应用无处不在，如机器翻译、语音助手、聊天机器人，目前其技术已经达到可以使计算机、手机等电子设备快速明白人类的意图的水平。

自然语言生成涉及自然语言处理的很多领域，如翻译、写新闻、写诗词、视觉问答等。自然语言生成就是将计算机语言转换成人能够理解的自然语言，如图 6.5 所示。计算机依靠知识库或逻辑形式将计算机内部的表达形式转换为自然语言，这可以理解为自然语言理解的逆向过程。

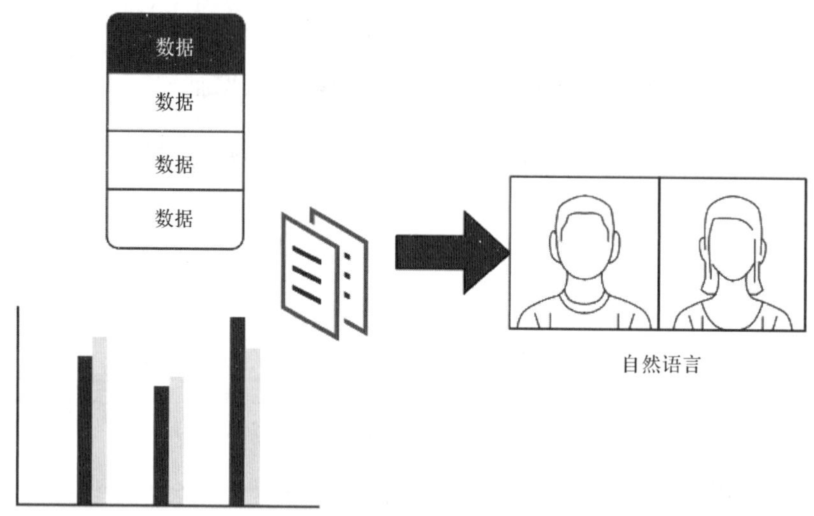

图 6.5　自然语言生成

以对话系统中的自然语言生成为例，对话系统按功能划分为闲聊型、任务型、知识问答型和推荐型。在不同类型的对话系统中采取的自然语言生成方式也不相同。闲聊型对话系统根据上下文对提问者进行意图识别和情感分析，然后生成开放性回复。知识问答型对话系统对问句进行识别与分类，然后通过信息检索或文本匹配生成用户需要的知识，如图 6.6 所示。

图 6.6　知识问答型对话系统自然语言生成实例

3. 自然语言处理的应用

自然语言处理早已深入我们的生活，为日常出行提供便利。输入法的自然联想功能就是自然语言处理的一个典型应用。十几年前人们普遍喜欢使用五笔输入法，就是因为当时的拼音输入法没有自然联想功能，输入速度慢。直到统计语言模型可以根据一长串的拼音序列自动选择最有可能的汉字序列，拼音输入法才逐渐取代了五笔输入法。

如图 6.7 所示，机器翻译和语音助手都是生活中的自然语言处理应用，它们为人们的日常生活和学习提供了便利。机器翻译是自动将一种语言转换为另外一种语言并保持语义完整的处理过程，是自然语言处理的一个分类。在早期，机器翻译依靠规则和字典，效率并不高，引入神经网络后，庞大的数据提供了极高的可用性，加上功能强大的计算机，机器翻译结果已经十分准确了。

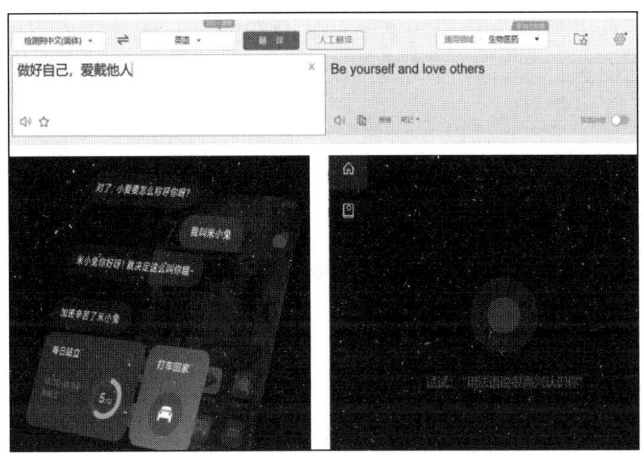

图 6.7 生活中的自然语言处理应用

语音助手可以对我们说的话进行语音识别并分析语义，从而对我们提出的问题进行回答。这类应用已经成为我们日常生活中极其重要的一部分。而我们在使用搜索引擎搜索信息时，往往只需要打出几个字就能得到需要的信息，如果输入了错误的字母或符号，机器也会细心地纠正并且帮助我们搜索到正确的信息。

6.2 机器视觉

随着人工智能技术的创新和发展，许多知名公司开始致力于无人驾驶汽车的研究和设计。2014 年，百度公司宣布启动自动驾驶研究项目，时至今日，百度 Apollo 已经经历了多次版本更新。2018 年年底，Apollo 自动驾驶车队于长沙亮相，并在高速公路场景下演示了 L3/L4 级多车型车辆的协同，如图 6.8 所示。

图 6.8 百度 Apollo 自动驾驶车队

和人一样，无人驾驶汽车在学习经验的过程中也需要时刻观察周围的环境。虽然捕获图像并不难，但是对图像中的物体进行识别是一项具有挑战性的任务，这就涉及机器视觉技术。它利用计算机来模拟人的视觉，同时从图像中提取有用的信息并进行处理和理解。计算机实现人的视觉功能需要经过以下步骤。

1. 问题分解

要实现人的视觉功能，首先要获取图像。无人驾驶汽车通过安装在车身上的摄像头和传感器来获取图像。在设计无人驾驶汽车的时候，我们使用监督学习算法来使无人驾驶汽车学会识别和解析交通标志，并将识别结果与一组有标记的交通标志进行比较。计算机通过对摄像头捕获的图像进行特征分析，了解其中的一些重要的细节，从而在面对一个新的输入图像的时候实现精准地判断这一图像中有哪些交通标志，并据此做出决策。

2. 模式识别

在无人驾驶汽车的例子中，车身上的摄像头就相当于人类的眼睛。通常人类在驾驶汽车的时候会观察道路上有没有障碍物，并且需要识别路标和信号灯；对于无人驾驶汽车来说，摄像头捕获的是图像，计算机需要利用神经网络来对图像中的重要信息进行分析，包括图像特征的定位、对比等，最终根据分析结果进行行进动作的决策。

无人驾驶汽车与人工驾驶汽车的不同之处如表 6.2 所示。

表 6.2　无人驾驶汽车与人工驾驶汽车的不同之处

无人驾驶汽车	人工驾驶汽车
用摄像头识别	用眼睛识别
用神经网络对捕获的图像进行分析从而做决策	根据观察到的事物用大脑做决策
用二值图像、灰度图像或 RGB 彩色图像的抽象方法对图像进行转化	观察物体的光学图像

3. 抽象

人类通过观察物体的光学图像来识别物体，那么计算机又是如何识别图像中的物体的呢？这里介绍 3 种计算机对图像进行抽象的方式：二值图像、灰度图像和 RGB 彩色图像。二值图像的二维矩阵仅由 0、1 两个值构成，“0”代表黑色，“1”代表白色，它通常用于文字、线条图的扫描识别；灰度图像矩阵元素的取值范围通常为[0，255]，其中“0”表示纯黑色，“255”表示纯白色，中间的数字从小到大表示由黑到白的过渡色；RGB 彩色图像用红（R）、绿（G）、蓝（B）三原色的组合来表示每个像素的颜色，它利用 3 个 $M \times N$ 的二维矩阵分别表示各个像素的 R、G、B 颜色分量，其中 M、N 分别表示图像中不同像素的行数和列数。

4. 算法设计

在把一个图像抽象成计算机可以识别的矩阵之后，就可以利用人工智能的算法对数据进行学习和处理了。在机器视觉领域，人工神经网络是最基本的算法。

（1）人工神经网络与深度学习

机器视觉技术的广泛应用得益于人工神经网络（简称神经网络）的发展。神经网络是开发人工智能必不可少的工具之一，它受人的大脑工作机制的启发，揭示了人工智能的本质。人工神经网络模拟的是人脑的特征，因此它的发展也离不开现代神经科学的研究成果。一个神经网络是由大量的神经元依照某种方式互连而成的，每一个神经元都相当于一个简单的处理单元，它是神经网络的设计基础。

如图 6.9 所示，生物神经元主要包括细胞体、树突、轴突和突触等结构。其中细胞体由细胞核、细胞质和细胞膜组成。神经元通过其输入端的树突接收从其他神经元传递过来的信号，并通过轴突传递这些信号。轴突末端的细小分支叫作神经末梢。神经元通过突触相互连接。

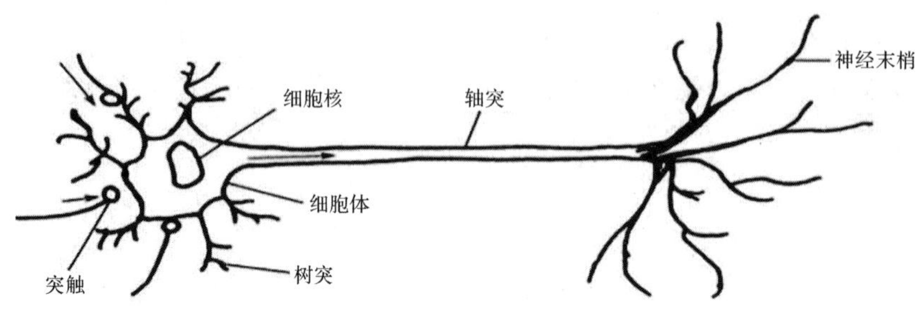

图 6.9　生物神经元结构图

人们根据生物神经元的结构提出了很多人工神经元模型，图 6.10 所示为一个 MP 模型。其中 $x_1,x_2,\cdots,x_i,\cdots,x_n$ 是来自前面 n 个神经元的信息；$w_1,w_2,\cdots,w_i,\cdots,w_n$ 是神经元连接权重，即神经元之间的突触连接强度；θ 是神经元的阈值。一个神经元根据与其他神经元之间的连接权重 $w_1,w_2,\cdots,w_i,\cdots,w_n$ 对输入的信息 $x_1,x_2,\cdots,x_i,\cdots,x_n$ 进行加权求和等处理，最终输出 $y=f(\sum_{i=1}^{n} w_i x_i-\theta)$。$f(\cdot)$取阶跃函数 step$(\cdot)$，有 $\text{step}(a)=\begin{cases}1, & a\geqslant 0\\ 0, & a<0\end{cases}$。

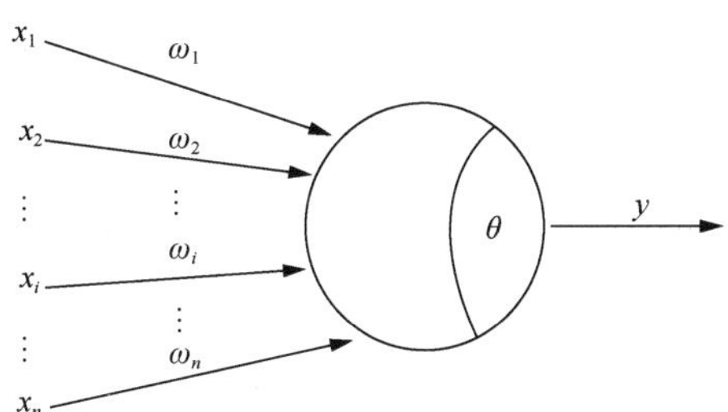

图 6.10　MP 模型

神经网络的一个典型应用是解决分类问题。在分类问题中，神经网络一般包含输入层、隐含层和输出层，其中输入层神经元数量由输入向量的维数决定，输出层神经元数量由需要分类的类别数量决定。输入层不对数据进行处理，仅将输入数据送入下一层进行运算。在输入层与输出层中间存在若干隐含层，这些隐含层主要用于对数据进行计算和处理。

图 6.11 所示为一个简单的前馈神经网络。神经网络由大量彼此连接的神经元组成，神经网络的类型由神经元的连接方式决定。一种常用的神经网络是多层前馈神经网络，其中每一层的神经元都与下一层完全互连，并且既没有同层连接也没有跨层连接。输入层接受外部输入，隐含层和输出层的神经元处理信号，最后输出层的神经元输出结果。在学习过程中，神经网络根据训练数据调整神经元之间的连接权重和每个功能神经元的阈值。

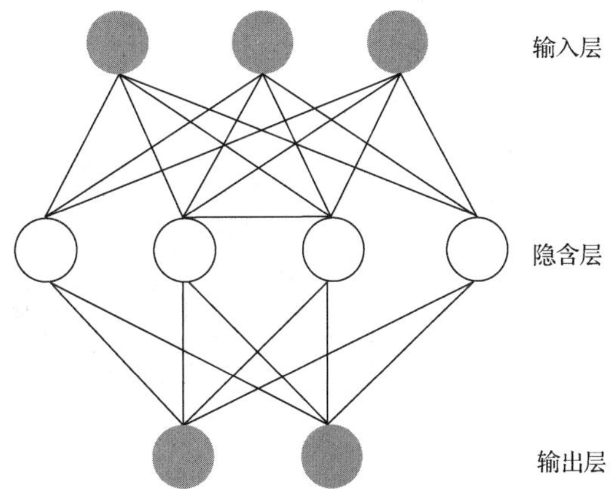

图 6.11　一个简单的前馈神经网络

神经网络的工作过程包括学习期和工作期。在学习期，每个处理单元通过学习样本（根据特定算法）来修改连接权重。在工作期，每个连接权重是固定的，处理单元的状态会发生变化，最后会达到稳定状态。

值得一提的是，即便一个神经网络只有一个隐含层，其输出也会以任意精度逼近任意连续函数，如果增加网络的深度及神经元数量，就能够建立更为复杂的模型，也就是深度学习模型。区别于传统浅层学习，深度学习更强调模型结构的深度，通常隐含层结点有 5 层、6 层甚至更多。但层次的增加会带来很多问题，最主要的问题就是梯度消失，这也是众多研究者致力于解决的一个问题。

目前比较典型的深度学习模型有卷积神经网络、深度信念网络和堆栈自编码网络等，接下来介绍深度学习模型之一——卷积神经网络。

（2）卷积神经网络

卷积神经网络是在 1989 年被提出的一种深度神经网络。一个传播较为广泛的卷积神经网络是纽约大学扬•勒丘恩（Yann LeCun）教授在 1998 年提出的 LeNet-5，其结构如图 6.12 所示，主要包括输入层（INPUT 层）、卷积层（C1 层、C3 层和 C5 层）、池化层（S2 层和 S4 层）、全连接层（F6 层）和输出层（OUTPUT 层）。如今，卷积神经网络已被广泛应用于机器视觉等领域，并且在很多问题上具备出色的性能。

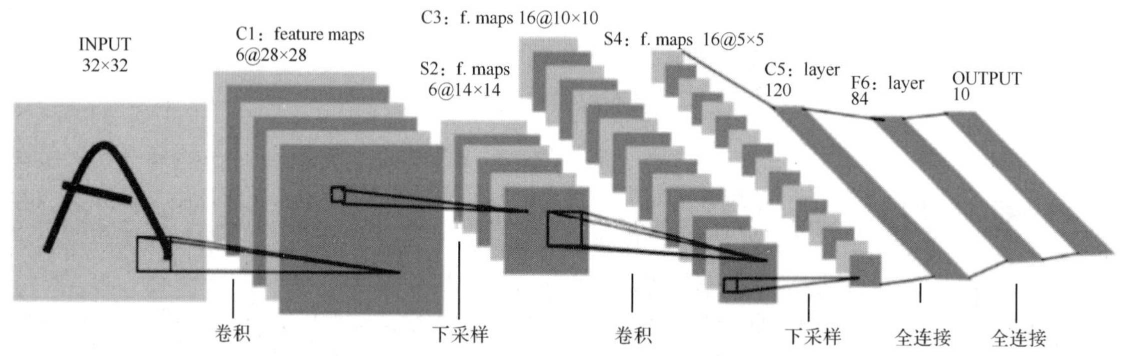

图 6.12　典型的卷积神经网络 LeNet-5 的结构

卷积神经网络利用卷积层和池化层来学习图像在各个尺度上的特征，这是受人类认知图像过程启发的结果。人类认知图像的过程是有一定层次的：首先理解图像的颜色与亮度；其次分辨边角线等局部细节特征；再次关注更复杂的信息和结构，如形状、纹理等；最终综合以上观察结果形成整个物体的概念。

如图 6.13 所示，卷积神经网络由输入层、卷积层、池化层、全连接层和输出层构成。

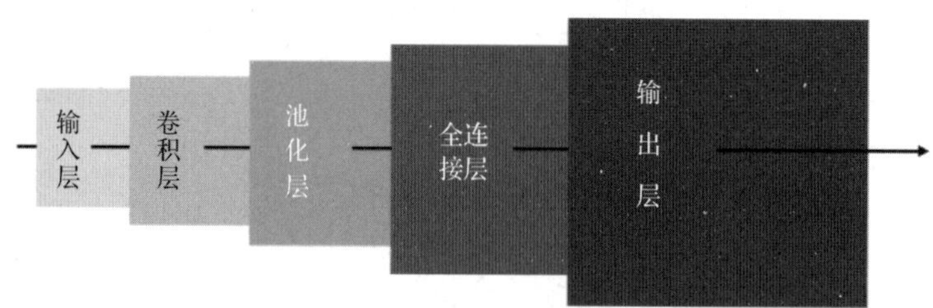

图 6.13　一个简单的卷积神经网络

输入层可以处理多维数据。卷积神经网络广泛地应用于机器视觉领域，在该领域中网络的输入数据一般是平面上的像素点所对应的 RGB 通道，因此一般是三维的。卷积神经网络的学习使用的是梯度下降法，因此需要对输入数据进行标准化处理。具体而言，对于分布在[0,255]的像素值，需要进行归一化处理，以提升网络的学习效率。

卷积层主要对输入数据进行特征提取。一个卷积层包含多个卷积核，每个卷积核都是一个特征提取器。与前馈神经网络中的神经元类似，组成卷积核的每个元素都对应一个权重和一个偏差量。一个卷积核对图像是有一定的卷积范围的，这一范围叫作“感受野”，对应于视觉皮层细胞的感受野。如果要在不同的尺度上进行特征提取，则需要增加卷积层的数量。

虽然卷积层可以对输入的图像进行特征抽取和降维，但是特征图像的维数还是会很高，这容易导致过拟合，且计算起来非常耗时。

池化层主要对卷积层输出的特征图进行特征选择和信息过滤。基本做法是用一个值代替图像的某个区域，这个值可以是最大值（最大池化，如图 6.14 所示），也可以是平均值（均值池化）。池化不仅可以降低图像尺寸，在一定程度上也可以使输出值对图像的小幅度平移和旋转不敏感。

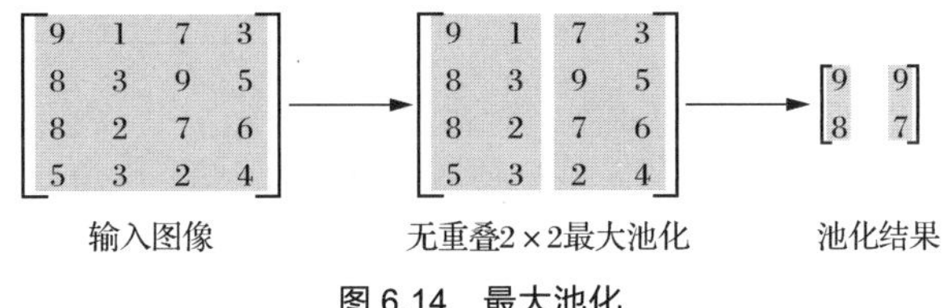

图 6.14　最大池化

卷积神经网络的全连接层主要对前面卷积层和池化层提取到的特征进行非线性组合，从而得到输出信号，它相当于传统前馈神经网络中的隐含层。全连接层的主要任务不是提取特征，而是利用已有的高阶特征达成学习目标。

经过前面一系列的处理后，信号传入输出层，再由逻辑函数或归一化指数函数进行处理，最终输出分类标签，如物体的大小、分类，或每个像素的分类结果，如图 6.15 所示。

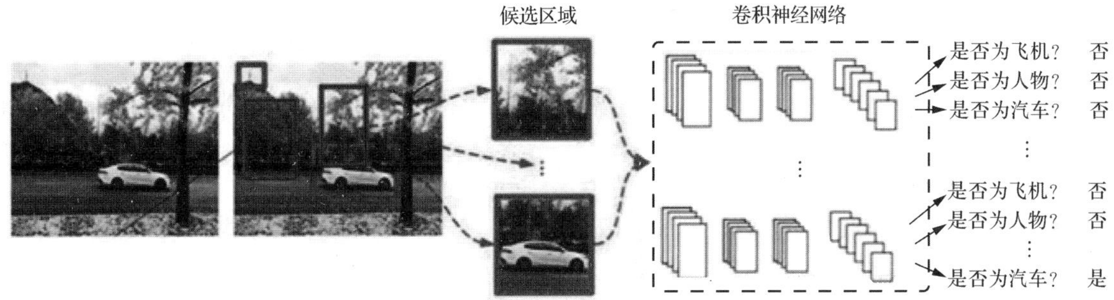

图 6.15　卷积神经网络与目标检测相结合

6.3　模式识别

人类通过大量的学习，能够识别手写数字、通过面部表情分析情绪变化、通过音色辨别说话者，那么机器如何才能像人一样进行识别呢？分析人类的识别过程，可以发现人类通过观察多个具体实例可以认识到某一类事物的整体性质和特点。例如，我们在孩童时代通过大量抄写和背诵来记忆数字 0～9，随着学习的进行，我们能够熟练掌握数字 0～9 的特点。对个别事物或现象的识别过程可以称为模式识别（Pattern Recognition），它是信息科学和人工智能的重要组成部分。实际上，机器学会识别的过程类似于人类学会识别的过程。要让机器学会识别和分类，需要通过大量的数据使机器发现数据的规律，并采用某一规则将数据分成不同类别。随着计算机技术的发展和数据量的增长，模式识别技术得到了空前的发展。

以模式识别技术为基础构造的模式识别系统（Pattern Recognition System）已被广泛应用于指纹识别、医学诊断、文字识别等领域，使人们的生活更加便利。模式识别系统在日常生活中广泛存在。例如，智能交通管理系统实时抓拍并识别闯红灯等违章车辆的图像，得到违章车辆的车牌号码，以有效监督机动车遵守交通规则。又如，语音识别系统使得人与人、人与机器能够更顺畅地交流。一方面，语音技术可以用来消除人类之间交流的障碍。过去，人们需要另一个人作为翻译，才能与不同语言的人进行沟通，而语音翻译系统可以消除这些交流壁垒。另一方面，用户可以直接通过语音来搜索餐馆、规划行驶路线和查看商品评价，如百度地图的小度语音助手。

那么一个模式识别系统是如何工作的呢？以在小区、高速通道口广泛使用的车牌识别系统为例：首先，车牌识别系统的摄像头会采集车辆通过通道时的视频图像，由于车速较快，视频图像会有丢帧现象，同时光照、角度等因素也会降低图像质量，因此需要对图像进行预处理，以改善识别效果；然后系统会定位牌照位置、分割车牌号字符，进行特征提取；最后，系统会采用多种分类方法对车辆进行识别。

模式识别系统通常由数据获取、预处理、特征提取、分类器、分类决策 5 个基本单元组成，如图 6.16 所示。

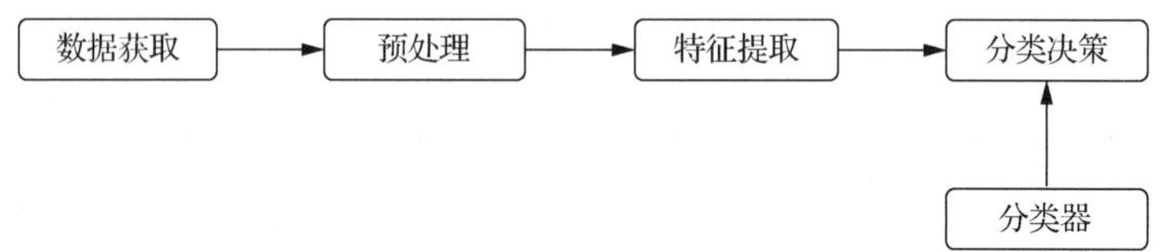

图 6.16　模式识别系统

首先，模式识别需要收集大量的数据并进行数据预处理。一般情况下，获取的数据类型有 3 种：一维波形（如心电图、脑电图等）、二维图像（如照片、地图、文字等）、物理参量（如压力、电流、电压、化验数据等）。收集的数据可能因测量仪器精度问题等产生一定程度的“退化”，在预处理阶段应对数据进行复原、去噪声等。

其次，要对数据进行特征提取。由于原始数据中可能存在冗余或无关信息，数据的维数过高又会引发“维度灾难”，进而导致计算机难以求解。因此，为了有效地实现分类识别，应对经过预处理的信息进行特征提取和选择，将维数较高的模式空间转换为维数较低的特征空间，得到最能反映分类本质的特征，从而构成特征向量。

最后，将提取的特征向量输入分类器，通过一系列的训练得到最终的分类决策。在模式识别系统中，分类器的设计是关键的一步，分类器的优劣直接决定了模式识别系统的最终性能，故应根据实际场景采用最合适的分类器。

不同的模式识别系统在特征提取和分类器设计方法方面有巨大差异，下面重点介绍特征提取和分类器设计方法。

1. 特征提取

在进行模式识别时，我们会收集到海量的数据，这些数据可能包括很多冗余信息或与研究目的无关的信息。这些多余的信息对模式识别不起作用，甚至会增加识别的负担。例如，对于长方形对象，若已存在“长”与“宽”特征，那么“面积”就是冗余特征，因为它可以根据“长”与“宽”推测得到；在描述某一液体物质时，“密度”是一个重要特征，而“密度”对于人脸识别而言则是无关特征。所以，我们需要采用特征选择和特征优化技术对这些信息进行加工处理，去除冗余特征和无关特征，降低计算过程中的复杂性以及分类模型的复杂性，改善分类判别性能。

常见的特征选择方法有过滤式选择、包裹式选择和嵌入式选择等。

（1）过滤式选择

过滤式选择是先按照某种规则对数据集进行特征选择，再训练分类器。常见的过滤式选择方法有方差选择法、相关系数法、卡方检验法等。方差选择法认为取值较少的特征对分类没有帮助，它会计算各个特征的方差，根据预先设定的阈值或指定的数量来选取特征。例如，在识别西瓜成熟度时，西瓜的形状是一个小方差特征，因此“形状”不会被纳入特征子集。相关系数法会计算各个特征对于目标值的相关系数，从而选择对预测值产生影响较大的特征。

（2）包裹式选择

与过滤式选择不同，包裹式选择根据学习器的性能来对特征子集进行选择。图 6.17 所示为包裹式选择流程。一方面，包裹式选择为训练数据挑选出“量身定做”的分类器，因此分类器会具有更好的性能；另一方面，包裹式选择在特征选择过程中会不断训练分类器，这一过程中会有更大的计算开销。

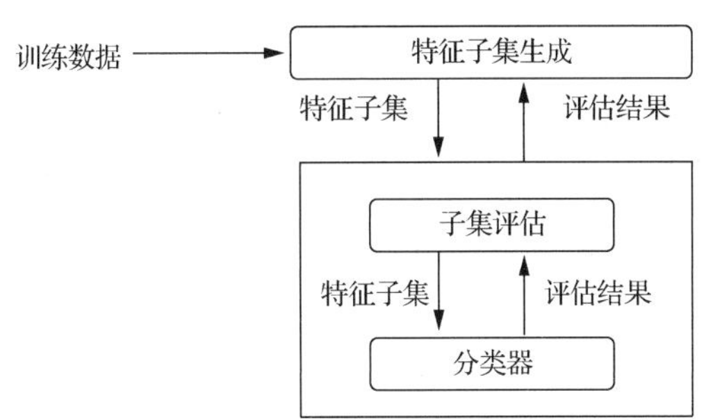

图 6.17　包裹式选择流程

（3）嵌入式选择

嵌入式选择结合了过滤式选择和包裹式选择的优点，它将特征选择技术嵌入学习算法，在分类器训练过程中会自动进行特征选择。

2. 分类器设计方法

模式识别算法希望设计的系统在性能上能够达到最优，这种最优是针对某一种设计原则的，这些设计原则被称为设计准则。常见的分类器设计准则有最小错分率准则、最小风险准则、Fisher 准则等。最小错分率准则基于“预测结果与真实结果是否相等”来判断分类结果是否正确，以错分类的样品数量最小为目标。然而，在实际情况中，设计一个符合最小错分率准则的分类器通常并不是最佳选择。有的模式识别系统并不看重错分率，而是要考虑错误分类带来的不同后果。例如，在癌细胞识别中，癌细胞有可能被错误识别为正常细胞，正常细胞也有可能被错误识别为癌细胞，这两种错误分类带来的后果是截然不同的。因此，最小风险准则引入了风险的概念，且希望得到风险最小的决策。Fisher 准则通过寻找一个最佳投影方向，使同类样品在该方向上的投影尽可能密集，不同类样品尽可能分离。

针对不同的对象和不同的目的，模式识别系统可以采用不同的分类器设计方法，常见的分类器设计方法有基于概率的贝叶斯分类器设计、基于判别函数的分类器设计、基于神经网络的分类器设计等。

（1）基于概率的贝叶斯分类器设计

根据贝叶斯定理 $P(c|x)=\dfrac{P(c)P(x|c)}{P(x)}$，对于待分类的样本 x，贝叶斯分类器通过各类别 c 的先验概率 $P(c)$及类条件概率密度函数 $P(x|c)$，计算出该样品分属各类别的概率 $P(c|x)$，此概率被称为后验概率。在进行分类时，比较各个后验概率，把样本 x 归于后验概率最大的那个类。贝叶斯分类器运作简单，但它依赖于“各属性相互独立”的假设。

（2）基于判别函数的分类器设计

基于判别函数的分类器认为同类事物在特征空间中彼此靠近，并且在某种程度上与属于另一个类的事物相分离，各个类之间确定可分。例如，对于“狗”“猫”识别问题，我们可以发现“狗”和“狗”在特征空间中总是相互靠近，而“狗”和“猫”总是相互远离。因此，可以用一些判别函数将特征空间划分为一些互不重叠的子区域，使不同模式的数据处于不同的子区域中。

（3）基于神经网络的分类器设计

在基于神经网络的分类器中，多个神经元以某种方式相互连接，并通过对外部输入信息的动态响应来处理信息。每对神经元之间的连接上有一个加权系数，通常称为连接权重，它可以加强或者减弱上一个神经元的输出对下一个神经元的刺激。在神经网络中，连接权重并非固定不变，而是会按照一定的规则和学习算法自动修改。输入信息经多层神经元的计算得到分类结果。神经网络具有自适应的优点，能够对特征进行自动选择，但对计算机设备要求较高。

6.4 案例分析与实现

本节我们将使用 Kaggle 竞赛的一个赛题作为案例来讲解如何分析并解决图片分类问题(相关数据集可从 Kaggle 官网进行下载)。给定的数据集分为训练集和测试集，各个集合包含了一些猫和狗的图片，其中训练集中的图片已经做好了标记，而测试集中的图片则没有标记。我们需要让计算机通过学习训练集中的图片的特征，从而实现对测试集中未标记的图片进行分类。

1. **问题分解**

在本案例中，我们最终的目标是给计算机一张图片，计算机能区分图片中的动物是猫还是狗。因此首先需要让计算机使用训练数据进行区分猫狗的特征学习。该问题可以拆分成以下几个步骤。

（1）数据准备：如上所述下载数据集并解压之后，可以得到 train 和 test1 两个文件夹（见图 6.18 和图 6.19），它们分别是训练数据集和测试数据集，训练数据集中总共有 25 000 张图片，其中猫狗图片各 12 500 张，test1 中总共有 12 500 张图片。

图 6.18 train 文件夹中的部分数据

（2）数据集预处理：数据在输入网络之前要被预处理成浮点张量数据，这里的图片是.jpg 文件，具体的处理流程包括读取图像文件、将.jpg 文件读取成 RGB 像素数据、将像素数据转化成浮点张量数据，并将数值的范围缩放到[0,1]区间。

图 6.19　test1 文件夹中的部分数据

（3）问题边界确定：图片分类问题要求学习一个模型，实现对已知数据（训练数据）以及未知数据（测试数据）的类别正确预测。模型属于由输入空间到输出空间的映射的集合，即将猫、狗图片分别映射为“猫”“狗”类别的假设空间。确定了假设空间意味着确定了学习的范围。

（4）模型的搭建与使用：在做好准备工作后，我们就可以搭建一个网络模型并利用它对图片进行处理，具体过程将在后面给出。

2. 模式识别

计算机是如何识别图像中的物体的呢？我们可以类比人识别物体的过程：在面对一个图片时，人类首先要观察图片中物体的形状、大小、轮廓以及其他细节特征，然后综合已经掌握的知识来判断该物体是什么；计算机也是如此，它也需要通过观察、分析图片中的这些特征来得出分类结果。

计算机经过训练能够使用特征识别的模式来识别图像。类比人的做法：父母在教孩子区分猫和狗时，一般会给孩子看一些猫和狗的图片，同时告诉他们哪些是猫，哪些是狗，直到他们掌握这两个概念为止；同样，计算机也必须通过从实例中学习来识别两种动物的不同之处，这些实例被称为训练集。人类在区分猫和狗的时候可能会关注颜色、大小、轮廓形状以及某些器官的形状等特征，然后用这些特征的组合来区分它们。因此为了训练计算机完成该任务，我们需要给它提供设计合理的特征，或者让它自己学习到这样的特征。最后，训练好模型以后，为了测试其性能，我们需要提供给计算机一些它之前没有见过的猫和狗的图片，这些图片即测试集。

3. 抽象

由于本案例的数据集中总共有两类动物，因此问题可以抽象为寻找一个最优的分离超平面，并将输入数据分割在超平面两侧的二分类问题。

（1）数据抽象：6.2 节中介绍了计算机对图像进行抽象的三种方式，故这里不再赘述。对于一个彩色图像，我们一般使用 RGB 彩色图像对其进行抽象，也就是用 3 个 $M \times N$ 的二维矩阵分别表示各个像素的 R、G、B 颜色分量。对于图片所属的类别（猫/狗），我们可以将其抽象化为离散值 0/1 来表示。

（2）可预测性分析：假设包含猫/狗图片的数据集是线性可分的，那么我们可以构建模型，经过有限次迭代来找到一个超平面并将猫的图片数据和狗的图片数据分割在超平面两侧，从而实现正确预测。

4. 算法设计

本例中我们利用 6.2 节介绍的卷积神经网络来实现图像识别。通过构建一个卷积神经网络模型，使其对于训练集中的每个训练样本可以进行学习并输出正确的预测标签。

（1）规则与方法：神经网络的学习过程就是根据训练数据来调整神经元之间的连接权重以及每个神经元的阈值。在实际应用中，反向传播算法通常被用来训练多层前馈神经网络。首先，在(0,1)范围内初始化神经网络中所有的连接权重和阈值。对于每个输入样例，神经网络根据当前的参数产生一个输出，即预测当前的图片为猫或狗。然后，反向传播算法根据定义的损失函数（本例采用交叉熵损失函数）来对参数进行调整。最后，通过迭代地更新参数来使累积误差最小化，从而达到图片分类的目的。

（2）输入与可量化的输出。

输入：训练数据集 $T=\{(x_1,y_1),(x_2,y_2),\cdots,(x_N,y_N)\}$，其中 x_i 为输入，$y_i \in \{0,1\}$ 为 x_i 的类别标签，$i=1,2,\cdots,N$；学习率为 η。

输出：连接权重与阈值所确定的多层前馈神经网络 f，f 可以将输入 x_i 映射为输出 $\hat{y}_i \in \{0,1\}$。

（3）算法实现。我们基于 Keras 搭建模型。Keras 是 Python 的第三方库，是一个开源的人工神经网络库。在预处理阶段，我们利用 Keras 中的 keras.preprocessing.image 模块来实现自动批量转换，同时实现图片大小的调整，将所有图片调整为相同的大小。

```
train_datagen = ImageDataGenerator(rescale=1./255)
validation_datagen = ImageDataGenerator(rescale=1./255)
train_generator = train_datagen.flow_from_directory(
     train_dir,                      # 训练集路径
     target_size=(128, 128),         # 训练集样本尺寸的大小为（128, 128）
     batch_size=32,                  # 训练集每批包含的样本数
     class_mode='binary')            # 由于是二分类，此处需要为 'binary'
validation_generator = validation_datagen.flow_from_directory(
     validation_dir,
     target_size=(128, 128),
     batch_size=32,
     class_mode='binary')
```

然后使用序贯（Sequential）模型，并使用 add()方法将 layer 加入模型中。Sequential 的第一层接受输入数据的 shape 参数后，后面的每个层就可以自动推导出中间数据的 shape 了。这里的 shape 就是上述预处理数据时图片调整后的大小。

```
model = models.Sequential()
model.add(layers.Conv2D(32, 3, activation='relu', input_shape=(128, 128, 3)))
model.add(layers.MaxPooling2D((2, 2)))
model.add(layers.Conv2D(64, 3, activation='relu'))
model.add(layers.MaxPooling2D((2, 2)))
model.add(layers.Conv2D(128, 3, activation='relu'))
model.add(layers.MaxPooling2D((2, 2)))
model.add(layers.Flatten())
model.add(layers.Dropout(0.5))
model.add(layers.Dense(512, activation='relu'))
model.add(layers.Dense(1, activation='sigmoid'))
```

通常需要根据具体的结果调整网络结构，比如增加卷积层和池化层；调整网络的参数，如卷积核的数量以及大小，池化核的大小；选择合适的激活函数。

网络模型搭建好后，需要进行模型编译，就是为搭建好的神经网络模型设置损失函数 loss、优化器 optimizer、准确性评价函数 metrics。

```
optimizer = optimizers.RMSprop(learning_rate=1e-4)
model.compile(loss='binary_crossentropy', optimizer = optimizer, metrics=['accuracy'])
```

模型训练：使用训练集训练模型

```
history = model.fit(train_generator, steps_per_epoch=100,
```

```
                 epochs=50,validation_data= validation_generator, validation_steps=50)
```

model.fit()已将 acc 自动保存了，从 history 中将 acc 取出来即可，用库 matplotlib 绘制出模型的训练曲线，如图 6.20 所示的准确率曲线，准确率越高说明模型的分类效果越好。

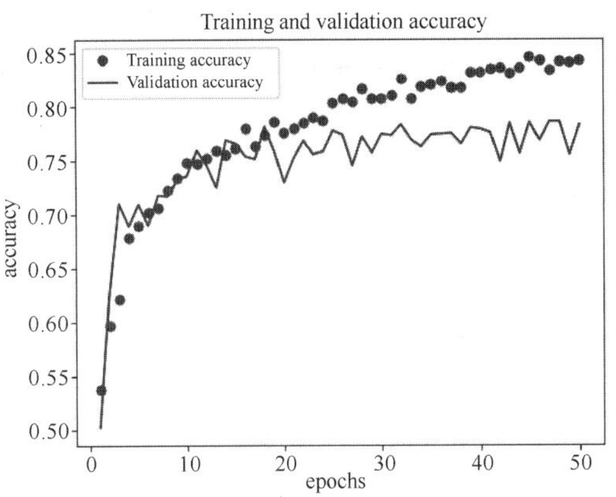

图 6.20　训练集和测试集的准确率曲线

模型保存：这里使用 save()函数保存了模型的图结构和模型参数。

```
model.save()
```

模型评估：从测试集中读取图片进行预测，最终的预测结果准确率达到了 78.25%。

```
test_loss, test_acc = model.evaluate(test_generator, steps=50)
```

习题

一、选择题

1. 以下关于无人驾驶汽车实现人类视觉功能的步骤的描述中，错误的是（　　）
   A. 无人驾驶汽车通过摄像头和传感器获取图像
   B. 无人驾驶汽车对获取到的图像进行特征定位、对比从而进行行进动作的决策
   C. 利用灰度图像可以将一个图像抽象成 3 个 $M×N$ 的二维矩阵
   D. 无人驾驶汽车通过神经网络来对抽象后的矩阵进行学习和处理
2. 以下关于神经网络的说法中，错误的是（　　）
   A. 神经网络输入层神经元的数量由输入向量的维数决定
   B. 神经网络隐含层神经元的数量由输入层和输出层的神经元数量决定
   C. 神经网络隐含层主要对数据进行计算和处理
   D. 神经网络输出层神经元的数量由需要分类的类别数量决定

二、简答题

1. 基于规则的理性主义和基于统计的经验主义有何区别？
2. 简述卷积神经网络的结构及不同层的作用。
3. 简述模式识别系统的工作流程。其中关键的流程是什么？该流程有哪些方法？

三、讨论题

人工智能的快速发展离不开神经网络，然而神经网络的发展并不是一帆风顺的。以小组合作的形式，通过网络搜索，了解神经网络的发展历史，以及神经网络在发展过程中遇到了哪些问题。记录小组讨论的主要内容，推选代表在课堂上进行汇报。

07 第7章 机器学习

机器要像人类一样掌握常识并做出精准的预测，需要具备精确推理外部信息的能力。机器学习便是一种使机器学会精确推理的方法。当今主流的机器学习有 3 类：监督学习、无监督学习以及半监督学习。监督学习是从标注数据中学习预测模型的机器学习方法；无监督学习是从无标注数据中学习预测模型的机器学习方法；半监督学习是利用标注数据和未标注数据学习预测模型的机器学习方法。本章我们将介绍这三种学习方法。

7.1 监督学习

对不同的图片进行分类是人类的一项基本技能，计算机可以通过机器学习来掌握图片分类的能力。假如要构建一个图像分类机器学习模型，该模型要能够区分猫、狗和马的图片，那么，我们要收集猫、狗和马的图片来得到一个数据集，然后，利用这个数据集去训练一个机器学习模型。但是，在将数据输入机器学习模型之前，必须使用它们各自所属的类别名称对数据进行标记。在标记数据后，机器学习模型将处理示例，学习将每个图片映射到正确的类别。如果对模型进行足够的带有标签的示例训练，它将能够准确地检测出包含猫、狗、马的新图片。这种在已知输入数据结果的情况下训练机器学习模型的方式属于监督学习。

监督学习是指机器的学习系统通过学习信息之间的组合关系来对从未见过的数据进行有效的预测。监督学习要求机器事先具有某个确定的目标，即清楚地知道需要什么样的结果；同时，机器需要预先知道训练数据的特征以及对应的输出标签，并通过训练学到两者之间的组合关系，从而使模型在遇到只有特征而没有标签的数据时，可以更加准确地预测其标签。

回归和分类是监督学习领域中的两个主要任务，它们适用于很多数据类型和现实场景。

1. 回归

回归是用模型来拟合一组正确的训练数据，以便对未知的一些连续变量进行预测。假设要训练一个模型来预测深圳某套房屋的价格，那么需要收集深圳房屋的数据，且数据应包含已知房屋的价格，从而使模型可以根据带标签的数据进行预测。下面是具体处理过程。

（1）问题分解

人们在预测房屋价格时，通常会依据一些属性来做出判断。要成功预测房屋的价格，模型需要知道价格与房屋各种属性（如面积）的关联关系，从而发现房屋在不同属性下的价格。因此，房屋估价的问题可以分解为两个子问题：发现各个房屋属性与房屋价格之间的关联关系；选取合适的房屋属性来预测房屋的价格。

（2）模式识别

房屋属性和房屋价格之间的关联可以通过绘图表示出来。以房屋面积这一属性为例，样本的面积与价格如图 7.1（a）所示，通过绘制二项式或者多项式来寻找它们之间的关联关系，如图 7.1（b）所示。

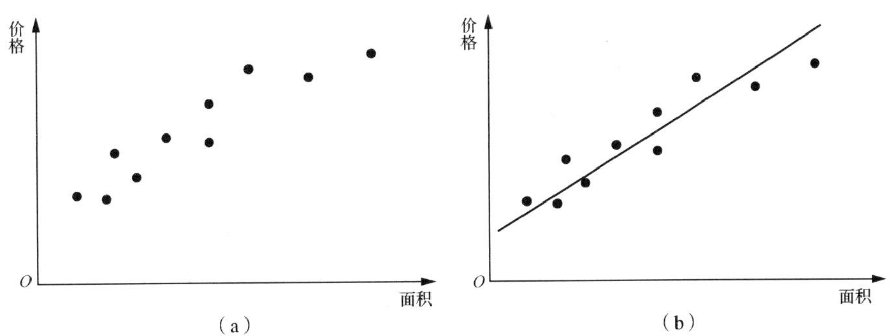

图 7.1　房屋属性和价格之间的关联关系

（3）抽象

房屋估价需要模型发现房屋属性和房屋价格之间的关联关系，该问题可以抽象为模型学习寻找某条最优的线或者某个最优的超平面，使得已存在的数据尽可能地分布在这条线或者这个超平面的周围，这条线被称为回归线，这个超平面被称为回归超平面。一旦模型发现了这条线或者这个超平面，对于新来的房屋数据，模型就可以使用该回归线或回归超平面对房屋价格进行预测。

（4）算法设计

解决回归预测问题的关键是设计回归方程。一般可以采用线性回归、多项式回归以及回归树等算法。回归算法在各种推荐系统以及搜索引擎中都有着广泛的应用。

2. 分类

分类和回归的主要区别在于：分类用于预测一个离散值或者类别，而不是一系列连续值属性（如房屋价格等）。分类问题有着不同的形式，图片分类就是目前计算机视觉领域一个比较流行的问题，其目标是将不同类别的图片区分开来。常见的图片分类问题有猫狗分类问题、手写数字分类问题等。其他的分类问题还包括文本分类（对不同类别的文本进行区分）、情感分析（对社交媒体上不同的评论进行分析）以及手势识别（对不同的手势动作进行分析）等。

考虑一个肿瘤分类的问题：假设现在有 5 个良性肿瘤的样本以及 5 个恶性肿瘤的样本，对于一个新来的病人，医生能否用一个机器学习模型来预测该病人的肿瘤是良性还是恶性？下面介绍该问题的处理过程。

（1）问题分解

医生要判断肿瘤是否为良性通常需要依据肿瘤大小、肿瘤密度等特征。机器学习模型要学会预测肿瘤的性质应该从已有的数据中挖掘出样本的属性和样本类别之间的关联关系，从而做出预测。因此，肿瘤分类问题可以分解为两个子问题：发现各种属性与肿瘤特征的关联关系；选取合适的属性来预测肿瘤是否为良性。

（2）模式识别

通过在二维平面上把已有数据标注出来，可以发现各种属性与肿瘤特征之间是否存在关联关系。如图 7.2 所示，以肿瘤大小为例，将肿瘤为恶性标注为 1，肿瘤为良性标注为 0，可以得到肿瘤越大越有可能为恶性这一关联关系。从几何学的角度来说，解决分类问题的一种常见方法是找到一条线或者高维度下的一个超平面，将不同类的数据尽可能区分开来。对于要测试的新数据，只要确定数据位于线（或超平面）的哪一侧就可以对它们进行分类。我们可以将良性肿瘤用符号○表示，恶性肿瘤用符号×表示，然后将肿瘤按大小放置在同一平面上，找出一条分界线。如果肿瘤大小在分界线的左侧，那么医生可以判断该肿瘤大概率是良性的，反之则更可能是恶性的。

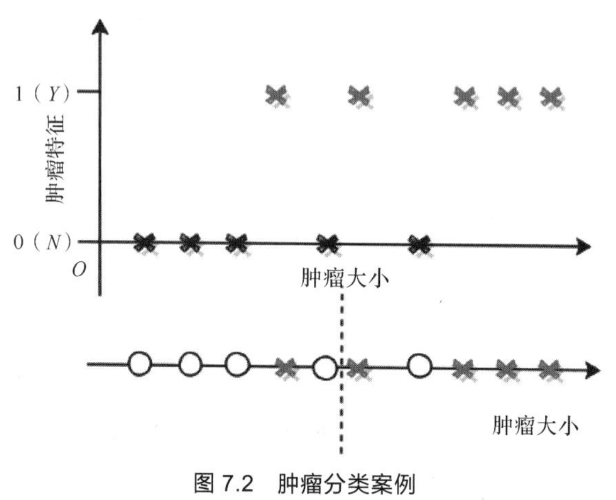

图 7.2　肿瘤分类案例

（3）抽象

该问题可以抽象为寻找某条最优的线或某个最优的超平面，使得已存在的数据尽可能地被这条线或这个超平面分开。肿瘤的情况可能与许多因素相关，如患者的年龄、肿瘤密度、肿瘤细胞尺寸的一致性和形状的一致性等。这就需要绘制一个超平面来进行分类，如图 7.3 所示。

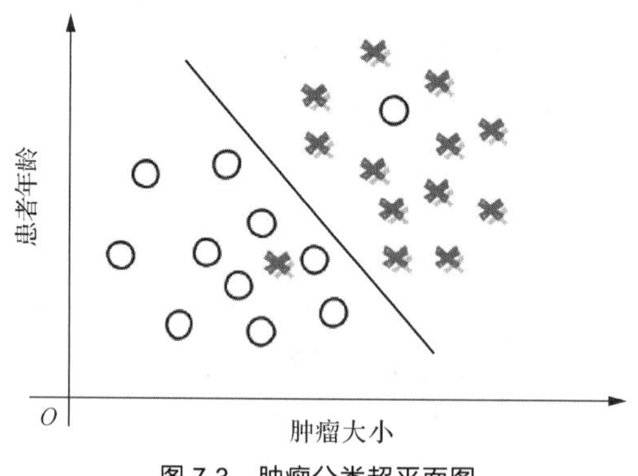

图 7.3　肿瘤分类超平面图

（4）算法设计

对于已知标签的分类问题，可以采用朴素贝叶斯、决策树以及支持向量机等监督学习算法来训练模型。监督学习通常通过执行以下流程来达到“监督”的目的。

① 为机器选择一个适合当前目标任务的模型。

② 给当前选择的模型提供一部分已知的“问题和答案”以进行模型训练。

③ 该模型根据已知的“问题和答案”进行规律的总结，进而形成一套“组合论”。

④ 组合论形成之后，把新的“问题”交给机器的模型，让模型进行解答。

7.2　无监督学习

假设你是电子商务零售企业主，拥有数千条销售记录信息。你想找出哪些客户有共同的购买习惯，以便向他们提出相关建议并改善你的追加销售策略。问题在于你没有预先将客户划分为多个类别，因此，你不能采用监督学习来训练模型以对客户进行分类。针对这样的无标记数据，研究人员提出了无监督学习。在无监督学习中，模型只能获取大量的无标记数据，它们需要利用这些无标记数据来进行学习，从而找到这些数据中潜在的组织结构。

无监督学习的主要任务可以分为聚类和降维。下面结合一些案例分别介绍这两类任务。

1. 聚类

聚类，就是把“类似”的对象（或个体）归为一类。例如，在拼图之前，要先把颜色相近的碎片放在一起；在市场营销中，可以按照顾客的消费习惯、人口特征等将顾客分类，对不同类别的顾客采用不同的营销模式；在金融方面，可以根据金融投资产品的收益、波动性、市场资本等指标将这些产品归成几类，然后优化投资组合。

从上面的例子中可以总结出聚类的直观定义——分析研究对象（如上述的碎片、顾客、金融投资产品）的一些特征属性（如碎片的颜色、顾客的消费习惯和人口特征、金融投资产品的收益和波动性等），把相似的研究对象按一定的方式归为同类，从而达到预测的目的。

假设要构建一个餐厅需求预测模型来帮助预测某地段缺少何种类型的餐厅，从而提升新开业的餐厅在该地段的市场竞争力。该问题可以通过把该地段已有的餐厅进行归类来解决。

（1）问题分解

要构建餐厅需求预测模型，首先要收集该地段的餐厅信息，然后从数据中挖掘出一些有用的特征属性，最后依据合适的特征属性把餐厅归为几类，从而发现该地段缺少的餐厅类型。

（2）模式识别

对不同的餐厅进行归类时要确定我们所关心的特征属性（即变量）是什么。采用不同的特征属性进行聚类的结果往往是不同的。通常，人们会把特征相似的对象归为一类。考虑合适的特征属性可以提高归类的准确性。如图 7.4 所示，如果根据价格和等待时间这两个特征属性将餐厅归为三类，那么根据归类结果可以进一步分析出该地段对平价、出餐快的餐厅存在需求。

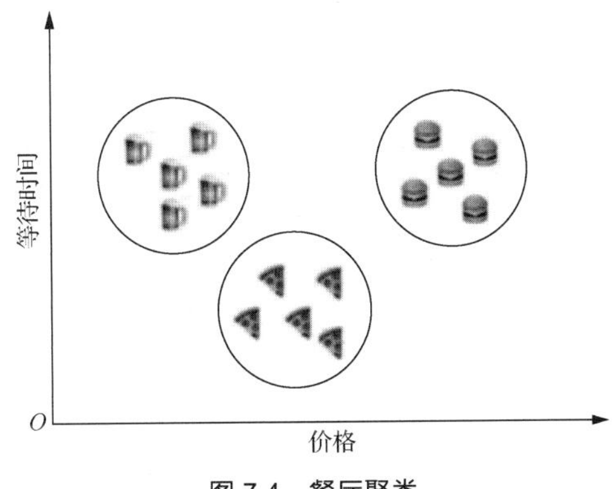

图 7.4　餐厅聚类

（3）抽象

餐厅需求预测的问题可以抽象为聚类问题。假设指定将餐厅归为三类，那么问题就转变为模型学习根据餐厅的特征属性预测餐厅属于[0,1,2]三类中的哪一类。

（4）算法设计

对于这种对未知类别标签的数据的预测问题，可以采用无监督学习的算法来训练模型。*K*-Means 算法是一个常用的聚类算法。下面，我们对 *K*-Means 算法进行介绍。

K-Means 算法是一种聚类算法，它只能用于连续型数据，并且一定要预先指定 *K* 值，也就是手工指定分成几类。*K*-Means 算法的流程如下。

① 确定 *K* 值，即确定通过聚类将整个数据集分为 *K* 个类。

② 随机地从数据集中选择 *K* 个数据点作为初始的质心。

③ 对集合中的其他非质心数据点，计算它们与每一个质心的距离，离哪个质心近，就认定其属于哪一个质心。

④ 所有非质心数据点计算完毕后，每个质心旁边都有一群数据，这时候通过算法选出新的 *K* 个质心。

⑤ 如果重新选出来的质心和原先存在的质心之间的距离小于某个预先设定的阈值（即说明质心稳定），可以认为聚类结果达到了期望，算法终止。

⑥ 如果重新选出来的质心和原先存在的质心之间的距离超过预先设定的阈值，那么重复③～⑤。

2. 降维

虽然在过去二十年里，计算机的存储能力以及计算能力都有了飞跃式的提升，但是数据集依然需要尽可能地小，从而让机器去学习一些必要的数据，而不是做一些无用的训练。在无监督学习中，降维就是在保留有用的数据特征的前提下将高维的数据压缩成低维的数据，从而提高计算速度和节约存储空间。

对人们来说，抽象化的概念比一大堆碎片化的特征更容易理解。例如，一些人把拥有长长的鼻子、三角形的耳朵以及大尾巴的狗归入“牧羊犬”这个抽象的概念，相比于特定的牧羊犬，这样做的确丢失了一些信息，但是这个新的抽象概念在一些需要命名和解释的场景中更加有用。这类抽象模型学习速度更快，训练时用到的特征属性也更少。

主成分分析法是一种常用的降维方法。算法的主要思想是利用少数变量来代替原先的多个变量，将原先的多个变量中的有用的信息提取到几个变量中。

假设调查人员要分析空气污染水平对死亡率的影响，而能够反映某个城市空气污染水平的指标很多，其中存在冗余数据。假如有 15 个可以使用的指标，直接把这 15 个指标都用于模型训练不可取，因为这 15 个指标所包含的信息有很大一部分是重叠的，所以需要预先对这些指标进行整合。

这也暗示了主成分分析的必要条件：各个变量之间必须有足够的相似性，使得包含的信息有比较高的重合度。如果变量之间完全无关，那么主成分分析法将无法用于降维。假设第 1～5 个指标分别表示 5 个制造行业的人均收入，第 6～10 个指标分别是某 5 种污染物的排放量，第 11～15 个指标分别是 5 款手机的销量，那么，利用主成分分析法就能将 15 个指标中的一些有用信息提取出来，综合成 1～3 个指标，使得这些指标能够反映原来的 15 个指标的大部分信息，从而达到降维的目的。

综上所述，与监督学习相比，无监督学习主要具备以下三大特点。

① 无监督学习没有明确的目的，无法提前知道结果；而监督学习目的明确，也就是我们知道得到的是什么。

② 无监督学习一般直接从原始数据开始进行学习，不需要借助人工标签和反馈等信息，而

监督学习则需要标记数据。

③ 无监督学习由于数据没有标签，很难量化模型的学习效果。相比之下，监督学习能够根据结果来衡量学习效果。

7.3 半监督学习

在上述介绍中我们大致了解了监督学习与无监督学习的基本思想。监督学习利用标记过的数据集来进行分类和回归，而无监督学习则利用大量的未标记数据进行聚类和降维。然而，现实生活中更为常见的场景是：我们能获得少量的标记数据和大量的未标记数据。例如，在生物学研究中，由于蛋白质结构复杂，对一些蛋白质进行标注会花费研究人员很多年的时间。然而，在研究人员每天的实验过程中，很多未标记的蛋白质很容易得到。这就引发了人们的思考：能否同时利用少量标记数据和大量未标记数据进行学习？在这一背景下，半监督学习应运而生。

下面举一个简单的半监督学习的例子。

在图 7.5 中，训练样本有两类——1 和-1。现在考虑以下两个情景。

① 在监督学习中，因为只给出了两个有标签的样本（-1，-）和（1，+），且从图 7.5 中可以看出最佳决策边界是 x=0，这就意味着对于所有的样本，$x<0$ 被分类为负，$x>0$ 被分类为正。

② 假设给出了大量的无标签样本（黑色圆点），那么问题就转换成了半监督学习问题。从图 7.5 中可以看到，黑色圆点被分为两组，假设每个类的实例都围绕类的中心，我们可以从这些无标签样本中获得更多的信息。例如，两个有标签的样本并不是类的中心，我们可以重新通过半监督学习估计出决策边界是 x=0.3。如果假设成立，那么半监督学习决策边界比监督学习决策边界更为准确。

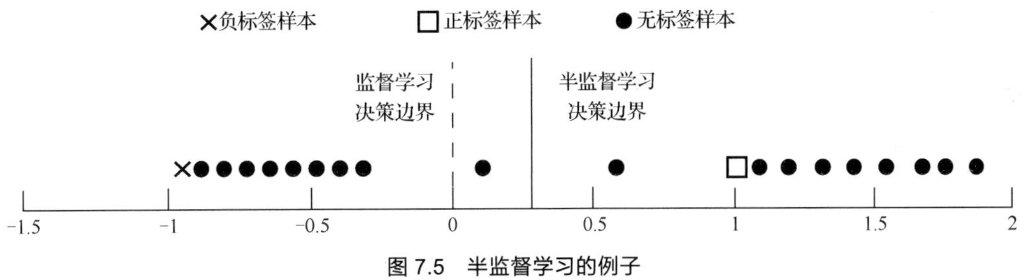

图 7.5 半监督学习的例子

因此，如图 7.6 所示，对少量标记数据和大量未标记数据进行半监督学习的基本流程如下。

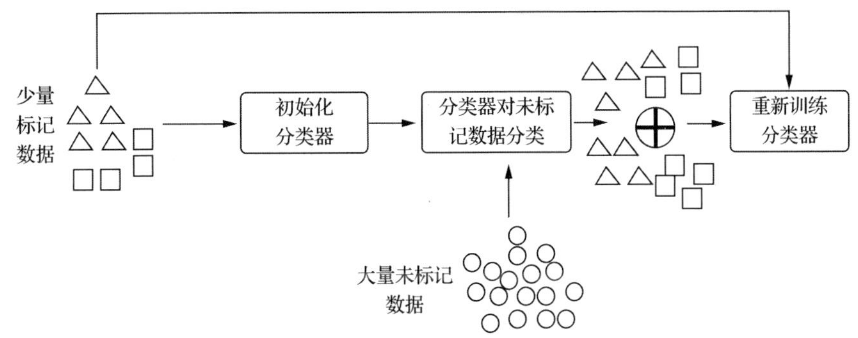

图 7.6 半监督学习的基本流程

① 利用少量标记数据对分类器进行参数的初始化。

② 用初始化后的分类器对大量未标记数据进行预测以获得新的标记数据。

③ 采用新的标记数据重新训练分类器。

④ 重复①～③直到模型收敛。

随着研究的发展和深入，半监督学习已经在许多领域得到了应用。在生物学研究中，标记生物图像需要耗费研究人员大量的时间和精力，但是由于每天大量的生物实验使得海量的无标记样本的获取更为简单，因此半监督学习很适用于生物图像分析。经过不断的探索和发展，部分半监督学习算法现在可以应用于显微镜下的细胞分割以及双光子显微镜下的脑细胞分割，如图 7.7 所示。

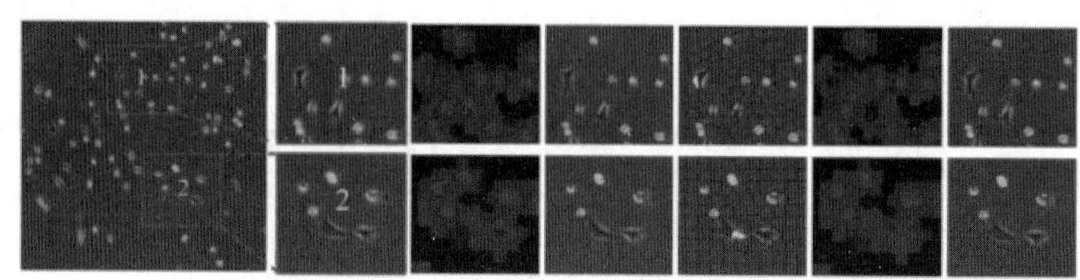

图 7.7 半监督学习应用于显微镜下的细胞分割

半监督学习还可以应用在金融行业。信用卡使用简单，应急方便，已经成为常见的个人理财工具。但是收益总是和风险相伴而行的，银行必须准确评价顾客的偿还能力以规避风险。2002 年以来，信用卡失信率不断上升，大量信用卡预支无法被偿还，另外，层出不穷的信用卡诈骗也给银行带来了巨大的损失。但是这些失信数据的获取十分困难，因此，相关领域的研究者采用了半监督学习来解决信用卡的审批问题。

7.4 案例分析与实现

我们在 7.2 节无监督学习中介绍了一种聚类方法——*K* 均值聚类，即 *K*-Means 算法。*K*-Means 算法在现实生活中有着广泛的应用场景，比如航空公司对客户分群，区分有价值的客户和价值较低的客户，从而对不同的客户群体实施个性化的营销策略，以实现利润最大化。在这一节，我们将以一个基础的问题为例，介绍该算法的实现过程。问题描述如下：

给定平面上的一系列点的横纵坐标，数据集的格式为(x_1,y_1)，(x_2,y_2)，…，(x_n,y_n)，x_i 和 y_i 分别表示第 i 个点的横纵坐标。一共有 n 个点，要求按照距离把它们归为 4 个簇。

1. 问题分解

在本案例中，数据集是平面上的一系列坐标点，我们要做的是让计算机对数据集中的数据进行聚类。可以将该问题的求解拆分成以下几个步骤。

（1）数据准备。

（2）数据预处理，即对数据集进行数据探索分析与预处理，包括数据缺失与异常处理、数据属性的规约、清洗和变换。

（3）模型建立与训练。

2. 模式识别

K-Means 算法的工作模式是根据关键特征将对象聚合成 *K* 个类别。因此我们使用该算法来解决该问题时，做法是随机选取 *K* 个点作为初始的聚类中心，然后把每个点分配给距离它最近的聚类中心。对应 *K*-Means 算法，我们首先要确定 *K* 的大小，在本案例中，我们需要将这些坐标点分

为 4 类，因此取 K=4；随后我们需要根据每个点的横纵坐标信息，找出该点离哪个聚类中心更近，从而将其进行归类。

3. 抽象

本案例是一个基础的案例，平面上的每个点都有两个特征——横坐标和纵坐标。我们可以使用欧氏距离来衡量每个点离聚类中心的距离。而在生活中的具体应用中，通常我们要处理的不是坐标信息。比如航空公司识别客户价值所应用的最广泛的模型是 RFM 模型，三个字母分别代表 recency（最近消费时间间隔）、frequency（消费频率）、monetary（消费金额）这三个指标。在使用 *K*-Means 算法处理这类问题时，就需要对这些特征数据进行一定的处理。之后将每个客户抽象为一个聚类对象，即一个客户对应一个特征向量。假设要将客户归为重要客户、一般客户、低价值客户三个类别，就需要将这三个类别用标签 0、1、2 表示，那么问题就转变为模型学习根据客户的特征属性预测客户属于[0,1,2]三类中的哪一类。

4. 算法设计

这里我们使用 7.2 节介绍的 *K*-Means 算法聚类数据集中的坐标点，其流程不再赘述。在实现算法前，对数据进行预处理。

```
for line in fileIn.readlines():
        temp=[]
        lineArr = line.strip().split('\t')  # 把每行数据末尾的'\n'去掉
        temp.append(float(lineArr[0]))
        temp.append(float(lineArr[1]))
        dataSet.append(temp)
fileIn.close()

dataSet = mat(dataSet)  #mat()函数是 NumPy 中的库函数，将数组转化为矩阵
```

算法实现：

```
K = 4
centroids, clusterAssment = KMeans.kmeans(dataSet, K)   #调用 K-Means 算法
```

具体地，*K*-Means 算法首先需要初始化聚类中心。

```
centroids = initCentroids(dataSet, K)  #在样本集中随机选取 K 个样本点作为初始质心
```

然后不断循环判断非质心点离哪个聚类中心最近，在循环一次后更新聚类中心。

```
while clusterChanged:
      clusterChanged = False
      for i in range(numSamples):
              minDist = 100000.0
              minIndex = 0
              #计算每个样本点与聚类中心之间的距离，并将其归到距离最小的那一簇
              for j in range(K):
                      distance = euclDistance(centroids[j, :], dataSet[i, :])
                      if distance < minDist:
                              minDist  = distance
                              minIndex = j
              #将 K 个簇里面与第 i 个样本距离最小的的标号和距离保存在 clusterAssment 中
              #若所有的样本不再变化，则退出 while 循环
              if clusterAssment[i, 0] != minIndex:
                      clusterChanged = True
                      clusterAssment[i, :] = minIndex, minDist**2
      #更新聚类中心
      for j in range(K):
              pointsInCluster = dataSet[nonzero(clusterAssment[:, 0].A == j)[0]]
              centroids[j, :] = mean(pointsInCluster, axis = 0)
```

我们将数据集中的点绘制在坐标轴中，并用四种不同的颜色表示四个类。聚类结果如图 7.8 所示。

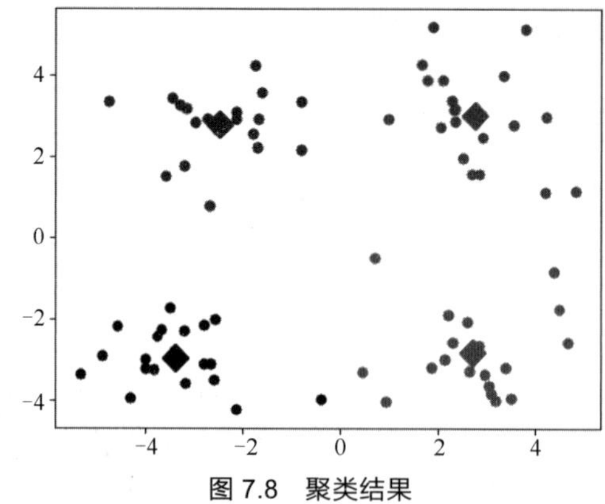

图 7.8　聚类结果

可以很直观地看到，这些点已经根据距离的远近被分成了四个类，每个类在平面上都有明显的范围。

习题

一、选择题

1. 机器学习是一种使机器学会精确推理的方法，当今主流的机器学习不包括（　　）
   A. 监督学习　　B. 无监督学习　　C. 半监督学习　　D. 强化学习
2. 以下不属于分类问题的是（　　）
   A. 训练一个模型以预测长沙某套房屋的价格
   B. 训练一个模型以预测肿瘤是否为良性
   C. 训练一个模型以预测西瓜是好瓜还是坏瓜
   D. 训练一个模型以识别一个手写数字是多少
3. 以下关于监督学习和无监督学习的说法中，正确的是（　　）
   A. 无监督学习没有明确的目的，而监督学习目的明确
   B. 无监督学习很难量化模型的学习效果，而监督学习能够根据结果来衡量效果
   C. 无监督学习与监督学习都需要借助人工标签和反馈等信息
   D. 无监督学习与监督学习都属于机器学习

二、简答题

1. 监督学习、无监督学习以及半监督学习的区别是什么？
2. 监督学习主要有哪些任务？它们主要的区别是什么？
3. 本章主要以 *K*-Means 算法为例介绍了聚类算法，根据该算法的流程，你认为 *K* 值的设定对聚类结果有什么影响？
4. 半监督学习是如何处理少量标记数据和大量未标记数据的？举例说明半监督学习的应用。

三、讨论题

以小组合作的形式，通过网络搜索，了解一种监督学习或无监督学习的模型或算法，掌握其原理和工作流程；思考这些模型和算法具体可以应用到哪些社会情景中。记录小组讨论的主要内容，并推选代表在课堂上进行汇报。

08 第8章　智能决策

人工智能要求机器不仅能够感知周围的环境，还能对环境做出合适的决策。从智能感知迈向智能决策是实现人工智能的重要一步。智能决策的实现有多种不同的方式：通过搜索可行解来做出决策是被广泛应用的一种方法；对于序列决策问题，基于反馈来学习自主决策的强化学习是实现智能决策的关键技术之一；除此之外，我们还可以通过自然界中的群体行为得到启发，利用群体智能算法来实现机器的智能决策。

8.1　基于搜索的最优路径决策

在人工智能领域中，存在着一些非结构化的问题，这类问题通常没有特定的决策模型或者可求解的算法，只能在解空间中通过一步步的试探和摸索来确定可行解。这样的过程被称为“搜索”，而通过搜索进行求解的问题则被称为“搜索问题”。著名的八皇后（Eight Queens）问题便是一个典型的搜索问题。

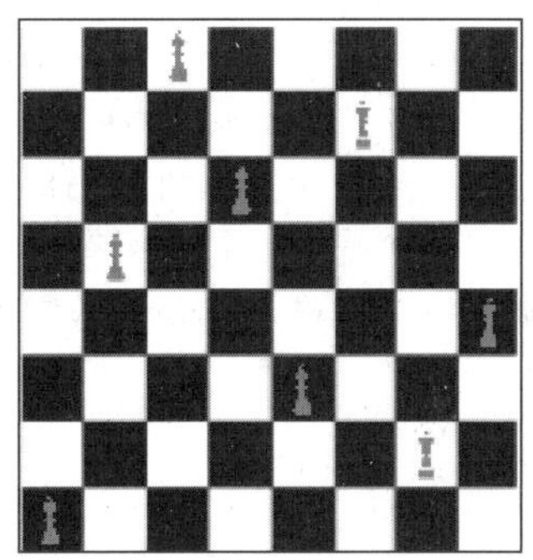

图 8.1　八皇后问题

八皇后问题于1848年被首次提出，如图8.1所示。问题描述：在一个 8×8 的棋盘上摆放 8 个棋子，使这 8 个棋子中的任意 2 个均不处于棋盘中的同一行、同一列或同一斜线上，一共有多少种可行的摆法?

对于八皇后问题，唯一解法便是逐个尝试不同的摆法。从 2×2 的棋盘开始考虑，假设当前有 2 个棋子需要摆入棋盘并使之满足上述约束条件，将处于第一行和第二行的两个棋子分别编号为 1 和 2，则棋子 1 和棋子 2 在 4 个棋格中一共有 $2\times2=2^2=4$ 种摆法。同样，可以进一步推算出 3×3 的棋盘中棋子共有 $3^3=27$ 种摆法。由此扩展至 8 个棋子的情况，在 8×8 的棋盘中，8 个棋子共有 $8^8=16\ 777\ 216$ 种摆法。显然，从上千万种摆法的解空间中筛选出所有可行的摆法是一件十分困难且复杂的事情。

我们再来考虑另一个经典的搜索问题——八数码问题。

八数码问题的描述：在 3×3 的棋盘上，摆放有 8 个棋子，棋子的编号为 1 到 8，棋盘中留有一个空格，游戏者可通过将空格周围的棋子移动到空格中来改变棋子的布局；分别给定棋子的初始布局和目标布局，如图 8.2 所示，试移动棋子，使给定的初始布局（初始状态）转变为目标布局（目标状态）。

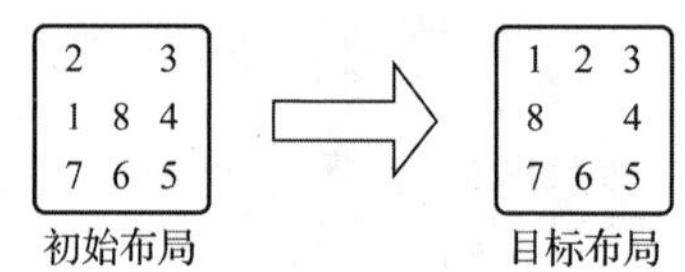

图 8.2 八数码问题

与八皇后问题类似，在八数码问题中，棋子的每一步移动都会影响后续的决策，从而产生多条决策分支；所有分支最终构成了一个庞大且复杂的解空间。因此，我们需要根据一定的规则对解空间进行搜索，以达到在较小的空间范围内找出解的目的，从而解决“组合爆炸”的问题。这种依据一定规则在解空间中进行搜索的方式被称为搜索策略。

根据选择搜索规则的方式，目前的搜索策略主要分为两类。一类是以深度优先搜索和宽度优先搜索为代表的盲目搜索，又称非启发式搜索或无信息搜索。这类搜索策略依照预先确定的规则进行路线的搜索，而无视不同问题所涉及的特定知识。另一类则是以 A*搜索算法为代表的启发式搜索，又称有信息搜索，它充分利用问题的已知信息，动态地调整搜索规则。与盲目搜索相比，启发式搜索可以提升查找效率，降低搜索工作的复杂性；但同时，由于启发式搜索只能掌握有限的空间信息，而无法准确地预测往后每一步状态空间的变化，因此由其所求得的解路径不一定是最优的。根据实际问题灵活地采用不同的搜索策略，才能提升搜索效率，保证解路径的质量。

下面以八数码问题为例，具体介绍几个典型的搜索策略。

1. 深度优先搜索

深度优先搜索（Depth First Search，DFS）是一种一直向下的盲目搜索方法，其搜索次序如图 8.3 所示，搜索从结点 s 出发，沿一定的方向进行扩展。当无法继续扩展时，回溯到浅层结点，在另一条路径上重新开始扩展。其中，每个结点表示一个状态，其箭头所指向的结点为该结点的子结点，子结点后的所有结点被称为该结点的后裔；与该结点位于同一层级的结点被称为兄弟结点；每个结点左上角的数字表示该结点被搜索的顺序。

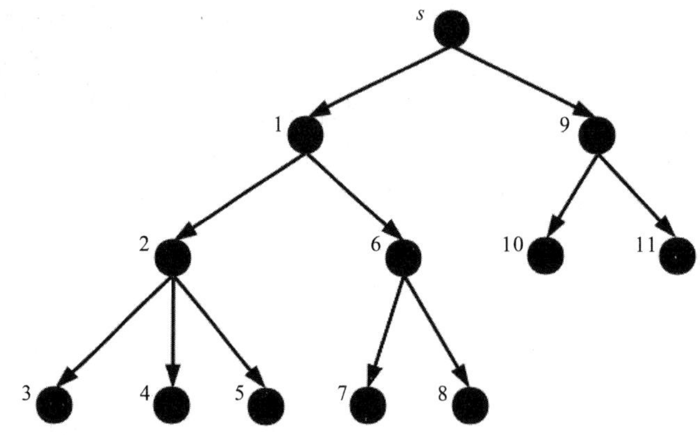

图 8.3 深度优先搜索的搜索次序

从图 8.3 可知，深度优先搜索的特点在于：当搜索到某个结点时，其子结点及所有后裔将会被优先考虑，并会尽量向深处扩展；当无法找到某结点的后裔时，则回溯至其兄弟结点，继续进行扩展。

而在某些问题中，某条错误路径的深度过深，会导致 DFS 一直在错误的路径上进行扩展，影响扩展的效率。因此，在实际应用中，通常需要给 DFS 添加深度限制。加入了深度限制的 DFS 在扩展至某一结点时，若该结点对应的深度达到了深度限制，则强制回溯至上一个较浅的结点进行扩展，以避免在错误的路径上越陷越深，浪费过多的时间。

图 8.4 给出了利用 DFS 解决图 8.2 所示八数码问题的搜索过程。由于存在回溯操作，状态之间的转变应是可逆的，因此状态之间通过双向箭头连接。为了控制搜索空间，DFS 的深度限制被设置为 4。DFS 对结点的扩展顺序通过状态左上角括号中的序号表示。

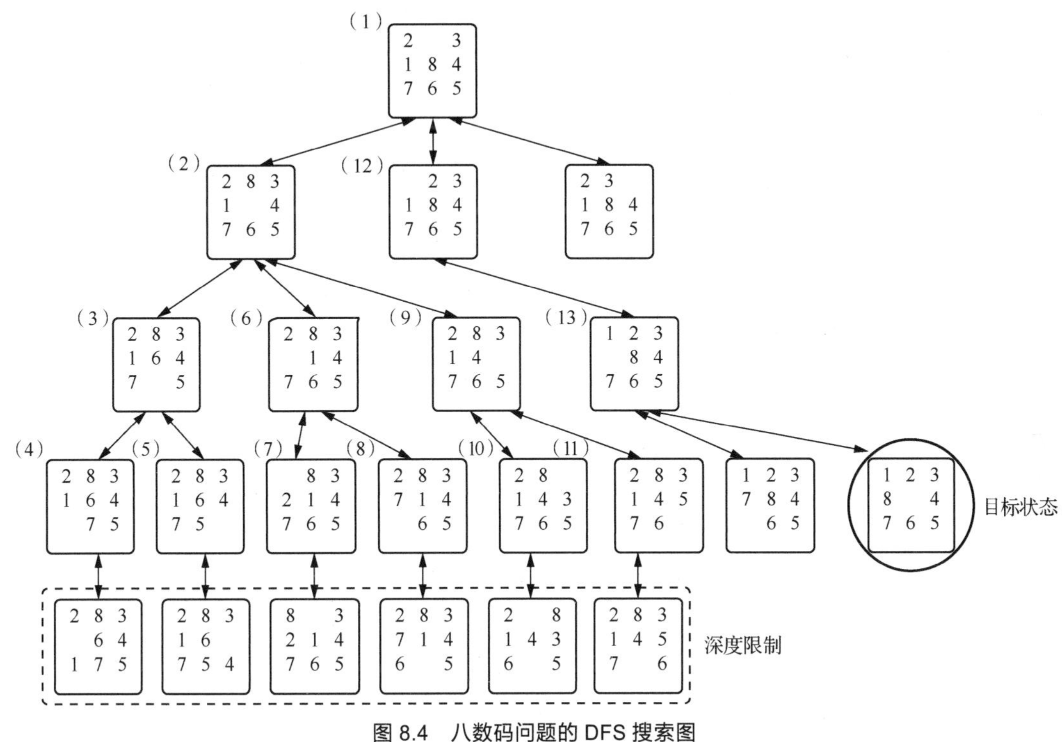

图 8.4　八数码问题的 DFS 搜索图

2. 宽度优先搜索

与深度优先搜索向下进行纵向扩展并优先扩展深度最深的结点的方式相反，宽度优先搜索（Breadth First Search，BFS）会优先扩展层数较低（即深度较浅）的结点，仅当某一层的结点全部搜索完毕时，BFS 才会进入下一层进行搜索，其具体搜索方法为：在根结点处生成第一层结点，并在该层中横向进行搜索，检查该层是否存在所需的目标结点；若未找到目标结点，则将第一层的所有结点逐一进行扩展，生成第二层结点，再重复上述步骤，直至发现目标结点。BFS 的搜索次序如图 8.5 所示。

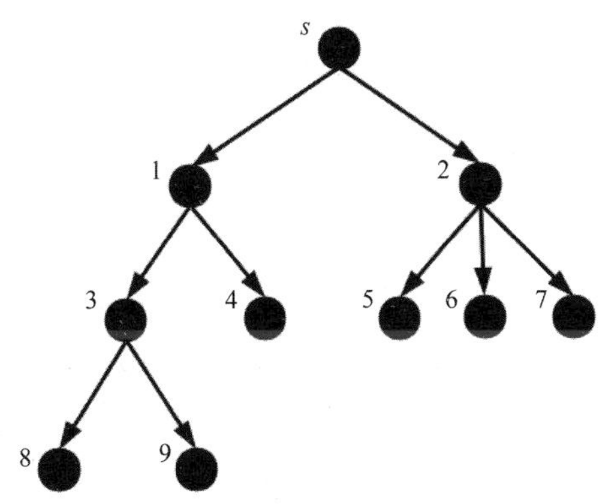

图 8.5　BFS 的搜索次序

图 8.6 给出了利用 BFS 解决上述八数码问题的搜索过程。由图 8.6 可知，与 DFS 相比，BFS 会在所有结点中逐层进行搜索，并仅当搜索完该层的全部结点后才扩展下一层结点。因此，如果目标结点存在，当利用 BFS 进行搜索时总能找到该目标结点，且一定为最优解。对于一些深度较深的搜索树，DFS 容易陷入错误路径的死循环，难以回到正确路径，导致其最终无法得到最优答案。BFS 虽解决了这一问题，但它需要保存逐层遍历的所有信息，且当目标结点与初始结点相距较远时，BFS 需要更多的时间来扩展到目标结点所在的层级，因此，BFS 的时间需求和空间需求都更加庞大。

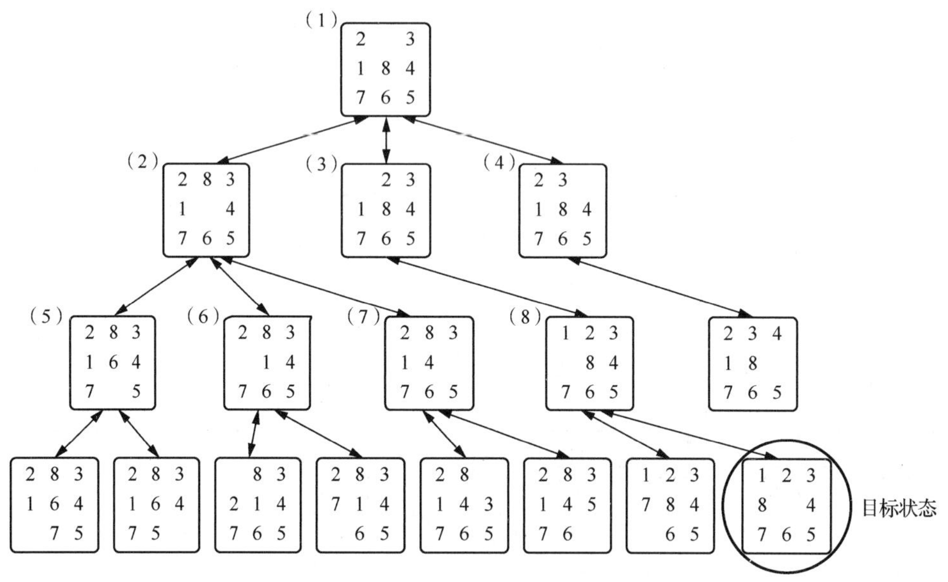

图 8.6 八数码问题的 BFS 搜索图

3. A*搜索算法

深度优先搜索和宽度优先搜索均属于盲目搜索，搜索规则简单，但搜索范围大，效率较低。在扩展结点时，如果能够考虑与问题有关的特征信息，估算出每个结点的价值，并依据价值的大小选择性地进行搜索，则能在一定程度上提高搜索的效率，这样的过程被称为启发式搜索，与问题相关的特征信息则被称为启发信息。

A*搜索算法的基础为 A 搜索算法。A 搜索算法通过某一结点所需的代价来估算该结点的价值；某结点的代价越小，表示该结点的价值越大，搜索的优先级就越高。A 搜索算法定义了一个评价函数，用于估计从初始结点 s 经过结点 x 到达目标结点 t 的最优路径上的总代价：$f(x)=g(x)+h(x)$。其中，x 为待评价的结点；$g(x)$表示从节点 s 到结点 x 的实际代价；$h(x)$表示从结点 x 到达结点 t 的最优路径的代价估计值，其形式反映了问题的特征，体现出不同问题的启发信息，故被称为启发函数。在不同的具体问题中，对路径代价的定义也有所区别，常规的定义方法通常为路径的长度、走完路径所需的时间或金钱开销等。

同样以上面的八数码问题为例，若用 A 搜索算法解决这一问题，则可以对评价函数的各部分进行如下定义。

$h(x)$=与目标状态的布局不一致的棋子的个数

$g(x)$=当前状态的结点 x 在整个搜索图中的深度

观察图 8.2 所示的八数码问题可知，在初始状态下，共有三枚棋子（分别为编号 1、2、8 对应的棋子）的位置与目标状态中的布局不一致，因此 h 的初始值为 3，评价函数 f 的初始值为 0+3=3。

利用 A 搜索算法求解此八数码问题的搜索过程如图 8.7 所示，其中结点的探索顺序和各结点的 f 值分别由结点左上角的字母和括号内的数字表示。

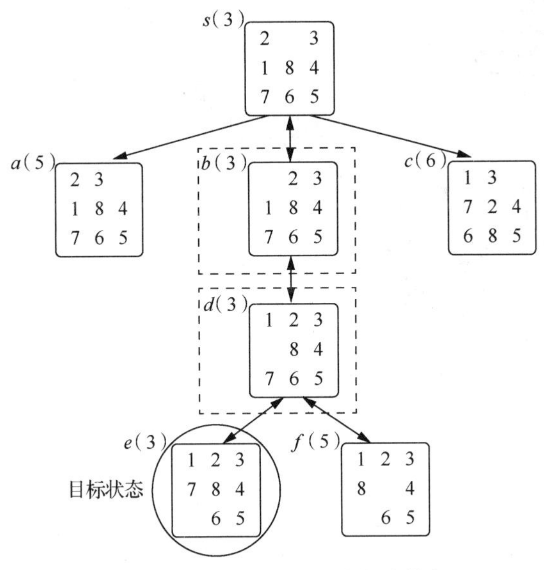

图 8.7　八数码问题的 A 搜索算法搜索图

在实际应用中，启发函数 $h(x)$的选取往往决定了算法最终能否成功找到最优解。假设 $h^*(x)$表示结点 x 到目标结点的最小代价，那么对于搜索图中的任意结点 x，当启发函数 $h(x)$满足条件 $h(x) \leqslant h^*(x)$，即估计的代价小于或等于实际的最小代价时，由此构成的评价函数永远都能找到具有最小代价的解，我们把满足此类条件的 A 搜索算法称为 A*搜索算法。换言之，当某一问题有解时，A*搜索算法必定能找到此问题的一个最优解。

表 8.1 所示为利用 DFS、BFS 和 A*搜索算法解决八数码问题的性能对比。其中，b 表示八数码问题所形成的搜索树的宽度，m 表示搜索树上每条分支所包含的结点数目，d 表示搜索树上分支的深度。由于 A*搜索算法涉及搜索和剪枝操作，因此其复杂度一般难以计算，而算法的性能则与具体的启发函数有关。

表 8.1　　DFS、BFS 和 A*搜索算法解决八数码问题的性能对比

	优点	缺点	时间复杂度	空间复杂度
DFS	当目标结点在搜索所进入的分支上时，可以较快地得到解	若目标结点不在搜索所进入的分支上，且分支具有无穷多结点，则无法得到解	$O(b^m)$	$O(b \cdot m)$
BFS	只要问题有解，就总能得到解，并且该解必为问题的最优解	当目标结点距离初始结点较远时，搜索效率会明显下降，产生的冗余结点较多	$O(b^{d+1})$	$O(b^{d+1})$
A*搜索算法	搜索只需要扩展最有希望到达目标的结点，而无须扩展每一层的所有结点	启发函数的选择与搜索效率直接相关	与启发函数的选择有关	

搜索策略常用于最优路径问题求解，并与人工智能、机器人技术及自动控制等多个学科领域相结合，并发挥着重要作用，如图 8.8 所示。目前，A*搜索算法被广泛应用于自动驾驶的路径规划。搜索策略还可以应用于机器人编程，实现自动寻路、规避障碍物等功能。此外，搜索策略也可以训练游戏 AI，以及在导航 App 中结合 GPS 与实时路况信息为用户规划最佳路线等。

图 8.8　搜索策略在现实生活中的应用

8.2　强化学习

如何实现智能决策，让机器可以像人一样思考，这是人工智能的重要研究内容之一。从 2016 年 AlphaGo（见图 8.9）战胜人类职业棋手，到 2019 年 AlphaStar 在“星际争霸Ⅱ”中以 99.8%的战绩打败人类职业玩家，人工智能不断地在游戏领域掀起浪潮，刷新人们的认知。在围棋和实时策略游戏中，AlphaGo 和 AlphaStar 能够实时地根据战局做出决策，这体现了人工智能在智能决策上的强大能力以及巨大潜力。

图 8.9　AlphaGo

考虑一个机器人寻宝游戏：在一个游戏环境中，存在一个宝藏，收集宝藏可以获得游戏加分；同时，游戏环境中也有火坑，踏入火坑则会受到惩罚。假如我们想让一个机器人学会在游戏中收集宝藏并避免踏入火坑，根据计算思维解决问题的一般过程，我们可以逐步分析这个问题。

（1）问题分解

要学会玩寻宝游戏，机器人需要能够感知环境，并采取相应的行动在环境中不断地探索，从而发现在各种情况下应该采取的决策。因此，机器人寻宝问题可以分解为机器人对环境的感知和记忆以及机器人在环境中面对各种情况应该采取的行为。

（2）模式识别

机器人要尽快找到宝藏，需要尽可能地探索整个环境，并记忆宝藏所处的位置，从而找到一条最佳路径。同时，机器人要避免踏入火坑，则需要记住踏入火坑后受到惩罚这一失败经验。这与人类的寻宝过程是类似的。人类在玩寻宝游戏时会通过眼睛观察周围的环境，并在环境中四处行走来寻找宝藏并记住宝藏的位置和火坑的位置，从而做出最佳决策。机器人对环境的感知可以通过为机器人配备摄像头或传感器来实现，机器人对环境的探索则可以通过在网格中移动来实现。

（3）抽象

机器人寻宝问题需要机器人在环境中连续不断地做出决策来达成目标，这一类问题可以抽象成序列决策问题。如图 8.10 所示，通过将环境划分成网格，就可以将环境简化成一个网格世界。我们可以用不同的颜色来标识火坑和宝藏，例如，用红色代表火坑，用蓝色代表宝藏。机器人所处的位置以及机器人视野内的对象（包括宝藏和火坑）构成了机器人的状态，在不同的状态下，机器人的移动可以抽象成采取上、下、左、右 4 种可能的动作，从而触发状态的变化。

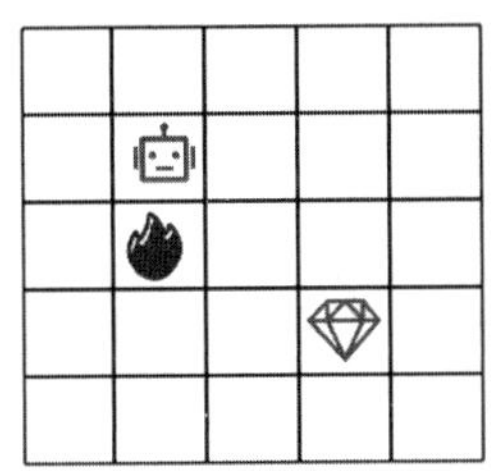
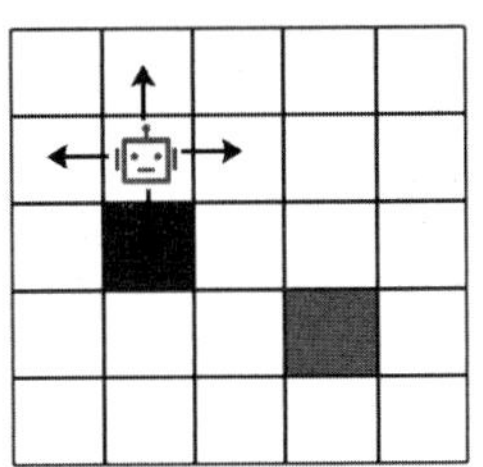

图 8.10　机器人寻宝问题

（4）算法设计

序列决策问题我们可以用强化学习来解决。AlphaGo 和 AlphaStar 成功的背后就是深度学习与强化学习相结合的核心技术。强化学习是一种重要的机器学习方法，其不仅在游戏领域取得了巨大成功，而且在机械控制、自动驾驶、人机对话等涉及决策与控制的领域也有广泛的应用。

接下来，我们结合机器人寻宝问题进一步介绍强化学习的基本原理。

1. 强化学习基本原理

强化学习也叫增强学习，其思想来源于心理学中的效果律：在一定的情景下让动物觉得舒服的行为会与此情景增强联系。当此情景再现时，动物会更倾向于采取这种行为。想象一下小狗接球的场景，狗每次成功接到球就得到一根骨头的奖赏，反之没有任何奖赏，经过一段时间的训练，狗就会知道接球可以获得奖励，从而就会不断地执行接球动作以获得奖励。人类的交互学习也是一种在反复试验中学习的试错学习过程。强化学习模拟了人类的交互学习，其本质是奖惩与试错。

在强化学习环境中，通常把学习的主体称为智能体。如图 8.10 所示，在机器人寻宝问题中，机器人就是智能体。机器人（智能体）通过不断地与环境进行交互，从错误中学习适应环境，依据环境的反馈来学习最优策略。

强化学习有 4 个基本要素，分别是策略、奖励、价值函数以及环境模型。

（1）策略

策略是从状态到行为的一种映射，它定义了智能体的行为。智能体在给定的状态下所采取的动作取决于策略。例如，机器人依据策略，根据当前的状态判断应该采取上、下、左、右哪一个动作。

（2）奖励

奖励是环境对智能体当前行为的一个即时反馈。奖励可以反映智能体学习的任务目标。智能体总是朝着最大化奖励的方向去学习的。可以看出，奖励的设计往往会直接影响学习效果。在机器人寻宝问题中，根据任务目标，可以定义奖励为收集宝藏得到+1 的奖励，踏入火坑得到-1 的惩罚，同时每一步有-1 的时间步惩罚，以激励智能体尽快找到宝藏。其他情况下智能体的奖励为 0。在这样的奖励设置下，智能体可以根据奖励的引导去收集宝藏，并避免踏入火坑。

（3）价值函数

价值函数是对智能体的序列决策的长期收益的衡量。价值函数与奖励不一样，奖励是环境在智能体每采取一个动作后给予的即时反馈，而价值函数是从一个长远的角度来估计智能体当前行为的好坏的。

（4）环境模型

环境模型是对环境的建模，它定义了不同状态之间的转移概率以及智能体在当前状态下采取某个动作所能获得的奖励。

强化学习的基本框架如图 8.11 所示，智能体和环境的交互过程通常包含以下 3 个步骤。

① 在每一个时刻，智能体获得对环境的观测值，也叫作智能体的状态。

② 智能体根据自身的策略，对当前状态做出反应，即采取一个具体的动作作用于环境。

③ 智能体采取动作之后，环境依据状态转移概率发生变化，并将新的状态以及奖励反馈给智能体。

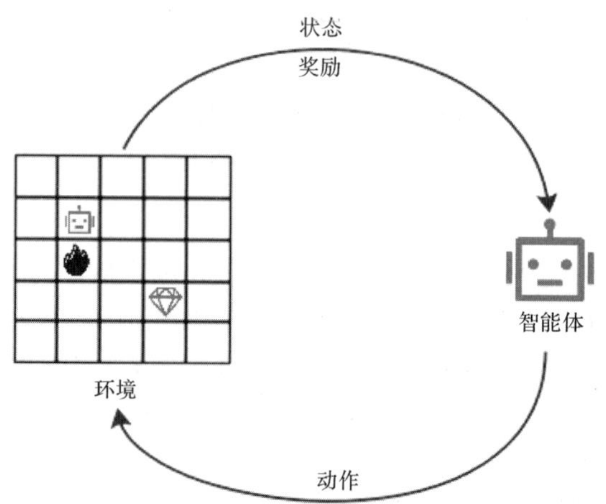

图 8.11　强化学习的基本框架

在机器人寻宝问题中，当前的整个网格世界就是环境的当前状态。机器人在当前状态下，根据策略采取上、下、左、右这 4 者中的一个动作。如图 8.12 所示，机器人当前状态为 S_0，假设机器人采取了向右移动的动作，那么状态将会从 S_0 转变成 S_1，S_1 即为机器人的新状态。机器人在这一步获得环境反馈的即时奖励 0。然后，智能体将进一步根据新的状态来采取动作，直到成功收集宝藏或游戏结束。在一轮游戏结束之后，可以得到形如“(状态,动作,奖励,下一状态)”的序列，这些序列组成了策略的训练数据。智能体通过不断地与环境进行交互，以最大化奖励为目标，根据探索过程中获得的数据来不断更新自己的策略，从而完成收集宝藏的任务。

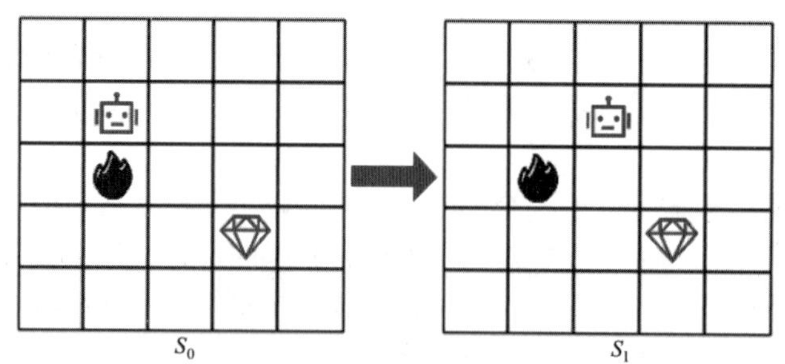

图 8.12　机器人采取向右移动的动作后状态的转变

2. 强化学习与其他机器学习范式的不同

强化学习与监督学习和无监督学习都属于机器学习范式，但是强化学习与其他机器学习范式有很大的不同。如图 8.13 所示，监督学习从带有标记的训练数据中学习预测新的样本。例如，手写数字识别就是典型的适合用监督学习解决的问题。无监督学习从没有标记的训练数据中学习数据的特征，找出数据中潜在的结构并将其分成若干类。无监督学习主要解决机器学习中的聚类问题，例如，从大量无标签的猫和狗的照片中学习这是两种不同的动物并加以区分。监督学习和无监督学习本质上都属于机器学习，而强化学习属于决策学习。强化学习没有标签，它会根据环境的反馈来判断行为的好坏，通过奖励和惩罚来学习最大化行为序列的长期收益。

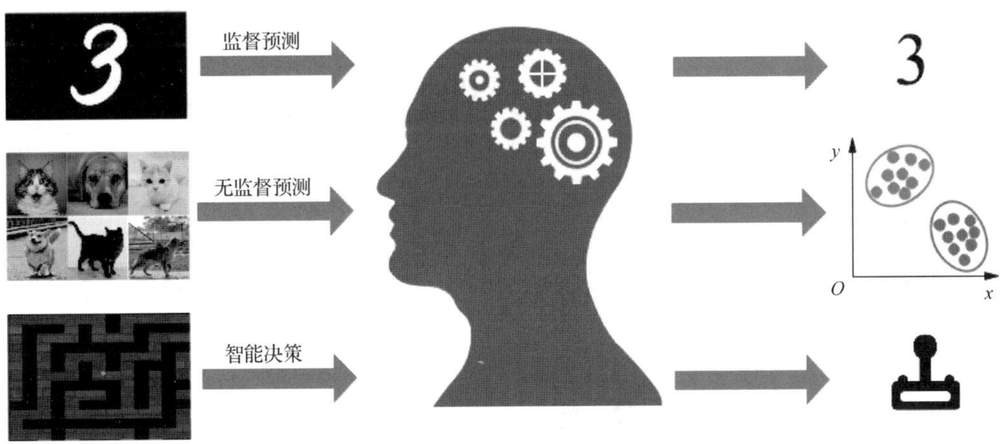

图 8.13　强化学习与监督学习和无监督学习的区别

3. 强化学习的应用

强化学习适用于解决序列决策问题，而日常生活中序列决策问题无处不在，因此强化学习在许多实际生活场景中都有应用价值。随着研究的发展和深入，强化学习已经在许多领域得到了应用。

目前强化学习应用最广泛的领域是游戏领域，除了广为人知的 AlphaGo 下围棋、用强化学习训练 AI 打“王者荣耀”，踢足球以及打篮球等游戏也是最近兴起的一些强化学习游戏应用场景。

在机器人领域，强化学习也发挥了巨大的作用。强化学习可以训练机器人控制机械臂完成移动、抓取、放置等动作，并被应用于工业生产活动中。同时，机器人自动导航、无人机控制也是强化学习在机械控制方面的主流应用。

在智能交通领域，强化学习可以用于调度决策。例如，用强化学习训练的智能体可以根据交通状况来控制红绿灯的时长，从而减少车辆的等待时间。近年来，强化学习还被应用于网约车派单业务，以最大化司机收益为目标来学习派单决策。

在商业领域，强化学习在一些电商场景中得到了广泛应用。阿里巴巴公司用强化学习来解决电商平台的商品推荐问题，有效提升了人和商品之间的配对效率。实践还证明强化学习可以应用于商品针对多个场景的联合排序，以提升搜索的智能性。

8.3　群体智能

自然界中社会性动物单个个体的行为往往简单且智能性并不高，但是一群个体相互协作所表现出的智能性远超任何单个个体，它们互相作用导致行为变得很复杂。例如，如图 8.14 所示，一只蚂蚁可以完成的任务很有限，但是一群蚂蚁可以搭建桥梁来跨越地形缺口，可以建造筏子来渡过水面；一只蜜蜂可以完成的任务同样有限，而一群蜜蜂则可以构筑极其复杂的巢穴。受自然界中这些个体互相合作所表现出的智能行为的启发，群体智能（Swarm Intelligence）被提出。群体智能利用群体优势，为复杂问题的解决提供了一个新的方向。迄今为止，群体智能算法已经在调度、可靠性优化、路径规划等多个方面得到了广泛应用。

飞机航线安排、公交车行进路线规划、邮件派送路线规划、旅游路线规划等都属于路径规划问题，它们都可简化为旅行商问题（Travelling Salesman Problem，TSP）。旅行商问题具有重要的实际意义和工程背景：一个旅行商需要去 N 个城市推销商品，他从一个城市出发，经过其他 N-1 个城市，最后回到出发城市，要求除出发城市外的其他城市只能经过一次，那么如何行走才能使总路程最短呢？

将 TSP 进行抽象，如图 8.15 所示，假设有 5 个城市，顶点 A、B、C、D、E 分别代表 1 个城市，任意 2 个顶点之间有连线，表示 2 个城市之间的距离，需要在这些连线中找到一个总路程最短的回路。

图 8.14　蚁群和蜂群

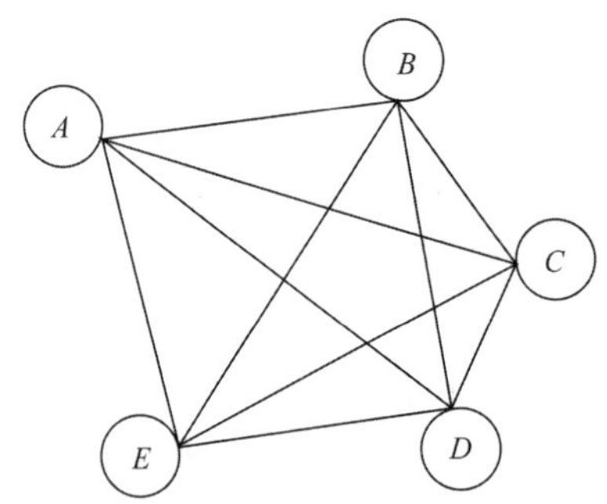

图 8.15　TSP 抽象图

TSP 可以用群体智能算法来解决，下面我们介绍两个经典的群体智能算法。

1. 蚁群算法

蚁群算法是意大利学者多里格（Dorig）等人受蚂蚁觅食行为的启发而于 1992 年提出的。通过观察蚂蚁的觅食过程，他们发现蚂蚁总能找到巢穴和食物之间的最短路径。众所周知，蚂蚁的视觉系统并不发达，那么它们是如何做到的呢？通过更深入的研究，他们发现蚂蚁除了会在其经过的路上留下一种挥发性信息素外，还能感知信息素的强度，通过这种信息素，它们实现了间接联系并相互合作，最终找到了食物与巢穴之间的最短路径。

下面我们通过蚂蚁的觅食过程来理解蚁群算法的基本原理。如图 8.16 所示，蚂蚁在寻找食物时，起始并不知道哪里有食物，它们分别向不同的地方漫无目的地探索，同时沿途分泌信息素。找到食物的蚂蚁在将食物运回巢穴的途中同样会留下信息素，没有找到食物的蚂蚁及新出巢穴的蚂蚁会以更大的概率选择信息素浓度高的路径。蚂蚁可能会找到多条不同的路径前往同一食物源，由于长路径往返一次需要的时间更长，随着时间的推进，相同时间内走过该路径的蚂蚁数目比走短路径的要少，该路径上累积的信息素自然也比短路径上的要少，因此更多的蚂蚁会被短路径吸引，留下更多的信息素，而越来越少的蚂蚁会选择长路径，最终几乎所有的蚂蚁都会聚集到短路径上来。

蚁群的这种觅食过程形成一种正反馈。蚁群算法就是模拟自然界蚂蚁觅食的过程，并由此衍生出来的一种群体智能算法。蚂蚁觅食过程类似于搜寻 TSP 最优解的过程：找到的从食物到巢穴的每一条路径对应 TSP 的一个可行解；巢穴与食物之间的最短路径对应 TSP 的最优解。

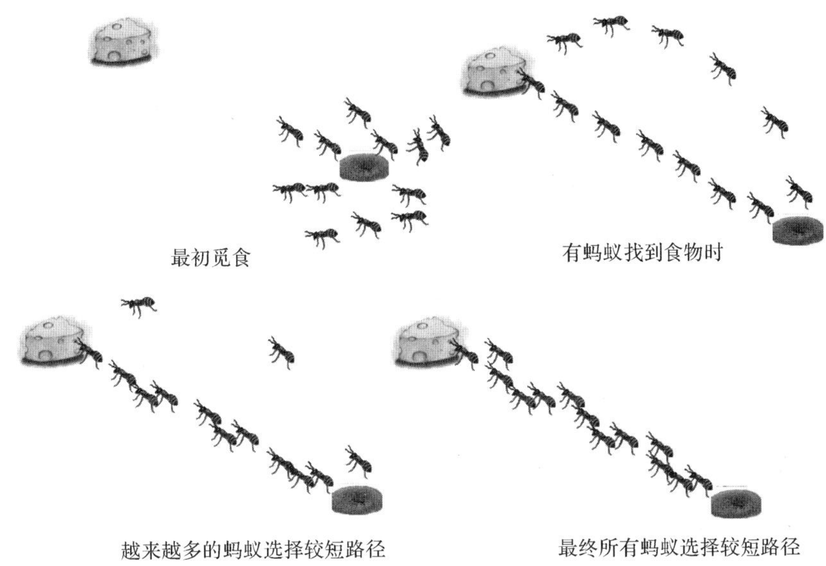
最初觅食
有蚂蚁找到食物时
越来越多的蚂蚁选择较短路径
最终所有蚂蚁选择较短路径

图 8.16　蚁群觅食过程示意图

蚁群算法解决 TSP 的步骤如下。

① 初始化蚁群蚂蚁的数量 m，设置迭代次数，设置初始各连线上的信息素等。

② 初始时刻，将 m 只蚂蚁放在代表城市的 N 个顶点上。

③ 所有蚂蚁根据转移函数选择下一个城市，完成各自的一次循环，也就是每只蚂蚁根据状态变化规则逐步构造一个解，即生成一条满足要求的路径。

④ 记录下本次迭代找到的最优路径。

⑤ 根据信息素消散规则，更新所有连线上的信息素，然后根据信息素更新规则，对本次迭代产生的 m 个解所对应的路径上的所有信息素进行增强。

⑥ 判断是否满足终止条件，若满足则结束，输出找到的最优路径，反之转至步骤③。

2. 人工蜂群算法

人工蜂群算法是一种经典的群体智能算法。在自然界中，蜂群采蜜前总会先派少数蜜蜂到处搜寻蜜源，找到蜜源后再飞回巢穴报信，以跳舞的方式告诉其他蜜蜂蜜源的信息，然后其他蜜蜂随报信的蜜蜂一起返回蜜源采蜜。以这种方式，蜂群总是能以极高的效率找到优质的蜜源。人工蜂群算法就是受蜜蜂采蜜行为的启发而被提出的。

人工蜂群算法包含 3 个组成要素：食物源、雇佣蜂、非雇佣蜂。

① 食物源的价值由含有花蜜的多少、距离巢穴的远近以及花蜜提取的难易程度等因素共同决定，通常用“食物源浓度”来表示。

② 雇佣蜂又称引领蜂，指已经找到食物的蜜蜂，雇佣蜂与食物源逐一对应，雇佣蜂的个数等于食物源的个数。每一个雇佣蜂都知道某个食物源的信息，并以一定的概率以跳舞的方式将信息告诉跟随蜂。

③ 非雇佣蜂又分为侦察蜂和跟随蜂两类，其中侦察蜂主要承担搜寻食物源的任务，而跟随蜂在巢穴内等待，通过观察雇佣蜂传递的食物源信息，选择雇佣蜂并随之飞回原食物源，然后在原食物源周围进行搜索和“贪婪选择”，也就是找最优的食物源。

图 8.17 所示为蜂群采蜜机理。初始时刻，侦察蜂飞出巢穴四处搜寻食物源，找到食物源后成为雇佣蜂。雇佣蜂开始采蜜，采完蜜后飞回巢穴，然后雇佣蜂有以下 3 种选择。

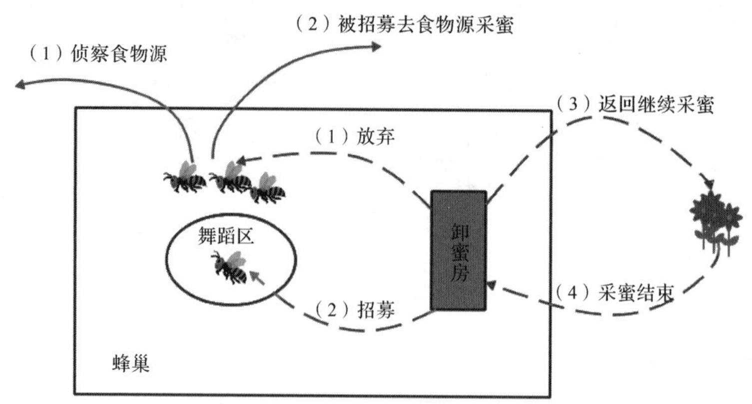

图 8.17　蜂群采蜜机理

① 该食物源浓度不高，雇佣蜂舍弃这个食物源，重新成为侦察蜂找更好的食物源。

② 在舞蹈区通过跳舞将食物源信息传递给其他蜜蜂，即招募跟随蜂，然后与被招募的跟随蜂一起返回食物源附近继续采蜜。

③ 不告诉其他蜜蜂食物源的信息，即不招募跟随蜂，而直接返回食物源继续采蜜。

如果雇佣蜂选择招募跟随蜂，那么在巢穴内等待的跟随蜂就会通过观察雇佣蜂传递的信息，选择其中较优的食物源，跟随对应的雇佣蜂返回原食物源，并在原食物源周围进行搜索和贪婪选择。跟随蜂的数量取决于该食物源浓度，食物源浓度越高跟随蜂的数量越多。若跟随蜂找到的新食物源浓度大于旧食物源浓度，则舍弃旧食物源，同时该跟随蜂与雇佣蜂互换角色，反之角色保持不变。当雇佣蜂对应的食物源浓度连续 K 次没有被更新时，说明这个食物源应该舍弃，该雇佣蜂成为侦察蜂，而在找到食物源后，该侦察蜂又变为雇佣蜂。

人工蜂群算法就是从上述蜂群采蜜机理衍生出来的，它通过不断地转换角色和执行不同的任务，最终找到待解决问题的最优解。这个过程类似于搜寻 TSP 最优解的过程。找到的每一个食物源对应 TSP 的一个回路。食物源的价值对应回路的路径长度，食物源价值越高，路径越短，说明该路径越优。价值最高的食物源对应 TSP 的最短路径，即最优解。寻找食物源的速度对应解决 TSP 的速度。

人工蜂群算法解决 TSP 的步骤如下。

① 初始化，设置迭代次数，蜂群中雇佣蜂和跟随蜂的数量都为 m，在搜索范围内随机生成 m 个可能解，解的数量等于雇佣蜂的数量。计算初始解的适应度，设置每个解的限制次数 l_i=0，以及所有解的最大限制次数 K。

② 雇佣蜂对初始解进行邻域搜索，产生 m 个新解并计算它们的适应度。若新解的适应度大于旧解的适应度，则用新解替换旧解，l_i=0；反之，$l_i=l_i+1$。

③ 跟随蜂根据一定的概率选择解，并对该解进行邻域搜索，进而产生若干个新解，计算它们的适应度，在这若干个新解中进行贪婪选择，找到最大的适应度。若该适应度大于旧解的适应度，则用该适应度对应的新解替代旧解，l_i=0；反之，$l_i=l_i+1$。

④ 若 $l_i=K$，则舍弃该解，然后侦察蜂对这个解进行邻域搜索并产生新解。

⑤ 判断是否满足终止条件，若满足则结束，输出最优路径，反之转至步骤②。

通过上述求解过程，就可以在找到的所有路径中选出最优路径。

3. 主要应用

除了上面介绍的蚁群算法和人工蜂群算法，还有许多群体智能算法不断地被提出，如粒子群算法、狼群算法等。这些群体智能算法已被应用于通信、工业、机器人路径规划等领域，并取得了不错的成果。

除了旅行商问题，群体智能算法还可以应用于人员分配、车间调度、图着色和分割等优化问题。在通信网络领域，群体智能算法可以应用于传感器网络结点的部署，来保证部署结点与不同位置的基站结点的连通性。在机器人领域，群体智能算法可以解决机器人路径规划、机器人任务分配等问题。同时，通过部署在多个机器人系统上，群体智能算法也可解决多个智能体间的协调组织问题。

8.4 案例分析与实现

上一节我们介绍了群体智能的两种典型算法。本节我们将以 TSP 为例，介绍蚁群算法具体是如何实现的。

问题：一个旅行商需要去 48 个城市推销商品，城市分布如图 8.18 所示。找出一条遍历所有城市且总路程最短的路径（要求最后回到出发城市，且除出发城市外，其他城市只能经过一次）。

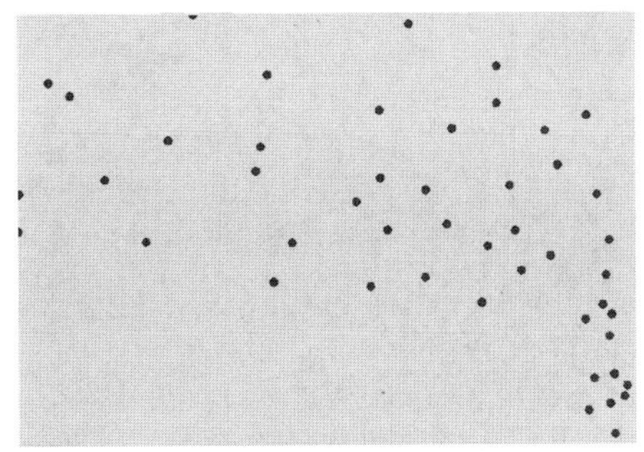

图 8.18 TSP 城市分布

1. 问题分解

利用蚁群算法解决 TSP 的过程可以分解为以下步骤：首先为了让每只蚂蚁独立地搜索可行解，我们需要随机初始化很多蚂蚁以及它们的出生点；其次为了让它们搜索到可行解，需要对其路过的城市进行标记以避免在找到可行解之前重复路过一个城市；该问题最重要的是转移概率的设置，也就是蚂蚁在一个城市选择某个城市作为下一节点的概率，我们需要按照蚁群算法的原理来设置这个概率；最后当蚂蚁找到一个最优解之后，需要更新每条路径上的信息素。

2. 模式识别

蚁群算法的工作模式是通过信息素浓度来衡量路径的权重。蚁群算法解决问题的方式是每只蚂蚁在解空间中独立地搜索可行解，解越好则留下的信息素越多。随着算法的推进，较优解路径上的信息素增多，选择它的蚂蚁也随之增多，最终路径会收敛到最优或近似最优的解上。在 TSP 中，我们需要找到一条能遍历所有节点的最短路径，可以设置多个蚂蚁，让它们各自探索可行解，在找到一个可行解时对路径的权重进行更新（增加该权重）。通常蚂蚁会倾向于选择信息素浓度较高的路径，也就是在此之前有更多蚂蚁走过的路径。这一点在 TSP 中可以通过设置蚂蚁的转移概率与路径上的信息素浓度正相关来实现。

3. 抽象

在该问题中，我们将一个城市抽象为一个节点，将蚂蚁对下一城市的选择抽象为一个概率分布。蚁群算法的原理中，起作用的主要有两点因素：第一点是蚂蚁可以改变和感知信息素浓度；第二点是较短的路径在相同时间内会比较长的路径累积更多的信息素。因此我们在对蚂蚁的路径选择策略进行抽象的时候，需要考虑这两点。第一点可以通过新旧信息素的叠加以及令蚂蚁的转移概率与路径信息素浓度正相关来抽象；在该案例中我们假设蚂蚁在任意两节点之间移动都只需要一步，这样两点间的路径长度对该路径被选择的频率就没有影响了，因此第二点因素就没有起到任何作用。这里我们通过令转移概率与路径长度负相关来达到相同的效果。这样蚂蚁的转移概率就被抽象为与信息素浓度成正相关，而与路径长度成负相关。

4. 算法设计

首先是随机初始化每个蚂蚁的位置，在一个蚂蚁遍历完所有节点之前，其不可以重复走到已经走过的节点上：

```
city_index = random.randint(0,city_num-1) # 随机初始化出发点
self.current_city = city_index
self.path.append(city_index)
self.open_table_city[city_index] = False # 一个城市被路过后，标记状态变为 False
self.move_count = 1
```

接着蚂蚁根据转移概率选择下一个城市，转移概率与信息素浓度和路径距离有关，路径上的信息素浓度越高，选择该路径的概率越高；路径越短，选择该路径的概率越高：

```
# 获取去下一个城市的概率
for i in xrange(city_num):
    if self.open_table_city[i]: # 如果该城市尚未路过
       try :
                   # 计算概率：与信息素浓度成正比，与路径距离成反比
                   select_citys_prob[i] = pow(pheromone_graph[self.current_city]
                   [i],ALPHA) *
                   pow((1.0/distance_graph[self.current_city][i]), BETA) # pow(a,b)
                   表示 a 的 b 次幂
                   total_prob += select_citys_prob[i]
```

这里我们可以取 ALPHA=1，BETA=2，即转移概率等于信息素浓度与距离平方的比值。

将两个城市间的信息素浓度初始化为 1：

```
for i in xrange(city_num):
    for j in xrange(city_num):
       pheromone_graph[i][j] = 1.0
```

在遍历完所有城市后，对信息素进行一次更新：

```
# 更新信息素
def __update_pheromone_gragh(self):
     # 获取每只蚂蚁在其路径上留下的信息素
     temp_pheromone = [[0.0 for col in xrange(city_num)] for raw in xrange(city_ num)]
         for ant in self.ants:
              for i in xrange(1,city_num):
                    start, end = ant.path[i-1], ant.path[i]
                    # 在路径上的每两个相邻城市间留下信息素，与路径总距离成反比
                    temp_pheromone[start][end] += Q / ant.total_distance
                    temp_pheromone[end][start] = temp_pheromone[start][end]
         # 更新所有城市之间的信息素，衰减旧信息素、加上新信息素
         for i in xrange(city_num):
               for j in xrange(city_num):
                     pheromone_graph[i][j] = pheromone_graph[i][j] * RHO + temp_
                     pheromone[i][j]
```

这样经过多次迭代后，较优路径上积累的信息素相比较差路径变得越来越多，因此转移概率就会逐渐向着较优路径偏移，最终程序会逐渐收敛。

对于本案例使用的 48 个城市的 TSP 数据集，在训练最开始搜索到的一个随机的可行解如图 8.19（a）所示。可以直观地看到这个解的总路径是非常长的。在训练进行一段时间后，可以得到下面右图所示的解，虽然它还不是最优解，但相较于初始的解，这个解已经有了明显的优化，总路径也缩短了很多。

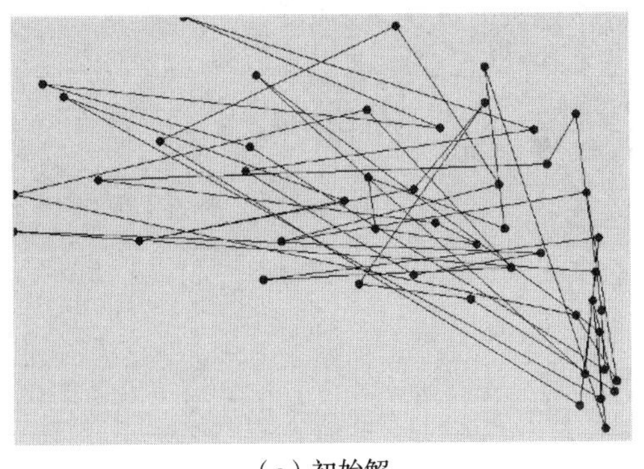
（a）初始解

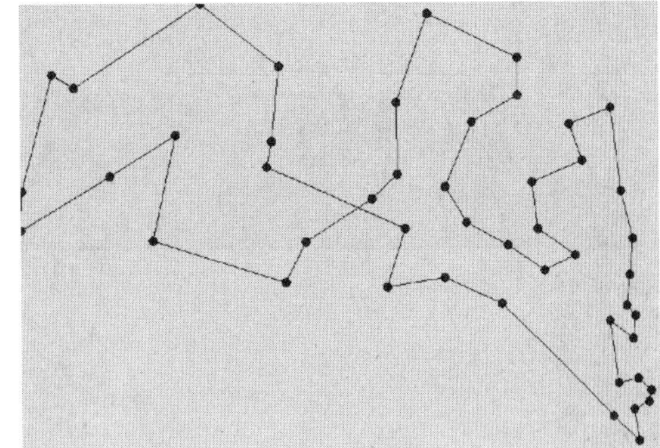
（b）较优解

图 8.19 TSP 的初始解和较优解

习题

一、选择题

1. 下列哪种搜索策略不一定能够找到问题的最优解？（　　）

A. DFS　　B. BFS

C. A*　　D. 上述三种都能找到最优解

2. 下列说法中，正确的一项是：（　　）

A. 盲目搜索方法依照预先确定的规则搜索路线，其典型算法包括 DFS、BFS 和 A*

B. 使用 DFS 进行搜索时，会优先搜索与某一节点位于同一层级的所有节点

C. 使用 BFS 进行搜索时，会优先搜索某一节点的子节点及其后裔节点

D. A*搜索算法中启发函数的定义与具体问题相关，不同问题下启发函数的形式也可能不同

3. 以下关于强化学习四个基本要素的描述中，错误的是：（　　）

A. 策略是从状态到行为的一种映射，它定义了智能体的行为

B. 智能体总是朝着最大化奖励的方向去学习的，因此奖励的设计会影响学习效果

C. 价值函数是对智能体的序列决策收益的衡量，即环境在智能体每采取一个动作后给予的即时反馈

D. 环境模型定义了不同状态之间的转移概率以及智能体在当前状态下采取某个动作所能获得的奖励

二、简答题

1. 简述本章介绍的三种搜索策略的优劣。
2. 强化学习有哪些基本要素？
3. 简述强化学习的基本工作原理。强化学习与监督学习和无监督学习有什么区别？
4. 简述蚁群算法的基本工作原理及流程。在解决 TSP 时，转移函数的设置主要与什么有关？
5. 举例说明群体智能算法在生活中有哪些应用。

三、讨论题

以小组合作的形式，通过网络搜索，了解一种强化学习算法，并介绍强化学习有哪些具体的应用场景；以一个场景为例，设计一个合理的奖励函数。记录小组讨论的主要内容，并推选代表在课堂上进行汇报。

09 第9章　智能机器人

随着人工智能的飞速发展，智能机器人的出现大大减轻了人类的劳动负担，并在一定意义上提高了人类的生活质量以及工作效率。时至今日，机器人几乎随处可见，生活中也存在着各种各样功能迥异的机器人。本章将简要介绍机器人这一高新技术产物的产生、发展以及应用，并在最后对机器人的未来进行展望。

9.1　机器人技术

机器人作为人机交互发展的直接产物已经应用于各行各业，并在一定的领域能够代替人类，在保证安全性、可靠性以及高效性的前提下完成给定的任务。

9.1.1　机器人简介

人类自古以来就对机器人及其技术怀有无限的好奇。在中国，早在春秋战国时期就有了相关记载。《墨子》中曾提到“公输子削竹木以为鹊，成而飞之，三日不下”。公输班（鲁班）在两千年前就已经造出能在空中飞行三日的飞鸟，如图 9.1 所示。而在国外，1920 年，捷克斯洛伐克作家卡雷尔·恰佩克在他的科幻小说《万能机器人》中创造性地提出 robot（机器人）这个单词。

图 9.1　公输班造飞鸟

近几十年来，由于计算机以及人机交互等技术的高速发展，机器人领域也推陈出新，越来越多的机器人出现在日常生活中，曾经只能在科幻小说、科幻电影中见识的画面，正在一步一步地成为现实。下面，我们简要地介绍近几十年来机器人领域的发展历程。

世界上第一个真正意义上的机器人的发明，是在距今不到 100 年的 20 世纪 50 年代。1954 年，美国人乔治制造出世界上第一只机械手。通过机器编程，该机械手在没有人为干扰的条件下能够完成许多不同的动作。这也是人类史上第一个真正同时具备通用性以及灵活性的机器人。

从 1954 年至今，机器人领域的发展主要可以分为 3 个重要的阶段。

1. 程序控制型机器人

程序控制型机器人是最早的一类机器人，主要通过两种方式驱动：第一种驱动方式是使用事先编好的指令，在这种方式下，机器人能够通过顺序执行对应的机器指令来完成一系列的动作，比较典型的就是上述第一只机械手；另一种驱动方式则是基于“展示—再现”的方式，即由人类去引导机器人，通过展示，让机器人将对应动作一步一步地记录下来，并将每一个动作分解为一个个对应的指令。引导过程完成之后，机器人在类似的环境下就能够完成相对应的任务。

第一代机器人已经具备初步的机动能力，能够模仿人类的部分运动功能，并能够代替人类完成一系列预定的任务。同时，第一代机器人的局限性也比较明显，即只能够刻板地完成人类指定的指令序列，这离科幻电影中的机器人还有一定的差距。

2. 感知型机器人

20 世纪 70 年代，传感器技术使机器人的发展迈入了一个新的阶段。新型的机器人在传统程序控制机器人的基础上增加了视觉传感器、听觉传感器以及触觉传感器等。通过传感器的额外信息输入，感知型机器人已经可以对外界信息进行简单分析，并控制自身的动作来适应当前的环境，同时还具备一定的自我修复能力。感知型机器人已经能够处理一些较为复杂以及需要实时反馈的任务，如搬运、呈递等。相比第一代程序控制型机器人，感知型机器人增加了一点“自身的想法”，但是并没有达到完全自治的状态，要应对一些相对复杂的环境或者进行大型故障的处理，还需要人的帮助。

3. 智能机器人

从 20 世纪 80 年代中期开始，在人工智能等技术高速发展的大环境下，智能机器人技术开始萌芽。正如上面提到的，感知型机器人具备一定的自治能力，但是要达到与真实人类相当的能力，还需要经过一定时间的技术革新。人类具备识别、推理、决策以及自我学习的能力，这些都是感知型机器人所没有的特征。因此，在人工智能技术的支持下，科学家们慢慢地赋予了机器人识别、推理以及一定的自我规划能力。它们可以把感知和行动智能化结合起来，使自身能够在非特定的环境下作业。

时至今日，世界上已经出现了各式各样的机器人，机器人的各项能力也慢慢趋近于人类，甚至在部分领域能够超越人类的能力极限。得益于机器人技术的快速发展，我们日常生活中的很多琐碎事务都能够在机器人的帮助下进行处理。机器人的存在，可以大大地节省劳动力，降低劳动成本，提高人类的劳动生产效率。机器人正在融入大众的生活。

9.1.2 机器人及其应用

得益于现代科技的高速发展，现代社会几乎每一个领域都能够看到机器人的身影。下面，我们对几类常用的机器人进行简要介绍，一起体会智能机器人在现代社会分工中的重要地位。

1. 工业机器人

工业机器人从机器人出现到今天一直存在。在机器人出现之初，工业机器人只能按照预先设定的指令顺序执行相关的操作，按照既定标准完成相应工业工序。现在工业机器人是世界上使用最多的一类机器人，包括汽车装配机器人、焊接机器人、搬运机器人等，如图 9.2 所示。

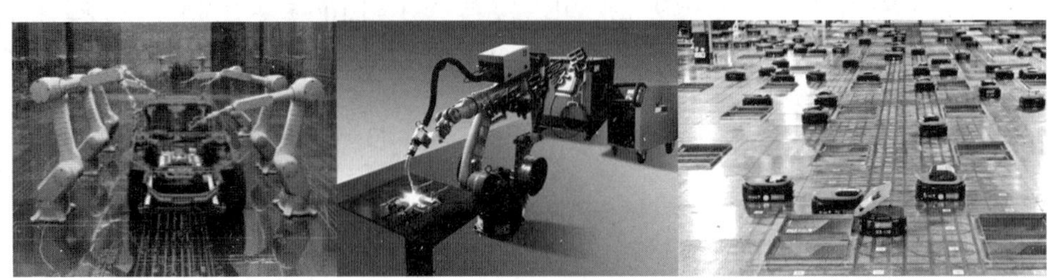

图 9.2　工业机器人

2. 服务型机器人

近年来，机器人技术发展迅速，机器人的生产成本也在一步一步地下降，各种服务型机器人开始出现在公众场所甚至家庭内部。服务型机器人旨在代替人工，为人类的相关活动提供帮助，如大型商场的导购机器人、餐厅的餐饮服务机器人以及在家庭内部比较常见的扫地机器人等，如图 9.3 所示。

图 9.3　服务型机器人

3. 军用机器人

另一类使用广泛但不常出现在大众视野中的机器人是军用机器人。军用机器人是帮助军方完成一系列军事任务的机器人的统称。在军事领域，军用机器人可以代替军队去完成一些高风险以及需要高精确度的任务，如处理地雷、炸弹等高危险武器的排爆机器人，用于近距离作战的地面作战机器人，以及无人侦察机和无人轰炸机等，如图 9.4 所示。

图 9.4　军用机器人

4. 其他机器人

当然，机器人不仅仅用于工业生产、提供服务以及军事活动等，世界上还有其他各种各样的机器人，如用于农业生产的农业机器人，用于高精度医疗的医用机器人以及用于文娱活动的娱乐机器人等。机器人的生产与人类的需求以及相关技术的进步息息相关。

9.1.3　机器人技术展望

现代机器人已经可以达到与人类比肩甚至在某些方面超越人类的水平。机器人产业正在稳步发展，人工智能技术也在逐渐走向成熟。不难发现，自从机器人的概念被提出，人类就一直为机器人技术而痴迷，憧憬制造出和人类一样会思考、会学习以及具备人类情感的机器人，并常常将自己对未来机器人的想象呈现在相关的艺术作品中。

未来机器人产业的发展，必将致力于对高新技术的应用，如结合人工智能、大数据、云计算以及物联网等。机器人也可能慢慢地走向类人化，具备自我学习等能力。相应地，机器人的用途也不会止步于现在的领域。

当然，机器人的发展也会为人类带来许多担忧。美国科幻作家艾沙克 • 阿西莫夫在他的作品中提出了“机器人三大法则”。

第一法则：机器人不得伤害人类个体，或目睹人类个体受到迫害。

第二法则：在不违反第一法则的前提下，机器人必须服从人类的命令。

第三法则：在不违反第一、第二法则的前提下，机器人必须保护自己不受伤害。

虽然这三大法则出自科幻小说，但是现实世界中人们还是将其作为机器人开发的基本准则。机器人技术正在不断地发展，机器人也变得越来越“聪明”。部分机器人研究者提出了思考：倘若未来机器人真的像人类一样拥有了意识，那么对人类的伦理道德限制是否也应该应用于机器人？机器人的伦理道德以及法律问题成为大众关注的一个焦点。

最后，在考虑机器人发展所涉及的伦理道德、法律等问题的前提下，发展机器人产业并与高新产业进行结合，将是未来机器人领域的一个重点。

9.2　人机交互

现代科技发展迅速，日新月异。现在，人类已经可以轻松地通过键盘输入、语音输入甚至动作输入等方式与机器进行交互。人类与机器的交互方式越来越趋于简单化、便捷化以及高效化。回顾历史，人机交互的发展经历了三个重要的阶段: 基于传统硬件设备的人机交互、基于触控设备的人机交互以及基于智能设备的人机交互。

9.2.1　基于传统硬件设备的人机交互

1946 年，世界上第一台通用电子数字计算机（ENIAC）诞生，计算机的高速发展史正式拉开了帷幕。同时，ENIAC 的发明也标志着人机交互的发展进入第一个阶段——基于传统硬件设备的人机交互。

ENIAC 长 30.48 米，宽 6 米，高 2.4 米，仅计算机本体的占地面积就达到了 170 平方米。ENIAC 能进行每秒 5 000 次加法运算或 400 次乘法运算，相当于 20 万人同时进行手工计算的计算能力。虽然 ENIAC 有着超乎常人的计算能力，但是它的使用相当复杂。使用 ENIAC 只能通过投入经过精细编码的打孔小纸条来实现指令与结果的输入和输出。如果想要在 ENIAC 上面编写程序，更是要花费好几天的时间摆弄调整各种开关和电缆，如图 9.5 所示。

20 世纪 60 年代，随着晶体管的发明，计算机被设计得越来越小，功能越来越强大。计算机的使用也由原来的基于打孔小纸条的编码输入以及结果输出，变成了计算机接受用户在键盘上的输入并将结果通过显示屏输出。同时，计算机显示屏上也出现了命令行界面，如图 9.6 所示。借助命令行界面，用户可以通过键盘键入字符，并得到实时反馈，这大大提高了人机交互的效率。此时，计算机用户还仅限于政府相关工作人员，但计算机的平民化趋势已经初现端倪。商人们敏锐地嗅到了其中的商机，并开始着手个人计算机的研究。如果要在普通人群中发掘市场，必然就要降低计算机的使用门槛，提高个人用户的使用体验。

图 9.5 工作人员正在使用 ENIAC

```
top - 18:16:07 up 5 days,  1:42,  1 user,  load average: 0.01, 0.04, 0.01
Tasks:  95 total,   2 running,  93 sleeping,   0 stopped,   0 zombie
%Cpu(s):  3.3 us,  1.7 sy,  0.0 ni, 95.0 id,  0.0 wa,  0.0 hi,  0.0 si,  0.0 st
KiB Mem :  1015528 total,   423448 free,   167920 used,   424160 buff/cache
KiB Swap:        0 total,        0 free,        0 used.   658772 avail Mem

  PID USER      PR  NI    VIRT    RES    SHR S %CPU %MEM     TIME+ COMMAND
14301 root      20   0  161540   9568   8212 S  1.0  0.9   0:00.03 sshd
 1185 root      20   0  358804  14860   7552 S  0.7  1.5  20:15.38 python
 1160 root      20   0  302848  17688   7368 S  0.3  1.7   8:29.73 cxguard
13721 root      20   0       0      0      0 S  0.3  0.0   0:00.23 kworker/0:0
14177 root      20   0  162004   4260   3608 R  0.3  0.4   0:00.06 top
14302 sshd      20   0  112932   6272   5220 S  0.3  0.6   0:00.01 sshd
14309 root      20   0  158816   8728   7420 S  0.3  0.9   0:00.01 sshd
    1 root      20   0   43336   5048   3864 S  0.0  0.5   0:14.90 systemd
    2 root      20   0       0      0      0 S  0.0  0.0   0:00.05 kthreadd
    4 root       0 -20       0      0      0 S  0.0  0.0   0:00.00 kworker/0:0H
    5 root      20   0       0      0      0 S  0.0  0.0   0:01.48 kworker/u2:0
    6 root       0 -20       0      0      0 S  0.0  0.0   0:00.00 mm_percpu_wq
    7 root      20   0       0      0      0 S  0.0  0.0   0:00.68 ksoftirqd/0
    8 root      20   0       0      0      0 S  0.0  0.0   0:27.90 rcu_sched
    9 root      20   0       0      0      0 S  0.0  0.0   0:00.00 rcu_bh
   10 root      20   0       0      0      0 R  0.0  0.0   0:31.85 rcuos/0
   11 root      20   0       0      0      0 S  0.0  0.0   0:00.00 rcuob/0
   12 root      rt   0       0      0      0 S  0.0  0.0   0:00.00 migration/0
   13 root      rt   0       0      0      0 S  0.0  0.0   0:01.53 watchdog/0
   14 root      20   0       0      0      0 S  0.0  0.0   0:00.00 cpuhp/0
   15 root      20   0       0      0      0 S  0.0  0.0   0:00.00 kdevtmpfs
   16 root       0 -20       0      0      0 S  0.0  0.0   0:00.00 netns
   17 root      20   0       0      0      0 S  0.0  0.0   0:00.25 khungtaskd
   18 root      20   0       0      0      0 S  0.0  0.0   0:00.00 oom_reaper
   19 root       0 -20       0      0      0 S  0.0  0.0   0:00.00 writeback
```

图 9.6 命令行界面

1960 年，利克莱德（Licklider）首次提出了人机紧密共栖（Human-Computer Close Symbiosis）的概念，这被视为人机交互学的启蒙概念，也是人机交互（Human-Computer Interaction）正式为人们所关注的起点。

1964 年，恩格尔巴特（Engelbart）发明了世界上第一个鼠标，如图 9.7 所示。借助鼠标，用户可以轻松地在计算机屏幕上定位光标，并轻松地完成文件的打开以及关闭等操作，这大大降低了计算机的使用门槛。如今，人们每购买一台计算机，必然要配备至少一个鼠标。鼠标、键盘等外设在日常生活中随处可见。但是，在鼠标出现之初，发明者远远没有想到这么一个灵活小巧的“玩具”，会大大影响未来计算机的使用。一直到 20 世纪 80 年代，计算机的发展进入了一个新的阶段，这才真正奠定了鼠标在人机交互领域的重要地位。

图 9.7 世界上第一个鼠标

1981 年，美国施乐公司发布了第一台完整地集成了桌面、应用程序以及图形用户界面（Graphical User Interface，GUI）的计算机，人们称之为 Xerox Star。这是一款首次采用 GUI 的个人计算机，用户可以通过 GUI 实时获取当前操作的结果，这标志着计算机的发展正式进入了“所见即所得”阶段。1983 年，苹果公司推出该公司的第一台采用 GUI 的个人计算机，这也是首款带有鼠标的个人计算机，标志着键鼠两件套正式成为计算机的标准配件。不久，在 1984 年，苹果公司又发布了 System 1.0，并引入基于窗口的图标等，用户可以通过操纵鼠标来打开/关闭窗口，完成文件的复制以及移动等操作。不可思议的是，如今人们习以为常的多种鼠标操纵方式早在 30 多年前图形用户界面刚出现不久就已经确定下来了。1985 年，微软公司也推出了第一个基于 GUI 的操作系统 Windows 1.0，如图 9.8 所示。

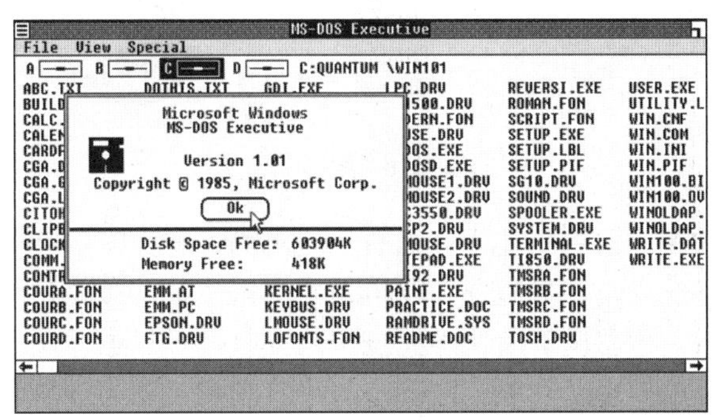

图 9.8　Windows 1.0 界面

GUI 的出现大大降低了计算机的操作难度和复杂度，让每一个用户都能轻松完成相关的操作，也为未来计算机以及人机交互的发展奠定了深厚的用户基础。

20 世纪 90 年代，因特网的发展使得世界上每一台计算机都可以相互连接，计算机技术高速发展，基于图形用户界面的操作系统如雨后春笋般出现。一方面，图形用户界面的功能越来越完善，用户与机器之间的交互也变得越来越便捷；另一方面，20 世纪 90 年代以来，大众对人机交互的关注基本停留在用户与计算机之间的交互。21 世纪初，移动设备的高速发展让人机交互的另一种形式——基于触控设备的人机交互出现在了大众的视野之中。

9.2.2　基于触控设备的人机交互

1971 年，美国人山姆 • 赫斯特（Sam Hirst）发明了世界上第一个触摸传感器，如图 9.9 所示，这为触控设备的高速发展拉开了帷幕。1984 年，贝尔实验室研制出了第一块能操控图像的触控式屏幕。同年，微软公司也开始研发相关技术。中国于 1991 年正式开始对触控设备展开研究。

图 9.9　世界上第一个触摸传感器

通过使用触控设备，在交互界面上，用户可以直接用手指完成相关的交互操作，如单击图标、拖曳图标、长按图标等。从 20 世纪 90 年代开始，触控技术大量应用于电子自动售货机、卡拉 OK 点唱机、图书馆信息检索机等各种设备上，如图 9.10 所示。触控设备慢慢融入了人们的生活。

图 9.10　触控设备

但是，受限于生产成本及落后的技术，很长一段时间，触控设备都仅仅支持单点触控。也就是说，用户每一次与设备的交互，只有一个与屏幕的接触点能够被设备所响应。

进入 21 世纪，受益于移动设备以及触控技术的发展，多点触控技术在手机等设备上得到了广泛应用。在原有的单点触控设备功能的基础上，用户现在可以通过滑动、手势以及多指单击等方式实现不同的交互功能，用户与设备的交互更加便捷、简单。

相对于传统设备的指令操作，用户在触控设备上能够使用更加便捷的方式完成更为复杂的功能，这使得用户使用门槛进一步降低。不难发现，人机交互在往简单化、便捷化以及人性化的方向发展。当然，处于这一阶段的人机交互过程，还只停留在二维界面的交互，对于生活在三维时空的用户来说，基于触控设备的人机交互还有所欠缺。

9.2.3　基于智能设备的人机交互

近几十年来，人们对机器设备的发展一直满怀憧憬。艺术工作者将自己对未来机器设备的外形、功能的期盼以小说、电影等艺术作品的形式表达出来。他们的想象天马行空，而他们没有想到的是，仅仅用了几十年，人类科学家就将昔日只能在艺术作品中看到的画面变为现实。

近十年来，在工业制造水平高速发展以及人工智能等领域不断创新的大环境下，人机交互方式再一次发生了巨大的变革。人类已经可以基于语音、视觉等与机器完成交互过程。

一方面，现代的机器已经具备理解人类的语音输入并同步完成语音交互的功能。借助语音交互技术，用户只需要说出指令（语句），就可以得到机器的语音或者文字反馈。整个交互过程中，用户不需要与机器有任何接触，更不需要操纵相关的硬件设备。这一特征使得人机交互更加高效。

另一方面，随着动作捕捉技术的不断成熟，用户已经可以通过虚拟现实（Virtual Reality，VR）、增强现实（Augmented Reality，AR）（见图 9.11）等技术来体验沉浸式的人机交互。用户只须改变动作或姿势，就可以与机器完成交互；机器实时捕捉用户的动作信息，经过分析后给出相应的反馈。整个过程中用户完全不需要与机器有任何实际接触，其就像是在和一个真正的人进行交互。

图 9.11　基于 AR 的全息通话

时至今日，人机交互的方式经历过多次重要的变革，正在走向简单化、便捷化以及高效化。“好风凭借力，送我上青云”，人类借助高速发展的现代技术，仅仅用了几十年就实现了当初只能在幻想中达成的愿景。不难想象，人机交互这条大船必将驶向更加广阔的海洋。

9.2.4　人机交互未来发展趋势

就总体趋势而言，人机交互方式会随着物联网的不断更新升级以及人工智能技术的发展而朝智能化、去屏幕化以及隔空操控的方向发展。

1. 智能化

随着人工智能时代的到来，人与系统、机器的关系以及人与信息数据的关系正在发生本质的变化。在这个数字化的智能时代，传统的从命令到反馈的人机交互方式正在被打破。被动的人机交互逻辑非常简单，由用户给系统或机器发号施令，机器执行人的命令并输出结果、反馈给用户。整个过程非常直接高效，但是并不智能。

想象某一天清晨，床头的闹钟响起，你迷迷糊糊醒来，系统检测到你起床的动作，床头的闹钟也随之关闭，卧室的窗帘缓缓打开，开始了新的一天。随后系统开始语音播报当前的时间、当天的天气以及时事新闻等。当你走进洗手间时，系统也从卧室切换到洗手间。系统在检测到你在刷牙时，了解到此时的你可能听不清它的声音，因此语音播报切换为梳妆台智能镜子里的文字显示，让你可以接着获取新闻。当你出门并准备开车去公司上班时，系统会主动地关闭家里的电灯、空调、煤气等，然后系统会把注意力从家里切换到你的车载系统。当你打开车门坐进驾驶室时，车载显示屏会显示当前的交通拥堵情况，并告知你大约多少分钟后可到达公司，而且会显示几条去公司的路线供你选择，并默认选择最优路线。

上述例子涉及图 9.12 所示的智能家居系统和智能汽车系统中的主动人机交互行为。目前已经有一些智能家居系统（如小米全屋智能）和智能汽车系统（百度无人驾驶汽车）可以初步实现这种较为智能的人机交互。

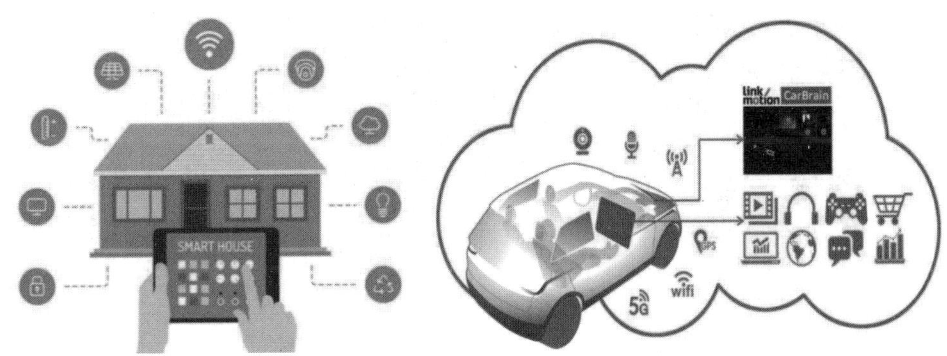

图 9.12　智能产品的主动人机交互行为

智能交互通常体现为主动人机交互。与被动人机交互相反，它以机器为起点，主动输出执行结果或建议给用户，用户根据机器提供的结果或建议完成具体的交互任务。在这个过程中，机器需要分析通过各种传感器获得的大量数据信息，并主动做出判断，计算用户在当前情境下所需要的信息，而不再需要用户输入或下达命令，整个过程中的输入和输出完全由机器来完成。智能交互可以最小化用户的输入，使人机交互更加简单、更为便捷。

在上述例子中，卧室中的摄像头主动捕获你起床的图像并将其作为系统的输入，系统推理出你已经起床，因此主动关闭了闹钟，继而打开语音系统播报天气和新闻。当你进入洗手间刷牙时，系统把你刷牙时的动作作为输入并推理出你在刷牙，因此把语音播报的新闻转换成文字显示。在你上车准备去上班时，系统通过 GPS 数据知道了你位于家的附近，然后根据时间推理出你要去公司，因此主动给出前往公司的路况和路线。实际上，这些并不是非常复杂的逻辑推理，任何了解你生活习惯的人都能对你后续的行为做出准确的判断。

通过计算机更好地自动捕捉人的姿态、手势、语音，使其更准确地了解人的意图，并做出合适的反馈或动作，提高交互的自然性和高效性，这是计算机科学家正在积极探索的新一代交互技术的目标。人机交互与人工智能的结合，使交互技术得到了极大的提升。人机交互智能化的终极追求就是使人机交互变得像人和人交互一样自然、流畅。

2. 去屏幕化

去屏幕化或超屏幕化是指摆脱屏幕的限制，周围的环境即屏幕。最好的交互应该是自然且无形的，最好的用户界面就是没有界面。过去的设计反复强调要“将看不见的数据和服务可视化”，这导致很多设计者对可视化产生了盲从心理，忽视了产品本身的角色定位。盲目地配备屏幕不仅没有提高用户的效率，反而产生了大量的重复操作。因此，将屏幕“融于”环境的设计思维也逐渐萌芽。

现阶段，无论是手机、计算机还是各种智能穿戴设备，显示屏仍是流行的交互界面。从体验上来说，通常屏幕越大，视听交互体验也就越好。但是物理屏幕输入内容终归有限，此外，物理屏幕占用一定的物理空间，不便于携带，而且容易损坏。

鉴于物理屏幕的缺点，去屏幕化的虚拟显示终将取代物理显示。目前的技术已经可以初步将虚拟投影投放到皮肤上，把人的皮肤作为传感器的延伸，这既解决了传统投影由于对焦需求无法在皮肤上成像的问题，也使人机交互有了质的突破。在未来，当虚拟投影可以被投放到任何介质上时，人们将打造出基于虚拟显示的完整的新型产品生态链。

北京一数科技有限公司设计的无屏 Pad 如图 9.13 所示，通过激光显示和虚拟触控，可以将桌面和地板变成可触控投影显示区域，供用户进行一系列的操作，这开启了去屏幕化的时代。

图 9.13　无屏 Pad

从物理键盘输入到物理屏幕输入，再到虚拟屏幕输入，人机交互的形态将越来越智能和人性化。可以预见，不久的将来，好莱坞大片中以空气为介质的投影技术也将实现，这只是一个时间问题。

3. 隔空操控

隔空操控是指用户不直接接触机器而通过某种特殊设备给机器发送指令，让机器执行任务，如图 9.14 所示。想象一下，正在高铁上前往出差地的职员突然接到领导下达的任务，需要立刻处理紧急文件，此时的职员并没有携带沉重的计算机，他不慌不忙地拿出“未来眼镜”戴上，通过网络连接自己办公室的笔记本电脑，出现在职员眼前的是与职员办公桌上的笔记本电脑键盘、鼠标和屏幕对应的虚拟键盘、鼠标和屏幕（投影），通过对虚拟键盘、鼠标和屏幕的操作即可实现对实体计算机的操作。最终，职员处理好了领导所需要的文件，并将其传送给领导。

此外，无接触的隔空操控还可以避免病毒的传播。用户只须对着摄像头做出相应的数字手势，或隔空单击电梯按键，就可以准确地告诉电梯去几层，这样不仅方便，而且可以减少触摸公共设施导致的病毒传播。因此，在未来，隔空操控会更加普及并会演变为以更简单的方式完成更复杂任务的模式。

目前已经有一些企业实现了简单隔空操控的原型系统。图 9.14（a）所示为华为智慧屏 X65 的隔空操控示意图：用户抬起手并伸直大拇指和食指，其余三指自然握拳，智慧屏上即会出现小手提示；然后用户将大拇指和食指捏合，沿着水平方向拖动，即可调节视频播放进度；调节到合适位置后松开手指、放下手掌即可结束隔空操控。图 9.14（b）所示为华为最新款的 Mate 系列手机，用户伸出手掌，并通过展开手掌到握拳，即可截取当前屏幕图像。虽然现阶段的隔空操控还处于基础阶段，但是相信在不久的将来，我们有望实现比图 9.15 所示的科幻电影中的技术更加智能的隔空操控。

（a）

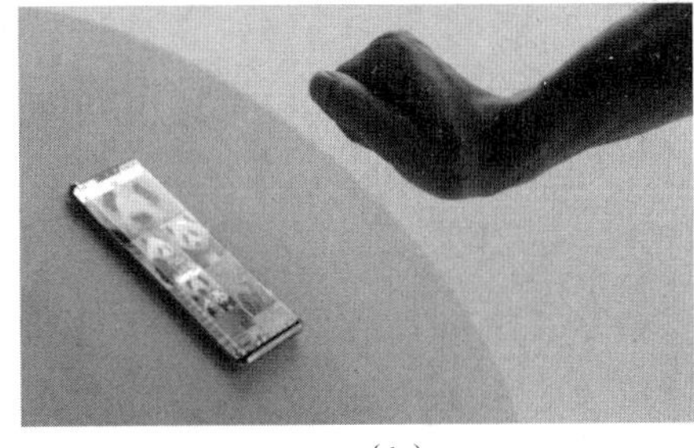
（b）

图 9.14　隔空操控

图 9.15　科幻电影中的隔空操控

习题

一、解答题

1. 主流的人机交互方式有哪些？
2. 智能时代的人机交互有什么特点？
3. 你认为智能机器人应该具备什么能力？
4. 简述智能体机器人的应用领域。
5. 谈谈人机交互方式未来会如何发展。

二、讨论题

以小组合作的形式，通过网络搜索，结合本章介绍的相关内容，设想人机交互在未来社会中还会有哪些具体的应用场景。记录小组讨论的主要内容，并推选代表在课堂上进行汇报。

第四部分

网络与大数据

10 第10章 互联网信息处理

计算机的“聪明”或“智能”是计算出来的，而计算是以大量数据为基础的。数据是反映客观事物属性的记录，是信息的具体表现形式。信息是事物运动状态变化和特征的反映。信息和数据相互联系。信息来源广泛，有通过人的感官与事物接触直接获取的，如参加各种实践活动等；也有通过科学的分析研究方法，鉴别和挖掘出隐藏在事物表象后的本质而获得的，如通过人与人沟通、查阅书籍、观看影视资料等。随着计算机网络与通信技术的发展，通过互联网获取信息已经非常普遍，如浏览网页、传输文件、下载资源或实时语音视频沟通等。计算机网络被誉为是 20 世纪最伟大的技术成就之一。

本章重点介绍计算机网络基础知识以及通过互联网获取信息的方法。网络基础知识包括网络构成、网络协议、网络参考模型、网络发展简史等内容。接着介绍了无线网络和物联网、Web 的基本工作原理、HTML 语言、网络爬虫方法、搜索引擎工作原理等，最后介绍了网络安全的相关内容。

10.1 网络信息获取基础

10.1.1 计算机网络基础

1. 即时通信

随着网络技术的不断发展，IM（Instant Messaging，即时消息，也称即时通信）得到了普遍的应用。它允许人们使用网络实现文本消息的传送、文件的收发、实时语音或视频聊天、电子支付等。图 10.1 展示了以微信通信为例的计算机网络构成示意图。据统计，2021 年 1 月微信月活跃用户突破 12 亿，每天有 10.9 亿人打开微信，其用户人数在国内社交平台中占据首位。对于很多人来说，微信已经成为日常生活、工作、学习中不可缺少的工具。

两个异地即时通信用户是如何进行聊天的呢？举例而言，在长沙的用户用手机微信给远在北京的用户发送“早上好”的消息，如果北京的用户正在使用计算机工作，并且计算机上的微信处于在线状态，那么看上去似乎是在长沙用户发送消息的同时，北京的用户就在他的计算机上收到了这条消息——微信聊天就这样发生了。

那么，怎样解决即时通信问题呢？

（1）问题分解

即时通信问题可以分解为 3 个子问题，如表 10.1 所示。问题 1 是通信双方能否提供发送/接收终端，即解决通信设备的问题。终端可以是智能手机、台式计算机等。问题 2 是端系统信号如何传输到网络边缘，即解决通过接入链路传输的问题。问题 3 是数据如何传输，即解决信号在网络核心转发与路由的问题。

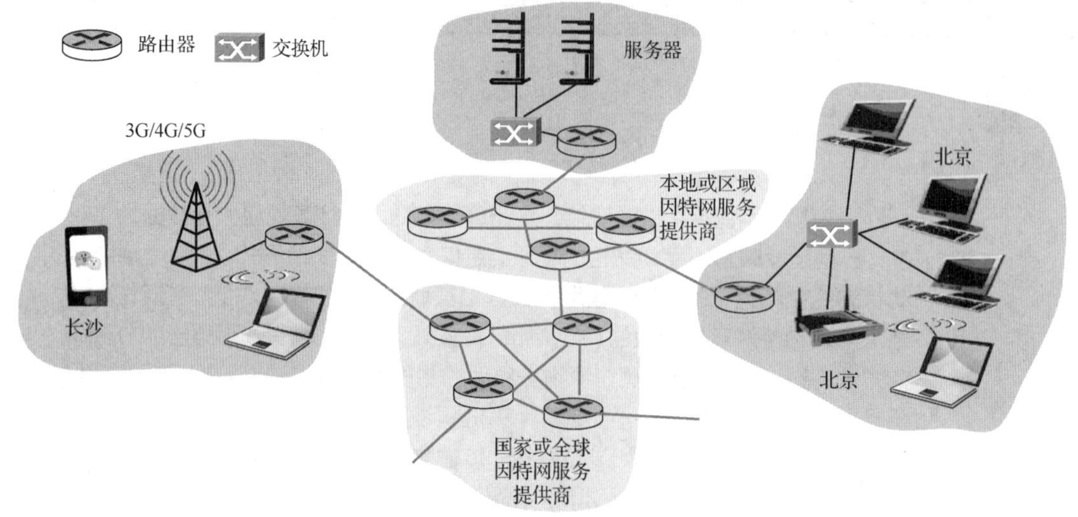

图 10.1　计算机网络构成示意图

表 10.1　即时通信问题分解

子问题	问题目标	解决方案
问题 1	提供发送/接收终端	智能手机、台式计算机等端设备
问题 2	接入网络	有线/无线网络
问题 3	传输数据	网络核心（转发与路由）

（2）模式识别

用即时通信工具发送信息与快递寄送物品类似。快递收发点是快递传送开始的地方，快递公司的工作人员会将快递装车送到快递集散地，又根据快递单上的寄送地址辗转经过一个个集散地到达目的地所在集散地，再到目的地收发点。即时通信工具发送消息与快递寄送模式对比如表 10.2 所示。

表 10.2　即时通信工具发送消息与快递寄送模式对比

即时通信工具发送消息	快递寄送模式
消息内容“早上好”	快递物品
朋友的账号	快递单上的寄送地址
智能手机/台式计算机/笔记本电脑	快递收发点
路由器或交换机	集散地
通信链路	快递寄送线路

（3）抽象

信息从长沙的手机终端发送到北京的台式计算机上，需要确定消息包的传送（交换）方式和通信链路，即经过哪些网络结点。就像快递从长沙去往北京，可以有公路、铁路、航空运输等多种方式，运输线路也有多种选择，可以从长沙到武汉经郑州到北京，或者直飞北京等。运输线路可以抽象成图，图中的点表示经过的城市，边（线条）表示城市间的通路，如图 10.2 所示。

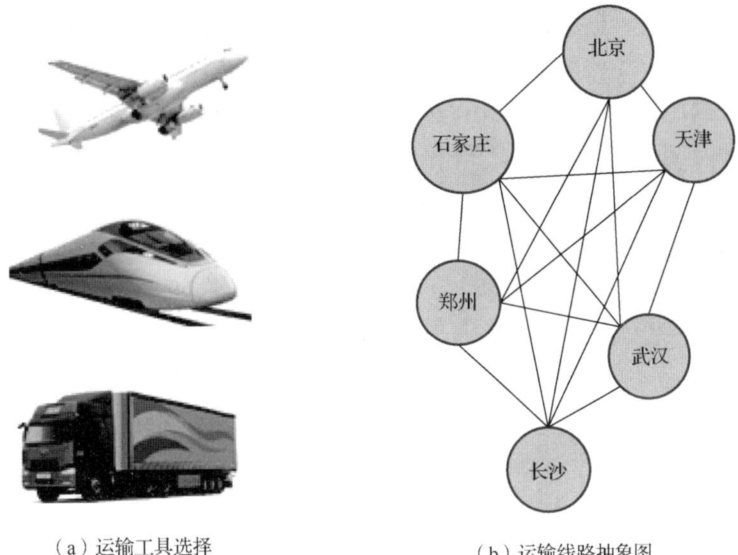

（a）运输工具选择

（b）运输线路抽象图

图 10.2　运输线路的选择与抽象

（4）算法设计

在消息传递方式和路径的选择中，路径的选择相对复杂，且需要设计算法来确定最佳路径。抽象图中各结点之间的边通常会被指定费用，路径选择算法的目标一般是找出从出发结点到目的结点之间费用最低的路径，也可能是找出传输速度最快的路径。

2. 网络构成

因特网连接了遍及世界各地的各种各样的计算机网络及计算设备。台式计算机、笔记本电脑、平板电脑、智能手机、服务器、汽车、环境传感器、家用电器、其他智能设备等，所有这些设备被称为主机（Host）或端系统（End System）。这些端系统位于因特网的边缘，它们通常能运行浏览器程序、Web 服务器程序、电子邮件阅读程序等。端系统通过通信链路（Communication Link）和分组交换机（Packet Switch）连接起来。这些分组交换机（主要是路由器或交换机）和通信链路相互链接组成了网络核心。

计算机通信网络将分散在各地的端系统连接在一起，以方便用户共享数据和信息。在网络边缘的端系统又可以被划分为客户机（Client）和服务器（Server）两类。客户机有个人计算机、智能手机、平板电脑、智能手环、智能手表等各类智能设备。服务器则往往为功能更强大的机器，通常位于数据中心，用于存储和发布 Web 页面、转发电子邮件、转发文件等。微信采用的就是 C/S（Client/Server）结构，智能手机和台式计算机属于客户机，客户机通过微信 App 或微信计算机版程序与微信服务器通信。

将端系统连接到网络边缘路由器（Edge Router）的物理链路被称为接入网（Access Network）。端系统通过边缘路由器连接到网络核心，再连接到其他远程的端系统。将信息从一个设备传输到另一个设备的通道被称为通信信道（Communication Channel），简称信道。在信道上传输的信号通常为光或电的波形式，传播介质可以是电缆或空气等。因此信道分为有线信道（Wired Channel）和无线信道（Wireless Channel）。有线信道通过电线或电缆等物理介质传输数据，包括网线、同轴电缆和光纤电缆等，如图 10.3 所示。无线信道是以自由空间为介质来传递数据的信息传输通道。

根据信道不同，网络接入分为有线网络接入和无线网络接入两种。有线网络接入包括光纤到户（Fiber to the Home，FTTH）、以太网、DSL、拨号上网等。无线网络接入有 Wi-Fi、3G/4G/5G、卫星广域覆盖网络等。根据场景不同，网络接入大致分为三类：住宅（家庭）接入、机构（学校、公司）接入和无线接入网（移动）接入。住宅接入和机构接入常常混合采用有线、无线等多种技术，例如家庭光纤到户，如图 10.4 所示。家中的多个上网设备先连接到路由器，通过路由器再连接到光纤网络终端（Optical Network Terminal，俗称光猫），再由光猫连接到因特网。

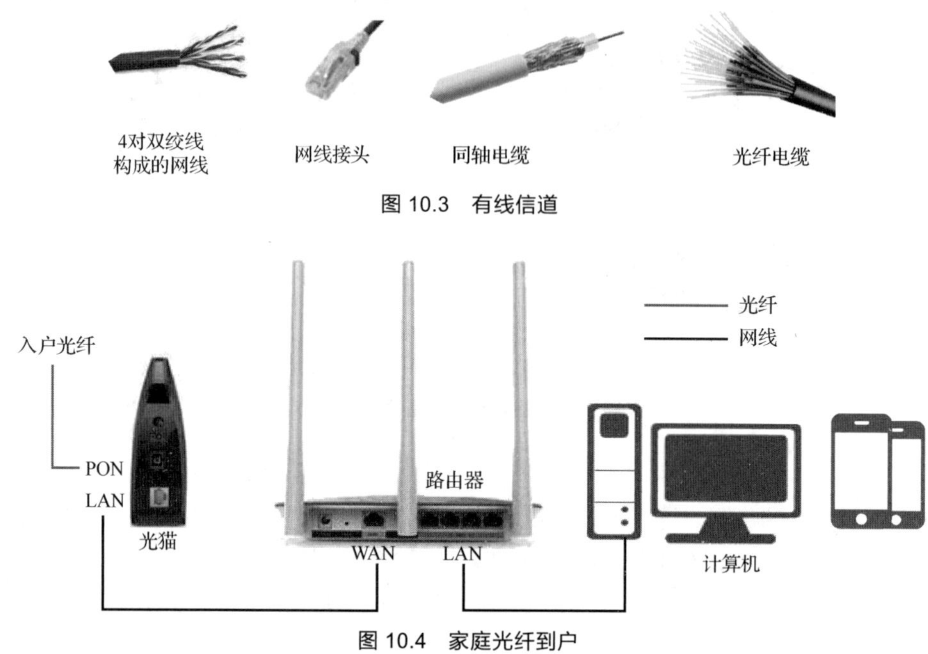

图 10.3　有线信道

图 10.4　家庭光纤到户

调制解调器（Modem）因为英语读音跟汉语的“猫”相似，常被人们简称为“猫”，其主要作用是实现信号转换，由调制器和解调器两部分组成。它能把计算机的数字信号调制成可在电话线、光纤等信道上传输的电信号或光信号等，也能把电话线、光纤等信道上传输的电信号或光信号等解调成计算机能接收的数字信号。调制解调器通常由因特网服务提供商（Internet Service Provider，ISP）提供。

网络核心将大量的端系统互相联结起来，其主要功能是路由和转发。路由确定数据分组从源到目的所使用的路径，需要路由协议和路由算法产生路由表。转发指分组交换机（路由器或交换机）将接收到的数据分组转发出去。当一个端系统向另一个端系统发送信息时，发送端系统会将信息拆分成多个小分组（Packet，或称包），并以分组作为数据传输单元将信息发送到网络。分组交换机从一个接入链路接收分组，然后根据分组头中的目的地址查找本地路由表，确定出链路，再将信息从出链路转发出去。这些分组可以独立通过从源到目的的路径上的链路逐跳传输到目的端系统。来自不同消息的分组可以共享某个链路。

3. 网络协议

人与人之间的沟通、交流通常需要遵循一些约定的方式，它们被称为协议（Protocol）。同样，在网络中为了完成一项工作，通信实体也要运行相同的协议。计算机网络协议类似于人类信息交换协议，是网络设备上广泛运行着的控制信息接收和发送的一系列规则、标准或约定。网络协议会规定交换数据的格式、完成的功能和进行各种操作的顺序。不同的网络协议用于完成不同的通信任务。人之间的信息交互和计算机之间的信息交互如图 10.5 所示。

（a）人之间的信息交互　（b）计算机之间的信息交互

图 10.5　人之间的信息交互和计算机之间的信息交互

仍以即时通信为例，即时通信中也用到了多个网络协议。一般情况下，用户打开即时通信工具，就会开始登录认证。客户机向网络发送域名系统（Domain Name System，DNS）域名查询请求，查询即时通信服务器的 IP 地址。客户机会得到一份应答报文，里面有服务器 IP 地址。有了服务器的 IP 地址还不行，还需要其媒体存取控制（Media Access Control，MAC）地址才能通信。客户机通过地址解析协议（Address Resolution Protocol，ARP）请求服务器的 MAC 地址。客户机选择一台服务器主机进行数据传送。客户机和服务器进行三次握手（Three-Way Handshaking），建立一个传输控制协议（Transmission Control Protocol，TCP）连接。客户机用超文本传输协议（Hypertext Transfer Protocol，HTTP）将加密后的用户名及密码提交给服务器，服务器返回加密后的认证结果，鉴权完毕后连接断开。在鉴权成功后，客户机向服务器重新发起一个 TCP 连接，该连接会一直保持，并会定时检测连接的有效性。即时通信客户机和服务器之间的消息通过此连接传输文字、图片、语音消息等。视频聊天采用用户数据报协议（User Datagram Protocol，UDP）进行通信。即时通信过程如图 10.6 所示。

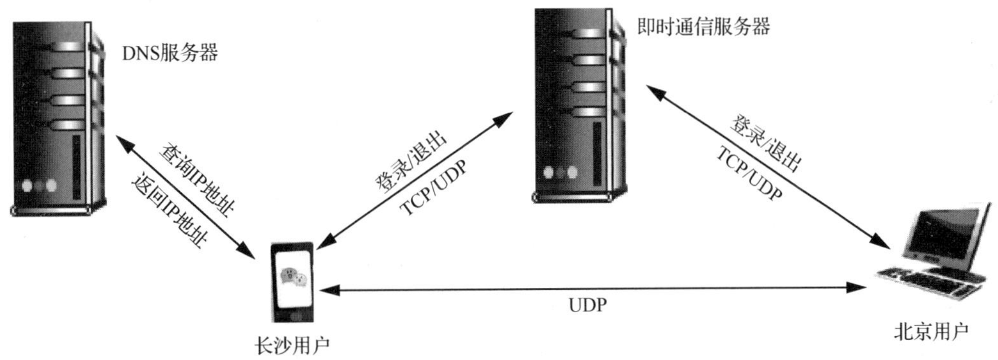

图 10.6　即时通信过程

因特网是一个极为复杂的系统，其中有大量的应用程序和协议、各种各样的端系统、不同类型的通信链路和分组交换设备等。面向普通用户的应用程序间，传输电信号或光信号的信道间，都运行着各种不同的协议。网络协议以分层（Layer）的方式组织，一个协议层可以用网络硬件、网络软件或软硬件结合的方式实现。例如，HTTP（为 Web 文档提供请求和传送服务）、FTP（为两个端系统提供文件传送服务）和 SMTP（为电子邮件提供传输服务）等协议属于应用层，它们都是在端系统中用软件实现的。各层网络协议的集合被称为协议栈（Protocol Stack）。协议分层使网络结构清晰，便于分析。各层独立，每层使用其下一层提供的服务，并为其上一层提供自己的服务，某层的修改不影响上层或下层。除了物理层介质上传输的是实际的信号，其余对等层之间都是虚通信。

图 10.7 显示了发送端系统的微信用户发送消息“早上好”，向下经过 4 层协议栈到达物理层，再经过交换机和路由器的协议栈，又向上到达接收端系统的最上层（应用层）的路线。交换机和路由器也采用分层方式，但不实现所有层次。为简化起见，图 10.7 中仅给出两台交换机和一台路由器。就像寄送快递需要把快递包装起来并贴上写有收件人姓名、电话、地址等信息的快递单一样，消息从应用层向下传递时被层层封装（Encapsulation），并会在头部加上每层附加的信息，这些信息包括发送方和接收方的地址及差错检测码等，从原始的报文，变成报文段、数据包和帧。消息到达接收端系统的物理层后，又向上层层解封装（De-encapsulation），逐层剥去附加信息，到了最上层（应用层）后还原为原文“早上好”。

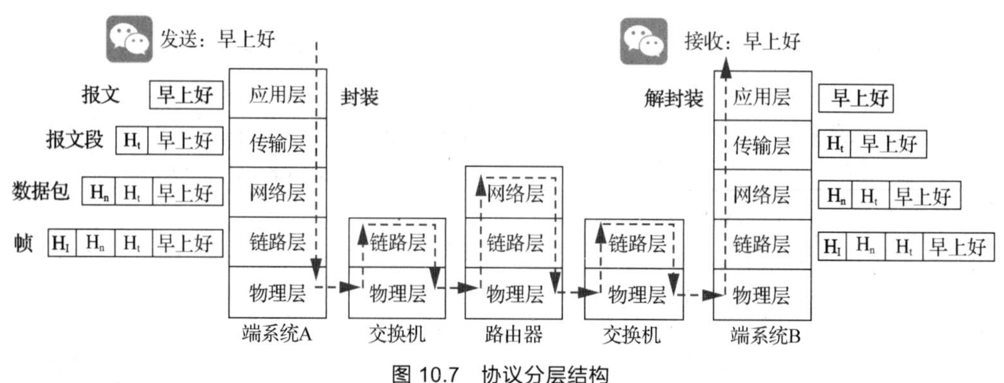

图 10.7　协议分层结构

4. 网络参考模型

（1）OSI 参考模型

1984 年，国际标准化组织（ISO）制定了 OSI/RM（Open Systems Interconnection/Reference Model，开放系统互连参考模型，又称 OSI 参考模型）。OSI 参考模型在逻辑上将一个网络系统从功能上分为 7 层，如图 10.8 所示。

第 1 层物理层定义了网络的物理特性，负责在网络设备之间进行 0、1 比特流的传输、故障检测等。

第 2 层数据链路层将物理层的比特流转换成逻辑传输符号，实现应答、纠错、数据流控制和发送顺序控制等。在该层上传输的数据被称为帧。

第 3 层网络层负责将数据链路层提供的帧组成数据包，并在其中封装含有源站点和目的站点网络地址等信息的网络层包头；然后为数据包进行路由选择，选择最佳路径。

第 4 层传输层负责将数据拆分成段，提供维护连接的机制，确保数据可靠、顺序、无差错地在两个结点间传输。

第 5 层会话层不参与具体的传输，只提供应用之间的访问验证、会话管理等。数据传送的单位不再另外命名，统称为报文。

第 6 层表示层负责数据的表示方式和特定功能的实现，如数据格式转化、数据压缩和解压、数据加密和解密等。

第 7 层应用层直接面向用户和应用程序，为它们提供访问网络的接口服务。应用层提供的网络服务有文件传输服务、电子邮件服务、域名解析服务、超文本传输服务、网络管理服务、安全服务等。

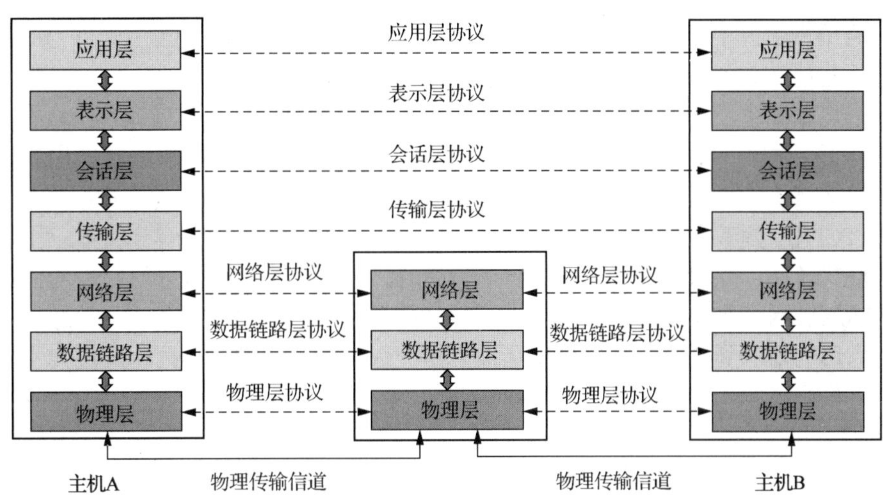

图 10.8　OSI 参考模型层次结构

（2）TCP/IP 参考模型

OSI 参考模型只是一种理想化的网络结构，实际应用中采用的是 TCP/IP 参考模型。TCP/IP（Transmission Control Protocol/Internet Protocol，传输控制协议/网间协议）是因特网上各网络间的通信协议集，即 TCP/IP 不只是一个协议，而是一个协议簇，包括 TCP、UDP、IP、ICMP（Internet Control Message Protocol，Internet 控制报文协议）、IGMP（Internet Group Management Protocol，Internet 组管理协议）、HTTP、FTP、DHCP（Dynamic Host Configuration Protocol，动态主机配置协议）等。TCP/IP 参考模型采用 4 层结构，由网络接口层、网络层、传输层和应用层构成，如图 10.9 所示。

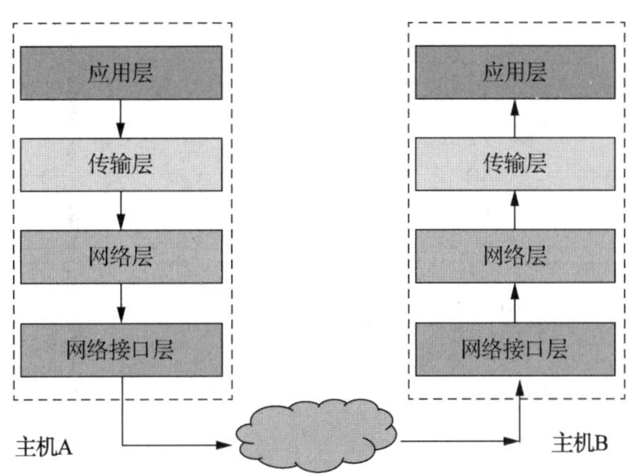

图 10.9　TCP/IP 参考模型层次结构

第 1 层网络接口层负责网络层与硬件间的联系，是 TCP/IP 参考模型的底层，对应 OSI 参考模型的物理层和数据链路层。网络接口层协议很多。

第 2 层网络层解决计算机之间的通信路径等问题，包括处理来自传输层的分组发送请求、把分组装入 IP 数据包、填充报头、选择路径、将分组发往任何网络并独立地传向目标，处理数据包，处理网络控制报文协议等。网络层协议有 IP、ARP、RARP（Reverse Address Resolution Protocol，反向地址转换协议）及 ICMP 等。ARP 和 RARP 负责 IP 地址和 MAC 地址之间的解析，ICMP 负责传递控制信息。

第 3 层传输层解决信道两端计算机上应用层间（端到端）的通信问题。该层定义了 TCP 和

UDP。TCP 采用三次握手等方法保证从一台机器发出的消息无差错地发往因特网上的其他机器。TCP 还要建立连接和包的传输，并在传输完成后关闭连接。UDP 比 TCP 快，但不进行错误检查，适合于丢失一点数据也没有太大问题的应用，如传输音频、视频等。

第 4 层应用层提供 TCP/IP 互联网络的应用程序，为用户提供各种服务。应用层与传输层配合完成数据发送或接收。这一层对应 OSI 参考模型中的会话层、表示层和应用层。

在采用 TCP/IP 参考模型的通信过程中，数据逐层传递。发送端（客户机）应用程序将用户信息按标准格式转换，并向下传递。数据向下传递时，传输层会对数据分组并添加控制信息和地址标识。传输层、网络层和网络接口层，每一层都会对收到的数据增加首、尾信息，以保证数据被正确发送到目的地。到了目的地后分组头被去掉，数据按原始顺序排列，向上传递，依次剥去首、尾信息，最后还原成原始信息交给接收端用户。

（3）IP 地址和域名

为了彼此区分，因特网的每台计算机和路由器等设备的每个接口都有唯一的标识码，称为 IP 地址。IP 地址有 IPv4 和 IPv6 两个版本。IPv4 自 20 世纪 80 年代初到现在一直在使用，地址为 32 位二进制数。为方便起见，这 32 位二进制数通常按 8 位一组转为十进制数，中间以点分隔，称为点分十进制表示法，如图 10.10 所示。

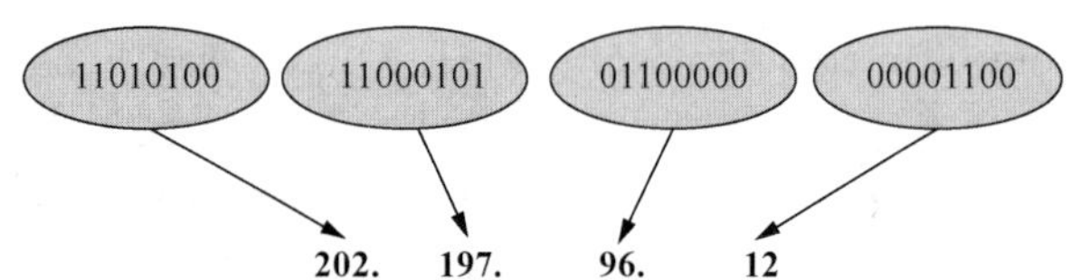

图 10.10　IPv4 地址的点分十进制表示法

IPv4 地址由网络标识和主机标识两部分组成。IP 地址共分 5 类，分别是 A 类、B 类、C 类、D 类和 E 类，常用的是 A 类、B 类和 C 类。不同类别对应的网络标识位数不同，网络容纳的主机数量也不同。例如，A 类地址对应大型网络，其前 8 个二进制位作为网络标识，后 24 个二进制位作为网络内主机标识，可以容纳的主机数是 $2^{24}-2$=16 777 214 台。

32 位的 IPv4 地址提供了大约 40 亿个地址，但随着入网计算机的增加，早在 2011 年，地址已经用完。为增加地址空间，国际互联网工程任务组（Internet Engineering Task Force，IETF）设计了 IPv6 来替代 IPv4。IPv6 地址采用 128 位二进制数，长度是 IPv4 地址的 4 倍，地址空间数量约为 3×10^{38} 个。即使因特网新用户涌入，物联网设备增加，也有足够的地址可供分配。

对大多数人来说，IP 地址不太容易记住和使用，因此，相对易于记忆的域名（Domain Name）被引入，用来代替 IP 地址。域名由一串用点分隔的“名字”组成。如果是国际英文域名，每个“名字”由英文字母和数字组成，英文字母不区分大小写。如果是非英语域名，“名字”可以是该语种的文字或其与英文字母、数字的组合。

域名中的点将域名分隔出不同的层次。从右往左依次是顶级域名、二级域名、三级域名及最后一级的主机名，如图 10.11 所示。顶级域名包括国家或地区顶级域名，如 cn 表示中国、us 表示美国等；通用顶级域名，如 com 表示公司、企业，net 表示网络信息机构，org 表示非营利性组织，gov 表示政府部门，ac 表示科研机构，info 表示信息服务等。二级域名是顶级域名之下的域名。在国家或地区顶级域名之下的二级域名，表示企业或机构等的注册类别，如 ac.cn 表示科研机构、com.cn 表示企业、edu.cn 表示教育机构等。在通用顶级域名之下的二级域名，指域名注册人的网上名称。三级及以下域名由用户根据需要设置。例如，在 www.hnu.edu.cn 中，hnu 表示湖南大学学校名，www 是万维网服务名。

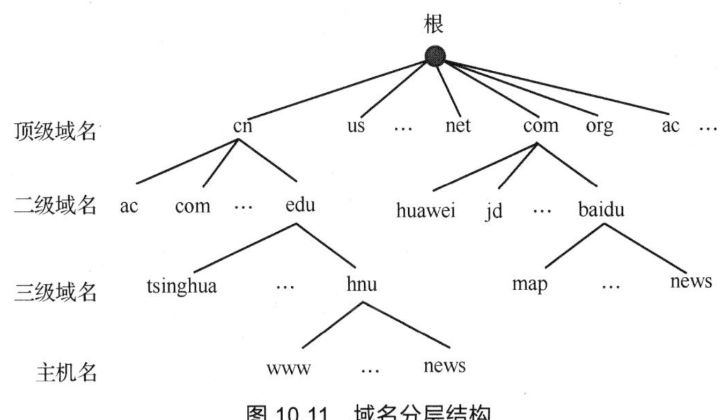

图 10.11　域名分层结构

域名的最高管理机构是 ICANN（Internet Corporation for Assigned Names and Numbers，互联网名称与数字地址分配机构），总部在美国加州。域名系统（Domain Name System，DNS）是因特网中的一项服务，包含一个分布式数据库，提供将域名和 IP 地址相互转换的服务。寻找用户需要访问的域名对应的 IP 地址的过程被称为域名解析，寻找任务由域名服务器（Domain Name Server）分级查询完成。

5. 计算机网络的发展简史

计算机网络是利用通信设备和线路将地理位置分散的、具有独立功能的多台计算机连接起来进行数据通信，以实现网络中计算机间资源共享和信息传递的系统。计算机网络是 20 世纪的伟大科技成果，给人们的工作、生活带来了翻天覆地的变化。

计算机网络从简单到复杂，经历了 4 个发展阶段。

（1）联机系统阶段

从 20 世纪 50 年代到 70 年代初期，计算机与通信技术开始结合，出现了面向终端的计算机网络。终端是不具备处理和存储能力的计算机。终端通过电话线和主机相连。

（2）网络互联阶段

该阶段从 1969 年美国的 ARPANET（Advanced Research Project Agency Network，阿帕网）建成，并连接了加州大学洛杉矶分校、斯坦福研究院、犹他大学和加州大学圣塔芭芭拉分校的计算机开始，到 20 世纪 70 年代末期，计算机网络通信方式发展成为各计算机之间的直接通信，各计算机通过通信线路来交换数据和共享资源。

（3）标准化网络阶段

从 20 世纪 80 年代初期到 90 年代，计算机网络走向产品化和标准化。1984 年，ISO 正式颁布了开放系统互连参考模型国际标准。

（4）网络互联与高速发展阶段

从 20 世纪 90 年代初至今，随着数字通信的出现和光纤的接入，计算机网络向互联、高速、智能化方向发展，并获得了广泛的应用。1993 年美国宣布建立国家信息基础结构（National Information Infrastructure，NII），随后很多国家也纷纷制定和建立本国的 NII。至今，全球以因特网为核心的高速计算机互联网已经建成。因特网成为人类最重要、最大的知识宝库。

计算机网络的分类方法有多种，根据网络大小和地理范围可以分为 PAN（Personal Area Network，个人区域网）、LAN（Local Area Network，局域网）、MAN（Metropolitan Area Network，城域网）和 WAN（Wide Area Network，广域网）。

个人区域网指大约 10m 范围内不使用电线或电缆连接的智能设备或消费电子设备组成的网

络。这些设备可以是笔记本电脑、手机、打印机或其他可穿戴设备。

局域网是在约 10km 范围内通过传输介质连接起来的计算机及其外设的组合。通常学校机房、实验室、家庭内的网络以及企业办公楼使用的内部网络属于局域网。

城域网是在一个城市范围内（一般是 10km 到 100km）建立的计算机网络。

广域网是覆盖很大范围（从几十 km 到几千 km）、连接不同地区局域网的远程网。因特网是世界上最大的广域网。

根据传输速率又可以将计算机网络分为低速网和高速网。低速网的传输速率为 kbit/s 级到 Mbit/s 级，高速网的传输速率为 Mbit/s 级到 Gbit/s 级。带宽（Bandwidth）是通信信道的传输容量，单位是 Hz。高带宽通信信道比低带宽通信信道能承载更多的数据。2015 年，美国联邦通信委员会（Federal Communications Commission，FCC）定义下行速率超过 25Mbit/s、上行速率超过 3Mbit/s 的网络为宽带。截至 2020 年底，中国固定宽带家庭普及率已达到 96%。

6. 因特网

因特网，又称国际互联网，是最大的互联网，起源于 ARPANET，最初只有 4 台计算机相连。随着很多地区网络的加入，ARPANET 迅速发展，形成网际网（Internetwork）。1985 年，美国国家科学基金会（National Science Foundation，NSF）建立的 NSFNET 取代 ARPANET 成为骨干网。ARPANET 和 NSFNET 就是因特网的基础。20 世纪 90 年代，随着商业机构的接入，因特网发挥了在通信、资料检索、客户服务等方面的巨大商业潜力，世界各地的企业、学校、机关和个人纷纷接入因特网。我国于 1994 年 5 月正式接入因特网。

因特网中的各种网络以自愿原则采用 TCP/IP 连接，即只要是采用 TCP/IP 并且能够与因特网中任何主机通信的机器，就在因特网中。

今天的因特网是巨大的，没有确切统计其中有多少设备和多少用户。因特网提供的服务主要有万维网、电子邮件、搜索引擎、文件传输、远程登录、电子公告牌、新闻组等，它给人们的工作、生活、学习带来了巨大的变化。人们通过因特网提高了工作效率，节约了生产成本，增加了销售渠道，参与了远程学习，拓宽了视野，扩大了交友范围，丰富了娱乐生活。

网络具有两面性，因特网在给人们带来便利的同时，也给人们带来了很多问题，尤其是网络信息安全问题。为保障网络安全，维护网络空间主权和国家安全、社会公共利益，保护公民、法人和其他组织的合法权益，促进经济社会信息化健康发展，我国第十二届全国人民代表大会常务委员会第二十四次会议于 2016 年 11 月 7 日通过了《中华人民共和国网络安全法》，自 2017 年 6 月 1 日起施行。除此之外，我国还有《关于加强国际通信网络架构保护的若干规定》《互联网等信息网络传播视听节目管理办法》《网络游戏管理暂行办法》等法律法规。

10.1.2 无线网络与物联网

在有线网络中，利用双绞线等有线传输介质连接起来的电脑位置基本固定，无法满足人们在任何地点科研、学习、办公等的需要，而利用无线网络则可以很好地解决这个问题。除了计算机、手机等端系统联入的互联网网络，将家电、汽车、楼宇、电网、铁路等各种物品联入网络构成的物联网已经逐渐兴起并得到了迅速发展。

在宇宙探测中，火星车如何将全景相机、多光谱相机拍摄的图片/视频信息传送到地球的飞行控制中心？在智慧农业中，无人机捕获的图像/视频信息，传感器获取的土壤信息；在智慧城市中，摄像头获取的视频信息等，如何传输到服务器上？在这三个场景中的通信与即时通信相似，可以分解为三个子问题，如表 10.3 所示。

表 10.3　　问题分解

序号	问题目标	宇宙探测	智慧城市	智慧农业
问题 1	提供发送/接收终端	祝融号配备的全景相机等科学仪器	城市物联网感知设备	农田各种嵌入式设备
问题 2	接入网络	无线网	物联网	物联网
问题 3	传输数据	中继卫星	网络核心（转发与路由）	

下面以祝融号火星车与地球之间的通信为例进行分析。

（1）提供发送/接收终端

祝融号火星车的主要科学目标是探测巡视区的形貌和地质构造、土壤结构和水冰分布、表面元素和岩石类型、大气物理特征与表面环境等。祝融号上面配置了全景相机、多光谱相机、火星表面成分探测仪等 6 台科学仪器。这些仪器用于采集火星的各种数据。

（2）接入网络

地球和祝融号火星车之间的通信，只能依靠微波通信、激光通信这类无线通信方式。由于火星像地球一样会自转，祝融号火星车需要把采集的数据发送到继续环绕火星运动的天问一号探测器。

（3）传输数据

天问一号探测器充当着祝融号火星车与地球通信的中转站。那么地球上面又是如何接收天问一号探测器发过来的信号的呢？其实是通过地球上安装的巨型接收天线接收天问一号探测器发来的信号的。由于地球会自转，为了保证能够全天候地接收到天问一号探测器发来的信号，需要在地球上的不同地方设立信号接收站。我国设立了喀什深空站、佳木斯深空站，还与欧空局、法国、奥地利、阿根廷等进行合作，通过各地的天线阵列从不同地方与天问一号探测器进行通信。天线阵列将信号传送至我国的天基测控系统中天链一号 02 星及天链二号 01 星，以此作为中继卫星，再将数据传至飞行控制中心，如图 10.12 所示。

图 10.12　祝融号与地球通信

在火星车与地球通信这个例子中，与有线网络最大的不同就是数据的传输采用无线信道，通过中继卫星进行信号中转。

1. 无线网络

无线网络是指采用无线通信技术实现的计算机网络。无线网络无须布线就能实现各种通信设备的互联，人们可以随时随地在网络中写作、阅读、语音对话、实时视频等。常用的无线网络传输技术有以下几类。

① 无线电波传输。无线电波是在自由空间（如空气和真空等）传播的射频频段的电磁波，频率范围 3kHz～300MHz，传播方式有直射、反射、折射、绕射、散射等，通常用于蓝牙连接、Wi-Fi 和广域无线设备。无线电波在自由空间传播时不存在能量损耗，但会因为波的扩展而产生衰减。衰减与发射天线增益、接收天线增益、发射机与接收机之间的距离有关。

② 微波（microwave）传输。微波是频率范围为 300MHz～300GHz 的电磁波，是一种定向传播的电波，在 1000MHz 以上，微波沿直线传播。微波传输要求发送与接收方之间的通路没有大障碍物。微波比无线电波有更多的承载能力，分为地面微波和卫星微波，应用于雷达定位测速、卫星通信、中继通信、气象等方面。

③ 光学传输。利用光进行直线传输，方向性强，包括红外线和激光传输。红外线不受无线电波干扰，不易被人发现和截获，保密性强，但受太阳光干扰大，对非透明物体的透过性差，传输距离受限。激光传输距离远。

无线连接与有线连接相比的主要优点是可移动性强、设备安装简易、安装成本低、网络扩展性较强，但在抗干扰、范围、安全性等方面存在不足。

① 抗干扰。无线信号容易受到像微波炉、婴儿监视器等设备的干扰。当干扰影响无线信号时，必须重发数据，这需要耗费更多的时间。而有线连接速度稳定，抗干扰性强。

② 范围。无线信号的范围可以通过信号类型、发射机强度和物理环境加以限制。距离增加、数据信号会减弱甚至消失。信号范围也会被墙壁、天花板等限制。

③ 安全性。无线电波信号是发散的，很容易被监听，造成通信信息泄露。

根据网络覆盖范围的不同，无线网络可分为无线个人网、无线局域网、无线城域网和无线广域网。

（1）无线个人网（Wireless Personal Area Network，WPAN）

无线个人网主要用于个人用户工作空间，一般传输距离为 10 米。蓝牙技术（Bluetooth）是无线个人网的联网标准。

（2）无线局域网（Wireless LAN，WLAN）

无线局域网是使用无线电波作为传输媒介的计算机局域网，传输距离一般为几十米，IEEE 802.11 系列是无线局域网标准，如表 10.4 所示。无线局域网也被称为 Wi-Fi 网络。

表 10.4　IEEE 802.11 系列标准

协议	提出时间	频段（GHz）	最大速率	覆盖范围（m）	调制技术
802.11b	1999 年	2.4～2.485	11Mbit/s	100～300	DSSS
802.11a	1999 年	5	54Mbit/s	5k～10k	DSSS/OFDM
802.11g	2003 年	2.4～5	54Mbit/s	100～10k	DSSS/OFDM
802.11n	2009 年	2.4/5	600Mbit/s	室外 300	OFDM、64QAM、4*4MIMO
802.11ac wave1	2013 年	5	3.4Gbit/s		OFDM、256QAM、DL MUMINO
802.11ac wave2	2015 年	5	6.9Gbit/s		
802.11ax	2016 年提出 2019 年正式发布	2.4/5	9.6Gbit/s		UL/DL OFDMA、UL/DL 8*8MUMIMO、1024QAM 等

（3）无线城域网（Wireless MAN，WMAN）

无线城域网是有效作用距离比无线局域网更远的宽带无线接入网络，通常用于城市范围内的固定点间信息交流和网际接入。一般有效覆盖范围为 2km～10km，主要技术为 IEEE 802.16 系列标准。

（4）无线广域网（Wireless WAN，WWAN）

无线广域网是指覆盖全国或全球范围内的无线网络，它可以把物理距离极为分散的局域网连接起来。IEEE 802.20 是 WWAN 的重要标准，有效解决了移动性与传输速率相互矛盾的问题，是一种适用于高速移动环境下的宽带无线接入系统空中接口规范，其工作频率小于 3.5GHz。典型的无线广域网是蜂窝移动通信网络和卫星通信网络。

移动通信的基本问题是无线信号的覆盖范围问题，即无论在哪里都要有无线信号，用户都能打电话。无线信号的覆盖可以像广播电视一样在城市最高的山上架设无线信号发射塔，或者在最中心建很高的发射塔，安装大功率的无线信号发射机，使无线信号能够覆盖几十公里，这种方式被称为“大区制”。大区制存在的主要问题是边缘的手机距离发射塔远，需要比较大的发射信号功率才能将信号传送到发射塔，但手机发射信号功率大会带来手机辐射大、体积大、价格贵等问题。因此，移动通信采用“小区制”，将一个大的覆盖区域划分成多个小区（cell），每个小区中设立一个基站（Base Station），用户手机与基站通过无线信号连接进行双向通信，各基站之间通过光缆、电缆或微波与移动交换中心连接，移动交换中心通过光缆与市话交换网络连接。由多个小区组成区群，由于各基站的信号覆盖呈六边形，区群结构酷似蜂窝，因此小区制移动通信也被称为蜂窝移动通信（Cellular Mobile Communication），如图 10.13 所示。

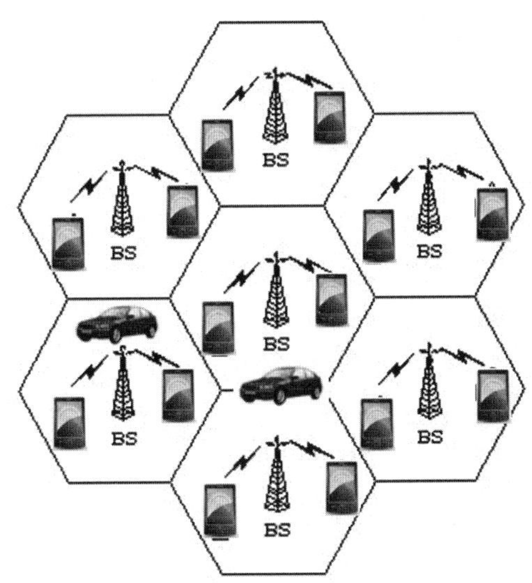

图 10.13　蜂窝移动通信网络示意图

移动通信空中接口技术与标准的进步，演绎了从 1G 到 5G，从语音到移动宽带数据业务的快速发展。

第一代（1G）移动通信使语音信号得以传输。

第二代（2G）移动通信采用全球移动通信系统（GSM）、码分多址（CDMA）技术，提供通话和短信功能。

第三代（3G）移动通信实现与互联网的无缝漫游。3G 手机支持高速数据传输、网页浏览、处理音乐图像视频、移动支付等。3G 的三大主流接口标准为 W-CDMA、CDMA2000 和 TD-SCDMA。其中 TD-SCDMA 由中国提出，这是中国移动通信界的一次创举，也是中国对第三代移动通信发展的贡献。

第四代（4G）移动通信比 3G 上网速度提高了 10 倍。2012 年 1 月 18 日，国际电信联盟（International Telecommunication Union，ITU）正式审议通过将 LTE-Advanced 和 Wireless MAN-

Advanced（802.16m）技术规范确定为 IMT-Advanced（4G）国际标准。中国主导制定的 TD-LTE-Advanced 和 FDD-LTE-Advanced 成为 4G 国际标准之一，标志着中国在移动通信标准制定领域再次走到了世界前列。

2015 年 2 月，中国移动、中国电信和中国联通获得工业和信息化部的 4G 牌照，标志着 4G 商用时代在我国的到来。

第五代（5G）移动通信是具有高速率、低时延和大连接特点的新一代宽带移动通信技术，用户体验速率达 1Gbit/s，时延 1ms，用户连接能力达 100 万连接/平方千米。2018 年，行业标准组织 3GPP 发布了第一个 5G 标准（Release-15），重点满足增强移动宽带业务。2019 年，工业和信息化部正式发放 5G 商用牌照，中国进入 5G 商用元年。2020 年发布 Release-16 版本，重点支持低时延高可靠业务，实现对 5G 车联网、工业互联网等应用的支持。

2. 物联网

随着计算模式从“主机计算”到“个人计算”再到“网络计算”的发展，当计算机、手机与各种智能终端接入互联网后，人们发现让更多具有感知、通信与计算能力的智能物体相互联接起来构成物联网并融入互联网已经成为必然。物联网（Internet of Things，IoT）的概念最早可以追溯到 20 世纪 90 年代。1995 年出版的《未来之路》中，比尔·盖茨提到“物-物互联”的设想。1999 年，美国麻省理工学院 Auto-ID 实验室研究人员提出利用射频标签（Radio Frequency Identification，RFID）、无线网络与互联网构建物联网。而真正引起人们普遍关注的是 2005 年 ITU 在信息社会世界峰会（WSIS）上发布的《物联网》报告。该报告描述了世界上的万事万物从钥匙、手表、牙刷到汽车、房屋，只要嵌入一个微型的 RFID 芯片或传感器芯片，就能变得智能化，通过互联网就能实现人与物、物与物的信息交互，这就是物联网。从 2005 年到今天，物联网研究应用不断深入，人们认识到与其说物联网是网络，不如说物联网是业务或应用。大量的物联网应用系统具有行业性、专业性、区域性等特点，并不是互联网概念、技术与应用的简单扩展。不同研究者对物联网有不同定义，其中一种是：物联网是按照约定的协议，将具有“感知、通信、计算”功能的智能物体、系统、信息资源互联起来，实现对物理世界“位置感知、可靠通信、智慧处理”的智能服务系统。

我们以共享单车为例分析物联网。共享单车解决了城市公共交通工具“最后一公里”问题，带动居民使用低碳交通工具出行的热情，促进了绿色环保。共享单车采用分时租赁模式，是典型的物联网技术应用的产品。共享单车的组成可分解为三个子问题，如表 10.5 所示。

表 10.5　问题分解

序号	子问题	解决方法
子问题 1	位置感知	车锁感知位置
子问题 2	可靠通信	NB-IoT 技术
子问题 3	智慧处理	手机 App、后台车辆管理系统

关于位置感知，每辆共享单车都有一个车锁部分，车锁包括中心控制单元、卫星定位芯片（支持北斗/GPS/格洛纳斯定位）、无线移动通信模块（物联网卡）、机电锁车装置、充电管理模块等。每一辆共享单车都有一个唯一的身份信息。当单车被投放到地面上时，车辆管理系统会实时获取单车信号芯片上报的数据，包含单车的经纬度等，以在线管理单车。

关于可靠通信，共享单车和基站之间采用 NB-IoT（Narrow Band Internet of Things，窄带物联网）技术传输信号，即使用户在地下停车场，也能顺利开关锁。因为 NB-IoT 信号具有穿墙性能好，比传统通信网络连接能力高，NB-IoT 设备的电池使用时间长等优点。

关于智慧处理，用户打开手机 App 寻找车辆，车辆管理系统根据用户当前的位置，将附近共享单车的位置接入地图 API，并展示给用户。用户找到车辆，用手机 App 扫描二维码，App 识别车锁编号，将编号传送给云端服务器。后台车辆管理系统鉴权、标识成功后，通过通信模块向车锁控制单元发送解锁指令。共享单车机电锁车装置开锁。开锁成功后开启计费。单车在行驶过程中，车锁实时上报位置、里程等信息。当用户骑行结束后锁车时，触发锁车装置，中央控制单元通知云端后台车辆管理系统已锁车，后台确认锁车成功后结束计费。

共享单车的工作流程如图 10.14 所示。

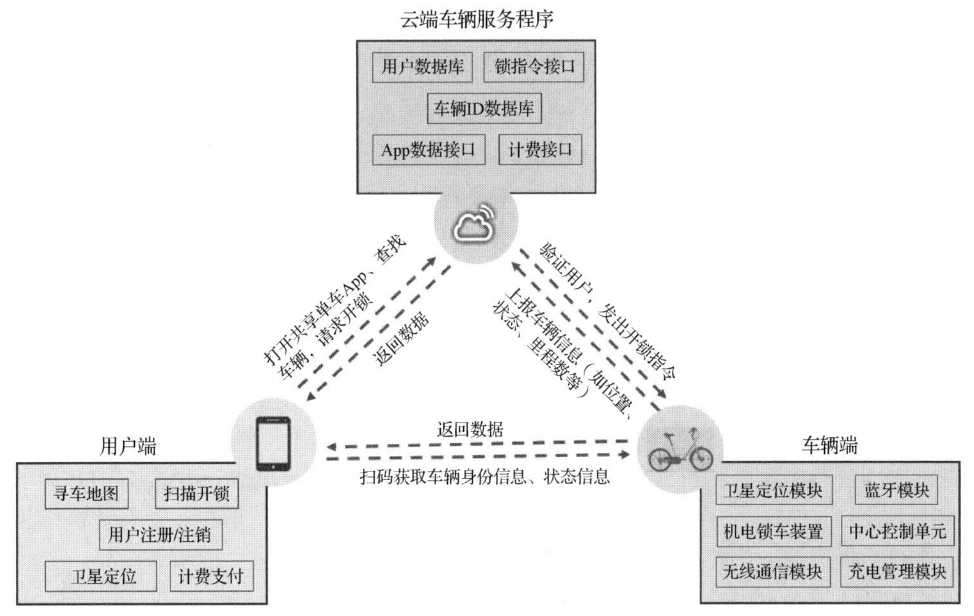

图 10.14　共享单车的工作流程

从共享单车案例可以得到物联网技术的主要特点如下。

（1）位置感知

物联网中的物体是对物理世界中人或物的一种抽象，无论大与小、可见与不可见，只要通过配置的嵌入式设备就能实时对他们进行信息采集和获取。嵌入式设备可以是 RFID、红外感应器、全球定位系统、激光扫描器、无线传感器、工业机器人等。不同于互联网上的信息是人工方式产生的，物联网上的大量信息是由 RFID、传感器等自动产生的。

（2）可靠通信

物联网中任何合法用户都可以与任何智能物体进行可靠的信息交换或共享，无论何时何地。

（3）智慧处理

物联网能利用各种智能计算技术，对获取的海量感知数据和信息进行分析和处理，提供信息管理和查询，实现智能化的决策和控制。物联网系统是可反馈、可控制的闭环控制系统。

可以把物联网与人对外部世界的感知进行对比，人通过眼、耳、鼻、舌、皮肤等感觉器官来感知外部世界，感知的信息由神经系统传递给大脑，大脑综合各种信息（依据存储的知识）进行判断并做出响应。物联网中的位置感知就像人的感官感知外部世界信息，可靠通信就像神经系统传递信息，智慧处理就像大脑处理信息，如图 10.15 所示。

物联网的多样化、规模化与行业化等特点，决定了物联网涉及的技术很多，其中关键技术有感知技术、计算技术、通信与网络技术、嵌入式技术、智能技术、位置服务技术、网络安全技术和物联网应用系统规划与设计技术等。

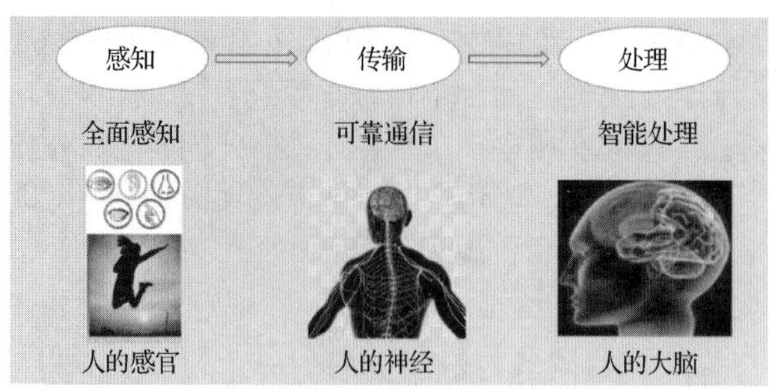

图 10.15　物联网工作过程与人智能处理问题过程的对比

物联网的应用领域广阔，应用创新是物联网发展的核心。我国政府出台了大量政策以推进物联网技术的发展。例如，物联网十三五发展规划中确立了以智能制造、智慧农业、智能家居、智能交通和车联网、智慧医疗和健康养老、智慧节能环保为重点领域应用示范工程。2020 年发展和改革委员会指出新型基础设施包括信息基础设施、融合基础设施和创新基础设施三方面的内容。以 5G、物联网、工业互联网、卫星互联网为代表的通信网络基础设施属于信息基础设施的一部分。

10.1.3　Web 的基本工作方式

人们经常访问各种网站，如在新闻网站了解实时新闻、到学校网站了解学术讲座信息或查询课程信息、到搜索网站查找各类信息等。那么如何在计算机上访问网站呢？

首先，在浏览器中输入网址，浏览器解析这个网址，根据网址的含义生成 HTTP 请求消息并发送给 Web 服务器。Web 服务器收到请求消息后，对其中的内容进行解析，并将解析结果放在响应消息中返回给浏览器。浏览器从响应消息中读出网页内容，然后进行解析、渲染，显示在屏幕上。这个过程反映了 Web 的基本工作方式。

第 47 次《中国互联网络发展状况统计报告》中提到，截至 2020 年 12 月，我国网民规模为 9.89 亿，互联网普及率达 70.4%。Web（World Wide Web，万维网）是互联网上的一种网络服务，是基于超文本和 HTTP 的全球性信息系统，由许多相互连接的文本、图像、音频和视频等信息资源组成。这些资源遍及全球。人们通常使用浏览器，通过台式计算机、笔记本电脑、智能手机等设备访问万维网。万维网也是各种网站和网页的集合。

1989 年，英国科学家蒂姆·伯纳斯-李（Tim Berners-Lee）在欧洲核子研究中心工作期间，撰写了《关于信息管理的一个提案》(*Information Management: A Proposal*）一文，这被认为是万维网诞生的标志。1990 年，蒂姆·伯纳斯-李进一步开发了关于 URL、HTML 和 HTTP 的规范，并成功开发出世界上第一台 Web 服务器和第一个 Web 浏览器。

万维网是因特网技术发展中一个重要的里程碑，万维网的出现使得全世界的人们能够不受时间和空间的限制，更快捷地获取多媒体信息，更方便地相互交流，由此改变了人们获得和创建信息的方法。

在 Web 中，通信主要在浏览器和 Web 服务器之间进行，如图 10.16 所示。

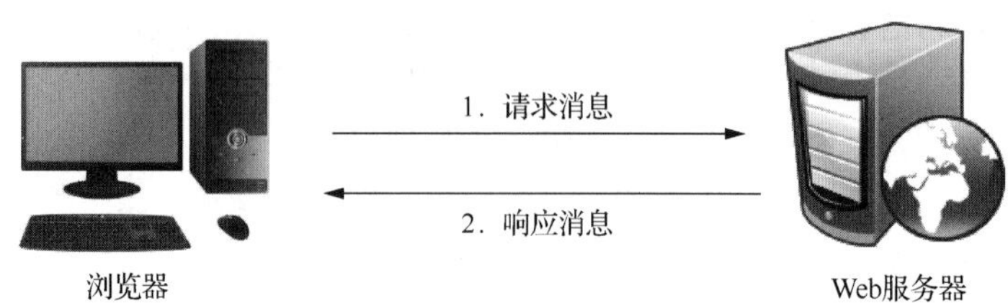

图 10.16　浏览器/服务器模式

浏览器向 Web 服务器发送获取 Web 服务器资源的请求。用户在浏览器中输入网址或单击网页中含网址的链接，都是向 Web 服务器发送访问请求。

网址的正式称谓是统一资源定位符（Uniform Resource Locator，URL）。用户通过浏览器访问 Web 服务器时，所输入或单击的 URL 包含服务器的域名和被访问文件的路径名，如图 10.17 所示。有时候 URL 中没有文件名，表示使用 HTTP 访问 Web 服务器上的主页文件（主页文件名省略）。HTTPS（Hypertext Transfer Protocal Secure，超文本传输安全协议）对数据进行加密传输、身份认证。

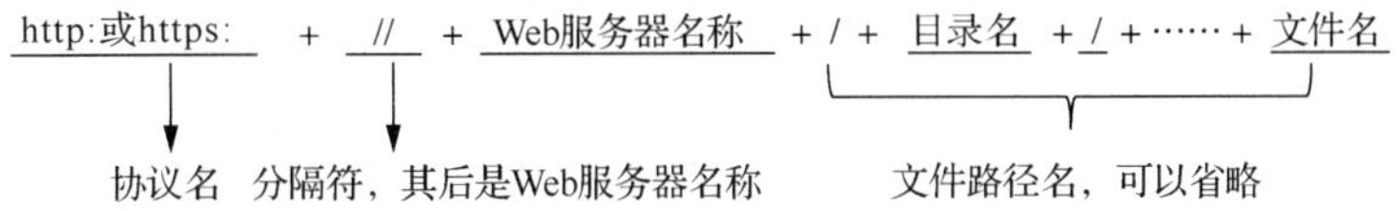

http:或https: + // + Web服务器名称 + / + 目录名 + / + …… + 文件名

协议名 分隔符，其后是Web服务器名称 文件路径名，可以省略

图 10.17 URL 的组成

浏览器向 Web 服务器发送请求消息时，常用 GET 方法和 POST 方法。一般在访问 Web 服务器获取指定网页时用 GET 方法，如用百度搜索引擎搜索含某关键词的网页时。GET 方法将数据添加到 URL 中并传递到服务器。在地址栏中可以看到，请求消息中以“变量名 = 变量值”的形式在 URL 后面添加数据，并且使用“?”连接，各个变量之间用“&”连接。在这种方式下，用户可以在浏览器上直接看到提交的数据，所以对于隐私数据不宜采用 GET 方法。并且，由于 URL 的长度是受限制的（最大长度为 2 048 个字符），因此 GET 方法提交的数据也是受限制的。POST 方法会把请求数据放在 HTTP 主体中向 Web 服务器传递，例如，在网购时填写用户信息或者网上问卷调查中填写信息都会采用 POST 方法。因为数据不会显示在 URL 中，所以 POST 方法比 GET 方法更安全。POST 方法对传输的数据长度没有限制。

Web 服务器向客户端返回的响应消息开头行包含一个状态码，用来表示请求服务的执行结果，如表 10.6 所示。状态码的第一位数字表示状态类型，第二位和第三位数字表示具体情况。

表 10.6　　HTTP 状态码及其含义

状态码	含义
1**	信息。例如，100，英文为 Continue，表示服务器仅接收到部分请求；如果服务器没有拒绝，客户端应该继续发送其余请求
2**	成功。例如，200，英文为 OK，表示请求成功（其后是对 GET 请求和 POST 请求的响应文档）
3**	重定向。例如，301，英文为 Moved Permanently，表示请求的网页已经转移到新的 URL
4**	客户端错误。例如，403，英文为 Forbidden，表示禁止访问被请求的网页。再如，404，英文为 Not Found，表示被请求的网页无法找到
5**	服务器错误。例如，500，英文为 Internal Server Error，表示请求未完成，服务器出现不可预知的错误

一般浏览器提供了工具来观察浏览器和 Web 服务器之间的通信过程，如 Chrome 浏览器的开发者工具，如图 10.18 所示。

在“Network”下的“Headers”面板中，可以看到“General”（总体信息）、“Response Headers”（响应头部信息）和“Request Headers”（请求头部信息）3 部分内容。

①“General”中主要包含“Request URL”（请求的网址，即 Web 服务器地址）、“Request Method”（请求方式）、“Status Code”（状态码）、“Remote Address”（服务器 IP 地址）等。

②“Response Headers”是服务器返回的响应消息的头部，包含“Content-Length”（发送数据长度）、“Content-Type”（发送数据类型）、“Date”（客户机请求时间）、“Last-Modified”（服务器对该资源的最后修改时间）等。

③“Request Headers”是请求消息的头部，包含“Accept”（客户机能接收的资源类型）、

“Accept-Encoding”（客户机能接收的压缩数据的类型）、“Connection”（客户机和服务器的连接关系，keep-alive 表示保持连接）、“Cookie”（客户机暂存的信息）、“Host”（连接的目标主机和端口号）、“User-Agent”（用户代理）等。“User-Agent” 是浏览器与 Web 服务器之间通信的重要信息之一，HTTP 要求浏览器发送 “User-Agent”，用于识别浏览器的类型和版本号等，其值包括操作系统及版本、CPU 类型、浏览器渲染引擎和浏览器语言等。

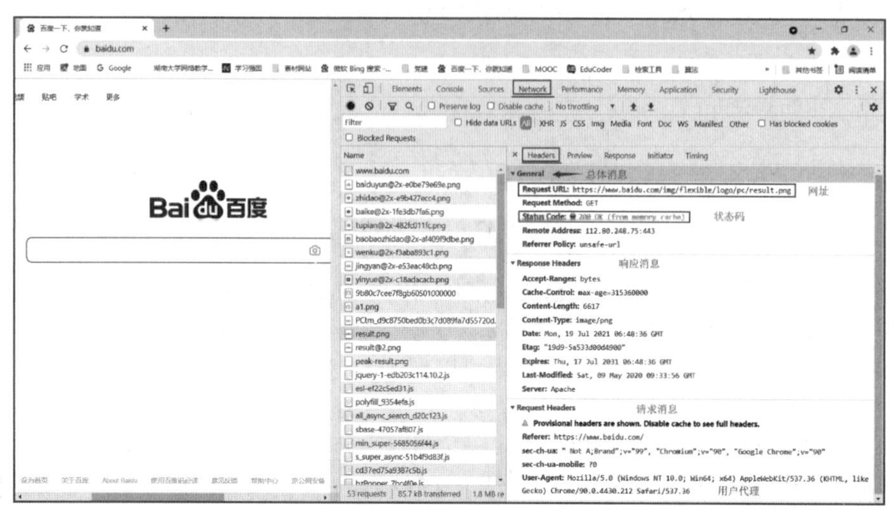

图 10.18　Chrome 浏览器的开发者工具

10.1.4　HTML 简介

在浏览器中显示的内容有多种类型，最常见的是用超文本标记语言（Hyper Text Markup Language，HTML）编写的网页。HTML 不是一种程序设计语言，而是一种标记语言，通过各种标记描述网页中的文本、图像、声音等元素，浏览器会对这些标记进行解析以生成网页。要从网页获取数据，需要了解 HTML 网页的结构和相关标准。

1. 网页基本结构

制作网页文件可以使用记事本这样的纯文本编辑器，也可以使用 Adobe Dreamweaver 这样的软件。Adobe Dreamweaver 采用所见即所得的方式制作网页，还能进行网站管理。如果用 Adobe Dreamweaver 制作网页，则在新建网页文件时将自动生成网页的基本结构，如图 10.19 所示。

```
1    <!doctype html>
2 ▼  <html>
3 ▼  <head>
4    <meta charset="utf-8">
5    <title>无标题文档</title>
6    </head>
7
8    <body>
9    </body>
10   </html>
```

行号	解释
1	文档类型声明标记
2	网页开始标记
3	头部开始标记
4	元信息标记，定义字符集为UTF-8
5	标题开始标记，标题，标题结束标记
6	头部结束标记
7	
8	主体开始标记
9	主体结束标记
10	网页结束标记

图 10.19　Adobe Dreamweaver 自动生成的网页基本结构及解释

图 10.19 中每行代码前面的数字代表行号。在代码中，带有 “< >” 符号的元素被称为 HTML 标记（Tag）。其中，第 1 行的<!doctype html>是一个文档类型声明的 HTML 标记，告诉浏览器这是一个 HTML5 文档，按照 HTML5 的命令规则渲染。该声明必须位于文档第一行，且在<html>

标记之前。

第 2 行的<html>和第 10 行的</html>是一对网页标记（或称根标记），与其间的其他行构成“<标记名>内容</标记名>”结构。<html>表示网页开始，</html>表示网页结束。在“<标记名>内容</标记名>”结构中，<标记名>表示该标记的作用开始，其一般被称为开始标记。</标记名>表示该标记的作用结束，其一般被称为结束标记。在标记的作用下，文档呈现不同样式，文字被结构化为标题、段落或列表，或者显示为不同的字体、字号或颜色，中间插入图片、音频、视频等。

根标记之间有<head></head>和<body></body>标记。<head></head>被称为头部标记，里面嵌套了<meta>标记和一对<title></title>标记。<meta>标记被称为元信息标记，用于定义与文档相关联的名称/值对。charset="utf-8"定义文档采用的字符集为 UTF-8。<title></title>标记被称为标题标记，其中的文字为当前网页在浏览器中显示的标题。<body></body>被称为主体标记，网页上展示的所有内容均包含在此对标记中。

实际网页包含文字、图片、音频和视频等多种元素。以岳麓书院网站上的书院美景网页为例，其在 Chrome 浏览器中的显示效果如图 10.20 所示，其前面部分的网页源代码如图 10.21 所示。

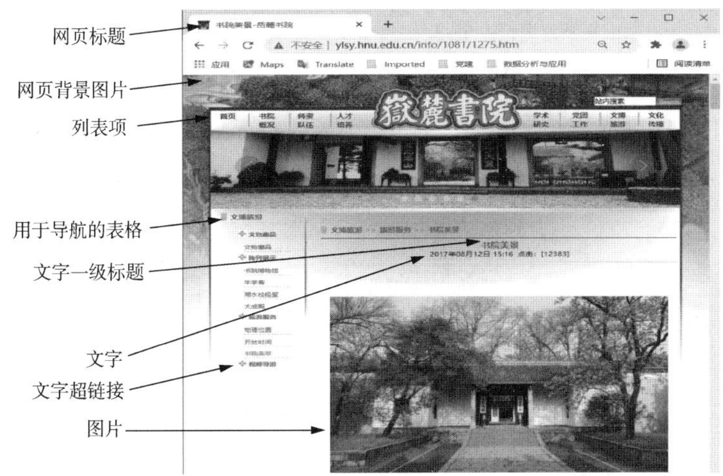

图 10.20　书院美景网页效果图

```
!DOCTYPE html
<html lang="en">
<head>
<meta http-equiv="Content-Type" content="text/html; charset=UTF-8" />
<title>书院美景-岳麓书院</title><META Name="keywords" Content="岳麓山书院,长沙岳麓书院,湖南岳麓书院,湖南大学岳麓书院
<META Name="description" Content="书院博物馆书院雪景书院八景

<meta name="description" content="在古木参天、浓荫蔽日、山光水色的湘江西岸，有一片典雅、庄重的古建筑群，这就是为世人

<meta name="renderer" content="webkit">
<meta name="force-rendering" content="webkit" />
<meta http-equiv="X-UA-Compatible" content="IE=edge,chrome=1">
<script>/*@cc_on window.location.href="http://support.dmeng.net/upgrade-your-browser.html?referrer="+encodeURICompon
<link rel="shortcut icon" href="http://ylsy.hnu.edu.cn/images/favicon.ico" />
<link href="../../css/template_css.css" rel="stylesheet" type="text/css" />
<link href="../../css/style_menu.css" rel="stylesheet" type="text/css" />
<script type="text/javascript" src="../../js/jquery.js"></script>
<script type="text/javascript" src="../../js/slide.js"></script>
<!--Announced by Visual SiteBuilder 9-->
<link rel="stylesheet" type="text/css" href="../../_sitegray/_sitegray_d.css" />
<script language="javascript" src="../../_sitegray/_sitegray.js"></script>
<!-- CustomerNO:77656262657232307 47a475d5153574200000000 4256 -->
<link rel="stylesheet" type="text/css" href="../../content.vsb.css" />
<script type="text/javascript" src="/system/resource/js/counter.js"></script>
<script type="text/javascript">_jsq_(1081,'/content.jsp',1275,1378439985)</script>
</head>
<body>
    <!-- 外围盒子开始 -->
<div id="full_area">
    <div style="width:830px;margin:0px auto;">
        <div id="logo_area">

        </div>
        <div id="top_statstic_search">
            <div style="float:right;">






<form action="../../search.jsp?wbtreeid=1081" method="post" name="a192144a" onsubmit="return subsearchdataa192144a()
  <input type="hidden" name="Find" value="find"><input type="hidden" name="entrymode" value="1"><input type="hidden"
 <table border="0" cellspacing="1" cellpadding="0">
      <tr>
           <td Valign="middle" nowrap="nowrap" height="22">
```

图 10.21　书院美景网页源代码（前面部分）

2. HTML 标准及常用标记

HTML 由蒂姆 • 伯纳斯-李首先开发。1993 年，IETF 发布首个 HTML 规范的提案。1995 年，IETF 发布 HTML 2.0。从 1996 年起，HTML 规范由万维网联盟（W3C）维护。最新的 HTML 标准是 2014 年发布的 HTML5。

HTML 文件除可以用记事本或 Adobe Dreamweaver 制作，还可以用开源的 BluGriffon 等网页开发软件创建或编辑，或者用 HTML 转换实用程序创建，例如，在 Word 中将 DOCX 文件另存为 HTML 文件，也可以在线编辑。网页的显示效果在不同的浏览器中也不相同。常见的浏览器有 Chrome、Firefox、Microsoft Edge 等。

在 HTML 文件中常用的标记如表 10.7 所示，大多标记可以嵌套使用。

表 10.7　HTML 文件中的常用标记及描述

标记（对）	描述
head	头部标记
meta	元数据标记，单标记，定义页面参数，如网页描述、字符集等
title	HTML 页面标题，在 head 标记之中，一个网页只能有一对标题标记
link	定义文件与外部资源的关系，单标记，无结束标记
body	主体标记，网页内容所在处
h1～h6	标题标记，数值越小标题级别越高
p	段落标记，主要用于把文字有条理地显示出来
a	超链接
div	块标记，可定义文档中的分区或节
ol, li	ol 是有序列表标记，li 表示列表项
ul, li	ul 是无序列表标记，li 表示列表项
table, tr, td	table 是表格标记，tr 是表格的行标记，td 是表格的列标记
span	行内标记，提供一种将文本的一部分独立出来的方法
img	图像标记，单标记，无结束标记

注意：一个标记包含多个属性，没有设置的属性都取默认值。不取默认值的属性需要在开始标记中以“属性=属性值”的形式指定其值。

3. Web 标准

W3C 的主要工作之一是制定 Web 标准，供浏览器开发商和 Web 程序开发人员在开发新的应用程序时遵守，便于 Web 更好地发展。Web 标准并不是一个标准，而是一系列标准的集合。一个网页可以分为 3 部分，分别是结构（Structure）、表现（Presentation）和行为（Behavior）。对应这 3 部分的标准如下。

① 结构标准主要包括 XML（eXtensible Markup Language，可扩展的标记语言）和 XHTML（eXtensible Hypertext Markup Language，可扩展的超文本标记语言）两个部分，用于对网页元素进行整理和分类。

② 表现标准主要指 CSS（Cascading Style Sheets，层叠样式表），用于设置网页元素的版式、颜色、大小等外观样式。

③ 行为标准主要包括 DOM（Document Object Model，文档对象模型）和 ECMAScript，用于网页模型的定义及交互设计。ECMA（European Computer Manufacturers Association，欧洲计算

机厂商协会）是一个对计算机语言和输入/输出代码进行标准化的非官方机构。ECMAScript 是 ECMA 制定的基于 Netscape 公司的 JavaScript 和微软公司的 JavaScript 的标准脚本语言。

简单来说，网页内容是网页实际要传达的真正信息，其结构从语义的角度描述网页内容，其表现从审美的角度美化网页。表现与结构相分离可以使网页结构更清晰、维护更方便。以建房为例，结构就是房屋的框架，表现就是房屋的装修和装饰，同样框架的房屋，装修和装饰可以不一样。

在早期的网页制作中，结构和表现混合在一起，这给网页的修改、维护带来了麻烦。采用 CSS 可以较好地解决这个问题。1997 年，W3C 颁布了 CSS 1.0，规定了文档的显示样式。1999 年，W3C 开始制定 CSS3 标准，2001 年完成了 CSS3 的工作草案。现在 CSS3 已经被大部分浏览器支持。CSS 不能单独使用，必须与 HTML 协同工作。

网页有静态网页和动态网页之分，区分方法为服务器是否运行响应用户需求的脚本。如果服务器能响应用户通过键盘提供的信息或鼠标产生的动作，并执行用户指令及根据用户的要求显示特定内容，那么该网页就是动态网页，反之就是静态网页。静态网页发送到客户机浏览器上后是不发生变化的。有些网页包含 ActiveX 控件及 Java 小程序，看起来有动感，但并不包含可以在服务器上运行的脚本，因此它们仍属于静态网页。JavaScript、PHP、Java 和 Python 等是开发动态网页时较常使用的脚本语言。

10.2 网络爬虫与信息提取

10.2.1 天气数据爬取案例

天气是人们经常关心和谈论的话题，对人们的工作、生产和生活都有影响。如果要从网上获取长沙市 2021 年 3 月的天气数据，包括每天的温度范围、风力风向和空气质量等，该怎样进行呢？

把该问题分解成 4 个子问题，如表 10.8 所示。

表 10.8 爬取天气数据问题分解

序号	子问题	解决方案
子问题 1	确定目标网页	URL 确定
子问题 2	请求网页内容	网页获取
子问题 3	解析网页并提取天气数据	信息提取
子问题 4	将天气数据保存到文件中	数据存储

1. URL 确定

首先打开一个显示长沙市 2021 年 3 月历史天气的网页，如图 10.22 所示。类似的网页有很多，可以在搜索引擎中用“长沙市历史天气”等关键词查询。

2. 网页获取

为了获取网页内容，通过 Python 语言编写爬虫程序，利用 requests 库的 get()方法，通过 HTTP 向 Web 服务器发送 URL 请求，保存服务器发回的网页，如图 10.23 所示。

3. 信息提取

分析网页结构，确定每天各项天气数据在网页中的存放位置，如图 10.24 所示。利用 beautifulsoup 库进行网页解析，获取 3 月每天的天气数据，并将它们保存在二维列表中。

长沙市历史天气　切换国内城市　切换国际城市　2021年　3月

平均高温：16°　平均低温：11°　极端高温：29° (2021-03-29)　极端低温：5° (2021-03-01)

平均空气质量指数：63　空气最好：21 优 (03月01日)　空气最差：105轻度 (03月22日)

日期	最高温	最低温	天气	风力风向	空气质量指数
2021-03-01 周一	9°	5°	小雨~多云	西北风微风	21 优
2021-03-02 周二	12°	8°	阴~小雨	西北风2级	38 优
2021-03-03 周三	11°	6°	小雨~多云	西北风微风	57 良
2021-03-04 周四	14°	8°	阴~小雨	东南风2级	48 优
2021-03-05 周五	12°	9°	小雨	东北风2级	33 优
2021-03-06 周六	13°	6°	小雨	西北风3级	51 良
2021-03-07 周日	8°	7°	阴~小雨	西北风3级	54 良
2021-03-08 周一	9°	7°	中雨~多云	西北风2级	65 良
2021-03-09 周二	11°	8°	小雨	西北风2级	66 良
2021-03-10 周三	10°	9°	中雨~小雨	西北风微风	58 良

热门城市天气

北京天气　上海天气　西安天气
沈阳天气　天津天气　重庆天气
夏邑天气　鸡西天气　长岭天气
汪清天气　宣城天气　依安天气
会宁天气　汕头天气　吉安天气
简阳天气　唐县天气　南宫天气
淳安天气　徐州天气　泰安天气
宁晋天气　茂名天气　公主岭天气
新昌天气　许昌天气　宁陵天气
醴陵天气　新宾天气　伊通天气
亳州天气　栖霞天气　番禺天气
鱼台天气　郑州天气　合阳天气

精选推荐

图 10.22　长沙市 2021 年 3 月历史天气网页

文本编辑器 - html

```
A<!DOCTYPE html>
<html>
    <head>
     <!--[if lt IE 7]><html id="ie6" class="ie6"><![endif]-->
        <!--[if IE 7]><html id="ie7" class="ie7"><![endif]-->
        <!--[if IE 8]><html id="ie8" class="ie8"><![endif]-->
        <!--[if gte IE 9]><html id="ie9" class="ie9"><![endif]-->
            <meta charset="utf-8" />
        <meta http-equiv="X-UA-Compatible" content="IE=Edge,chrome=1">
            <meta name="applicable-device" content="pc">
        <title>长沙历史天气查询_历史天气预报查询_2345天气预报</title>
        <meta name="Keywords" content="长沙历史天气，长沙历史天气查询，长沙历史天气预报" />
        <meta name="Description" content="2345天气预报快速查询长沙历史天气预报查询，长沙天气预报还提供长沙各区县的生活指数、健康指数、交通指数、旅游指数，及时发布长沙气象预报、各类气象资讯。" />
            <link rel="shortcut icon" href="/tqpcimg/tianqiimg/theme4/images/favicon.ico" type="image/x-icon" />
            <meta http-equiv='mobile-agent' content='format=xhtml;url=http://waptianqi.2345.com/wea_history/57687.htm'>        <link rel='canonical' href='http://tianqi.2345.com/wea_history/57687.htm'>        <link href="/tqpcimg/tianqiimg/theme4/css/global_v1.css" rel="stylesheet" type="text/css" />
        <script type="text/javascript" src="/tqpcimg/tianqiimg/theme4/js/jquery-1.8.3.min.js"></script>
```

保存并关闭　关闭

图 10.23　网页获取

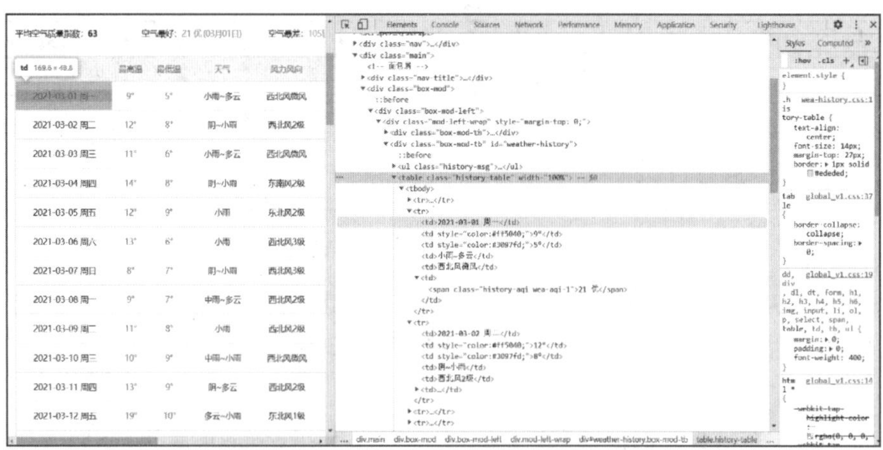

图 10.24　网页结构

4. 数据存储

将列表中的数据写入文件“长沙天气 2021 年 3 月.csv”，保存数据。

本案例对应的流程图如图 10.25 所示。本案例保存的天气数据文件如图 10.26 所示。

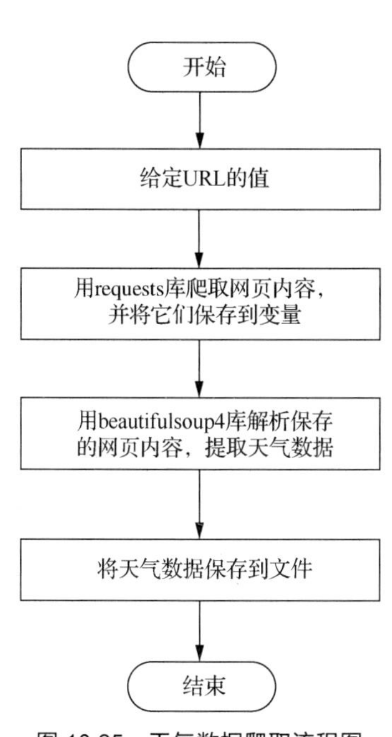

图 10.25　天气数据爬取流程图

	A	B	C	D	E	F
1	3月1日	周一	21 优	5~9℃	西北风	微风
2	3月2日	周二	38 优	8~12℃	西北风	2级
3	3月3日	周三	57 良	6~11℃	西北风	微风
4	3月4日	周四	48 优	8~14℃	东南风	2级
5	3月5日	周五	33 优	9~12℃	东北风	2级
6	3月6日	周六	51 良	6~13℃	西北风	3级
7	3月7日	周日	54 良	7~8℃	西北风	3级
8	3月8日	周一	65 良	7~9℃	西北风	2级
9	3月9日	周二	66 良	8~11℃	西北风	2级
10	3月10日	周三	58 良	9~10℃	西北风	微风
11	3月11日	周四	52 良	9~13℃	西北风	2级
12	3月12日	周五	55 良	10~19℃	东北风	1级
13	3月13日	周六	72 良	13~19℃	东北风	1级
14	3月14日	周日	85 良	16~22℃	东南风	2级
15	3月15日	周一	73 良	17~26℃	东南风	2级
16	3月16日	周二	69 良	15~19℃	西北风	2级
17	3月17日	周三	59 良	13~15℃	西北风	3级
18	3月18日	周四	29 优	11~14℃	西北风	2级
19	3月19日	周五	24 优	8~9℃	西北风	3级
20	3月20日	周六	57 良	8~10℃	西北风	3级
21	3月21日	周日	104 轻度污染	8~14℃	北风	3级
22	3月22日	周一	105 轻度污染	6~20℃	北风	2级
23	3月23日	周二	77 良	7~15℃	东南风	2级
24	3月24日	周三	85 良	11~24℃	东南风	2级
25	3月25日	周四	76 良	15~27℃	东南风	2级
26	3月26日	周五	75 良	15~25℃	东南风	2级
27	3月27日	周六	62 良	12~15℃	西北风	2级
28	3月28日	周日	77 良	17~26℃	东南风	微风
29	3月29日	周一	78 良	19~29℃	东南风	2级
30	3月30日	周二	102 轻度污染	16~21℃	西北风	3级
31	3月31日	周三	102 轻度污染	13~20℃	西北风	2级

图 10.26　保存的天气数据文件

10.2.2　网络爬虫

网络爬虫（Web Crawler）简称爬虫，又称网页蜘蛛，其实就是一个能按照一定的规则，自动地从因特网上获取网页信息的程序。爬虫可以爬取新闻、用户公开的联系方式、金融信息等。网络爬虫的工作流程如图 10.27 所示，包括 URL 确定、网页获取、信息提取、数据存储 4 个部分。

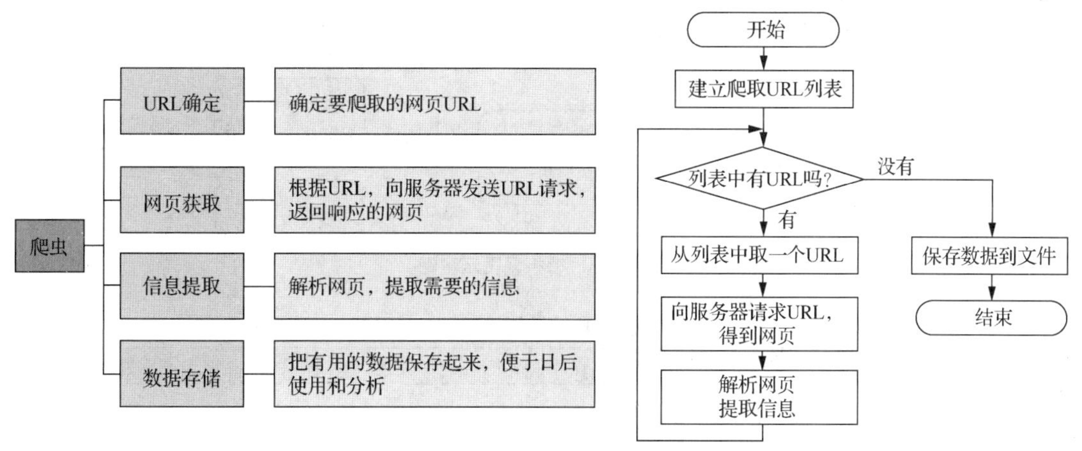

图 10.27　网络爬虫的工作流程

1. URL 确定

从因特网上的多个网页获取信息时，通常会把这些网页的 URL 放入一个列表，每次从中取出一个 URL 进行爬取。如果是相关的系列网页（其 URL 的变化一般是有规律的），则往往会根据 URL 的变化规律来找到这些网页的 URL。

2. 网页获取

通过 HTTP 向 Web 服务器发送 URL 请求，并保存服务器发回的网页。

在 Python 语言的计算生态中，有多个库可以进行网络信息的获取，例如，urllib 库、urllib3 库、requests 库等都可以发送 HTTP 请求并下载网页。

requests 库获取网络信息的方式接近正常 URL 访问，非常方便。其功能特性有保持活动连接池、支持国际域名和 URL、持久 cookie 会话、浏览器式 SSL 验证、自动内容解码、基本/摘要身份验证和自动解压等，详细介绍请在 requests 官网查阅。

requests 库中与 HTTP 请求相关的函数有多个，最常用的是 get()函数，对应于 HTTP 的 GET 方式，其基本语法格式如下：

```
response = requests.get(url[,params={},**kwargs])
```

其中的 URL 需要采用 HTTP 方式或者 HTTPS 方式进行访问。

一旦从服务器获得响应，就会生成响应对象 Response，包含服务器返回的全部消息及最初创建的请求对象 Requests。Response 对象的属性如表 10.9 所示。

表 10.9　Response 对象的属性

属性	含义
response.status_code	HTTP 状态码，参看表 10.6。值为 200 表示请求成功
response.encoding	从 HTTP header 中猜测的响应消息编码方式
response.apparent_encoding	从响应消息分析出的编码方式
response.text	HTTP 响应消息，以字符串形式给出，实际上就是网页 HTML 内容
response.content	HTTP 响应消息的二进制形式

3. 信息提取

对下载的网页进行解析，确定数据的存放位置，选择一种方法将所有需要的价值数据筛选提取出来，如图 10.28 所示。在 Python 中下载的网页是字符串类型的，可以通过 re（正则表达式）、bs4（又称 beautifulsoup4）、lxml 等库进行解析，然后提取出需要的数据或新的 URL 列表，通过这些 URL 可以进行关联页面的爬取。以上 3 种解析工具的性能比较如表 10.10 所示。

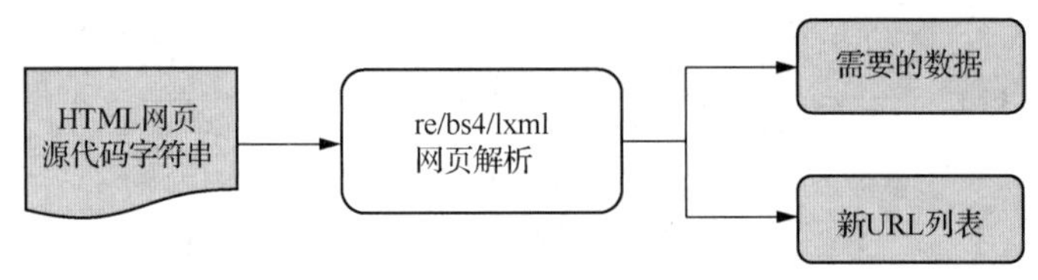

图 10.28　解析网页示意图

表 10.10　解析工具的性能比较

工具	速度	使用难度	安装难度
re	最快	困难	无（内置库）
lxml	快	简单	一般
bs4	慢	最简单	简单

最为常用的是 bs4 库，它能将复杂的 HTML 文本转换为 Python 对象组成的文档树，如图 10.29 所示。文档树包含 HTML 网页中的全部标记，这些标记被称为 Tag 对象。可以对这棵文档树进行遍历、搜索和修改，还可以进行指定文档解析器、将解析文档转换为 Unicode、解析部分文档等操作。

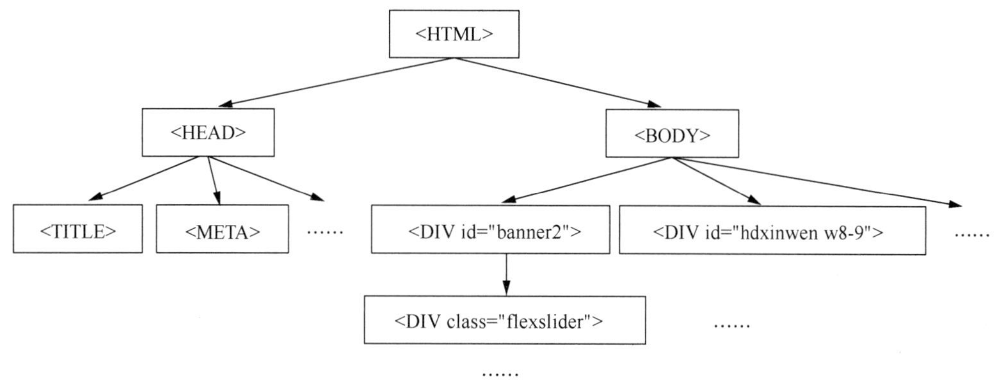

图 10.29　文档树

Tag 对象有 5 个常用属性，如表 10.11 所示。

表 10.11　　Tag 对象的常用属性及描述

属性	描述	用法示例
name	标记的名字	tag.name
attrs	标记的属性，一个标记可能有多个属性。标记属性的操作方法与字典的相同	tag['class']或 tag.attrs
contents	一个列表，这个标记下所有子标记的内容	tag.contents
string	一个字符串，标记所包含的文本	tag.string
text	一个字符串，标记所包含的所有文本（包括当前节点的子孙节点）	tag.text

4. 数据存储

为了长期保存数据，方便使用，应该将提取出来的信息保存为文件，常见的文件格式有 TXT、CSV、JSON 等。

爬虫根据用途可以分为搜索引擎、商业目的爬虫、研究学习用爬虫 3 类。

（1）搜索引擎

搜索引擎是每个人都会用到的最大的爬虫，它们之所以能够提供基于关键词的搜索服务，依赖的就是爬虫抓取网页的相关技术。搜索引擎需要尽可能多地进行索引，即需要把海量的网页抓取下来。

（2）商业目的爬虫

这类爬虫与商业行为有关，面向企业提供数据服务，如各种榜单等。

（3）研究学习用爬虫

这类爬虫以获取网页数据进行研究学习为目的。

爬虫作为一种获取网络资源的计算机技术，虽然具有技术中立性，但在数据采集途径、数据采集行为和数据使用目的等方面都需要遵守相应的规则或法律法规。

10.3　搜索引擎原理

在信息时代，随着互联网的迅速发展、Web 信息激增，用户要在信息海洋中查找到自己需要的信息，就像大海捞针一样。而搜索引擎较好地帮助人们克服了这个困难，成为人们查找信息必不可少的工具。本节介绍搜索引擎的工作原理。

搜索引擎（Search Engine）是一种计算系统，能够按照一定的策略自动地从因特网上搜索信息，对信息进行组织和处理，并为用户提供检索服务，根据用户的查询关键词，在一定的时间内返回匹配用户需求的结果列表。

10.3.1 搜索引擎组成

搜索引擎一般由网页抓取、索引处理、提供检索服务 3 部分组成。搜索引擎简化原理图如图 10.30 所示。

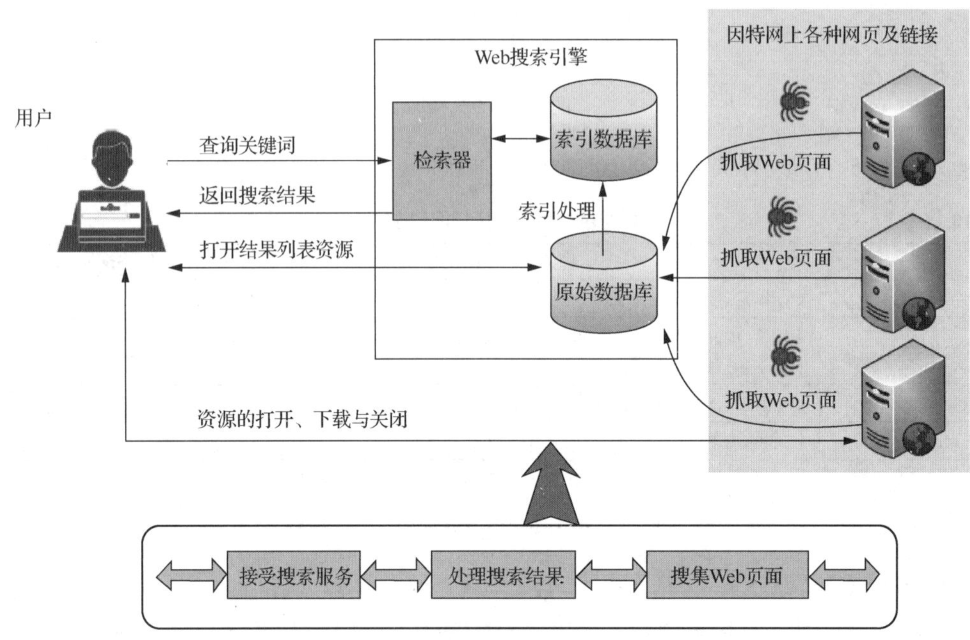

图 10.30 搜索引擎简化原理图

1. 网页抓取

搜索引擎的网页抓取工作由网络爬虫完成。例如，百度的网络爬虫被标识为 BaiDuSpider。爬虫从一些重要的种子 URL 开始，通过搜索网页上的超链接，不断发现新的 URL 并将其放入 URL 队列，从一个网页到另一个网页，就像蜘蛛一样。爬虫在遍历因特网时会抓取有价值的网页，并将网页保存在原始数据库。爬虫在 Web 上不断重复工作，但并不是所有网页都会被爬取，因为要爬取所有网页几乎是不可能的，而且 Web 上的网页时刻都在更新、增加和删除。

网页 URL 以什么顺序加入待爬取 URL 队列是一个非常重要的问题，涉及爬取网页的先后次序。网络爬虫的爬取策略决定爬取网页的顺序，主要有广度优先搜索（Breadth First Strategy，BFS）和深度优先搜索（Depth First Strategy，DFS）。

下面以图 10.31 为例，简要介绍这两种搜索策略。图 10.31 中的结点表示网页 URL，边连接的是它的父链接网页和子链接网页，结点 A 可看作起始网页 URL。

（1）广度优先搜索

广度优先搜索策略的基本思路是，从起始网页开始，先访问其所有子链接网页，再访问每个子链接网页的所有子链接网页，也就是起始网页的孙子链接网页，以此类推，逐层向下访问每一层的网页。

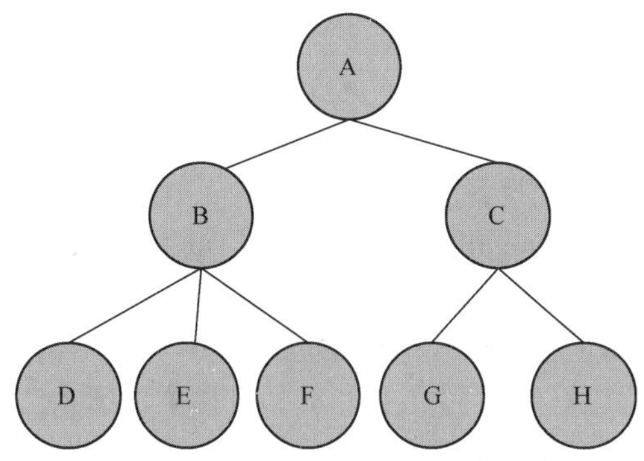

图 10.31　网页连接结构示意图

图 10.31 中的网页连接结构以 A 为起始网页，然后访问结点 A 的所有子链接网页（B、C），再访问结点 B 的所有子链接网页（D、E、F）和结点 C 的所有子链接网页（G、H），因此按照广度优先搜索策略，网页的访问顺序为 A→B→C→D→E→F→G→H。

（2）深度优先搜索

深度优先搜索策略的基本思路是，从起始网页开始，先对子链接网页逐级向下访问，直到没有可以访问的网页，再往回查找没有访问过的网页，继续前面的操作。

在图 10.31 中，从结点 A 出发，先访问子链接网页 B，再访问 B 的子链接网页 D，D 没有子链接网页，往回查找，发现 B 的子链接网页 E 没有访问，故访问 E，E 没有子链接网页，故继续往回查找，以此类推。按照深度优先搜索策略，网页的访问顺序为 A→B→D→E→F→C→G→H。深度优先搜索策略可以用递归来实现，直到不再有子链接网页时返回上一层。

搜索引擎通常会使用多个爬虫进行网页爬取，因此爬取策略往往非常复杂。

2. 索引处理

爬虫抓取的网页包含各种文件格式，如 HTML、GIF、DOC、PDF、PPT、MP3、MPEG 等。搜索引擎需要对这些格式的文件进行内容提取（包括网页的 URL、标题、页面内容关键词、文件类型、生成时间、与其他网页的链接关系等）、筛查过滤，还要按照一定的规则编排索引，并将索引信息保存到索引数据库，以方便准确检索，使爬虫得以正确跟踪其他链接。索引是搜索中比较复杂的部分，涉及网页结构分析、分词、排序等技术。

3. 检索服务

用户向搜索引擎提交查询请求，搜索引擎收到查询请求后会进行一些处理工作，包括分割查询串为若干子查询串、去重、中文分词等，得到查询关键词，然后在索引数据库中根据关键词检索、提取相关网页，最后向用户返回查询结果。搜索引擎会把从索引数据库中检索到的网页按照不同维度的综合得分进行排序。主要维度有网页与用户检索要求的相关性、网站的权威性、网页内容的时效性和重要性、网页内容的丰富度和受欢迎程度等。

搜索引擎按其工作方式分为全文搜索引擎、元搜索引擎、目录搜索引擎、垂直搜索引擎和智能搜索引擎等。它们各有特点并适用于不同的搜索环境。因此，提高搜索引擎性能的一个重要方法是灵活选用搜索方式。

（1）全文搜索引擎

很多搜索引擎属于全文搜索引擎。全文搜索引擎利用爬虫爬取互联网上的网页信息，并保存在自己的数据库中。当用户发出查询请求时，全文搜索引擎会从数据库中检索与用户查询条件相匹配的记录，然后按照相关排名规则将结果返回给用户。国外具有代表性的全文搜索引擎有 Google、Fast/AllTheWeb、AltaVista 等，国内以百度为代表。

（2）元搜索引擎

元搜索引擎不是一种独立的搜索引擎，它没有自己的资源索引数据库，是架构在其他搜索引擎之上的搜索引擎。元搜索引擎适用于广泛、准确地收集信息。不同的全文搜索引擎由于性能和信息反馈能力不同而各有利弊，元搜索引擎解决了这个问题，使各全文搜索引擎能够优势互补。著名的元搜索引擎有 InfoSpace、Dogpile、Vivisimo 和 DuckDuckGo 等。

（3）目录搜索引擎

目录搜索引擎将网站分门别类地存放在相应的目录中。它不同于搜索索引，搜索索引属于自动网站检索，而目录搜索引擎完全依赖手工操作。目录搜索引擎虽然有搜索功能，但严格来说算不上真正的搜索引擎，而是按目录分类的网站链接列表。用户可以选择用关键词查找信息，也可以选择按分类目录逐层查找信息。目录搜索引擎的用户须预先了解网站的内容，并熟悉其主要模块。目录搜索引擎需要较高的人工成本来维护。著名的目录搜索引擎有 Yahoo、Open Directory Project，以及搜狐、新浪和网易的搜索引擎等。

（4）垂直搜索引擎

垂直搜索引擎是针对某个行业的专业搜索引擎，对网页中某类专门信息进行爬取、整理和检索，以追求专业性和服务深度为主要特征。这类搜索引擎对专业领域信息收录完整、更新及时，检索针对性、相关性强。如查询文档的豆丁网、百度文库等，查询图标的包图网、昵图网等，查询词汇的有道词典、海词网等。

（5）智能搜索引擎

智能搜索引擎是结合了人工智能技术的新一代搜索引擎。智能搜索引擎改变了传统搜索引擎输入关键字搜索的方式，支持用户采用自然语言、图等方式进行信息检索，具有一定的对知识的理解与处理能力。智能搜索过程主要分为三部分：知识理解、知识管理、知识检索。

10.3.2 网页排名算法

当用户进行查询时，搜索引擎会返回大量的搜索结果，那么这些网页如何排序，以把用户最想看到的结果排在前面呢？最早的搜索引擎采用人工方式对网页进行分类并整理出高质量的网站推荐给用户。随着网页数量的增加，搜索引擎进入文本检索时代，其会通过计算用户查询关键词与网页内容的相关程度来返回搜索结果。这种方法不受限于网页数量，但是不少网站为了排名靠前，篡改关键字，进而导致排名效果不理想。于是，很多研究者投入网页排序算法研究，Google 搜索引擎的网页排名（PageRank）算法就是其中的佼佼者。

Google 创始人佩奇借鉴了学术界评判学术论文重要性的通用方法——看论文的引用次数，提出了 PageRank 算法的基本思想：如果一个网页被其他网页链接越多，该网页越重要，网页排名分值（下面简称网页排名分值为 PR 值）越高；如果一个 PR 值很高的网页链接到其他的网页，被链接的网页的 PR 值也会相应提高。

PageRank 算法预先给每个网页设定一个 PR 初始值，一般设置为 1/N，N 是总的网页数。网页 PR 值按照给定的公式反复迭代，直到所有网页 PR 值不再变化，停止迭代，此时的网页 PR 值就表明各个网页的重要程度。按照这个值对网页进行排序，并推荐给用户。下面看看几种情况下，PR 值的迭代公式。

情景 1，如图 10.32（a）所示，每个网页都有下级链接（一般称之为出链），也有上一级链接（一般称之为入链），这时每个节点（网页）的 PR 值，以节点 A 的 PR 值为例，其计算公式如式（10.1）所示。

$$\mathrm{PR}(A)=\frac{\mathrm{PR}(B)}{2}+\mathrm{PR}(D) \tag{10.1}$$

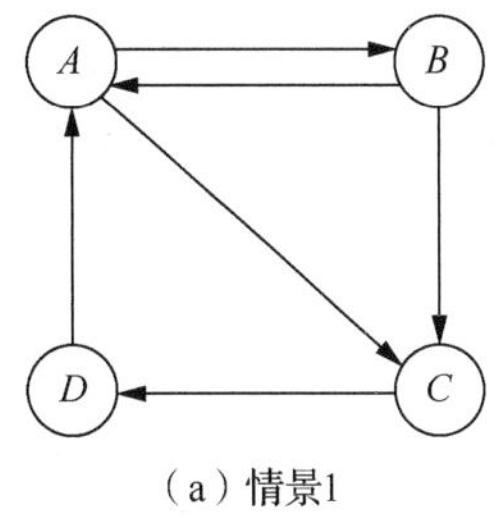

（a）情景1

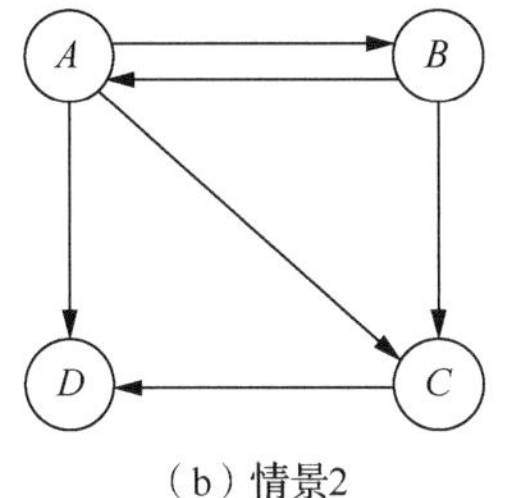

（b）情景2

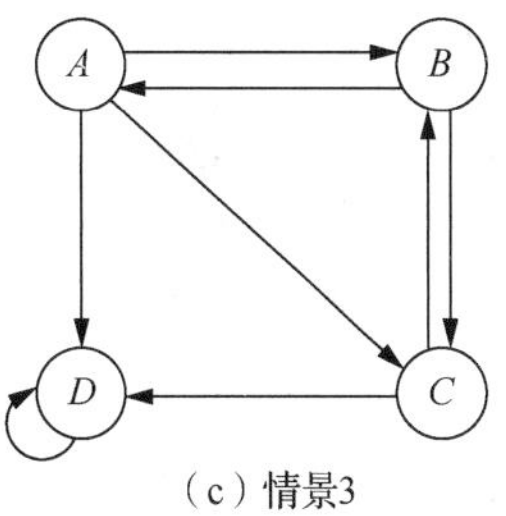

（c）情景3

图 10.32　PageRank 算法示意图

情景 2，如图 10.32（b）所示，有的网页没有出链，如图中的节点 D；假定某节点对所有节点都有出链，以节点 A 为例，其 PR 值的计算如式（10.2）所示。

$$\mathrm{PR}(A)=\frac{\mathrm{PR}(B)}{2}+\frac{\mathrm{PR}(D)}{4} \tag{10.2}$$

情景 3，如图 10.32（c）所示，如果对应的网页是动态网页，页面就会不断地链接下去，导致该网页的 PR 很高。设定一个确定的概率使该网页以等同的概率随机跳转到其他网页，以节点 D 为例，其 PR 值的计算如式（10.3）所示，式中的 α 是跳转概率，一般取 0.85。

$$\mathrm{PR}(D)=\alpha*(\frac{\mathrm{PR}(A)}{3}+\frac{\mathrm{PR}(C)}{2})+\frac{1-\alpha}{4} \tag{10.3}$$

最后得到 PageRank 算法网页节点 PR 值的计算公式，如式（10.4）所示，式中 M_i 是所有对网页 i 有出链的网页集合，$L(j)$是网页 j 的出链总数，N 是网页总数，α 是跳转概率。

$$\mathrm{PR}(i)=\alpha*\sum_{j\in M_i}\frac{\mathrm{PR}(j)}{L(j)}+\frac{1-\alpha}{N} \tag{10.4}$$

PageRank 算法根据网页连接的频繁程度以及链接网页的重要程度方便简单地计算出了各个网页的 PR 值，然后排序推荐给用户。PageRank 算法是一个与查询无关的静态算法，所有网页的 PageRank 值通过离线计算获得；有效减少在线查询时的计算量，极大降低了查询响应时间。主要不足：一是只考虑连接，忽略主题相关性，导致有的排名很靠前的结果与搜索主题相关性不大；二是网页创建时间越长，链接越多，PR 值可能越高，算法对新建网页友好度不高。

10.4　网络安全

随着互联网深入应用于社会生活的各个领域，网络安全事件不断发生，网络安全已经成为影响社会稳定、国家安全的重要因素之一。网络空间成为与国家“领土、领海、领空、太空”同等重要的“第五空间”。世界各国纷纷研究和制定本国网络安全政策。

2016 年 11 月 7 日，第十二届全国人民代表大会常务委员会第二十四次会议通过了《中华人民共和国网络安全法》(以下简称网络安全法)，自 2017 年 6 月 1 日起施行。网络安全法是我国第一部全面规范网络空间安全管理的基础性法律，是为保障网络安全，维护网络空间主权和国家安全、社会公共利益，保护公民、法人和其他组织的合法权益，促进经济社会信息化健康发展而制定的法律。网络安全法中提到网络安全是指通过采取必要措施，防范对网络的攻击、侵入、干扰、破坏和非法使用以及意外事故，使网络处于稳定可靠运行的状态，以及保障网络数据的完整性、保密性、可用性的能力。

10.4.1　网络安全基本属性

以用户 A 和用户 B 在网上进行安全通信为例，用户 A 希望发给用户 B 的消息只有用户 B 能够理解，即使在不安全的媒体上进行通信，即使其他人能够在该媒体上截获这些消息。用户 A 需要确保从用户 B 接收的消息是用户 B 发出的。同样，用户 B 也要能确定从用户 A 接收的消息是用户 A 发出的。用户 A 和 B 还要确定他们之间能通信，而且他们之间传送的消息没有被篡改。这个例子指明了安全通信具有以下基本属性。

（1）保密性：又称机密性，包括数据机密性和隐私性。数据机密性指仅有发送方和希望的接收方能够理解传输的报文内容，信息不会被泄露给未经授权的个体。隐私性保证个人可以控制和影响与之相关的信息，这些信息不被其他人收集、存储并且泄露出去。

（2）完整性：发送的消息在传输过程中没有被改变（恶意篡改或意外改动），包括数据完整性和系统完整性。数据完整性保证只能通过某种特定的或授权的方式更改信息和代码。系统完整性保证系统正常实现预期功能，不会被故意或偶然的非授权使用。

（3）可用性：对信息系统及其服务的使用可靠及时，不会拒绝授权用户。

（4）可认证性/真实性：通信过程中，发送方和接收方能证实对方的身份，系统的每个输入信息是否都来自可靠的信息源。

（5）不可抵赖性：发送方和接收方都不能抵赖曾经的行为和操作；建立有效的责任机制，防止用户否认其行为。

（6）可控性：对信息的传播及内容具有控制能力，保证产品或服务安全可控。

威胁网络安全的原因复杂多变，其中一些原因如下。

（1）安全问题并不像对基本属性要求的描述那么简单，符合这些属性要求的机制可能非常复杂，甚至涉及相当深奥的论证推理。

（2）在开发一种特定安全机制或算法时，通常会考虑对这些安全特性的潜在攻击，但成功的攻击往往是通过一种完全不同的方式来观察问题的，这样的攻击在开发时不可预见。

（3）对于设计的安全机制，决定其使用场合是非常必要的。

（4）网络安全本质上可以看成企图发现漏洞的攻击者和设计者或管理者之间的一场智力较量。攻击者只需要发现一个弱点就可以了，但设计者必须发现和堵住所有的漏洞。

（5）安全普遍上是一种事后的考虑，在发生安全事故前，用户或管理者有时候觉得在安全方面投入是不值得的。

（6）很多用户认为，强的安全措施意味着易操作性的损失。

10.4.2 OSI 网络安全体系结构

为了有效评估某个机构的安全需求，以及选择安全产品和策略，常常需要一些系统性方法定义安全需求以及满足这些安全需求的方法。ISO 于 1989 年在 OSI 网络模型之上扩充了 OSI 参考模型，确立了 OSI 网络安全体系结构，提出了网络安全体系结构的三个概念：网络安全攻击（Security Attack）、网络安全服务（Security Service）和网络安全机制（Security Mechanism）。

（1）网络安全攻击

任何可能会危及网络与信息系统安全的行为都被看作攻击。攻击分为被动攻击和主动攻击。被动攻击指攻击者通过窃听或监视数据传输的方法非法获取敏感或机密信息。主动攻击有截获数据、篡改或重放数据、伪造数据三种。

- 截获数据：发送的数据被假冒或顶替的攻击者截获。
- 篡改或重放数据：攻击者将截获的消息篡改，或者延迟、重排后发给接收者。
- 伪造数据：攻击者假冒合法用户，将伪造的数据发送给合法接收者。

（2）网络安全服务

X.800 将网络安全服务定义为：由开放系统各层协议提供的，为保证系统或数据传输足够安全的服务可分为五类（十四种），介绍如下。

- 身份验证：为通信对等实体身份验证和数据来源身份验证而提供。对等实体指实体在不同的系统中实现了相同协议。对等实体身份验证为连接中的对等实体提供身份验证。数据来源认证为数据单元的来源提供确认。
- 访问控制：用于防止经由 OSI 但未经授权而使用资源。这种保护服务可用于各种各样类型的资源访问或访问所有资源。
- 数据机密性：用于保护数据免受未经授权的泄露，分为连接机密性、无连接机密性、选择性字段机密性、流量机密性。
- 数据完整性：用于对抗主动攻击，分为带恢复功能的连接完整性、不带恢复功能的连接完整性、选择性字段连接完整性、无连接完整性和选择性字段无连接完整性。
- 不可否认：可能是带来源证明功能的不可否认和带交付证明功能的不可否认中的一种或两种。带来源证明功能的不可否认为数据的接收方提供服务，用于证明数据的来源。带交付证明功能的不可否认为数据的发送方提供服务，用于证明数据的交付。

（3）网络安全机制

安全机制是用来检测、防范安全攻击并从中恢复系统的机制，包括以下八项内容。

- 加密：提供数据或流量信息的机密性。加密是确保数据安全的基本方法，根据层次和加密对象的不同，可采用不同的加密方法。
- 数字签名：确保数据的真实性。数字签名是附加在数据单元上的一些数据，或是对数据单元所做的密码变换。这种变换允许数据单元接收者证明数据源和数据单元的完整性并保护数据，以防止被人伪造。
- 访问控制机制：按照预先确定的规则对用户所访问的系统与程序进行限制。用户试图访问未经授权的资源，或对授权资源进行不恰当的访问都将被拒绝并被报告，进而发出警报并记录。
- 数据完整性机制：确保单个数据单元或字段的完整性，以及数据单位或字段流的完整性，防止错序、丢失、重播、插入、修改或重放等。
- 身份验证机制：用口令、密码、数字签名、公证、时间戳与同步时钟等技术对用户身份进行验证。
- 流量填充机制：通过在数据流中填充冗余字段，防止流量分析。
- 路由控制机制： 路由可被动态地或预先约定地进行选择，以尽可能地使用物理上安全的子网与链路。
- 公证机制：在两个或多个实体间传输的数据，其属性（如完整性、来源、时间和目的地等）的正确性可以通过第三方公证机制来保证。

10.4.3　网络安全模型与网络安全访问模型

为了对动态网络安全过程进行抽象描述，提出了网络安全模型和网络安全访问模型。通用的网络安全模型如图 10.33 所示。

网络安全模型涉及消息发送和接收的用户以及网络攻击者，建立了消息从发送者到接收者的一条逻辑信息通道。网络攻击者在信道上伺机窃取数据。发送方的消息需要加密后才能传输，接收者将收到的加密消息需要解密后才能使用。为安全传输，需要可信第三方分发密钥或确认发送方及接收方的身份。

这个通用模型规定了四项基本任务。

- 设计用于数据加密和解密的算法。

- 生成用于该算法的密钥
- 开放分发和共享密钥的方法
- 指定能被发送方和接收方使用的协议，该协议使用安全算法和密钥对数据进行加密或解密。

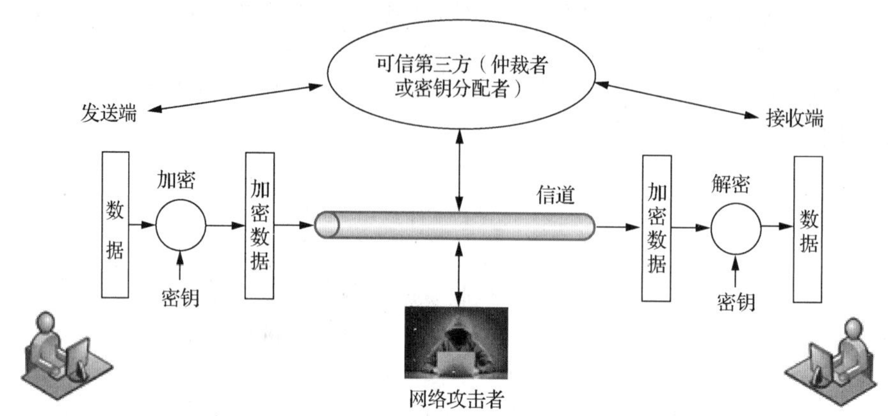

图 10.33 网络安全模型

对于不适用上面安全模型的其他与安全相关的情况，可以建立网络安全访问模型，如图 10.34 所示。网络攻击者（黑客）企图入侵网络上的系统。恶意软件利用计算机操作系统的漏洞或应用软件的漏洞，在用户和网络管理员不知情的情况下访问用户数据，修改或破坏用户数据，或者阻止用户对网络的正常使用。恶意软件包括病毒、蠕虫、木马、垃圾邮件、流氓软件等。网络安全防范设备有防火墙、防毒墙、入侵防御、统一威胁安全网关、垃圾邮件过滤、网页过滤等。

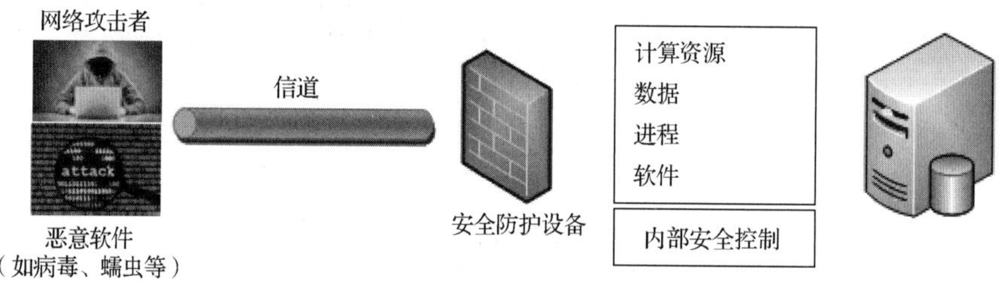

图 10.34 网络安全访问模型

习题

一、选择题

1. 手机连接到网络中时，其会被看作一个（　　）。

   A. 端设备　　B. 路由设备　　C. 交换设备

2. 浏览器使用哪种 HTTP 方式请求 Web 服务器上的网页？（　　）

   A. GET　　B. POST　　C. HEAD　　D. PUT

3. ITU 的研究报告《物联网》发表于（　　）年。

   A. 1995　　B. 1999　　C. 2005　　D. 2012

4. 因特网中完成域名地址和 IP 地址转换的系统是（　　）。

   A. POP　　B. DNS　　C. EMAIL　　D. FTP

5. 因特网是由（　　）发展而来的。
A. 局域网　　B. ARPANET　　C. 标准网　　D. WAN
6. 下列有关计算机网络叙述，错误的是（　　）。
A. 利用因特网可以使用远程的超级计算中心的计算资源
B. 计算机网络是在通信协议的控制下实现的计算机互联
C. 建立计算机网络的最主要目的是实现资源共享
D. 按照接入计算机的多少可将网络划分为局域网、广域网
7. TCP/IP 是因特网中计算机之间通信必须共同遵循的一种（　　）。
A. 软件　　B. 硬件　　C. 信息资源　　D. 通信规定
8. 用 requests 库爬取网页成功后，响应对象 response.status_code 的值为（　　）。
A. 200　　B. 300　　C. 404　　D. 503
9. 以下关于网络攻击的基本类型描述中，错误的是（　　）。
A. 泄露隐私　　B. 篡改或重放数据
C. 窃听或监视数据传输　　D. 伪造数据
10. 关于 OSI 网络安全体系结构的描述，错误的是（　　）。
A. 安全攻击　　B. 入侵检测　　C. 安全服务　　D. 安全机制
11. 以下不属于网络安全机制的内容的是（　　）。
A. 加密　　B. 认证　　C. 公证　　D. 流量填充

二、解答题

1. 简要说明 TCP/IP 参考模型各层次的名称（从下往上），各层的信息传输格式及各层使用的设备（最低三层）。
2. 请将 IP 地址 00001110110101111011000100100101 转为点分表示。
3. 如何查询本机的 IP 地址？如何由域名查询对应的 IP 地址？
4. 简述术语 IP、TCP、HTTP、HTML、FTP、DNS、UDP、URL、MAC、B/S 的含义和作用。
5. 请分别从技术、速度和频段等方面论述无线网络技术的发展过程。
6. 请列举几种常用的无线网络技术，并对每一种技术的定位和特点进行详细说明。
7. 请结合物联网的某个具体应用，说说物联网与互联网的区别。
8. 请用 requests.get()访问某电商网站上的图书《瓦尔登湖》，返回 text 属性的值。请问 text 属性的值是否就是所爬图书网页的 HTML 代码，为什么？
9. 在网上搜索网络信息安全的相关法律法规，思考如何合理、合法地使用爬虫技术。
10. 搜索引擎如何工作？请在两个不同搜索引擎中输入相同的关键字，如“食品安全”，查看检索的结果是否相同，并思考原因。
11. 简述 HTTP 的工作过程。

三、编程题

1. 请尝试编写一个介绍你自己的网页文件，包含文字、图像、表格等元素，并在浏览器中查看效果。
2. 请将某校新闻网站首页上的每条新闻链接的新闻标题爬取下来，保存在文件“新闻.txt”中。
3. 爬取网上某组你喜欢的图片，按照 pic+编号的方式命名主文件名并保存在本地文件夹“喜欢的图片”中。
4. 爬取某电影网站排行榜，并提取电影名称、时间、评分、概况等信息。
5. 爬取某小说的用户评价并保存下来。

第11章　数据管理与大数据

数据管理是对不同类型的数据进行收集、整理、组织、存储、加工、传输、检索的各个过程，它是计算机的一个重要应用领域，其目的之一是从大量原始的数据中抽取、推导出对人们有价值的信息，作为人们行动和决策的依据；另一目的是借助计算机科学地保存和管理复杂的、大量的数据，以便人们能够方便而充分地利用这些信息资源。在应用需求的推动下，在计算机硬件、软件发展的基础上，数据管理技术经历了人工管理、文件系统、数据库系统 3 个阶段。

进入大数据时代，数据的量越来越大，种类越来越丰富，因此需要新的数据管理手段。关系型数据库是 IT 建设时代的数据管理基石，而在大数据时代，数据管理涉及大规模并行处理数据库、分布式数据库、分布式文件系统、云计算平台、互联网和可扩展的存储系统，这些新的数据管理手段正在构造新的数据管理基石。

11.1　计算机数据管理

在计算机硬件、软件发展的基础上，数据管理技术经历了人工管理、文件系统、数据库系统 3 个阶段。

11.1.1　人工管理阶段

早期的计算机主要用于科学计算。随着计算机硬件技术、软件技术的不断发展，人们逐渐将计算机用于数据管理。计算机数据管理经历了 3 个阶段：人工管理阶段、文件系统阶段和数据库系统阶段。

20 世纪 50 年代中期以前，在计算机硬件方面，外存储器只有纸带、卡片、磁带，没有像硬盘一样可以随机访问、直接存取的外部存储设备；在计算机软件方面，没有操作系统软件和数据管理软件。

此阶段的数据处理有以下特点。

① 数据不保存。用户把应用程序和数据一起输入内存，通过应用程序对数据进行处理，最后输出处理结果。任务完成后，数据随着应用程序从内存中一起被释放。

② 数据和程序不具有独立性。数据由应用程序自行管理。应用程序中不仅要规定数据的逻辑结构，还要阐明数据在存储器上的存储地址。当数据改变时，应用程序也要随之改变。

③ 数据不能共享。一个应用程序中的数据无法被其他应用程序所利

用。程序和程序之间不能共享数据，因而会产生大量重复的数据，这被称为数据冗余。

表 11.1 中记录了学号（num）、姓名（name）及三门功课的成绩，我们看看要怎么通过计算机来计算表内每位同学的总分。

表 11.1　成绩数据表

num	name	Chinese	Maths	English
101	Mary	80	85	90
102	Rose	80	90	95
103	Mike	75	72	65
104	Peter	65	63	58
105	Harry	95	93	88

在人工管理阶段，成绩处理程序流程如图 11.1 所示，其功能是计算学生各门功课的总分，降序排列并输出。

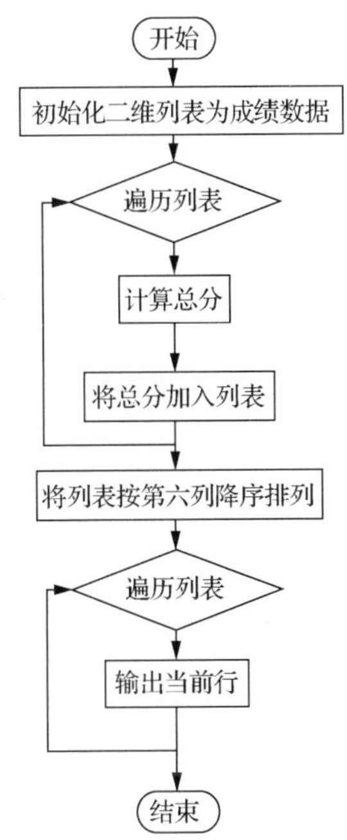

图 11.1　人工管理阶段成绩处理程序流程

11.1.2　文件系统阶段

20 世纪 50 年代后期至 60 年代中后期，随着计算机在数据管理中的广泛应用，大量数据的存储、检索和维护成为紧迫的要求。硬件方面，此时可直接存取的磁盘成为主要外存；软件方面，出现了高级语言和操作系统。

文件系统阶段的数据处理有以下特点。

① 数据长期保存。数据项集合为记录，长期保存在磁盘的数据文件中，供用户反复调用和更新。

② 程序与数据有一定的独立性。应用程序和数据文件分开存储，应用程序按文件名访问数据文件，不必关心数据在存储器上的位置及输入/输出方式。

③ 数据的独立性低。由于应用程序对数据的访问基于特定的结构和存取方法，当数据的逻辑结构发生改变时，必须修改相应的应用程序。

④ 数据的共享性差，存在数据冗余和数据不一致。大多数情况下，一个应用程序对应一个数据文件，如图 11.2 所示。当不同的应用程序所处理的数据包含相同的数据项时，它们通常会建立各自的数据文件，从而产生了大量的冗余数据。当一个数据文件的数据项被更新，而其他数据文件中相同的数据项没有被更新时，将造成数据不一致。

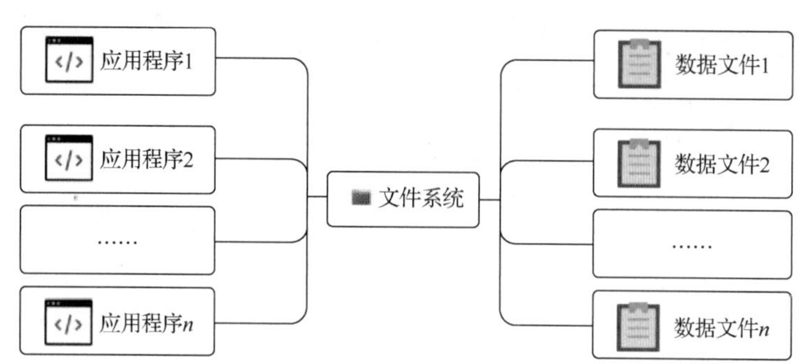

图 11.2　应用程序与数据文件一一对应

例如，图 11.3 所示的 score.csv 文件中存储了五位同学的学号、姓名和三门功课的成绩。文件系统阶段的成绩处理程序流程如图 11.4 所示。程序所要处理的数据存放在数据文件 score.csv 中，其任务是计算每位同学的总分、排序并输出。如果数据结构发生变化，例如，在数据文件中要增加计算机学科的成绩，则程序也要重新修改。

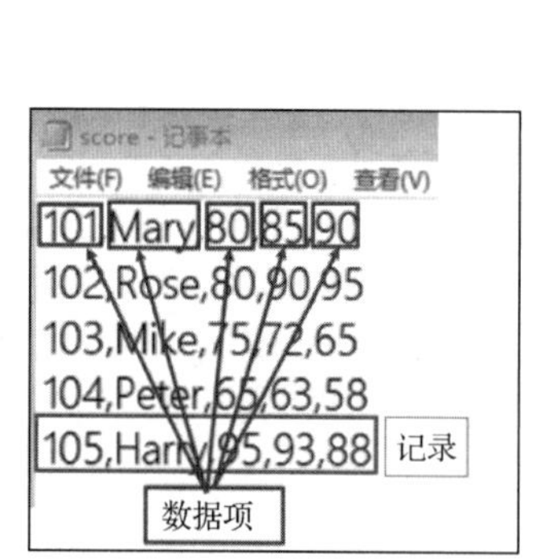

图 11.3　记录学生成绩的数据文件 score.csv

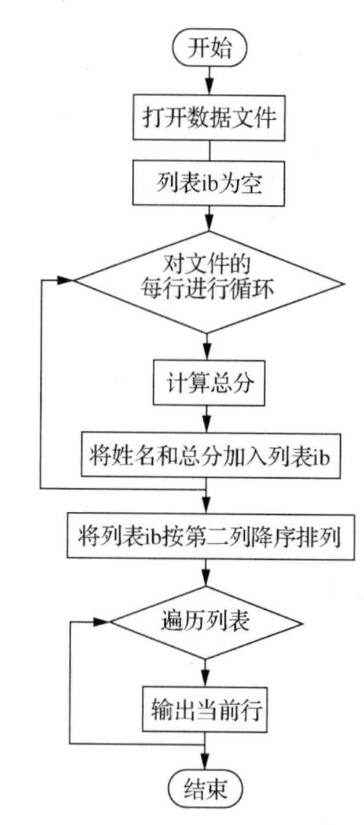

图 11.4　文件系统阶段成绩处理程序流程

11.1.3　数据库系统阶段

20 世纪 60 年代后期，大容量和快速存储的磁盘相继投入市场，为新型数据管理技术奠定了物质基础。此外，计算机管理的数据量急剧增长，多用户、多程序实现数据共享的要求日益增强。在这种情况下，文件系统的数据管理已经不能满足需求，因此数据库技术应运而生。

数据库系统阶段的数据处理有以下特点。

① 数据的共享性高，冗余度低。建立数据库时，以面向全局的观点组织数据库中的数据。数据可被多个用户、多个应用程序共享使用，这大大减少了冗余数据。

② 采用特定的数据模型。数据库中的数据是以一定的逻辑结构存放的，这种结构由数据库管理系统所支持的数据模型来决定。目前流行的数据库管理系统大多建立在关系模型的基础上。

③ 数据独立性高。数据与应用程序之间彼此独立。当数据的存储格式、组织方法和逻辑结构发生改变时，不需要修改应用程序。

④ 统一的数据控制功能。数据库由数据库管理系统来统一管理，并提供对数据的并发性、完整性、安全性等的控制功能。

例如，MySQL 中存放成绩的数据表 score 如图 11.5 所示，在数据库管理系统中使用语句“select name,sum(cj)as zf from score group by name order by zf desc”，即可实现学生总分的计算与排序功能。执行结果如图 11.6 所示。

num	name	course	cj
101	Mary	Chinese	80
101	Mary	Maths	85
101	Mary	English	90
102	Rose	Chinese	80
102	Rose	Maths	90
102	Rose	English	95
103	Mike	Chinese	75
103	Mike	Maths	72
103	Mike	English	65
104	Peter	Chinese	65
104	Peter	Maths	63
104	Peter	English	58
105	Harry	Chinese	95
105	Harry	Maths	93
105	Harry	English	88

15 rows in set (0.00 sec)

图 11.5 存放成绩的数据表 score

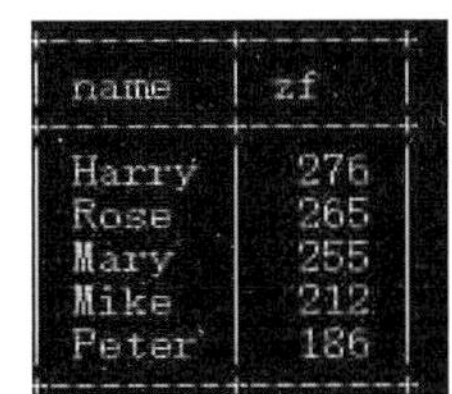

name	zf
Harry	276
Rose	265
Mary	255
Mike	212
Peter	186

图 11.6 计算并排序学生的总分

11.1.4 数据文件格式

数据文件是在计算机系统上使用的最常见的文件类型之一。本质上，它可以是存储数据的任何文件。它可以采取纯文本文件、编码后的文件（通过加密）或二进制文件的格式。数据文件由多种不同的应用软件建立，包含了数以千计的专有文件格式。下面介绍一些常用的数据文件格式。

1. CSV 格式

CSV 是一种通用的、相对简单的文件格式，广泛应用于商业和科学领域。

CSV 文件可以用记事本等文本编辑软件打开，也可以使用 Excel 软件打开。

CSV 文件具有以下特征。

① 纯文本，使用某个字符集，比如 ASCII、Unicode、EBCDIC 或 GB2312。

② 由记录组成（通常是每行一条记录）。

③ 每条记录被分隔符分隔为字段（典型分隔符有逗号、分号和制表符）。

④ 每条记录都有同样的字段序列。

例如在 CSV 格式的天气数据文件中，记录由年号（year）、雨天数（rainyDays）、寒冷天数（coldDays）、炎热天数（hotDays）四列组成，分隔符为逗号，其在记事本中打开的形式如图 11.7 所示，在 Excel 中打开的形式如图 11.8 所示。

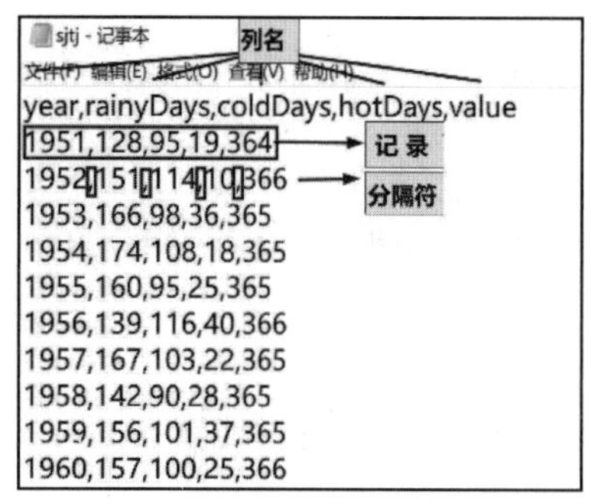

year,rainyDays,coldDays,hotDays,value
1951,128,95,19,364
1952,151,114,10,366
1953,166,98,36,365
1954,174,108,18,365
1955,160,95,25,365
1956,139,116,40,366
1957,167,103,22,365
1958,142,90,28,365
1959,156,101,37,365
1960,157,100,25,366

图 11.7　在记事本打开 CSV 文件

	A	B	C	D
1	year	rainyDays	coldDays	hotDays
2	1951	128	95	19
3	1952	151	114	10
4	1953	166	98	36
5	1954	174	108	18
6	1955	160	95	25
7	1956	139	116	40
8	1957	167	103	22

图 11.8　在 Excel 中打开 CSV 文件

2. JSON 格式

JSON 是一种与开发语言无关的、轻量级的数据存储格式，全称 JavaScript Object Notation。JSON 起初来源于 JavaScript 这门语言，由于它易于阅读、编写、进行程序解析与生产，JSON 成了一种数据格式的标准规范并被广泛使用。

JSON 格式文件的规定如下。

① 映射采取<键>:<值>（即键值对）的形式表示，键为要表示的列名，值为该列所对应的值。例如 1951 年表示为"year":1951。

② 映射的集合用大括号（{}）表示。每行记录的各列存放在一个大括号中。

③ 并列的数据之间用逗号（,）分隔。例如，一行记录的各列用逗号分隔，各个集合之间用逗号分隔。

④ 并列数据的集合（数列）用方括号([])表示。

记录天气数据的 JSON 格式文件如图 11.9 所示。

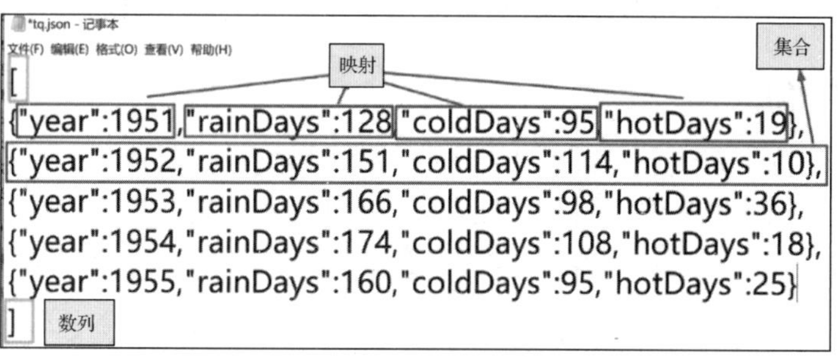

```
[
{"year":1951,"rainDays":128,"coldDays":95,"hotDays":19},
{"year":1952,"rainDays":151,"coldDays":114,"hotDays":10},
{"year":1953,"rainDays":166,"coldDays":98,"hotDays":36},
{"year":1954,"rainDays":174,"coldDays":108,"hotDays":18},
{"year":1955,"rainDays":160,"coldDays":95,"hotDays":25}
]
```

图 11.9　记录天气数据的 JSON 格式文件

3. XML 格式

XML 是一种可扩展的标记语言，是脱胎于 HTML 文件的一种数据存储语言。

XML 格式文件的规定如下。

① XML 声明是 XML 文档的第一句，其格式如下：

```
<?xml version="1.0" encoding="utf-8"?>
```

② XML 文档必须有一个根元素，就是紧接着声明后面建立的第一个元素，其他元素都是这个根元素的子元素；根元素完全包括文档中其他所有的元素。

根元素的起始标记要放在所有其他元素的起始标记之前；根元素的结束标记要放在所有其他元素的结束标记之后。

③ 在 XML 中，标记存放在尖括号中，所有标记必须成对出现。例如开始标记为<year>，结

束标记为</year>。数据存放在开始标记和结束标记之间，例如<year>1951</year>表示 1951 年。

④ 在 XML 文档中，大小写是有区别的。“A”和“a”是不同的标记。注意在写元素时，前后标记的大小写要保持一致。

表示天气的 XML 格式文件在浏览器中打开后如图 11.10 所示。

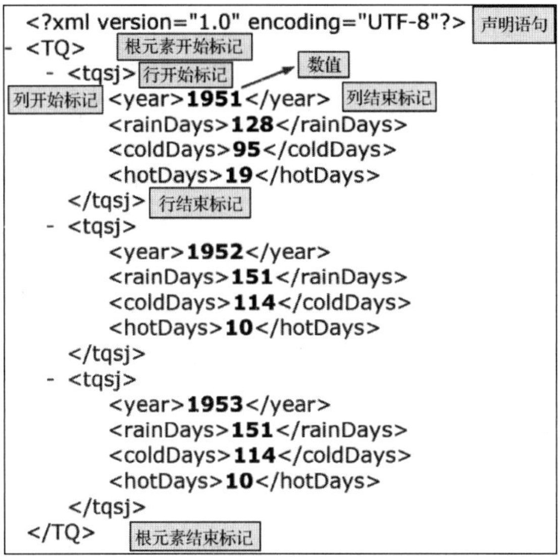

```
<?xml version="1.0" encoding="UTF-8"?>  声明语句
- <TQ>   根元素开始标记
  - <tqsj>  行开始标记                数值
列开始标记  <year>1951</year>  列结束标记
      <rainDays>128</rainDays>
      <coldDays>95</coldDays>
      <hotDays>19</hotDays>
    </tqsj>  行结束标记
  - <tqsj>
      <year>1952</year>
      <rainDays>151</rainDays>
      <coldDays>114</coldDays>
      <hotDays>10</hotDays>
    </tqsj>
  - <tqsj>
      <year>1953</year>
      <rainDays>151</rainDays>
      <coldDays>114</coldDays>
      <hotDays>10</hotDays>
    </tqsj>
</TQ>   根元素结束标记
```

图 11.10　表示天气的 XML 格式文件

11.2　数据库

11.2.1　数据库系统的组成

数据库系统（Database System，DBS）是指引入数据库技术的计算机系统，它实现了有组织地、动态地存储大量相关数据，提供了数据处理和信息资源共享的便利手段。数据库系统通常由 5 部分组成：硬件系统、数据库、数据库管理系统、相关软件和工作人员，其层次如图 11.11 所示。

1. 硬件系统

硬件系统主要指计算机硬件设备，包括 CPU、内存、外存、输入/输出设备等。由于数据库系统阶段的计算机要运行操作系统、数据库管理系统的核心程序和应用程序，要求有足够大的内存；同时，由于数据库、系统软件和应用软件都保存在外存中，数据库系统阶段的计算机对外存容量的要求很高。此外，网络数据库系统还需要有网络通信设备的支持。

2. 数据库

数据库（Database，DB）可直观地理解为数据的仓库。数据库是指存储在计算机外存中、结构化的相关数据的集合。它不仅包含了描述事物本身的数据，还包含了相关数据之间的联系。

数据库以文件的形式存储在外存中，用户通过数据库管理系统来统一管理和控制数据。

3. 数据库管理系统

数据库管理系统（Database Management System，DBMS）是对数据实行专门管理的系统软件，是数据库系统的核心。它在操作系统的基础上运行，方便用户建立、使用和维护数据库，提供数据的安全性和完整性等统一控制机制。

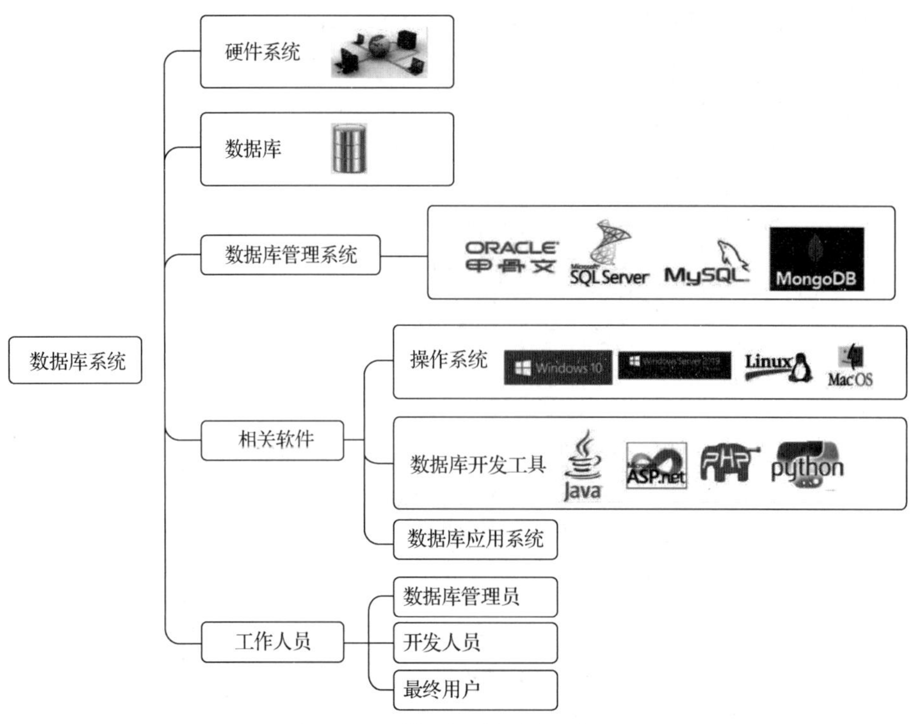

图 11.11 数据库系统层次示意图

目前，广泛使用的数据库管理系统有 Oracle、SQL Server、MySQL 等。

数据库管理系统的主要功能如下。

（1）数据定义

数据库管理系统提供数据定义语言 DDL（Data Definition Language），负责数据库对象的建立、修改和删除等。

（2）数据操纵

数据库管理系统提供数据操纵语言 DML（Data Manipulation Language），以实现数据的基本操作，例如，可对表中数据进行查询、插入、删除和修改等。

（3）数据控制

数据控制包括安全性控制、完整性控制和并发性控制等。

安全性控制主要是通过授权机制实现的。数据库管理系统提供数据控制语言（Data Control Language，DCL）设置或者数据库用户更改等权限。在访问数据库时，由数据库管理系统对用户的身份进行确认，只有具有指定权限的用户才能进行相应的操作。

完整性控制可保证数据库中数据的正确性和有效性。例如，百分制的成绩的值应该是 0～100 之间的数值，一旦在数据库中定义了这个约束性条件，在插入和修改成绩时，数据库管理系统就会进行检查，以保证不符合条件的数据不会存入数据库。

并发性控制是指当多个用户同时对同一项数据进行操作时，数据库管理系统会采取一定的控制措施，防止数据不一致。例如，两个终端的应用程序在同时购买车票时，为避免将同号的车票卖给不同的用户，数据库管理系统可以采取对数据加锁的方法，以保证当一个用户在存取该数据时其他用户不能修改此数据。

（4）数据库维护

数据库维护包括数据库的备份和恢复、数据库的转换、数据库的性能监视和优化等。

4. 相关软件

除了数据库管理系统，数据库系统还必须有相关软件的支持，包括数据库应用系统、数据库开发工具、操作系统等。

数据库应用系统，是指开发人员结合各领域的具体需求、利用数据库系统资源、使用开发工具所开发的给一般用户使用的应用软件，如图书管理系统、学籍管理系统、商品进销存系统等。

数据库开发工具是指开发人员编写数据库应用系统所使用的软件平台，可分为两类：一类是基于客户机/服务器（C/S）模式的开发工具，如 Visual Basic、Visual C++、Delphi 等；另一类是基于浏览器/服务器（B/S）模式的开发工具，如 ASP、JSP、PHP 等。

如图 11.12 所示，在 C/S 模式的数据库系统中，服务器结点存放数据并执行数据库管理系统任务，客户机安装应用程序。客户端的用户请求被传送到服务器进行处理后，服务器将处理结果返回给客户端。

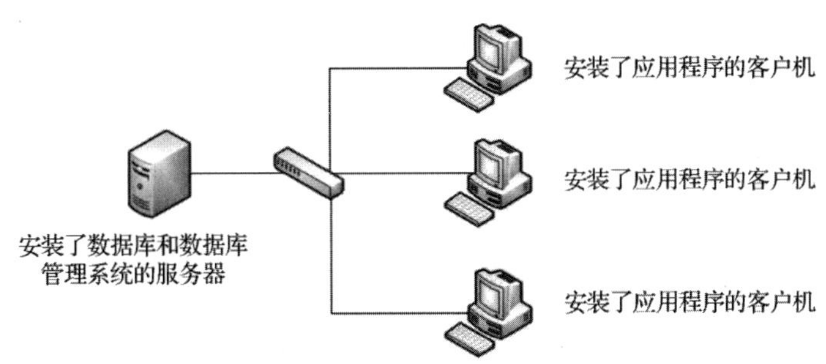

图 11.12　C/S 模式数据库系统

随着因特网的广泛使用，B/S 模式的数据库系统得到了广泛应用。如图 11.13 所示，B/S 模式数据库系统中客户机仅安装浏览器，用户通过 URL 向 Web 服务器发出请求，Web 服务器运行脚本程序，并向数据库服务器发出数据请求。数据库服务器处理请求后，将结果返回给 Web 服务器。Web 服务器根据结果产生网页文件，客户端接收到网页文件后，在浏览器中显示出来。

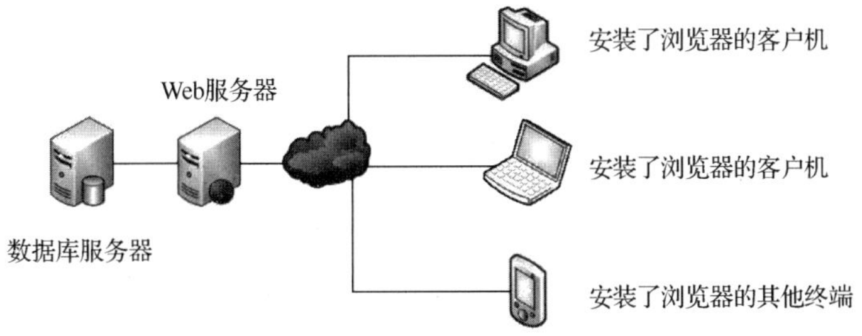

图 11.13　B/S 模式数据库系统

5. 工作人员

数据库系统中还包括设计、建立、管理、使用数据库的各类工作人员。

（1）数据库管理员

数据库管理员（Database Administrator，DBA）是负责全面管理和实施数据库控制和维护的技术人员，他要参与数据库的规划、设计和建立，负责数据库管理系统的安装和升级；规划和实施数据库的备份和还原；规划和实施数据库的安全性管理，控制和监视用户对数据库的存取和访问；监督和记录数据库的操作状况，并进行性能分析，实施系统优化。

（2）开发人员

开发人员负责进行应用系统的需求分析，进而设计应用系统的功能，并使用开发工具实现应用系统功能。

（3）最终用户

最终用户只需要通过运行数据库应用系统来处理数据，不需要了解数据库的设计、维护和管理等问题。

举例说明数据库系统的组成——开发一个学籍管理系统来管理学生的成绩，需要解决表 11.2 所示的问题。

表 11.2　学籍管理系统问题分解

序号	问题	解决方法
问题 1	如何存储数据	在数据库管理系统 MySQL 中建立数据库文件 xj
问题 2	如何编写应用程序	使用 Python 语言编写用户界面程序
问题 3	需要哪些人员	软件公司的软件工程师负责数据库的设计、应用程序的编写； 教务处的管理老师协助参与数据库的设计、建立及后期的维护； 学籍管理系统建立后，由教务人员、教师、学生使用

其数据库系统组成如表 11.3 所示。

表 11.3　数据库系统组成

数据库系统组成	具体示例
数据库管理系统	MySQL
数据库集合	xj 数据库文件
数据库开发工具	Python 语言
应用程序	某学校学籍管理系统
数据库管理员	教务处的管理老师
开发人员	软件开发公司的工程师
最终用户	教务人员、教师、学生

11.2.2　关系型数据库

数据库中存储和管理的数据都源于现实世界的客观事物。例如在图书管理系统中的图书和读者，在教学管理系统中的学生、教师和课程；销售管理系统中的商品、客户和员工……由于计算机不能直接处理这些具体事物，人们必须要将其转换为计算机能够管理的数据。通常，这种转换过程分为两个阶段：首先要将现实世界转换为信息世界，即建立概念模型；然后要将信息世界转换为数据世界，即建立数据模型。

1. 概念模型

现实世界中事物及相互联系在人们头脑中的反映，经过人们头脑的分析、归纳、抽象，就形成了信息世界。信息世界中所建立起来的抽象的模型就是概念模型。由于概念模型是用户与数据库设计人员之间进行交流的语言，因此概念模型一方面应该方便、直接地表达应用中的各种语义知识，另一方面应该简单、清晰，易于用户理解。

目前常用实体联系模型表示概念模型。模型要素包括实体、实体属性、实体型和实体集、实体间的联系等。

（1）实体

实体是客观存在并且可相互区别的事物。它可以是实际的事物，如读者、图书、学生、教师、课程等；也可以是抽象的事件，如借书、选课、订货等活动。

（2）实体属性

实体的特性被称为实体属性。一个实体可以用多个属性来描述。例如，学生实体可以用学号、姓名、出生日期、性别等属性来描述；课程实体可以用课程编号、课程名称、开课学院、学分、是否为必修课、学时、简介等属性来描述。

（3）实体型和实体集

用实体名及其属性集合描述的同类实体，被称为实体型。例如，学生（学号、姓名、出生日期、性别、籍贯、政治面貌、兴趣爱好）就是一个实体型；课程（课程编号、课程名称、开课学院、学分、是否为必修课、学时、简介）也是一个实体型。

同类型实体的集合被称为实体集。例如，所有的学生构成一个实体集。在学生实体集中，“P201221120101 王刚 1994-07-26 男”表示一位具体的学生。所有的课程也构成一个实体集。在课程实体集中，“0101 高等数学 数学院 6 1 96 所有专业数学基础课”表示一个具体的课程。

（4）实体间的联系

实体间的联系是指实体集与实体集之间的联系。实体间的联系分为一对一、一对多和多对多 3 种。

① 一对一联系。设有实体集 A 和实体集 B，若实体集 A 中的每个实体仅与实体集 B 中的一个实体联系，反之亦然，则两个实体间为一对一联系，记为 1∶1。例如，班级和班长是两个实体集，一个班级只能有一个班长，而一个班长也只能在一个班级任职，则班级和班长之间为一对一联系。

② 一对多联系。设有实体集 A 和实体集 B，若对于实体集 A 中的每个实体，实体集 B 中都有多个实体与之对应；对于实体集 B 中的每个实体，实体集 A 中只有一个实体与之对应，则两个实体间为一对多联系，记为 $1:n$。例如，班级和学生是两个实体集，一个班级有多名学生，而一个学生只能属于一个班级，则班级和学生之间为一对多联系。

③ 多对多联系。设有实体集 A 和实体集 B，若对于实体集 A 中的每个实体，实体集 B 中都有多个实体与之对应；对于实体集 B 中的每个实体，实体集 A 中也有多个实体与之对应，则两个实体间为多对多联系，记为 $m:n$。例如，学生和课程是两个实体集，一个学生可以学习多门课程，而一门课程也可以被多位学生学习，则学生和课程之间为多对多联系。

实体联系模型使用 ER 图（Entity-Relationship Diagram）来描述。在 ER 图中，用矩形表示实体型，用椭圆表示实体的属性，用菱形表示实体型之间的联系，相应的实体名、属性名、联系名写明在对应的框内，用无向边将各种框连接起来，并在连接实体型的线段上标上联系的类型。教务系统的 ER 图如图 11.14 所示。

2. 数据模型

建立概念模型之后，为了将其转换为计算机能够管理的数据，需要按计算机系统的观点对数据进行建模。数据模型直接面向数据库中数据的逻辑结构，有一组严格的语法和语义语言，可以用来定义、操纵数据库中的数据。它所描述的内容包括三个部分：数据结构、数据操作和数据完整性约束条件。数据结构是指存储在数据库中对象类型的集合，描述数据库组成对象以及对象之间的联系。数据操作是指对数据库中各种对象实例允许执行的操作的集合，包括操作及相关的操作规则。数据完整性约束条件是指在给定的数据模型中，数据及其联系所遵守的一组通用的完整性规则，它能保证数据的正确性和一致性。

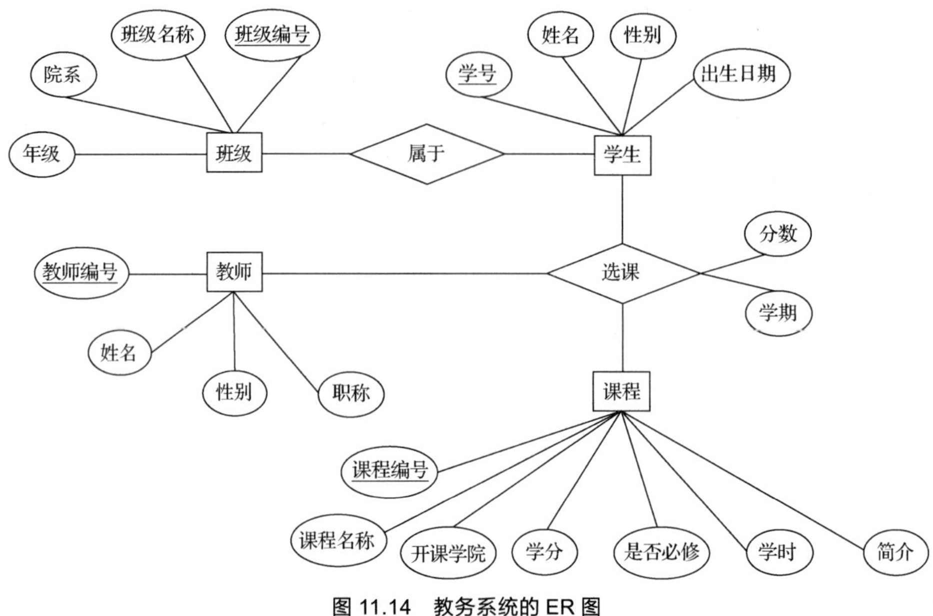

图 11.14　教务系统的 ER 图

任何一个数据库管理系统都是基于某种数据模型的。20 世纪 70 年代至 80 年代初期，广泛使用的是基于层次、网状数据模型的数据库管理系统。层次模型以树状结构表示实体与实体之间的联系，网状模型以网状结构表示实体与实体之间的联系。

现在，关系模型是使用最为普遍的数据模型，它以二维表的形式表示实体与实体之间的联系。关系模型以关系代数为基础，操作的对象和结果都是二维表，也就是关系。目前流行的数据库管理系统 Oracle、SQL Server、MySQL 等都是关系型数据库管理系统。

在关系模型中，基本的数据结构就是二维表。实体与实体之间联系用二维表来表示，数据被看成二维表中的元素。操作的对象和结果都是二维表。

3. 关系术语

（1）关系

一个关系就是一张二维表，每个关系都有个关系名。对关系的描述被称为关系模式，其格式为关系名（属性 1，属性 2，……，属性 *n*）。在 MySQL 中，一个关系存储为一个数据表文件。关系模式对应于数据表的结构，其格式为表名（字段名 1，字段名 2，字段名 3，……，字段名 *n*）。如图 11.15 所示，student（studentid，name，birthday，sex）就是 student 关系的关系模式，即 student 表的结构。

（2）元组

二维表的一行被称为关系的一个元组，即数据表中的一条记录。例如，（201221120101 王刚 1994-07-26 男）就是 student 关系的一个元组，即 student 表的一条记录。

如图 11.15 所示，student 表中共有 20 条记录。

（3）属性

二维表的一列被称为关系的一个属性，即数据表中的一个字段。例如，studentid、name、birthday、sex 等都是 student 关系的属性，即 student 表的字段。

studentid	name	birthday	sex
201221120101	王刚	1994-07-26	男
201221120102	李强	1994-03-21	男
201221120103	何丽洁	1994-08-30	女
201221120104	朱亚男	1994-02-20	男
201221120105	彭悦	1993-08-19	男
201221120106	赵亚雄	1994-05-20	男
201221120107	杨波	1994-02-20	男
201221120108	张波	1992-11-20	男
201221120109	何源王	1995-11-20	男
201221120110	刘萍	1995-03-05	女
201221120201	白璐	1994-04-10	女
201221120202	张晨	1994-03-07	男
201221120203	王宁	1995-02-09	男
201221120204	彭康	1995-08-07	男
201221120205	余悦悦	1994-08-07	女
201221120206	彭玉	1995-03-04	女
201221120207	张念	1994-06-06	女
201221120208	刘海波	1993-02-05	男
201221120209	王东文	1994-03-03	男
201221120210	周晓阳	1994-11-12	女

图 11.15　student 关系（表）

（4）域

属性的取值范围被称为域，即不同元组对同一个属性的取值所限定的范围。例如，在 student 关系中，name 属性的域是文字字符，birthday 属性的域是日期。在 score 关系中，score 属性的域是 0～100 的数值。

（5）关键字

能唯一标识元组的属性或属性的组合的字被称为关键字。在数据表中，能标识记录唯一性的字段或字段的组合，被称为主关键字或候选关键字。例如，在 student 关系中，每一位学生的 studentid 是唯一的，故 studentid 可作为 student 表的关键字。而两位学生的姓名可能相同，因此 name 就不能作为 student 表的关键字。

（6）外部关键字

如果关系中的某个属性不是本关系的关键字，而是另一关系的关键字，那么这个属性就被称为外部关键字。

4. **关系的特点**

在关系模型中，每个关系模式必须满足一定的条件，且须具备以下特点。

① 关系必须规范化。最基本的要求是每个属性必须是不可分割的数据单元，即每个属性不能再细分为几个属性。

② 在一个关系中，不能出现相同的属性名。在关系模型中，同一个数据表中不能出现同名的字段。

③ 在一个关系中，不能出现完全相同的元组。

④ 关系中元组的次序无关紧要，即任意交换两行的位置不影响数据的实际含义。

⑤ 关系中属性的次序无关紧要，即任意交换两列的位置不影响数据的实际含义。

11.2.3　数据库设计

要成功地建立一个符合用户需求的数据库，就一定先要进行数据库的设计。一般来说，数据库设计的基本步骤如图 11.16 所示。

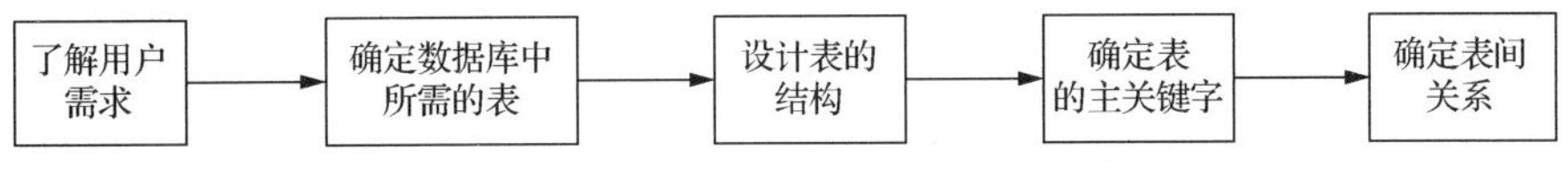

图 11.16　数据库设计的基本步骤

1. 了解用户的需求

需求分析是开发数据库应用系统的第一个且最重要的步骤。需求分析是否精准往往决定了一个应用系统的成败。

在此阶段，开发人员要与应用系统的使用者进行交流，搜集人工操作报表，了解现行工作的处理过程，从而决定该系统输入数据的格式，应该解决的问题，需要获得的统计分析信息和报表的种类。

以教务管理系统为例，该系统的需求分析如下。

① 对于班级、学生、课程、教师信息，都要有新增、删除、修改、查询等功能。

② 每个学年初，教学秘书新增录取的班级，并将新录取的学生信息从高考系统中导入。

③ 每个学期初，教学秘书按班级将学生的选课情况加入选课库。

④ 每个学期末，教师将本学期学生的成绩录入系统。

⑤ 学生可查询自己的成绩。

⑥ 教务人员需要根据各种条件查询、修改成绩。

根据以上分析，该教务管理系统的功能模块如图 11.17 所示

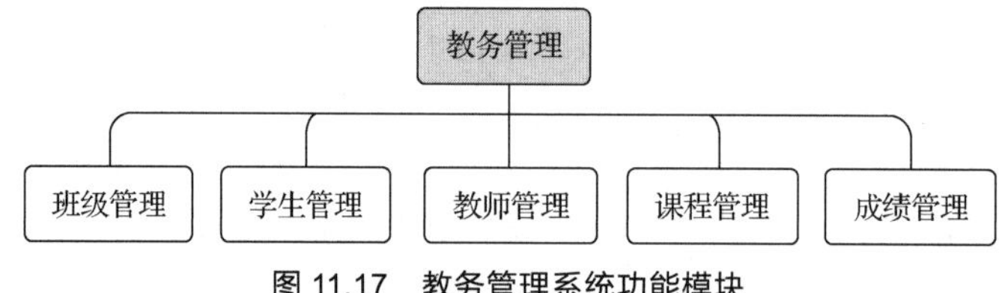

图 11.17　教务管理系统功能模块

2. 确定数据库中所需的表

若将所有的数据项放在一个数据表中，就会产生数据冗余。每录入一个成绩，学生的姓名、性别、出生日期等信息就要在数据表中重复地存放一次，这会浪费存储空间。数据冗余还会使数据难以维护，例如，当一门课程的学分信息发生变更时，所有这门课程相关记录的学分字段都要被修改。如果只修改了其中一些记录的学分，而另一些记录又未被修改，将会造成数据的不一致。

在设计数据库时，应将数据项划分为多个表，每个数据表只包含一个主题的信息。此系统应划分为班级、学生、课程、教师和选课 5 个数据表，每个班级对应班级表的一条记录，每位学生对应学生表的一条记录，每门课程对应课程表的一条记录，每位教师对应教师表的一条记录，每次选课对应选课表的一条记录。

3. 设计表的结构

对于每一个数据表，要设计表结构，即数据表的字段名称、数据类型、字段宽度等信息。

（1）定义字段名称

通常，用户定义的字段名称与该字段所存储的数据项有关，如姓名、xm、name 均可作为描述姓名的字段名称。

在同一个表中，各个字段的名称绝对不能重复。

（2）定义数据类型

字段的数据类型决定了该字段所存储数据的特性，如字段值能否进行算术运算，所能容纳数值的数据范围大小，精确度的高低等。

MySQL 支持的常用数据类型及规则如表 11.4 所示。

表 11.4　　MySQL 支持的常用数据类型及规则

<table>
<tr><th>分类</th><th>备注和说明</th><th>数据类型</th><th>说明</th></tr>
<tr><td rowspan="3">文本数据类型</td><td rowspan="3">字符数据包括任意字母、
符号或数字字符的组合</td><td>char</td><td>固定长度的字符数据</td></tr>
<tr><td>varchar</td><td>可变长度的数据</td></tr>
<tr><td>text</td><td>存储长文本信息</td></tr>
<tr><td rowspan="3">日期和时间</td><td rowspan="3">日期和时间在单引号内输入</td><td>time</td><td>时间</td></tr>
<tr><td>date</td><td>日期</td></tr>
<tr><td>datetime</td><td>日期和时间</td></tr>
<tr><td rowspan="6">数值型</td><td rowspan="3">该数据包括正数、负数以及数字</td><td>int</td><td rowspan="3">整数</td></tr>
<tr><td>smallint</td></tr>
<tr><td>tinyint</td></tr>
<tr><td rowspan="2">该数据包括正数、负数以及小数点</td><td>float</td><td rowspan="2">浮点数</td></tr>
<tr><td>double</td></tr>
<tr><td>通常用于财务数据</td><td>decimal</td><td>定点数</td></tr>
<tr><td>枚举型</td><td>固定选项的数据</td><td>enum</td><td></td></tr>
</table>

提示：

没有数量含义的字符编码，例如电话号码、QQ 号码，设置为字符。

一些表示逻辑判断的字段，例如课程是否必修、图书是否归还、商品是否推荐等，可使用长度为 1 的 tinyint 型数据。

一些很长的文本，例如帖子的内容、课程的简介，使用 text 类型。

（3）定义字段宽度

字段宽度指字段中所能容纳的最大数据量。

对于字符型字段，字段宽度指其所能输入的文本长度。

对于整数型字段，字段宽度指其显示的最大位数。

对于浮点型和定点型字段，字段宽度指的是全部位数（包括小数点后面的位数和符号位），例如 DECIMAL(4,1)指的是全部位数为 4，小数点后有 1 位。

有些数据类型的宽度是固定的，例如日期和时间。

综上所述，教务管理系统各数据表的结构如表 11.5～表 11.9 所示。

表 11.5　　班级数据表

字段名称	字段类型	字段宽度	备注
classid	varchar	10	班级编号
classname	varchar	20	班级名称
department	varchar	20	院系
grade	smallint		年级

表 11.6　　学生数据表

字段名称	字段类型	字段宽度	备注
studentid	varchar	12	学号
name	varchar	20	姓名
sex	enum		性别
birthday	date		出生日期

表 11.7　　课程学分数据表

字段名称	字段类型	字段宽度	备注
courseid	varchar	4	课程编号
coursename	varchar	10	课程名称
department	varchar	10	院系
credit	int		学分
required	tinyint	1	必修课
Period	int		学时
introduce	text	100	简介

表 11.8　　教师数据表

字段名称	字段类型	字段宽度	备注
teacherid	varchar	5	教师编号
name	varchar	10	姓名
sex	enum	男或女	性别
qualification	varchar	10	职称

表 11.9　　成绩数据表

字段名称	字段类型	字段宽度	备注
studentid	varchar	12	学号
courseid	varchar	4	课程编号
teacherid	varchar	4	教师编号
session	int	4	学期
score	decimal	4,1	分数

4. 确定表的主关键字

在关系型数据库中，每个数据表必须有一个主关键字来唯一标识每一条记录。在一些数据表中，用一个字段的值能够唯一标识记录。例如，班级编码字段能标识班级的唯一性，学号字段能标识学生的唯一性，课程编号字段能标识课程的唯一性，教师编号字段能标识教师的唯一性，它们是表的主关键字。而有些数据表，须将多个字段的组合作为主关键字。例如，在成绩表中，由于一位同学每学期对一门课程只能选一次，因此可将学期、学号和课程编号的组合作为主关键字。

5. 确定表间关系

用户在进行数据处理或查询时，需要用到的数据项可能存放在不同的数据表中。例如，进行选课处理时，需要用到课程的课程名称、学生的姓名、教师的姓名、成绩等来自不同数据表的字段，此时，需要根据表间关系将各个表的信息联系在一起。

在该数据库中，课程表和选课表（通过公共字段“课程编号”）存在一对多的关联，选课表和学生表（通过公共字段“学号”）存在一对多的关联，教师表和选课表（通过公共字段“教师编号”）存在一对多的关联，班级表的班级编号和学生表的学号前 10 位存在一对多的关联。

11.2.4　数据库和数据表的基本操作

1. MySQL 概述

MySQL 是一个关系型数据库管理系统，开发者为瑞典 MySQL AB 公司，该公司目前是 Oracle 旗下公司。MySQL 软件安全、跨平台、高效，并与 PHP、Java 等主流程序设计语言紧密结合。

对于一般的个人使用者和中小型企业来说，MySQL 提供的功能绰绰有余。在 Web 应用方面，MySQL 是最好的关系型数据库管理系统之一。MySQL 软件的下载地址可通过搜索引擎搜索获得，其中 MySQL Community Server 是开源免费的社区版本。

人们通常将 Linux 作为操作系统，Apache 作为 Web 服务器，MySQL 作为数据库，PHP/Perl/Python 作为服务器端脚本解释器。由于这四类软件都是开源软件，因此可以免费建立起一个稳定、免费的网站。

2. SQL

1974 年，IBM 公司的 Boyce 和 Chamberlin 将关系型数据库的 12 条准则的数学定义以简单的关键字语法表现出来，里程碑式地提出了 SQL。1979 年，IBM 公司研制的关系型数据库管理系统 System R 中实现了这种语言。由于 SQL 有众多优点，各数据库厂家纷纷推出包含 SQL 的数据库管理软件。经过多年的发展，SQL 已成为关系型数据库的标准语言。

SQL 具有以下特点。

（1）综合统一

SQL 集数据定义、数据操纵、数据查询、数据控制等功能于一体，语言风格统一，可以独立完成数据库生命周期中的全部活动。

数据定义用于对基本表、视图及索引文件进行定义、修改、删除等操作。

数据操纵用于对数据库中的数据进行插入、删除、修改等数据维护操作。

数据查询用于对数据进行查询、统计、分组、排序等操作。

数据控制用于实现对基本表和视图进行授权、事务控制等操作

（2）高度非过程化

用户只须用 SQL 语句描述“做什么”，而不必指明“怎么做”，系统即会根据 SQL 语句自动完成操作。用户不必了解数据的存储格式、存取路径和 SQL 命令的内部执行过程，这大大减轻了用户的负担，有利于提高数据独立性。

（3）语言简洁，易学易用

SQL 功能很强，其完成核心功能只用了下列 9 条命令。

数据定义：CREATE，DROP，ALTER。

数据操纵：INSERT，UPDATE，DELETE。

数据查询：SELECT。

数据控制：GRANT，REVOKE。

另外，SQL 语法简单，接近于英语，易学易用。

（4）两种使用方式

SQL 既能以交互式命令的方式执行，也能嵌入高级语言的程序中使用。在两种不同的使用方式下，SQL 的语法结构基本一致。

3. **编写应用程序操作数据库**

对于数据库系统的最终用户来说，其需要借助一个友好的界面来使用数据库。

程序员需要使用开发语言（如 PHP、Java、Python 等）来编写应用程序，使最终用户可以轻松地使用数据库。

下面来编写一个 Python 程序。在接收学生姓名后，将该学生在数据库中各个学期的课程名称、学分、成绩显示出来，并计算其获得的总学分、总分、平均分。

该程序的流程图如图 11.18 所示，该程序的执行结果如图 11.19 所示。

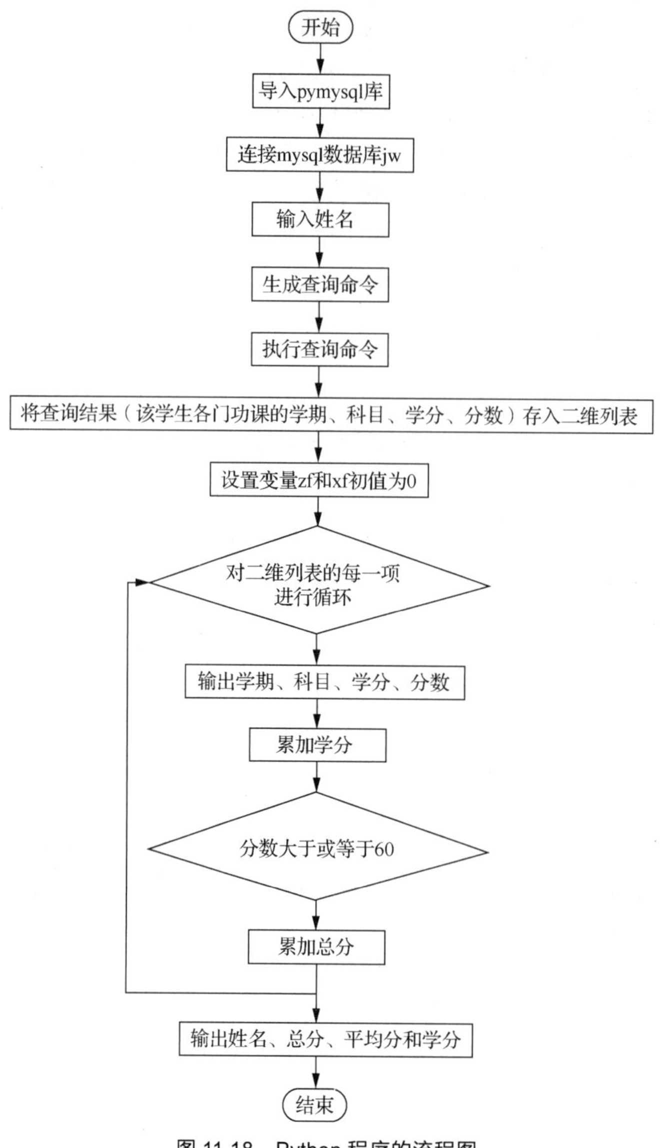

图 11.18　Python 程序的流程图

```
姓名王刚
学期2012科目高等数学学分6成绩90.0
学期2012科目大学英语学分6成绩85.0
学期2012科目C 语言学分3成绩95.0
学期2013科目英美文学学分2成绩85.0
总分355.0平均分88.75获得学分17
```

图 11.19　Python 程序的执行结果

11.3　大数据简介

11.3.1　大数据的产生

21 世纪是数据信息大发展的时代，移动互联、社交网络、电子商务等极大拓展了互联网的边界和应用范围，各种数据正在迅速膨胀并变大。互联网（社交、搜索、电商、微博）、物联网（传感器、智慧地球)、车联网、GPS、医学影像、安全监控、金融(银行、股市、保险)、电信(通话、短信)等都在疯狂产生着数据。国际数据公司统计显示，预计到 2025 年，全球数据量将达到 163ZB(ZB，即十万亿亿字节)，中国的数据产生量约占全球数据产生量的 23%。

随着信息技术的发展和数据量的迅速增长，传统数据库在有些方面已经不能满足人们的需求，由此衍生出大数据这一概念。大数据又称巨量数据、海量数据、大资料等，是指无法在一定时间范围内通过人工或计算机进行捕捉、管理和处理的数据集合，是需要新处理模式才能具有更强的决策力、洞察发现力和流程优化能力的海量、高增长率和多样化的信息资产。大数据和传统数据库有许多区别。首先，从数据规模和类型来看，传统数据库通常以 MB 为单位，且数据种类单一；而大数据的数据单位很大，通常以 GB、TB、PB 甚至 EB、ZB 为单位，且数据种类繁多。然后，从模式和数据关系来看，传统数据库是先有模式再产生数据的；而大数据很难预先确定模式，甚至有些时候模式是会随着数据量的增加而改变的。最后，从处理对象来看，传统数据库中的数据仅仅作为处理对象，而大数据将数据作为一种资源来帮助分析其他领域的诸多问题。

在 2003 年至 2006 年期间，谷歌工程师先后公开发表了源于谷歌的“三驾马车”核心技术的学术论文(谷歌文件系统、MapReduce 和 BigTable)，引起了巨大反响，吸引了众多互联网公司的注意。在各大互联网公司的技术推动下，最终诞生了 Hadoop 系统，并在 2008 年 6 月达到了相对稳定的状态。2011 年 5 月，在以“云计算相遇大数据”为主题的 EMC World 2011 会议中，EMC 抛出了 Big Data 这一概念。

11.3.2 大数据的特性

大数据具有 5V 特性，即大量(Volume)、高速(Velocity)、多样(Variety)、价值(Value)密度低、真实性(Veracity)，如图 11.20 所示。

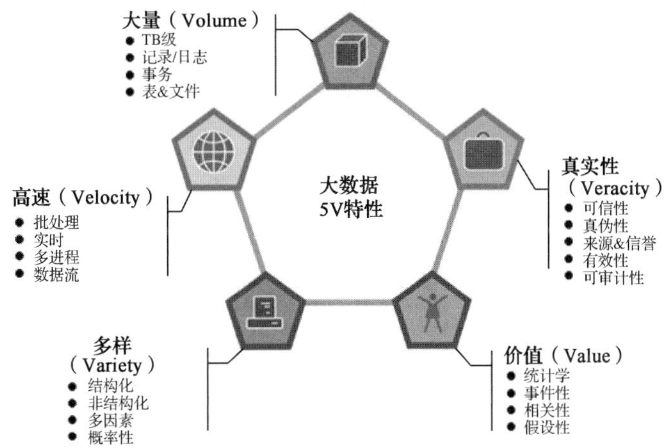

图 11.20 大数据 5V 特性

Volume，主要体现在数据存储量大和数据增量大方面。数据规模庞大是大数据最主要的特性，而随着云计算等技术的发展，数据量也在不断增长，数据量已从 GB、TB 到 PB，甚至已经开始以 EB 和 ZB 为单位来计量。例如，雅虎每个月会处理超过 17.5 亿条查询，为此雅虎运行着 40 000 多台服务器，它们被分散成 19 个集群，存储总量大约为 600PB。沃尔玛每天需要处理来自 1 000 多家商店的超过 40PB 的交易数据。基于这些数据可以分析产品需求，即对每周的 2.5 亿名客户的需求进行预测。

Velocity，高速指的是数据的产生和处理速度快。数据可以通过社交媒体、定位系统等应用而被快速大量地产生。同时数据的处理速度也应加快，只有快速适时处理才可以更加有效地利用得到的数据。我们可以用 TB/s 或 PB/s 来衡量这一速度。如果只是单一的网络连接则无法达到这种速度，因此数据可同时通过多个连接传来。

Variety，多样化主要体现在格式多和来源多两个方面。大数据产生的数据类型繁多，其中包括结构化、半结构化和非结构化数据，甚至包括非完整和错误数据。这是因为数据的来源多种多样，例如网页日志、电子邮件、传感器、智能手机等。数据的形式多样，包括文本、图片、视频、数字和音频。

Value，价值密度低是指，虽然数据量庞大，但其中具有利用价值的信息并不多，因此需要通过特定的技术进行处理和进一步挖掘，提取最有用的信息来加以利用。

Veracity，大数据中可能包含未知数量的不准确数据。它们会对分析和决策的准确性产生副作用。可以通过一些大数据技术，在保证数据真实性的同时提高数据的质量，使数据能够更好地为人们所用。

11.3.3 大数据处理过程概述

大数据处理过程可以分为：数据获取、数据存储与管理、数据集成、数据分析挖掘。

1. 数据获取

数据的来源多种多样，如可以来自物联网、互联网、各类传感器等。同时数据的形式也是多种多样的，如数字、文字、声音、图片、视频等。中国工程院李德毅院士认为：大数据的主要来源有三方面：机器产生的数据、生命和生物的大数据以及社交大数据。机器产生的数据主要通过各类传感器来采集。生命和生物的大数据主要来自基因组学、蛋白质组学、代谢组学等生物学研究数据。社交大数据主要来源于人类的社会活动，而互联网通常为其载体。由于可能有成千上万的用户同时进行并发访问和操作，因此，必须采用专门针对大数据的采集方法来获取数据，主要包括以下三种。

（1）系统日志采集

许多公司的业务平台每天都会产生大量的日志数据。日志收集系统要做的事情就是收集业务日志数据供离线和在线的分析系统使用。高可用性、高可靠性、可扩展性是日志收集系统所具有的基本特征。

（2）网络数据采集

网络数据采集是指通过网络爬虫或网站公开 API 等方式从网站上获取数据信息的过程。这样可将非结构化数据、半结构化数据从网页中提取出来，并以结构化的方式将其存储为统一的本地数据文件。它支持图片、音频、视频等文件的采集，且附件与正文可自动关联。

（3）数据库采集

一些企业会使用传统的关系型数据库 MySQL 和 Oracle 等来存储数据。除此之外，Redis 和 MongoDB 这样的 NoSQL 数据库也常用于数据的采集。这种方法通常会在采集端部署大量数据库。开发人员需要对如何在这些数据库之间进行负载均衡和分片进行深入的思考和设计。

对于不同来源的数据集，可能存在不同的结构和模式，如文件、XML 树、关系表、Web 页面等，表现为数据的异构性。对多个异构的数据集，需要做进一步的集成处理或整合处理，将来自不同数据集的数据收集、整理、清洗、转换后，生成一个新的数据集，为后续查询和分析处理提供统一的数据视图。

2. 数据存储与管理

传统的数据存储与管理以结构化数据为主，因此关系型数据库系统可以满足各类应用需求。

大数据往往是以半结构化和非结构化数据为主，结构化数据为辅，而且各种大数据应用通常是对不同类型的数据内容进行检索、交叉比对、深度挖掘与综合分析的。面对这类应用需求，传统的数据库无论在技术上还是功能上都难以为继。因此，近几年出现了 OldSQL、NoSQL 与 NewSQL 并存的局面。总体上，按数据类型的不同，大数据的存储和管理采用不同的技术路线，最典型的有三种。

第一种是采用 MPP（大规模并行处理）架构的新型数据库集群，重点面向行业大数据，采用 Shared Nothing 架构，通过列存储、粗粒度索引等多项大数据处理技术，再结合 MPP 架构高效的分布式计算模式，完成对分析类应用的支撑，运行环境多为低成本 PC Server，具有高性能和高扩展性的特点，在企业分析类应用领域获得了极其广泛的应用。

第二种是基于 Hadoop 的技术扩展和封装，围绕 Hadoop 衍生出相关的大数据技术，以应对传统关系型数据库较难应对的数据和场景。最为典型的应用场景就是通过扩展和封装 Hadoop 来实现对互联网大数据存储、分析的支撑。对于非结构、半结构化数据，处理复杂的 ETL 流程、复杂的数据挖掘和计算模型，Hadoop 平台更擅长。

第三种是大数据一体机，这是一种专门为大数据分析处理而设计的软硬件结合的产品，由一组集成的服务器、存储设备、操作系统、数据库管理系统以及为数据查询、数据分析而预先安装并优化的软件组成，具有良好的稳定性和纵向扩展性。

新型的大数据存储技术将逐步与 Hadoop 生态系统结合使用，采用基于列存储+MPP 架构的新型数据库存储 PB 级别的、高质量的结构化数据，同时为应用提供丰富的 SQL 和事务支持能力。用 Hadoop HDFS 实现半结构化、非结构化数据存储，这样可以同时满足结构化、半结构化和非结构化数据的处理需求，如图 11.21 所示。

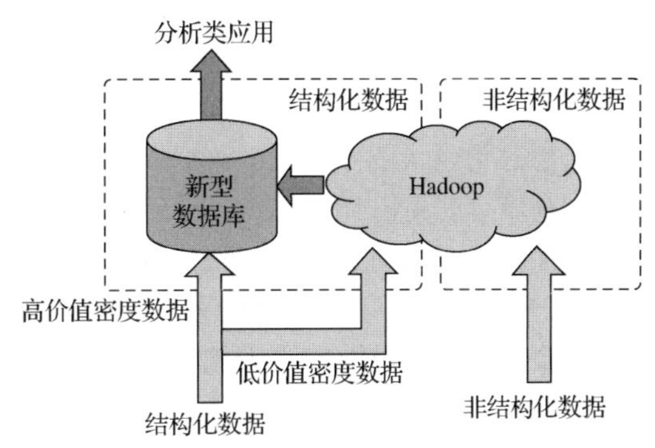

图 11.21　新型大数据存储技术

3. 数据集成

一般涉及大数据的单位或企业的计算环境总是由上百甚至上千离散并且不断变化的计算机系统组成的，这些系统或自行构建，或购买，或通过其他方式获得。这些系统的数据需要集成到一起，用于各种深入的数据分析。对于所有的信息技术组织来说，如何有效地管理系统之间的数据传输，并集成所需要的数据是需要面对的主要挑战之一。

有效的大数据集成不光要考虑数据的体量问题，还要考虑集成的数据既包括结构化数据，也包括邮件、文本、图片、视频等非结构化数据的情况。考虑到特别大的数据量和不同的数据类型，大数据集成一般需要将处理过程分布到源数据上进行并行处理，并仅对结果进行集成，因为预先对数据进行合并会消耗大量的处理时间和存储空间。

此外，在集成结构化和非结构化的数据时，需要在两者之间建立共同的信息联系，这些信息可以表示为数据库中的主数据或者键值，以及非结构化数据中的元数据标签或者其他内嵌内容。

将数据库中的数据（结构化的）与存储在文档、电子邮件、网站、社会化媒体、音频以及视频文件中的数据进行集成，则成为了组织的当务之急。将各种不同类型和格式的数据进行集成通常需要使用到与非结构化数据相关联的键或者标签（或者元数据），而这些非结构化数据通常包含与客户、产品、雇员或者其他主数据相关的信息。通过分析包含了文本信息的非结构化数据，就可以将非结构化数据与客户或者产品相关联。因此，一封电子邮件可能包含对客户和产品的引用，这可以通过对其包含的文本进行分析识别出来，并据此为该邮件加上标签。一段视频可能包含某个客户信息，可以通过将其与客户图像进行匹配，加上标签，进而与客户信息建立关联。对于集成结构化和非结构化数据来说，元数据和主数据是非常重要的概念。存储在数据库外部的数据，如文档、电子邮件、音频、视频文件，可以通过客户、产品、雇员或者其他主数据引用进行搜索。主数据引用作为元数据标签附加到非结构化数据上，在此基础上就可以实现主数据与其他数据源和其他类型的数据的集成，如图 11.22 所示。

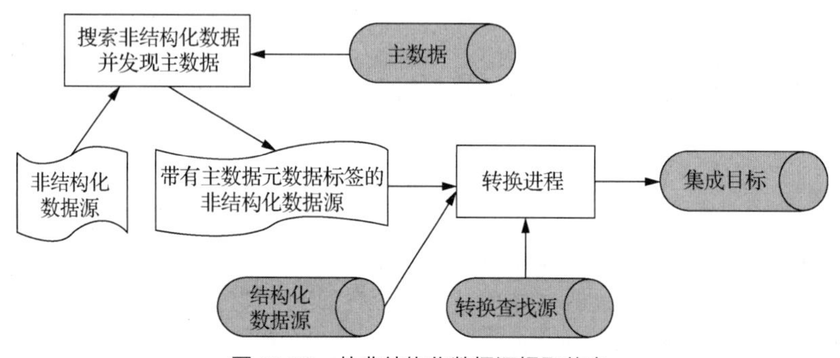

图 11.22　从非结构化数据源提取信息

大数据集成通常分为批处理数据的集成与实时数据的集成。

（1）批处理数据的集成

批处理数据集成方式对于需要非常巨大的数据量的场合依然是比较合适并且高效的，如数据转换以及将数据快照装载到数据仓库等。可以通过系统调优让这种数据接口获得非常快的处理速度，以便尽可能完成大数据量的加载。通常将这种数据接口视为紧耦合的，因为需要在源系统和目标系统之间就文件的格式达成一致，并且只有在两个系统同时改变时才能成功地修改文件格式。为了使在变化发生时接口不至于被“破坏”或者无法正常工作，需要非常小心地管理紧耦合系统，以使在多个系统之间进行协调，确保同时实施变化。

（2）实时数据的集成

为了完成一个事务处理而需要即时地贯穿多个系统的接口，就是所谓的“实时”接口。一般情况下，这类接口需要以消息的形式传送比较小的数据量。大多数实时接口依然是点对点的，发送系统和接收系统是紧耦合的，因为发送系统和接收系统需要对数据的格式达成特殊的约定。因此任何改变都必须在两个系统之间同步实施。实时接口也称同步接口，因为事务处理需要等待发送方和接口都完成各自的处理过程。

4. 数据分析挖掘

大数据处理技术最重要的部分是对数据进行分析挖掘，只有通过分析挖掘才能获取很多智能的、深入的、有价值的信息。越来越多的应用涉及大数据，而这些大数据的属性，包括数量、速度、多样性等都呈现了大数据不断增长的复杂性，因此大数据的分析方法在大数据领域显得尤为重要，可以说是决定大数据是否有价值的首要因素。这一部分将在第 12 章详细讨论。

11.3.4　高校大数据应用解决方案示例

高校数字化校园中包含大量有价值的数据。师生在校产生大量数据，如学习数据、教学数据、科研数据、奖惩数据等，这些组成了高校大数据的基础。这些数据中包含了常规管理型业务产生的结构化数据（如人事、教学、财务数据等），也包含了大量非结构化数据（如多媒体教学资源等）。

在建设智慧校园的过程中，非常有必要建立数据中心和大数据平台，采集各个业务系统的数据，进行数据整合，并进行大数据分析与挖掘。

1. 高校大数据平台架构设计

高校大数据分布式计算系统分为业务系统数据源，数据采集、清洗、整合，分布式数据存储，大数据分析，Hadoop 平台管理，API，应用部分。整个平台架构如图 11.23 所示。

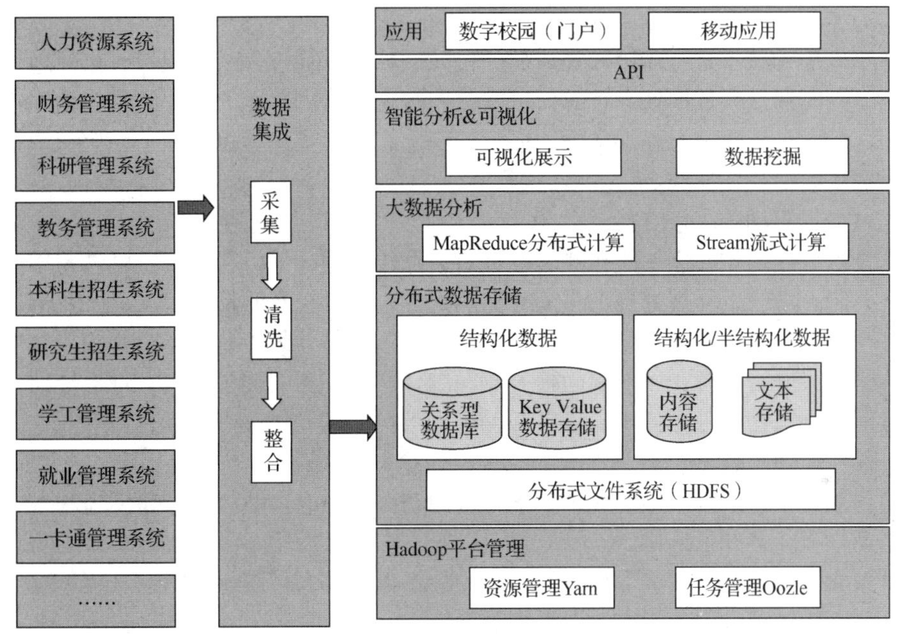

图 11.23　高校大数据平台架构

（1）数据源

数据源包括现运行的高校各个业务系统及校园论坛、文件系统、视频监控等数据。它包括结构化数据和非结构化数据。结构化数据主要存储在 Oracle、SQL Server 等数据库中。各个业务系统中的数据基本以结构化数据为主。非结构化数据有些以 blob 类型存储在数据库中，有些则直接存储在文件系统中。

（2）数据集成

数据集成包括数据采集、数据清洗和数据组合，实现从数据源中抽取数据到 Hadoop 平台进行数据分析。数据采集过程中可以利用 Sqoop 将关系型数据库中的数据导入 Hadoop 的 HDFS 或 Hive 中。

（3）分布式数据存储

对于结构化数据，可以以表格的格式将其存储在 Hive 中，或者转化为 Key-Value 的形式存储在 Hbase 中，也可以以文件的形式存储在 HDFS 中。对于非结构化数据，以目录和文件的形式存储在 HDFS 中。抽取业务系统的数据，以学生、教师、资产、财务、消费等为核心组织数据。

（4）大数据分析

Hadoop 生态系统中提供多种数据处理和分析的框架。根据不同的应用场景，可以选择合适的框架和模型对数据进行离线分析或流式计算。例如，编写 MapReduce 程序统计分析学生一卡通的消费情况、分析学生行为、分析监控视频等。

（5）智能分析和可视化

利用机器学习、数据挖掘算法进行深层次的分析。以图表、导航仪等方式，将数据分析的结果转化为可视化图形或文字，使这些数据分析的结果更容易被理解。各种业务数据的分析结果可以在学校门户或移动 App 中以图形的形式展示。

（6）API 及应用

所有的数据及分析结果，都可以以 API 的形式被门户网站或 App 等调用。

2. 应用场景

（1）建立校园业务个人数据中心

在对共享库中的数据进行规范和集成后，校园用户可以通过统一的入口，方便地查看与自己相关的数据。同时通过大数据处理技术，可以看到数据分析和整理的各项结果，为用户了解自己在校的学习、教学、科研情况提供依据。在此基础上，可逐步建立校级的个人信息填报入口，以减少用户重复填报信息的操作。

（2）提供数据驱动的决策支持

大数据技术应用的核心之一是预测。通过对数据的挖掘、分析和预测，可以为学校管理者了解学校情况、制订学校发展规划提供决策支持。例如，对学校专业招生情况、就业情况进行数据分析，可以帮助学校预测专业后续发展趋势，改进专业培养计划。对于各类实验器材的购买、使用情况和实验成果进行分析，可以辅助相关部门制订实验仪器的购买计划。对学校师生校车乘坐频率、各时间段乘车密度进行分析，可以帮助后勤部门合理安排校车班次。

（3）个性化学习与教学

在线学习系统可以根据学生的成绩、学习资源访问情况、互动信息等为学生制定个性化的学习指导，帮助学生完善知识结构。

通过对教学资源的点击率、下载量等数据的分析与挖掘，可以得到学生对教学难点的掌握程度等信息，进而为教师改进教学方法提供依据。

（4）校园用户行为分析

高校校园内丰富的传感器终端，如门禁考勤等，采集了丰富的校园网用户个人行为习惯数据。通过对数据进行分析，可以获知学生的相关情况。例如，可以参考学生的校园卡情况，分析学生的经济状况。对于学习困难的学生，可以参考其考勤情况、上网时间，分析学习习惯的不足，进而帮助其改进学习计划。

习题

一、选择题

1. 在数据管理技术发展的三个阶段中，数据共享最好的是什么阶段？（　　）

A. 人工管理阶段　　B. 文件系统阶段

C. 数据库系统阶段　　D. 三个阶段相同

2. 数据库管理系统提供的数据控制功能包括什么？（　　）

A. 数据的完整性　　B. 数据的并发性　　C. 数据的安全性　　D. 以上所有各项

3. DBS 的中文含义是什么？（　　）

A. 数据库系统　　B. 数据库管理员

C. 数据库管理系统　　D. 数据定义语言

4. 设有部门和职工两个实体，每个职工只能属于一个部门，一个部门可以有多名职工，则部门与职工实体之间的联系类型是什么？（　　）

A. 1∶n　　B. 1∶1　　C. m∶n　　D. 0∶m

5. 下列关于关系模型的叙述中，正确的说法是哪个？（　　）

A. 关系模型用二维表表示实体及实体之间的联系

B. 外键的作用是定义表中两个属性之间的关系

C. 关系表中一列中的数据类型可以不同

D. 主键是表中能够唯一标识元组的一个属性

二、简答题

1. 简述数据库系统的组成。

2. 某单位的小型图书馆有藏书数万册，为该单位的教职工和研究生提供图书借阅服务。请根据以下功能要求设计图书管理数据库。

（1）对于读者信息和书籍数据都要有新增、删除、修改、查询等功能。

（2）需要能够根据各种条件查询图书的信息。

（3）需要能够进行借书和还书的管理，借书时应遵循以下规则：

书籍有精装、平装、线装三种装订类别，其中线装书不允许借阅；

研究生可借书 5 本，教研人员和工作人员可借书 10 本；

借书期限为 31 天。

（4）该系统需要以下各数据项（字段）：

读者证号、姓名、性别、身份、电话号码、条形码、书名、分类号、作者、出版社、出版年月、售价、典藏类别、典藏时间、在库、币种、捐赠人、简介、封面、借书日期、还书日期。

3. 列举大数据的五个特点

三、编程题

对于教务管理数据库（表 11.5～表 11.9），编写一个 Python 程序，实现在输入课程名称后，将该课程在数据库中各个学期的修课人数、平均成绩显示出来，并计算其总的修课人数、平均分。结果如图 11.24 所示。

```
课程名称大学英语
学期2012人数16平均成绩73.88
学期2013人数6平均成绩86.17
人数22平均分77.23
```

图 11.24　根据课程名称查询结果

12 第12章　数据分析

人工智能目前的研究方向包括计算机视觉、自然语言处理、机器学习、自动推理、知识表示和机器人学等，虽然不同的方向在研究方式上有一定的区别，但是一般都离不开数据收集、数据整理、算法设计、算法实现等步骤。人工智能技术的三大基石包括计算、算法与数据，如图 12.1 所示。可以说，人工智能的核心引擎是算法设计，但其基础却是数据。

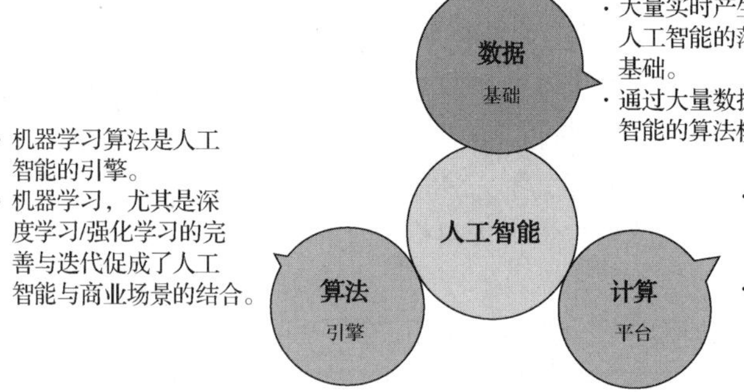

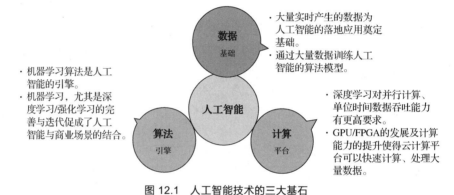

图 12.1　人工智能技术的三大基石

12.1　数据分析应用

12.1.1　数据分析定义

大数据处理技术最重要的部分是对大数据进行分析，只有通过分析才能获取很多智能的、深入的、有价值的信息。大数据分析可定义为一组能够高效存储和处理海量数据，并有效达成多种分析目标的工具及技术的集合，即一套针对大数据进行知识发现的方法。数据分析挖掘能够将数据转化为非专业人士能够理解的有意义的见解。

12.1.2　数据分析应用场景

如图 12.2 所示，数据分析对社会做出的贡献体现在方方面面，使得各行各业的发展更具有规划性和方向性。大数据时代为人们提供了便利、高效、高品质的生活环境，给人们的生活带来了翻天覆地的变化。

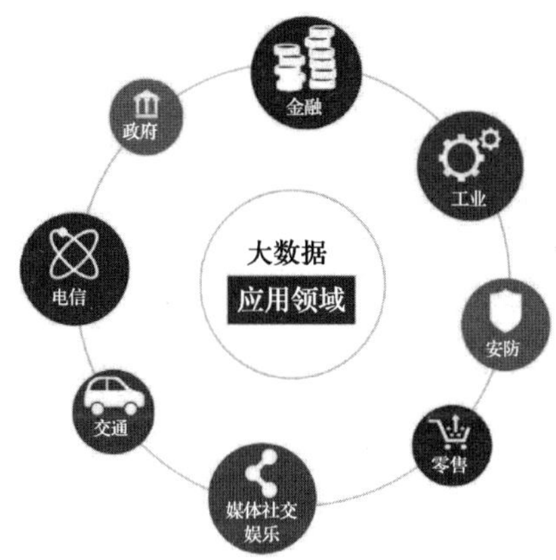

图 12.2 大数据应用领域

下面列举一些数据分析的具体应用场景。

1. 天气预报

基于历史海量数据的预测分析结合气象知识，天气预报的准确性和实效性将会大大提高，预报的及时性将会大大提升。此外，对于重大自然灾害，如台风、龙卷风等，数据分析技术可以更加精确地判断其运动轨迹和危害的等级，有利于帮助人们提高应对自然灾害的能力，减少损失。天气预报准确度的提升和预测周期的延长将会有利于农业生产的安排。

2. 农牧业

借助大数据技术收集农牧产品的产地、产量、品种、流向、销售等各种信息，并在大数据分析的基础上可得到农牧产品的指导信息、流通信息等。在不同的应用场景下，农牧业从业者可获取农牧产品的市场行情、相关技术等信息，从而做好预判。此外，企业基于数据分析可以获得农牧产品的流通数据、市场消费需求、市场布局情况等专业的分析报告。政府可以通过大数据的整合分析，为农牧业生产提供合理建议，引导市场供需平衡，避免产能过剩，造成不必要的资源和社会财富浪费。

3. 医疗卫生

根据医院病人的就诊信息，通过数据分析可得出涉及食品安全的信息，及时进行监督检查，降低已有的不安全食品的危害；基于用户在互联网上的搜索信息，可掌握流行疾病在某些区域和季节的爆发趋势，及时进行干预，降低其危害；基于覆盖区域的居民健康档案和电子病历数据库，可快速检测传染病，进行全面的疫情监测，并通过疾病监测和响应程序快速进行响应。

4. 教育行业

数据分析技术可以被政府教育部门运用到教学改革实践中。通过对学生成绩、行为表现、心里活动等数据的分析，教育工作者可以理解学生在个性化层面是怎样学习的，从而制定相关策略来提高学生的成绩。此外，基于数据分析可以将学习兴趣相同的学生进行分组，从而提高共同学习的效率；同时，还可以为每位学生创建适合自己的学习环境及个性化的学习方案。

5. 金融行业

银行基于对客户资料的数据分析，对申请贷款的客户进行信用评分，从而确定是否给客户发放贷款以及发放贷款的额度。此外，银行可以对客户数据进行细分研究，通过聚类分析发现不同类型客户的特征，挖掘不同客户的特点，从而为客户提供优质的服务。

利用数据挖掘技术对投资理财产品进行组合策略分析，可降低投资风险，提高资金使用效率。

此外，对已有的投资理财产品的组合模型进行优化分析，可为投资者提供更为精准的数据分析。

6. 电商行业

电商平台的崛起让用户不需要出门就能购买到自己需要的商品，提高了用户购买日常生活物品的便利性。移动互联网技术的发展让用户可以随时随地购物，这一切的发展都离不开大数据技术的支撑。随着数据量的日益增长，包括数据存储、数据处理、数据分析在内的各类大数据技术都在不断发展。利用数据分析技术，电商企业可以对用户的偏好进行分析，然后进行商品推荐，从而提高用户的购买效率；电商企业对用户反馈的评论进行收集并分析后所得到的结果，可以用来对产品进行优化，从而提高用户对产品的满意度。

7. 制造业

对制造企业的销售业绩、利润率、成本等数据进行分析，有助于了解企业销售状况，从而制定相应的销售策略，扩大生产利润。对采购及库存数据进行分析，有助于全面掌握企业采购及库存状态，为优化采购流程、降低库存积压提供决策依据。针对产品故障数据进行预警分析，了解产品的故障状态，发现发生概率较高的故障问题和排名靠前的故障产品型号，可以改进生产工艺流程，降低产品故障率。

8. 物流配送

物流的配送效率直接体现在用户从下单到收到商品的间隔时间上，高效的物流配送也是建立在数据分析基础之上的。通过数据分析可以对物流资源配置进行优化，合理规划物流路线，从而降低物流成本，提升物流配送效率。物流网点的选址、交通网络规划、辐射区域规划等，都可以通过数据分析进行辅助决策。此外，对车队的能耗数据、跟踪路线、调配信息等数据进行整合与分析，通过数字化管理，可以有效控制车队的运营成本。

9. 交通出行

数据分析技术在交通出行方面的应用也很广泛。例如，利用数据分析技术可以实时监控车辆通行密度，合理规划行驶路线；还可以实现即时的信号灯调度，提高已有线路的运行能力。此外，近几年来发展迅猛的打车平台和共享单车也利用了数据分析技术快速匹配司乘信息，从而提高用户乘车便利性，降低能源损耗，提高出行效率。

10. 游戏产业

游戏厂商可以基于用户数据（根据用户的偏好）进行分析，进而主动推荐符合其偏好的游戏产品，减少用户搜索感兴趣游戏的时间。此外，对用户在游戏平台内产生的大量行为数据进行分析挖掘，可以迅速定位产品存在的问题并进行优化改进，提高用户忠诚度，降低用户流失率。市场推广渠道的数据分析可以帮助渠道进行工作流程优化，从而降低获取客户的成本并实现优质客户的新增导入。

12.2 数据分析案例

12.2.1 数据分析的基本步骤

一般来说，数据分析的基本步骤包括数据采集、数据处理、数据分析和挖掘、数据可视化 4 个部分，如图 12.3 所示。

数据采集是按照确定的数据分析框架，收集相关数据的过程。它为数据分析提供了素材和依据。数据可以是利用互联网技术采集的数据、从公开出版物收集的权威数据、通过市场调研获取的数据以及第三方平台提供的数据等。

数据处理是指对采集到的数据进行建模、组织和管理，将其处理成适合数据分析的样式，保证数据的一致性和有效性，方便数据的使用。它是数据分析前必不可少的阶段。

数据分析是指用适当的分析方法及工具，对收集来的数据进行分析，提取有价值的信息，形成有效结论的过程。数据挖掘是从大量数据中挖掘出隐含的、未知的、对决策有潜在价值的关系、模式和趋势，并用这些“知识”建立用于决策的模型，提供支持预测性决策的方法、工具和过程。

数据可视化是指将数据以图表的形式展现出来。

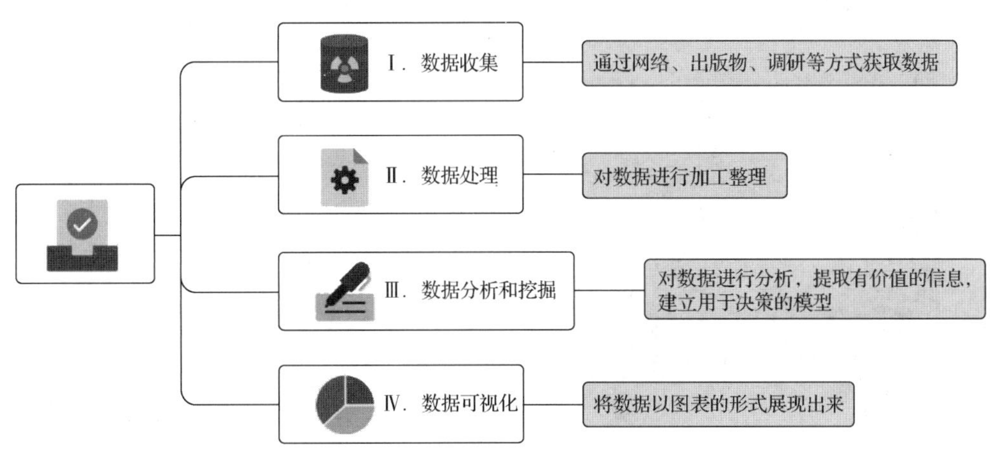

图 12.3 数据分析的基本步骤

下面通过一个气象数据分析案例，说明数据分析的基本步骤。

12.2.2 气候数据分析案例

气象与我们的生活息息相关。气象大数据可以广泛应用于农业、能源、卫生、旅游、交通物流、航空、保险、政府决策、商业以及包括最近兴起的新零售在内的新兴产业等多个方面。

如果我们要对某个城市多年来的气象数据进行分析，了解其气候特征，如统计年下雨的天数、平均气温超过 30℃的炎热天的天数、平均气温低于 10℃的寒冷天的天数等，那么需要通过哪些方法和步骤，才能解决这个问题呢？

可以把上述问题分解为表 12.1 所示的 4 个子问题，并用数据分析的思维采取相应的解决方案。

表 12.1　　　　气象分析问题分解

序号	问题	数据分析步骤
子问题 1	获取城市的气象数据	数据采集
子问题 2	对气象数据进行预处理	数据处理
子问题 3	按需求来分析数据	数据分析和挖掘
子问题 4	以直观的形式展示数据	数据可视化

1. 数据采集

目前，在气象观测站中，对温度、湿度、气压、风向、风速等物理量的观测均由电子控制的机械设备和智能传感器完成。这些观测站配有嵌入式芯片，芯片上有一个精确的时钟，可以周期性地准时工作，例如，每隔 5min、10min 或 1h 自动采集周围的环境数据，并自动将采集的气象数据编码为二进制数据流，发送到数据库中。截至 2015 年年底，我国大约有 50 000 多个这样的观测站，所有观测站均为自动站，如图 12.4 所示。

图 12.4　自动气象观测站

2. 数据处理

通过相关网址可下载某城市气象站点的数据清单。下载的原始数据文件如图 12.5 所示，每个月份有四行数据，每行数据的第一列为气象站编号加上年份、月份和类型编码。第一行为该月每日的最高气温，类型编码为 TMAX；第二行为该月每日的最低气温，类型编码为 TMIN；第三行为该月每日的降水量，类型编码为 PRCP；第四行为该月每日的平均气温，类型编码为 TAVG。

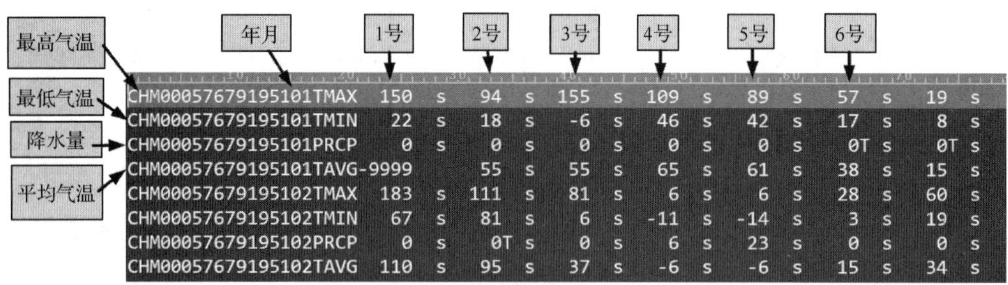


```
CHM00057679195101TMAX  150  s   94  s  155  s  109  s   89  s   57  s   19  s
CHM00057679195101TMIN   22  s   18  s   -6  s   46  s   42  s   17  s    8  s
CHM00057679195101PRCP    0  s    0  s    0  s    0  s    0  s   0T  s   0T  s
CHM00057679195101TAVG-9999      55  s   55  s   65  s   61  s   38  s   15  s
CHM00057679195102TMAX  183  s  111  s   81  s    6  s    6  s   28  s   60  s
CHM00057679195102TMIN   67  s   81  s    6  s  -11  s  -14  s    3  s   19  s
CHM00057679195102PRCP    0  s   0T  s    0  s    6  s   23  s    0  s    0  s
CHM00057679195102TAVG  110  s   95  s   37  s   -6  s   -6  s   15  s   34  s
```

图 12.5　原始数据文件

每日的数据为一列，各列之间用符号 s 或 S 分隔，缺失的数据用-9999 表示。

为了将数据文件中的内容存储到方便统计的数据结构中，可通过 Python 语言编写程序，将其存储到 pandas 库的 dataframe 结构的数据集中，其流程图如图 12.6 所示。处理后的存储平均气温的数据集如图 12.7 所示。

对于上述存放数据文件内容的天气数据集，若要统计每年的炎热天数（平均气温高于 30℃）、寒冷天数（平均气温低于 10℃）和降雨天数（降水量大于 0），则可以通过 Python 语言编写数据汇总程序，其流程如图 12.8 所示。执行代码（汇总）后的数据集如图 12.9 所示。

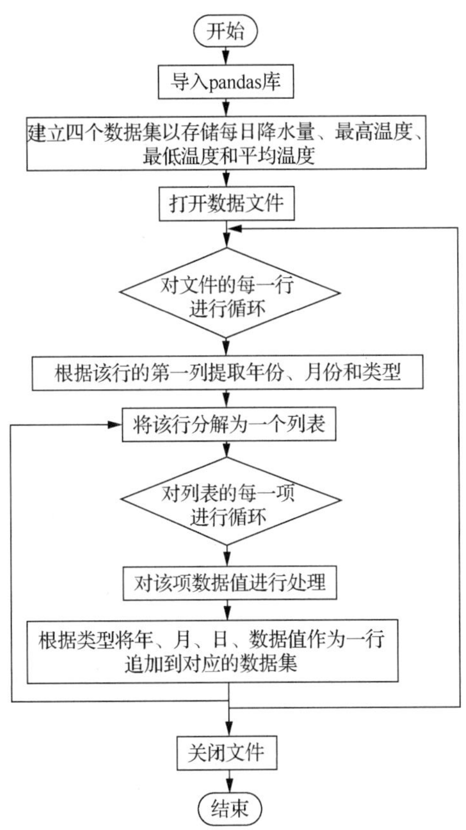

图 12.6　将数据文件的内容存入数据集的流程图

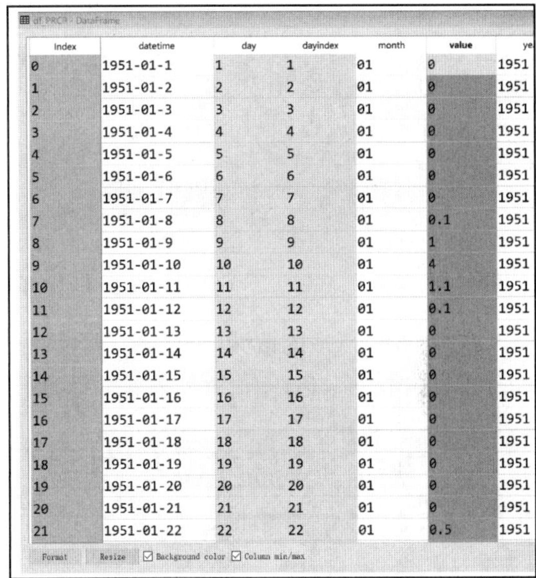

Index	datetime	day	dayindex	month	value	ye
0	1951-01-1	1	1	01	0	1951
1	1951-01-2	2	2	01	0	1951
2	1951-01-3	3	3	01	0	1951
3	1951-01-4	4	4	01	0	1951
4	1951-01-5	5	5	01	0	1951
5	1951-01-6	6	6	01	0	1951
6	1951-01-7	7	7	01	0	1951
7	1951-01-8	8	8	01	0.1	1951
8	1951-01-9	9	9	01	1	1951
9	1951-01-10	10	10	01	4	1951
10	1951-01-11	11	11	01	1.1	1951
11	1951-01-12	12	12	01	0.1	1951
12	1951-01-13	13	13	01	0	1951
13	1951-01-14	14	14	01	0	1951
14	1951-01-15	15	15	01	0	1951
15	1951-01-16	16	16	01	0	1951
16	1951-01-17	17	17	01	0	1951
17	1951-01-18	18	18	01	0	1951
18	1951-01-19	19	19	01	0	1951
19	1951-01-20	20	20	01	0	1951
20	1951-01-21	21	21	01	0	1951
21	1951-01-22	22	22	01	0.5	1951

图 12.7　存储平均气温的数据集

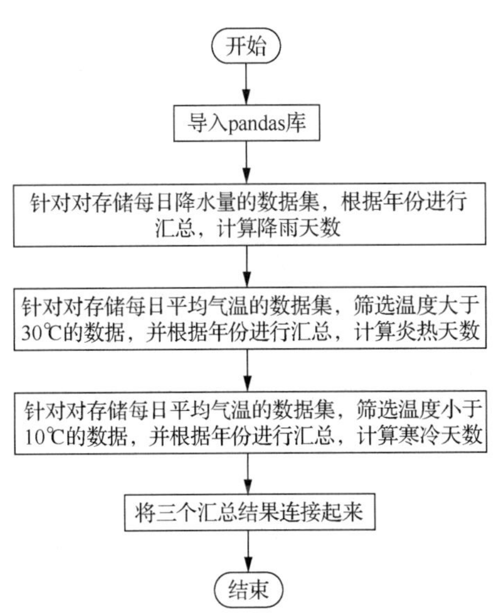

图 12.8　数据汇总流程

Index	rainyDays	coldDays	hotDays
1951	128	95	19
1952	151	114	10
1953	166	98	36
1954	174	108	18
1955	160	95	25
1956	139	116	40
1957	167	103	22
1958	142	90	28
1959	156	101	37
1960	157	100	25
1961	168	92	42
1962	133	91	30
1963	125	93	48
1964	172	105	37
1965	166	94	20
1966	155	80	31
1967	169	113	31
1968	163	91	14
1969	152	116	20
1970	187	111	16
1971	151	111	31
1972	168	98	29

图 12.9　汇总后的数据集

3. 数据分析和挖掘

下面对初步处理好的天气数据进行分析和挖掘。

（1）数据分析

可以观察到，1951～2010 年该城市每年平均降雨天数为 154 天，一年有接近一半的天数在下雨，说明这座城市是一个多雨的城市。同时每年的寒冷天数平均为 98 天，将近 100 天，这也意味着该城市是一个湿冷的城市。此外，该城市 1951～2010 年炎热天数平均只有 26 天。

（2）数据挖掘

可以利用支持向量机（Support Vector Machine，SVM）挖掘蕴含在历史数据中的天气规律，基于前 10 天的平均气温数据，建立回归预测模型来预测未来一天的平均气温，并对此模型进行检验。数据分析流程如图 12.10 所示。

图 12.10　回归分析流程

首先，将所获取的该城市市区每日天气的平均气温数据导入数据文件，并对其格式进行调整，如图 12.11 所示。每行的前十列为前十日的平均气温，最后一列为当日的平均气温。

	A	B	C	D	E	F	G	H	I	J	K
1	sjwd1	sjwd2	sjwd3	sjwd4	sjwd5	sjwd6	sjwd7	sjwd8	sjwd9	sjwd10	sjwd
2	-4.1	-2.5	-3.1	-3.4	-0.2	2.5	1.5	3.8	6.1	6.5	5.5
3	-3.9	-4.1	-2.5	前十日的平均气温		-0.2	2.5	1.5	3.8	6.1	
4	-0.8	-3.9	-4.1			-3.4	-0.2	2.5	1.5	3.8	当日气温
5	3.4	-0.8	-3.9	-4.1	-2.5	-3.1	-3.4	-0.2	2.5	1.5	
6	3.8	3.4	-0.8	-3.9	-4.1	-2.5	-3.1	-3.4	-0.2	2.5	1.5
7	4.9	3.8	3.4	-0.8	-3.9	-4.1	-2.5	-3.1	-3.4	-0.2	2.5
8	4.5	4.9	3.8	3.4	-0.8	-3.9	-4.1	-2.5	-3.1	-3.4	-0.2
9	4.8	4.5	4.9	3.8	3.4	-0.8	-3.9	-4.1	-2.5	-3.1	-3.4
10	2.1	4.8	4.5	4.9	3.8	3.4	-0.8	-3.9	-4.1	-2.5	-3.1
11	0.5	2.1	4.8	4.5	4.9	3.8	3.4	-0.8	-3.9	-4.1	-2.5
12	-0.8	0.5	2.1	4.8	4.5	4.9	3.8	3.4	-0.8	-3.9	-4.1

图 12.11　用于回归分析的平均气温数据

其次，通过 Python 的 Sklearn 库直接调用函数对数据进行分割，获取 80%的训练样本和 20%的测试样本。然后，从 Sklearn 库中导入数据标准化模块以对数据进行预处理，将特征值数据归一化。数据归一化是指将特征值从一个大范围映射到[0,1]或者[−1,1]，并且将目标数据处理为整数。

最后，选择支持向量机作为训练算法（调用 Sklearn 库的 SVM 模块），采用高斯核（也称径向基核）作为核函数，用训练集对分类器模型进行训练，用得到的模型对测试集进行标签预测。

结果显示，此回归预测模型的预测结果正确率（预测气温与实际气温相差一度及以下）为 53%，表明此模型具有一定的可靠性。

4. 数据可视化

借助 Tableau 来绘制图表可以实现统计分析结果的可视化。图 12.12 为某城市 1951～2010 年各气候天数、雨量和温度统计图。

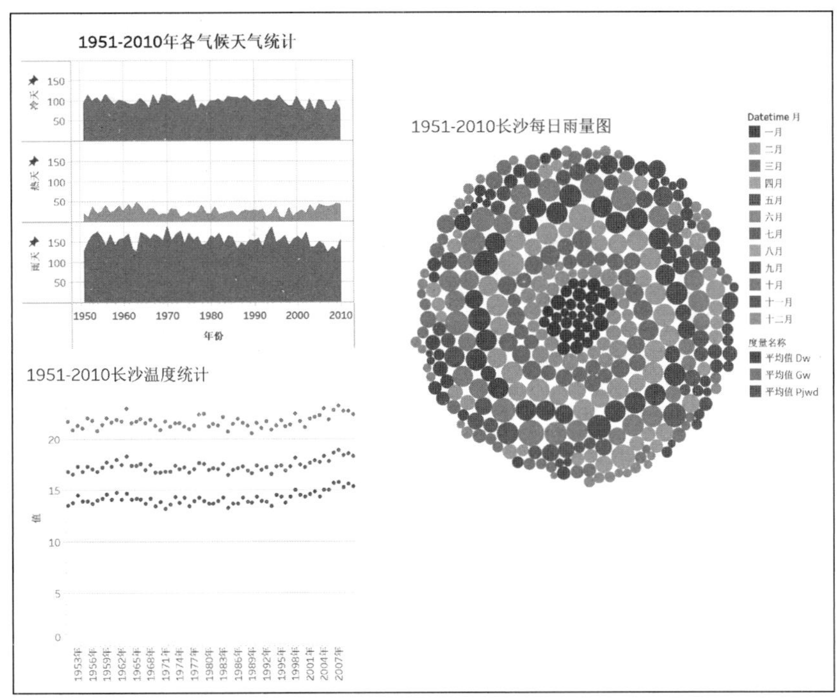

图 12.12 某城市 1951～2010 年各气候天数、雨量、温度统计图

12.2.3 数据分析软件

常见的数据分析软件包括 Excel 软件、编程类统计软件和数据可视化软件。

1. Excel 软件

Excel 是微软 Office 软件的一个重要的组成部分，它可以进行各种数据的处理、统计分析和辅助决策操作，被广泛应用于管理、财务、金融等众多领域。

在 Excel 中，可以对数据文件进行排序、筛选、分类汇总等基本的数据处理操作；可以使用公式和函数进行数值计算和数据处理操作。函数是系统预先编制好的公式，Excel 中共有 12 大类 405 个函数，函数类别包括财务函数、日期与时间函数、数值与三角函数、统计函数、查找与引用函数、数据库函数、文本函数、逻辑函数、信息函数等。

Excel 的数据透视表是一种对数据进行交叉分析的三维表格。它将数据的排序、筛选和分类汇总三个过程结合在一起，可以转换行和列以查看源数据的不同汇总结果，可以显示不同页面以筛选数据，还可以根据需要显示所选区域中的明细数据，非常便于用户组织和统计数据。

例如，在 Excel 中，对每日的降水量文件进行操作时，可以以月份为行字段，每日降水量的平均值为数据项生成数据透视表，并绘制相应的数据透视图，如图 12.13 所示。由图可见，某城市在 4、5、6 月降水量最多，在 12 月、1 月降水量最少。

在 Excel 中，还可以使用 VBA 编写自定义函数，实现自动化功能。VBA 的英文全称是 Visual Basic for Applications，它是一种面向对象的解释性语言。

2. 编程类统计软件

SAS、R 语言编程平台、Python 语言编程平台等属于编程类统计软件。

SAS 是美国北卡罗来纳州州立大学于 1966 年开发的模块化、集成化的大型分析统计软件。它由数十个专用模块构成，功能包括数据访问、数据存储与管理、应用开发、图形处理、数据分析、报告编制等。

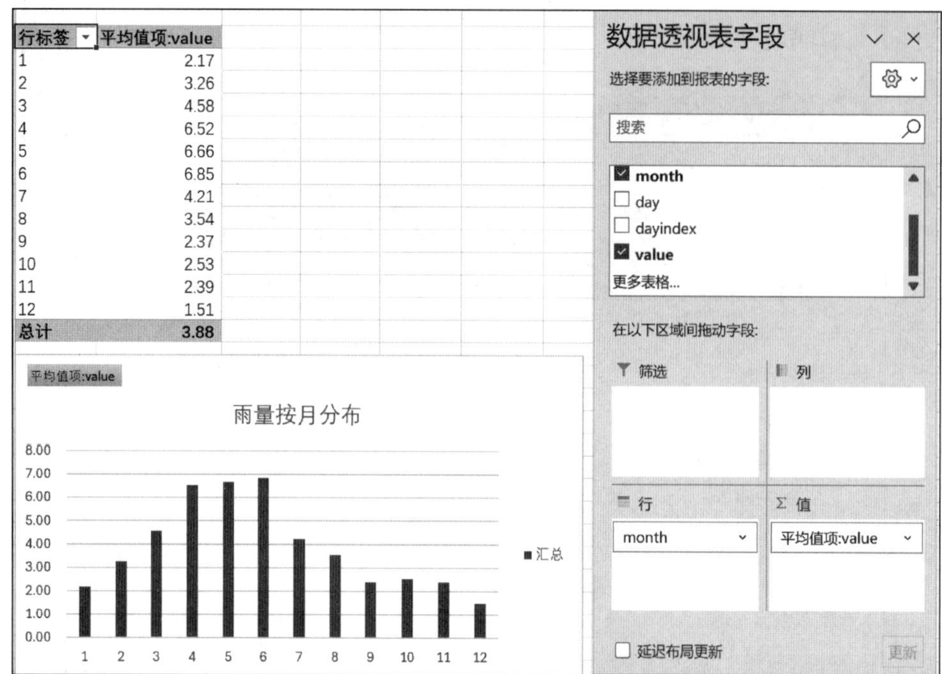

图 12.13 降水量数据透视表和数据透视图

R 语言编程平台是一个开源软件，其组成模块包括：便捷的数据存储和处理系统，丰富的数组运算工具，完整连贯的统计分析工具，优秀的统计制图工具。其简便而强大的程序设计语言可操纵数据的输入和输出，可实现分支与循环结构，此外用户还可自定义功能。

Python 语言作为很受欢迎的程序设计语言之一，拥有功能丰富的库。在数据分析中通常要用到下面几个库。

① NumPy，它给 Python 提供了真正的数组功能，包括多维数组以及对数据进行快速处理的函数。

② SciPy，提供了矩阵类型及大量基于矩阵运算的对象和函数，其功能包括最优化、线性代数、积分、插值、拟合、特殊函数、快速傅里叶变换、信号处理与图像处理、常微分方程求解和其他科学与工程中常用的计算。

③ matplotlib，经典的绘图库，主要用于二维绘图，也支持一些简单的三维绘图。

④ pandas，最强大的数据分析和探索工具，包含高级的数据结构和精巧的工具，使得在 Python 中处理数据变得非常快速和简单。

⑤ Scikit-Learn，提供了完善的机器学习工具箱，可用于数据预处理、分类、回归、聚类、预测和模型分析等。

⑥ Keras，一个强大的深度学习库，利用它不仅可以搭建普通的神经网络，还可以搭建各种深度学习模型，如自编码器、循环神经网络、递归神经网络、卷积神经网络等。

3. 数据可视化软件

数据可视化软件能以丰富的图表形式直观地呈现数据分析结果。进行不同情况的分析时，需要选择不同的图表类型，如图 12.14 所示。

常见的数据可视化软件包括 Power BI、Tableau 和 Echarts。

Power BI 是由微软出品的商业智能分析软件，是一款专业的报表制作及数据可视化分析工具，可用作项目组、部门或整个企业业务的分析和决策引擎。该软件可支持连接不同数据源、整合与处理数据、生成交互式报表、进行图形可视化分析、制作与发布仪表盘等。

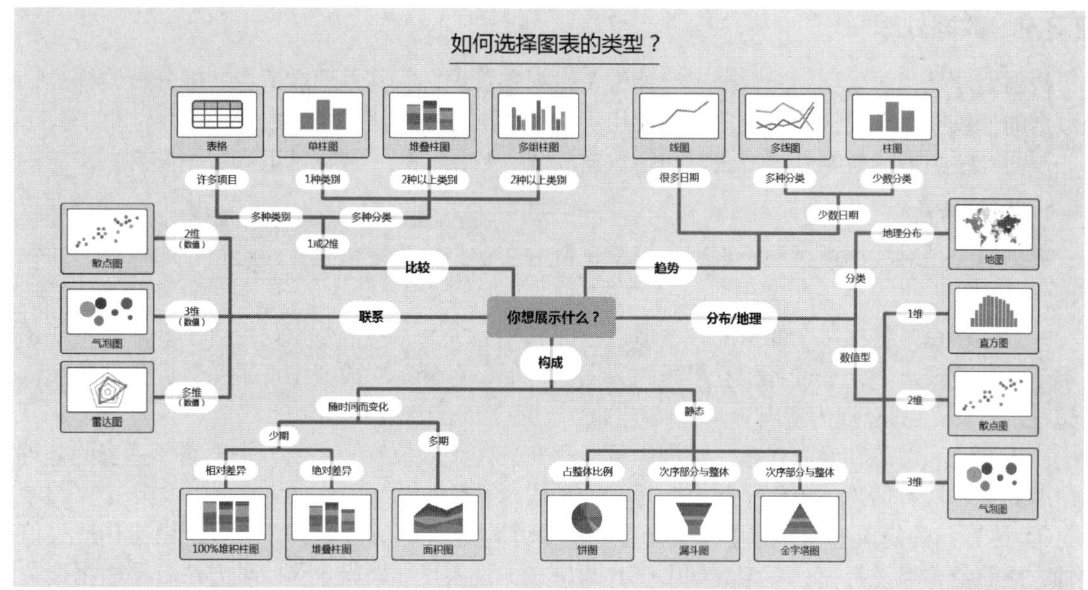

图 12.14　不同情况下的图表类型及选择应用

Tableau 是用于可视化分析数据的商业智能工具，可以使用拖放界面来对任何数据进行可视化，可以以图形或图表的方式描绘数据的趋势、变化和密度。Tableau 不需要任何复杂的脚本，可以轻松地将多个数据源组合在一起。

Echarts（Enterprise Charts）是一款基于 JavaScript 的数据可视化图表库，提供直观、生动、可交互、可个性化定制的数据可视化图表。目前 Echarts 已被国内数百家企业应用在新闻传媒、证券金融、电子商务、旅游酒店、天气地理、游戏、电力等众多领域。

12.3　数据分析详解

12.3.1　数据采集

数据采集是按照确定的数据分析框架，收集相关数据的过程。它为数据分析提供了素材和依据。数据可以是利用互联网技术采集的数据、从公开出版物收集的权威数据、通过市场调研获取的数据以及第三方平台提供的数据等。

按采集方式的不同，数据采集可以分为线上采集和线下采集。线上采集的数据指的是利用互联网技术自动采集的数据，例如，企业内部通过数据埋点的方式进行数据收集，然后将收集来的数据存储到数据库中。此外，利用爬虫技术获取网页数据或借助第三方工具获取网上数据也属于线上采集方式。一般情况下，互联网企业都采取线上采集方式收集用户行为数据。线下采集的数据相对比较传统，例如，通过传统的市场调查问卷获取数据即为线下采集，这种方式效率低且容易出错。

按采集渠道的不同，数据采集可以分为内部采集和外部采集。内部采集的数据是指获取的数据来源于单位的内部数据库，例如财务数据、销售数据、客户数据、运营数据等。外部采集的数据是通过其他手段从外部获取的数据，如从公开出版物收集的权威数据、通过市场调研获得的数据等。外部数据大部分是碎片化的零散数据，数据分析人员需要对数据进行清洗和整合，然后才能进行分析。

12.3.2 数据处理

数据处理是指对采集到的数据进行建模、组织和管理，将其处理成适合数据分析的样式，保证数据的一致性和有效性，方便数据的使用。它是数据分析前必不可少的阶段。

下面介绍主要的数据处理方法，包括数据清洗、数据转化、数据抽取和数据整合。

1. 数据清洗

数据清洗是对数据进行重新审查和校验，目的在于删除重复信息，纠正存在的错误，并保证数据的一致性。

一致性检查是根据每个变量的合理取值范围和相互关系，检查数据是否合乎要求，发现超出正常范围、逻辑上不合理或者相互矛盾的数据。例如，百分制的成绩出现了负数，记录的人体身高超过了 2.5m，都应视为超出正常值域范围的数据。

由于调查、编码和录入误差，数据中可能存在一些无效值和缺失值，需要给予适当的处理。常用的处理方法有估算、整例删除、变量删除和成对删除。

① 估算：最简单的方法就是用某个变量的样本均值、中位数或众数代替无效值和缺失值。这种方法简单，但没有充分考虑数据中已有的信息，误差可能较大。另一种方法就是根据调查对象针对其他问题的答案，通过变量之间的相关分析或逻辑推论进行估计。例如，某一产品的拥有情况可能与家庭收入有关，因此可以根据调查对象的家庭收入推算其拥有这一产品的可能性。

② 整例删除：剔除含有缺失值的样本。

③ 变量删除：如果某一变量的无效值和缺失值很多，而且该变量对于所研究的问题不是特别重要，则可以考虑将该变量删除。

④ 成对删除：用一个特殊码（通常是 9、99、999 等）代表无效值和缺失值，同时保留数据集中的全部变量和样本。

2. 数据转换

数据转换就是将数据进行转换或归并，从而得到一个适合数据处理的描述形式。数据转换包含平滑处理、合计处理、数据泛化处理、规格化处理和属性构造处理。

① 平滑处理：帮助除去数据中的噪声，主要方法有 Bin 方法、聚类方法和回归方法。

② 合计处理：对数据进行总结或合计操作。例如，对每天的数据经过合计操作可以获得每月或每年的总额。这一操作常用于构造数据立方或对数据进行多粒度分析。

③ 数据泛化处理：用更抽象（更高层次）的概念来取代低层次或数据层的数据对象。例如，街道属性可以泛化到更高层次的概念，如城市、国家；数值型的属性，如年龄属性，可以映射到更高层次的概念，如青年、中年和老年。

④ 规格化处理：将有关属性数据按比例映射到特定的小范围之中。例如，将工资收入属性值映射到[0,1]范围内。

⑤ 属性构造处理：根据已有属性集构造新的属性，以辅助数据处理过程。

3. 数据抽取

数据抽取是指从数据源系统中抽取需要的数据。在实际应用中，数据源较多采用的是关系型数据库。总体而言，数据抽取的常见方法有两大类，一类是基于查询的，以从来源库、来源表查询数据为主。查询方式又分为几种：触发器方式，增量字段方式，时间戳方式等。另一类是基于日志的，我们通过采集日志把已经提交的事务数据抽取出来，对于没有提交的事务不做操作，进而达到数据抽取的目的。

4. 数据整合

数据整合是把来自不同数据源的数据收集、整理、清洗、转换后加载到一个新的数据源，并提供统一数据视图的数据集成方式。

12.3.3　数据分析

对于处理好的数据，数据分析人员可以对其进行分析和挖掘。

狭义的数据分析是指用适当的分析方法及工具，对收集来的数据进行分析，提取有价值的信息，形成有效结论的过程。

1. 数据分析策略

从策略的角度看，统计分析有三类：描述性统计分析、探索性统计分析和推断性统计分析。

（1）描述性统计分析

描述性统计分析侧重于对调查总体所有变量的有关数据进行统计性描述，主要包括数据的集中趋势分析、数据的离散程度分析和数据的分布形状分析。

描述性统计分析常用指标中的均值、中位数、众数体现了数据的集中趋势；极差、方差、标准差体现了数据的离散程度；峰度、偏度体现了数据的分布形状。

常用指标的具体含义如下。

① 均值：平均值。

② 中位数：数据按照从小到大的顺序排列时，最中间的数据即中位数。当数据个数为奇数时，中位数即最中间的数；当数据个数为偶数时，中位数即中间两个数的平均值。

③ 众数：数据中出现次数最多的数字，即频数最大的数值。众数可能不止一个，众数不仅能用于数值型数据，还能用于非数值型数据。

④ 极差：最大值和最小值的差值，是描述数据分散程度的量。极差描述了数据的范围，但无法描述其分布状态，且对异常值敏感。异常值的出现会使数据集的极差有很强的误导性。

⑤ 四分位数：数据从小到大排列并分成四等份，处于三个分割点位置的数值，即为四分位数。四分位数分为上四分位数（数据从小到大排列时排在数据总数的第 75%位处的数字，即最大的四分位数）、下四分位数（数据从小到大排列时排在数据总数的第 25%位处的数字，即最小的四分位数）、中位数（中间的四分位数）。借助四分位数可以很容易地识别出异常值。箱线图就是根据四分位数画的图。

⑥ 方差和标准差：方差是每个数据值与全体数据的平均数之差的平方的平均数。标准差是方差的开方。方差与标准差表示数据集波动的大小。方差小，表示数据集比较集中，波动性小；方差大，表示数据集比较分散，波动性大。标准差只能用于统一体系内的数据比较，如果要比较不同体系的数据，就要引入标准分的概念。

⑦ 标准分 Z：对数据进行标准化处理，又叫 Z 标准化。经过 Z 标准化处理后的数据符合正态分布（即均值为 0，标准差为 1）。标准分是对来自不同数据集的数据进行比较的量，可用来表示数据值在其所在数据集内的相对排名。标准分的意义是每个数值距离其所在数据集的平均值有多少个标准差。

⑧ 峰度：描述正态分布中曲线峰顶尖峭程度的指标。峰度系数>0，则两侧极端数据较少，比标准正态分布更高更瘦，呈尖峭峰状分布；峰度系数<0，则两侧极端数据较多，比标准正态分布更矮更胖，呈平阔峰状分布。

⑨ 偏度：以正态分布为标准描述数据对称性的指标。偏度系数=0，则频数分布对称；偏度

系数>0，则频数分布的高峰向左偏移，长尾向右延伸，呈正偏态分布；偏度系数<0，则频数分布的高峰向右偏移，长尾向左延伸，呈负偏态分布。

（2）探索性统计分析

探索性统计分析是由统计学家图基提出的一个概念，指的是在没有先验的假设或者只有很少的假设的情况下，通过数据的描述性统计、可视化、特征计算、方程拟合等手段，去发现数据的结构和规律的一种方法。

（3）推断性统计分析

推断性统计分析是指以概率论为基础，用随机样本的数量特征信息，来推断总体的数量特征，做出具有一定可靠性保证的估计或检验。

以上三类统计分析方法属于概括性的方向指引，即我们在数据分析过程中，需要先利用这三类统计分析方法的策略去描述或思考数据反映的现象和问题，然后再利用常用分析方法进行具体分析。

2. 常用分析方法

常用分析方法有对比分析、分组分析、预测分析、漏斗分析等。

（1）对比分析

对比分析是数据分析中常用、好用、实用的分析方法，它是将两个或两个以上的数据进行比较，分析其中的差异，从而揭示这些事物代表的发展变化以及变化规律的方法。

对比常用标准是时间标准、空间标准、特定标准。

时间标准包括上年同期（同比），前一时期（环比），还有达到历史最好水平的时期或历史上的一些关键时期。

空间标准包括相似的空间，如同级部门、单位、地区；先进的空间，如行业内标杆企业；扩大的空间，如行业内平均水平。

特定标准包括通过对大量历史资料的归纳总结或已知理论进行推理而得到的标准，如可以将恩格尔系数当作标准来衡量某国家或某地区的生活质量；还包括计划标准，如计划数、定额数、目标数等。

（2）分组分析

分组分析是指通过对统计分组进行计算和分析，来认识所要分析对象的不同特征、不同性质及相互关系的方法。

分组就是根据研究的目的和客观现象的内在特点，按某个标志或几个标志把被研究的总体划分为若干个不同性质的组，使组内的差异尽可能小，组间的差异尽可能大。分组分析法是在分组的基础上，对现象的内部结构或现象之间的依存关系从定性或定量的角度做进一步分析研究，以便寻找事物发展的规律，正确地分析问题和解决问题。

（3）预测分析

预测分析是根据客观对象的已知信息对事物在将来的某些特征、发展状况的一种估计、测算活动；是运用各种定性和定量的分析理论与方法，对事物未来发展的趋势和水平进行判断和推测的一种活动。预测分析随着分析对象的不同而有所区别，基本上可归纳为定量分析和定性分析两种。

定量分析是根据过去比较完整的统计资料，结合预测变量之间存在的某种关系，如时间关系、因果关系和结构关系等，使用现代数学的方法，建立模型，进行计算分析以得出预测结果。所使用的现代数学方法通常包括指数平滑法、趋势外推法、季节指数预测法、回归分析法、投入产出法、经济计量模型法等。

定性分析是在调查研究的基础上，依靠预测人员的经验和知识，对预测对象进行分析和判断，据以得出预测结论的方法。预测分析是决策分析的基础，是决策科学化的前提条件。没有准确科学的预测，不可能有符合实际的科学决策。实践中，一般将定性分析和定量分析结合使用。

（4）漏斗分析

漏斗分析是一套流程式的、能够科学反映用户行为状态以及从起点到终点各阶段用户转化率情况的重要分析模型。漏斗分析模型已被广泛应用于用户行为分析、流量监控、产品目标转化等日常数据运营与数据分析的工作中。

12.3.4　数据挖掘

数据挖掘是从大量数据中挖掘出隐含的、未知的、对决策有潜在价值的关系、模式和趋势，并用这些“知识”建立用于决策的模型，提供支持预测性决策的方法、工具和过程。

1. 数据挖掘的步骤

数据挖掘的规范化步骤可以参考 SIG 组织在 2000 年推出的 CRISPDM 模型，如图 12.15 所示，该模型将数据挖掘的生存周期定义为六个阶段。

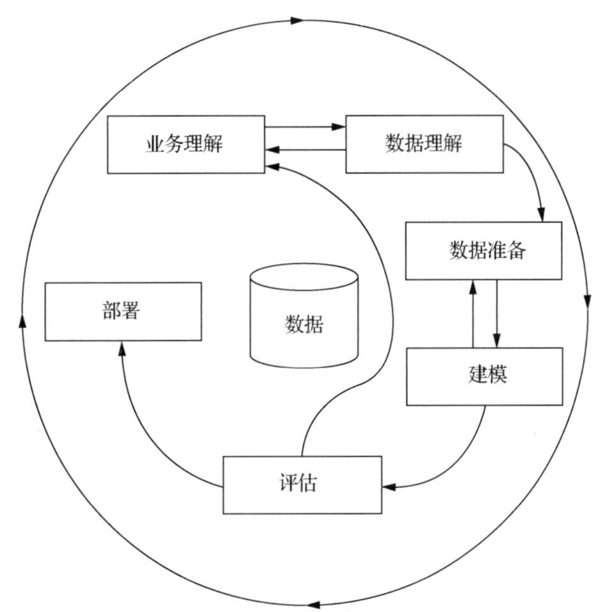

图 12.15　数据挖掘的 CRISPDM 模型

（1）业务理解

最初的阶段主要是理解项目目标和从业务的角度理解需求，进而提炼出数据挖掘问题的描述和完成目标。

（2）数据理解

数据理解阶段从初始的数据收集开始，经过一系列处理，达到如下目的：熟悉数据，识别数据的质量问题，首次发现数据的内部属性，或是观察特殊的子集而形成隐含信息的假设。

（3）数据准备

数据准备阶段包括从未处理的数据开始构造最终数据集的所有活动。准备好的数据将是模型工具的输入值。这个阶段的任务有的能执行多次，没有任何规定的顺序。这些任务包括表、记录和属性的选择，以及为模型工具转换和清洗数据。

（4）建模

在这个阶段，可以选择和应用不同的模型技术，模型参数会被调整到最佳的数值。一般来说，有些技术可以解决一类相同的数据挖掘问题；有些技术在数据形成上有特殊要求，因此需要经常跳回到数据准备阶段。

（5）评估

到了项目的评估阶段，已经从数据分析的角度建立了一个高质量模型。在开始部署模型之前，重要的是彻底地评估模型，检查构造模型的步骤，确保模型可以完成（业务）目标。这个阶段的关键目标是确定是否有重要业务问题没有被充分地考虑。在这个阶段结束后，必须给出使用一个数据挖掘结果的决定。

（6）部署

通常，模型的创建不是项目的结束，而是从数据中找到知识，将获得的知识以便于用户使用的方式重新组织和展现。根据需求，这个阶段可以产生简单的报告，或是实现一个比较复杂的、可重复的数据挖掘过程。在很多案例中，部署工作是由客户而不是数据分析人员承担的。

2. 数据挖掘的基本任务

数据挖掘的基本任务主要包括分类与预测、聚类分析、关联规则、时序模式等。

（1）分类与预测

分类是指构造一个分类模型，实现输入样本的属性值，即可输出对应的类别，将每个样本映射到预先定义好的类别中。分类模型建立在已有标记的数据集上，模型在已有样本上的准确率可以方便地计算获得，因此分类属于有监督的学习。

预测是指基于建立在两种或两种以上变量间相互依赖的函数模型，进行相关预测或控制。

常用的分类与预测算法如表 12.2 所示。

表 12.2　常用的分类与预测算法

算法名称	算法描述
回归分析	回归分析是确定预测属性与其他变量间相互依赖的定量关系最常用的统计学方法，包括线性回归、非线性回归、logistic 回归、岭回归、主成分回归、偏最小二乘回归等方法
决策树	决策树采用自顶向下的递归方式，在内部结点进行属性值的比较，并根据不同的属性值从该结点向下分支，最终得到的叶结点是学习划分的类
人工神经网络	人工神经网络是一种模仿大脑神经网络结构和功能的信息处理系统，是表示神经网络的输入和输出变量之间的关系的模型
贝叶斯网络	贝叶斯网络又称信度网络，是贝叶斯分析方法的扩展，是目前不确定知识表达和推理领域非常有效的理论模型之一
支持向量机	支持向量机是一种通过某种非线性映射，把低维的非线性问题转化为高维的线性问题，在高维空间进行线性分析的算法

（2）聚类分析

聚类分析是在没有给定划分类别的情况下，根据数据形似度进行样本分组的一种方法。聚类模型可以建立在无类标记的数据上，是一种非监督的学习算法。聚类模型的输入是一组未被标记的样本，聚类模型根据数据自身的距离或相似度将它们划分为若干组，划分的原则是实现组内样本最小化而组间距离最大化。

常用的聚类分析算法如表 12.3 所示。

表 12.3　常用的聚类分析算法

算法名称	算法描述
K-均值聚类	*K*-均值聚类也叫快速聚类，可在最小化误差函数的基础上将数据划分为预定的类数。该算法原理简单并便于处理大量数据

续表

算法名称	算法描述
K-中心点聚类	K-中心点聚类不采用簇中对象的平均值作为簇中心，而选用簇中离平均值最近的对象作为簇中心
系统聚类	系统聚类也叫多层次聚类，分类的单位由高到低呈树形结构，且所处的位置越低，其包含的对象就越少，这些对象的共同特征也就越多

（3）关联规则

关联规则分析是数据挖掘中最活跃的研究方法之一，目的是在一个数据集中找出各项之间的关联关系，而这种关系并没有在数据中直接表示出来。

常用的关联规则算法如表 12.4 所示。

表 12.4　　常用的关联规则算法

算法名称	算法描述
Apriori	Apriori 算法是最常用的也是最经典的挖掘频繁项集的算法，其核心思想是通过连接产生候选项及其支持度，然后通过剪枝产生频繁项集
FP-Tree	针对 Apriori 算法固有的需要多次扫描数据集的缺陷所提出的裁剪数据集的方法
Eclat	Eclat 算法是一种深度优先算法，采用垂直数据表示形式，在概念理论的基础上利用基于前缀的等价关系将搜索空间划分为较小的空间
灰色关联	灰色关联算法的目标是分析和确定各因素之间的影响程度或是若干个子因素对主因素的贡献度

（4）时序模式

时序模式是描述基于时间或其他序列的经常发生的规律或趋势，并对其建模。

与回归一样，它也用已知的数据预测未来的值，但这些数据的区别在于变量所处时间的不同。时序模式将关联模式和时间序列模式结合起来，重点考虑数据之间在时间维度上的关联性。时序模式包含时间序列分析和序列发现，它们的含义如下。

① 时间序列分析。时间序列分析是用已有的数据序列预测未来。在时间序列分析中，数据的属性值是随着时间不断变化的。回归不强调数据间的先后顺序，而时间序列分析要考虑时间特性，尤其要考虑时间周期的层次，如天、周、月、年等，有时还要考虑日历的影响，如节假日等。

② 序列发现。序列发现用于确定数据之间与时间相关的序列模式。这些模式与在数据（或者事件）中发现的相关的关联规则很相似，只是这些序列是与时间相关的。常用的时序模式算法如表 12.5 所示。

表 12.5　　常用的时序模式算法

算法名称	算法描述
AR 模型	$x_t=\phi_0+\phi_1x_{t-1}+\phi_2x_{t-2}+\cdots+\phi_px_{t-p}+\varepsilon_t$ 以前 p 期的序列值 $x_{t-1},x_{t-2},\cdots,x_{t-p}$ 为自变量，以随机变量 x_t 的取值 x_t 为因变量建立线性回归模型
MA 模型	$x_t=\mu+\varepsilon_t-\theta_1x_{t-1}-\theta_2x_{t-2}-\cdots-\theta_q\varepsilon_{t-q}$ 随机变量 x_t 的取值 x_t 与以前各期的序列值无关，建立 x_t 与前 q 期的随机扰动 $\varepsilon_{t-1},\varepsilon_{t-2},\cdots,\varepsilon_{t-q}$ 的线性回归模型
ARMA 模型	$x_t=\phi_0+\phi_1x_{t-1}+\phi_2x_{t-2}+\cdots+\phi_px_{t-p}+\varepsilon_t-\theta_1x_{t-1}+\theta_2x_{t-2}-\cdots-\theta_qx_{t-q}$ 随机变量的取值不仅与前期 p 值的序列值有关，还与前 q 期的随机扰动有关
ARIMA 模型	许多非平稳序列差分后会显示出平稳序列的性质，这个非平稳序列被称为差分平稳序列。对差分平稳序列可以使用 ARIMA 模型进行拟合

12.3.5　数据可视化

目前，以 5G、物联网、云计算、大数据、人工智能为代表的新一代信息技术蓬勃发展并深入影响着城市运行的方方面面，推动着城市管理向数字化、网络化、智能化转变。其中，数据可视化技术在智慧医疗、智慧工厂、数字新闻、气象预报等诸多领域产生了非常广泛的应用，并逐渐成为这些领域当中越来越重要的组成部分。本小节以生产制造过程可视化和气象数据可视化为例，重点介绍人工智能时代主流的可视化技术之一——数字孪生 3D 可视化。

1. 数据可视化基本概念

数据可视化技术的基本思想是把数值或非数值类型的数据转化为视觉表现形式，其充分利用计算机图形学、图像处理、用户界面、人机交互等技术，以图形、图像、图表等形式，并辅以数据挖掘技术将复杂的客观事物进行图形化展现，便于人们的理解和记忆。

随着人工智能、物联网及大数据的兴起和发展，数据可视化技术在各行各业中得到了广泛的应用。数据的可视化为人类与计算机这两个信息处理系统之间提供了一个接口，其将采集到的数据和知识转化为可识别的图形或视频，将具有价值的信息反馈给人们，建立起人们与数据系统的交互渠道。数据可视化以直观的图像化方式展现数据，帮助人们快速发觉数据中的潜在规律，并借助分析人员的领域知识与经验，对模式进行精准分析、判断、推理，从而达到辅助决策的目的。

2. 数据可视化分类

（1）科学数据可视化

科学数据可视化的研究重点是带有空间坐标和几何信息的医学影像数据、三维空间信息测量数据、流体计算模拟数据等。如何快速呈现数据中包含的集合、拓扑、形状特征和演化规律是其核心问题。科学数据可视化面向的领域包括自然科学，如物理、化学、气象气候、航空航天、医学、生物等学科，这些学科通常需要对数据和模型进行解释、操作与处理，旨在找出其中的模式、特点、关系以及异常情况。例如，计算流体力学在飞机、汽车、高速列车的设计领域应用广泛，而计算流体力学的数据需要借助可视化的手段进行分析。图 12.16 是使用 xflow 无网格流体动力学模拟软件对飞机设计进行可视化分析。

图 12.16　飞机设计可视化分析

（2）信息可视化

信息可视化处理的对象是抽象的非结构化数据集合。其主要研究内容包含高维数据的可视化、数据间各种抽象关系的可视化、用户的敏捷交互和可视化有效性的评断等。传统的信息可视化起源于统计图形学，又与信息图形、视觉设计等现代技术相关，其表现形式通常在二维空间，因此信息可视化的核心问题是如何在有限的展现空间中以直观的方式传达大量的抽象信息。例如，散点图（scatter plot）（如图 12.17 所示）是最为常用的多维可视化方法。

（3）大数据可视化

大数据可视化是利用视觉的方式将那些巨大的、复杂的、枯燥的、潜逻辑的数据展现出来。它将各种类型的数据，通过不同的呈现方式，包括结合三维建模、数据统计图表、地理信息系统、时空态势展示等丰富的展现形式，直观地呈现给人们。例如，阿里云达摩院视觉开发平台基于阿里云深度学习技术，对 CT 图像分析后进行相关处理，以用于医疗辅助诊断。该系统用人工智能算法进行医学影像分析，并辅以双肺 CT 动态影像等可视化手段，完成新冠肺炎的概率和白化比例的测算，为临床医生筛查和预诊断患者肺炎病情提供定性和定量依据（如图 12.18 所示）。

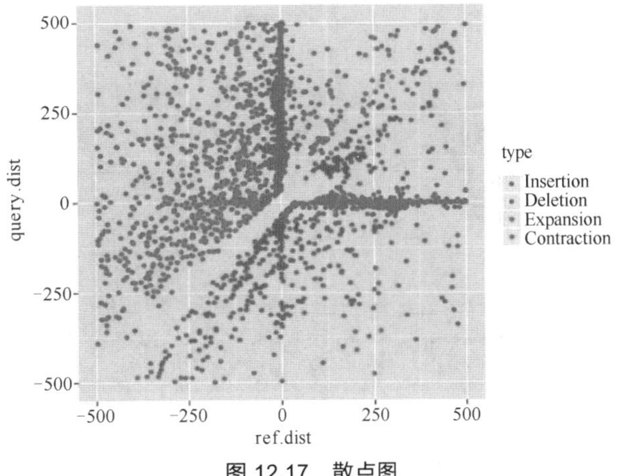

图 12.17 散点图

（4）数字孪生 3D 可视化

数字孪生着重于模拟、建模、分析和辅助决策，关注数据世界中物理对象的再现、分析、决策，而 3D 可视化则是真实地复制并做出决策支持。3D 可视化结合云计算数据分析和物联网感知技术融入于数字孪生当中，已逐渐延伸到智慧工厂、智慧气象、智慧园区、智慧交通等应用领域。中国、德国、新加坡相继推出基于数字孪生的智慧城市建设项目，以构建开源数字孪生城市开发体系。例如，图 12.19 是德国政府资助的“互联城市孪生——用于集成城市发展的城市数据平台和数字孪生”项目。该项目将城市数据与建筑物、交通、工厂等真实场景相关联，把海量数据与时间、空间和地理位置相联系，并通过物联网技术传递到云端，从而将现实世界映射到数字世界里，再通过三维可视化重构后展示在人们面前。数字孪生智慧城市就是这样诞生的，它形成了现实世界与数字世界在物理维度和信息维度上的虚实交融。

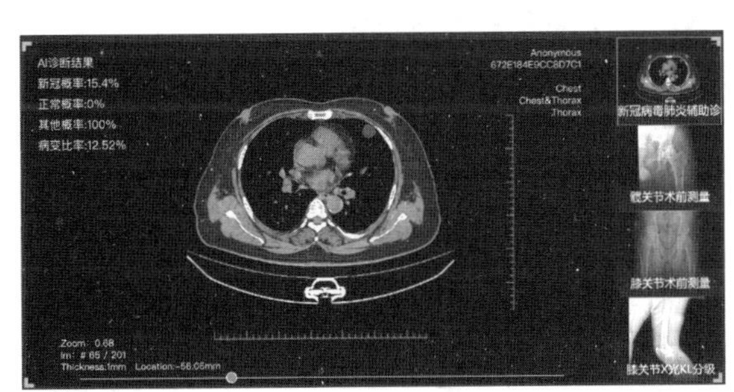

图 12.18 基于双肺 CT 动态影像的肺炎筛查可视化

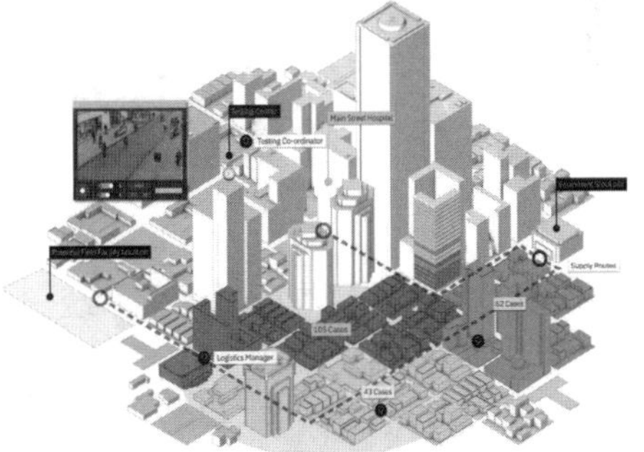

图 12.19 互联城市孪生

3. 数字孪生智慧工厂可视化平台——孪数科技与海尔共建的数字孪生工厂平台

孪数科技与海尔卡奥斯 COSMOPlat 就数字孪生技术在工业领域中的应用合作建立了数字孪生工厂平台。如图 12.20 所示，数字孪生工厂平台是一个面向工厂的综合性辅助决策平台，其充分整合接入各类感知前端、业务系统等多源异构数据，利用图像渲染、数据图表、动态数据建模、多数据场景构建等技术采集、清洗、分析、汇总、呈现数据，实现管控平台的可视化和数字化管理。平台直观地展示所监控的车间生产线的实时生产状况、设备状况、运行状况等，对每个车间的重要设备、关键工艺参数和运行参数进行界面显示、工艺参数设置、历史曲线图和相关数据历史记录生成；同时针对设备运行状态、指标参数进行实时告警、历史告警、信息汇总和查询。

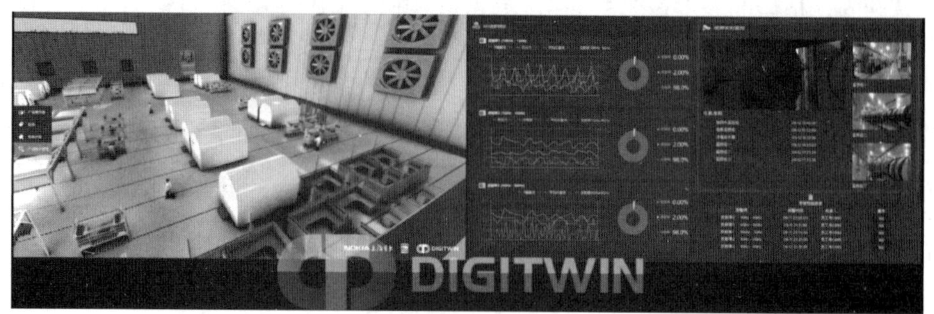

图 12.20　海尔互联工厂数字孪生工厂平台

设备动态管理可视化基于数据驱动，可接入实时采集数据对设备进行实时仿真，并对各类设备的具体位置、类型、运行环境、运行状态进行监控，可实时查看设备的详细资料、修缮记录、视频监控画面等信息。当设备运行异常（如故障、短路冲击、过载、过温等），平台能够实时告警，辅助管理者直观掌握设备运行状态，如图 12.21 所示。

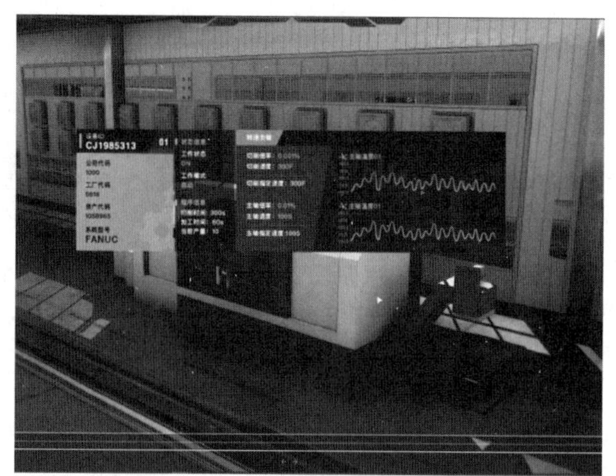

图 12.21　设备动态管理可视化

4. 数字孪生智慧气象可视化系统——国家超级计算长沙中心气象预报

国家超级计算长沙中心气象预报基于天气雷达、大气监测仪、湿度探测器等气象数据检测设备，提供气候变化观测、气候数据综合管理、气象灾害风险评估、空气质量预警、重点地点环境监测等功能。基于三维态势地图，以散点图、轨迹图、热力图等多种方式，全面展现气象运行发展态势，为人们进行气象数据分析研判、建立气象灾害预警机制等提供全面、客观的数据支持和依据。

气候变化观测是基于地理信息系统，集成地面气象观测设备、观测站、气温探测器、天气雷达、大气监测仪、湿度探测器等收集的数据，对湖南省区域内的气温、降水、风力、气压、相对湿度等信息进行实时监控，并利用图表对气象数据变化趋势进行可视化分析；支持更早地对温度异常、狂风暴雨等灾害性天气进行可视化预警，以及详细信息查询，如图 12.22 所示。

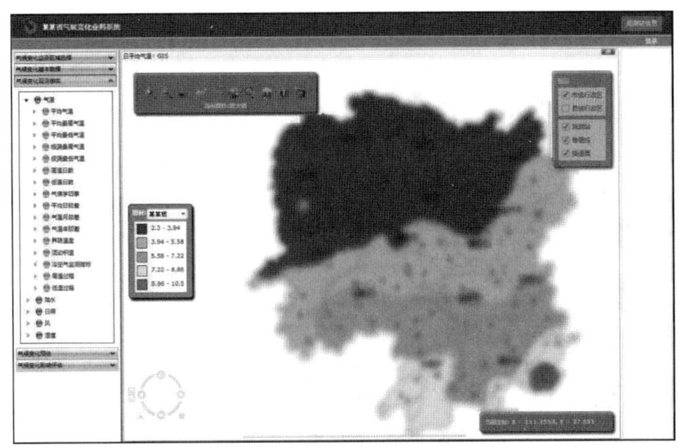

图 12.22　气候变化观测

图 12.23 是气候数据综合管理平台。平台实现气压、气温、降水、日照、风速等 16 项气象要素及 34 种天气现象的任意时间段的基础数据管理，并进一步产生气候监测、气候评价、气候诊断与气候预测等产品，涵盖暴雨洪涝、干旱、高温热浪、冰冻、积雪春寒（倒春寒）等 17 种气候事件。

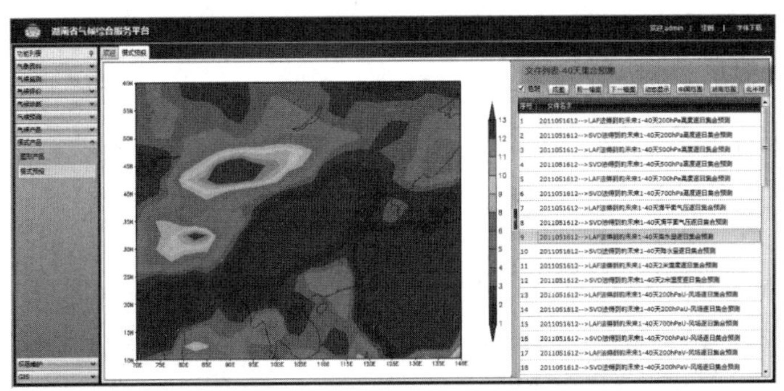

图 12.23　气候数据综合管理平台

特殊气象灾害监测基于 GIS 的空间分析技术，监测不同区域大风、雷电、寒潮、干旱、冰雹等近 20 种气象灾害（如图 12.24 所示），分析气象灾害危险性、承灾体脆弱性、暴露度，建模后进行气象灾害风险评估，并对异常变化情况进行预警，以强化气象灾害监测力度，为气象灾害防范和应急救援提供支持。

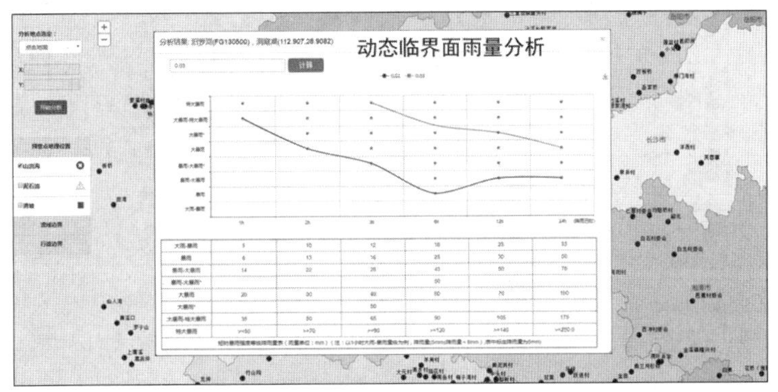

图 12.24　气象灾害风险评估

空气质量预警可监测 SO_2、NO_2、PM10、PM2.5、O_3、CO 及 AQI 等多种空气污染物（如图 12.25 所示），可对预警的相关空气质量要素的动态进行实时监测，并对异常变化情况进行预警，科学跟踪近期空气质量状况，实现环境空气质量精细化预报和趋势化预报，极大提升了大气环境风险防控能力与大气污染防治管理水平。

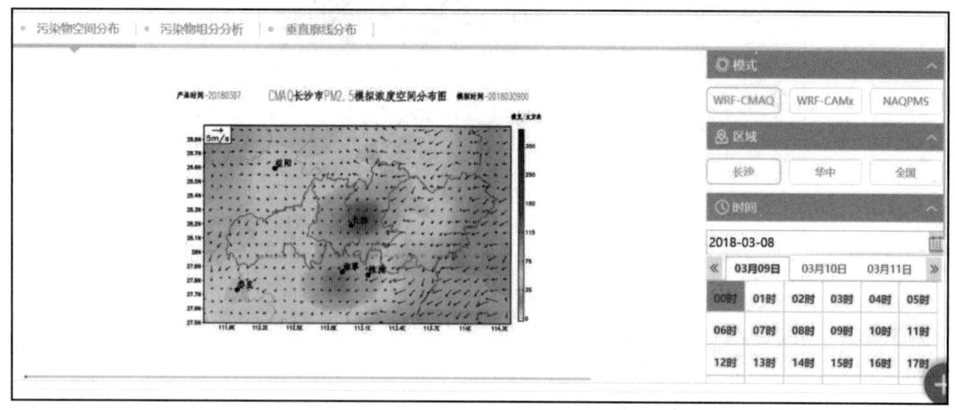

图 12.25　预测 PM2.5 空气污染物浓度空间分布图

重点地点环境监测直观展示热源、太阳辐射、PM2.5 等因素，并通过丰富的可视化图表，对重点地点的实时状态、环境因素等信息进行联动分析，揭示城市区域热湿传递机理，从而得到大气流动、传热与污染物传递影响城市的能源与环境的演化规律，如图 12.26 所示。重点地点环境监测可以辅助人们精确地进行生产和生活环境湿度调节控制，提升恶劣气象条件下的应急保障效力。

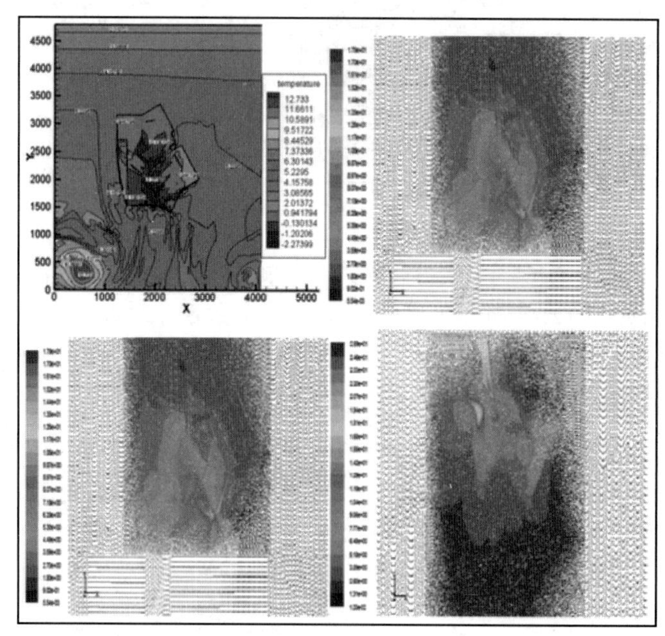

图 12.26　重点地点环境监测（人居环境分析与可视化）

数字孪生的概念源自工业制造领域。在智能制造的建设过程中，数字孪生的 3D 可视化提供了强大的数据分析和决策支持。目前，不同领域的企业正在以多种方式使用数字孪生技术。在数控领域，建立机床数字孪生，通过对虚拟机床进行调试和快模拟加工，解决机床参数的调试问题；在风电领域，数字孪生技术已成为风机设备状况直观展示与实时监测、应用过程中控制逻辑运行监测及运行预警的重要工具；在能源领域，油田服务运营商通过获取和分析大量井内数据建立数字模型，实时指导挖掘工作。在使用过程中，数字孪生在理论层面和应用层面均取得了快速发展，并逐渐延伸到智慧气象、智慧交通、智慧园区等应用领域。

未来几年，在 5G、物联网、云计算、大数据、人工智能等新一代信息技术的推动下，数字孪生理念将逐步延伸拓展至更多领域。基于既有海量数据信息，通过 3D 可视化建立一系列业务决策模型，能够实现对当前状态的评估，对过去发生问题的诊断，以及对未来趋势的预测，进而为决策提供全面、精准的依据。随着认知框架、多维成像和人工智能技术的兴起，使用先进的模式识别、机器学习、深度学习、强化学习、群体智能方法，数字孪生技术将在各行各业广泛应用，实现多源异构数据融合、数据驱动精准映射、智能分析辅助决策，帮助人们建立现实世界的数字孪生体。

过去，计算机不能将事件与人的情感或情感元素联系起来，但这种情况正因数字孪生及其可视化技术的出现而改变。结合人工智能、增强现实和虚拟现实技术，以人为中心设计数字孪生人感体验平台，可识别人的情绪状态和环境内容，使人们能够像触摸真实信息一样触摸到非现实信息，并做出适当的响应、决策和行为，从而实现准确的数据分析和更快的决策。人感体验平台将极大地改变物理世界与数字世界交互的方式，是数字孪生 3D 可视化技术未来发展的巨大机遇。

习题

一、选择题

1. 有一组数据 8，8，x，6，其众数与平均数相同，那么这组数据的中位数是哪一个？（　　）

A. 6　　B. 8　　C. 7　　D. 10

2. 将原始数据进行清洗，是数据分析哪个步骤的任务？（　　）

A. 数据收集　　B. 数据展现　　C. 数据处理　　D. 数据挖掘

3. 某超市研究销售记录数据后发现，买啤酒的人很大概率也会购买尿布，这属于数据挖掘的哪类问题？（　　）

A. 关联规则发现　　B. 聚类　　C. 分类　　D. 自然语言处理

4. 当不知道数据所带标签时，可以使用哪种技术促使带同类标签的数据与带其他标签的数据相分离？（　　）

A. 分类　　B. 聚类　　C. 关联分析　　D. 隐马尔可夫链

二、简答题

1. 什么是数据可视化？数据可视化技术有哪几类？

2. 什么是数字孪生？人工智能时代，数字孪生有哪些应用？请选择其中一种场景，简述数字孪生的应用与作用。

三、编程题

请在网络上爬取全国 20 个以上的城市连续 10 年以上的总 GDP 和人均 GDP 数据。

1. 计算各城市的总 GDP，按降序排列，并绘制柱状图。

2. 计算各城市的人均 GDP，按降序排列，并绘制折线图。

3. 对各城市的总 GDP 和人均 GDP 数据分别采取 *K*-均值方法进行聚类，以将其分为不同的类别。

参考文献

[1] 战德臣，聂兰顺．大学计算机——计算思维导论[M]．北京：电子工业出版社，2013.

[2] 沙行勉．计算机科学导论——以 Python 为舟（第 2 版）[M]．北京：清华大学出版社，2016.

[3] 王万良．人工智能导论（第 4 版）[M]．北京：高等教育出版社，2017.

[4] 周勇．计算思维与人工智能基础[M]．北京：人民邮电出版社，2019.

[5] 曹庆华，艾明晶．面向计算思维的大学计算机基础[M]．北京：高等教育出版社，2021.

[6] 嵩天，黄天羽，礼欣．程序设计基础（Python 语言）[M]．北京：高等教育出版社，2014.

[7] 李暾，毛晓光，刘万伟．大学计算机基础（第 3 版）[M]．北京：清华大学出版社，2018.

[8] 周海芳，周竞义，谭春娇，等．大学计算机基础实验教程（第 2 版）[M]．北京：清华大学出版社，2018.

[9] 柳毅，毛峰，李艺．Python 数据分析与实践[M]．北京：清华大学出版社，2019.

[10] 李东方．Python 程序设计基础[M]．北京：电子工业出版社，2017.

[11] 董付国．Python 程序设计开发宝典[M]．北京：清华大学出版社，2017.

[12] KUROSE J，ROSS K．计算机网络：自顶向下方法（第 4 版）[M]．陈鸣，译．北京：机械工业出版社，2009.

[13] 陈红波，刘顺翔．数据分析从入门到进阶[M]．北京：机械工业出版社，2019.

[14] 唐聃，白宁超，冯暄．自然语言处理理论与实战[M]．北京：电子工业出版社，2018.

[15] 雷明．机器学习与应用[M]．北京：清华大学出版社，2019.

[16] 田景文，高美娟．人工神经网络算法研究及应用[M]．北京：北京理工大学出版社，2006.

[17] 王晓梅．神经网络导论[M]．北京：科学出版社，2017.

[18] 杨淑莹．模式识别与智能计算：Matlab 技术实现（第 2 版）[M]．北京：电子工业出版社，2011.

[19] 刘明堂．模式识别[M]．北京：电子工业出版社，2021.

[20] 周志华．机器学习[M]．北京：清华大学出版社，2016.

[21] KUBAT M．机器学习导论[M]．王勇，仲国强，孙鑫，译．北京：机械工业出版社，2016.

[22] 王雪松，朱美强，程玉虎．强化学习原理及其应用[M]．北京：科学出版社，2014.

[23] 郭宪，方勇纯．深入浅出强化学习：原理入门[M]．北京：电子工业出版社，2018.

[24] 邱春艳．群体智能算法改进及其应用[M]．北京：科学出版社，2019.

[25] 程时伟．人机交互概论：从理论到应用[M]．杭州：浙江大学出版社，2018.

[26] 吴亚东，张晓蓉，王赋攀，等．自然人机交互技术及应用[M]．北京：科学出版社，2020.

[27] 薛澄岐．复杂信息系统人机交互数字界面设计方法及应用[M]．南京：东南大学出版社，2015.

[28] 赵剑，史丽娟，王丽荣．基于多模态人机交互的听障者无障碍技术研究[M]．北京：科学出版社，2020.